新レベル表 対応版

品質管理検定集中講座［1］

QC検定受検テキスト

これで合格

わかりやすい

■編著

細谷　克也

■著

稲葉　太一

竹士伊知郎

松本　　隆

吉田　　節

和田　法明

日科技連

はじめに

ビジネスを取り巻く環境は，厳しい状況を呈している．情報の高度化・スピード化や国境のない経済，産業のグローバル化は，企業におけるビジネスのあり方を激変させている．そのなかにあっても，お客様の視点に立った製品・サービスの提供がビジネスの原点であることは誰もが認めるところである．今こそ，品質保証を基軸に，独創的な製品・サービスを創造し，持続的な成長を実現していかなければならない．

ここにおいて，重要な役割を担ってくるのが品質管理である．経営上の重要問題を次々と効率よく効果的に解決していく技術者・スタッフ・社員が要望されており，そのためには，この品質管理に関する知識が必要である．

“品質管理検定”(略して，“QC 検定” と呼ばれる)は，日本の品質管理の様々な組織・地域への普及，ならびに品質管理そのものの向上・発展に資することを目的に創設されたものである．

2005 年 12 月に始められ，現在，全国で年 2 回(3 月と 9 月)の試験が実施されており，品質管理センターの資料によると，2016 年 3 月の第 21 回検定試験で，総申込者数が 736,666 人，総合格者数が 389,810 人となった．

QC 検定は，品質管理に関する知識をどの程度持っているかを筆記試験によって客観的に評価するもので，1 級・準 1 級から 4 級まで 4 つの級が設定されている．

受検者にとっては，①自己能力をアピールできる，②仕事の幅を広げるチャンスが拡大する，③就職における即戦力をアピールする強力な武器となる，などのメリットがある．

受検を希望される方々からの要望に応えて，筆者たちは，先に受検テキストや受検問題・解説集として，

- 『品質管理検定受験対策問題集』(QC 検定集中対策シリーズ(全 4 巻))
- 『QC 検定対応問題・解説集』(品質管理検定試験受験対策シリーズ(全 4 巻))
- 『QC 検定受験テキスト』(品質管理検定集中講座(全 4 巻))
- 『QC 検定模擬問題集』(品質管理検定講座(全 4 巻))

の 4 シリーズ・全 16 巻を刊行してきた．いずれの書籍も広く活用されており，

合格者からは,「非常に役に立った」,「おかげで合格できた」との高い評価を頂戴している.

品質管理検定運営委員会では,品質管理検定レベル表(Ver.20081008.3)を改定し,新レベル表(Ver.20150130.1)を2015年2月3日に公表し,第20回試験から適用している.

今回の改定のポイントは,①項目の内容について再検討し,必要に応じて項目の分割などの整理・並べ替えを行う,②同一項目における級ごとの出題内容を区別し,明確にする,の2点である.

そこで,『QC検定受験テキスト』シリーズを改訂し,前述の新レベル表改訂のポイントに合わせて,章の並べ替えを行うとともに,新しく追加された項目や出題範囲が変更された項目に対応させ,解説の追加・修正・削除を行い,『新レベル表対応版　QC検定受検テキスト』(品質管理検定集中講座(全4巻))を刊行することとした.

本シリーズは,QC検定の各級の受検者を対象に,確実な“合格力”の養成をめざしたものである.

本シリーズの特長は,次の8つである.

(1)　基本的なこと,重要なこと,間違いやすいこと,錯覚しやすいことについて簡潔に説明してある.

(2)　過去問をよく研究して執筆してあるので,ポイントやキーワードがしっかり理解できる.

(3)　QC検定レベル表に記載されている用語は,漏らさないようにするとともに,必要によりJISや用語辞典などを引用し,正確に解説してある.

(4)　図表や事例を多用し,具体的でわかりやすくなっている.

(5)　QC手法については,受検者の多くが苦手とする分野に紙数を割き,具体的に,わかりやすく解説してある.

(6)　QC手法は,公式をきちんと示し,できるだけ例題で解くようにしてあるので,理解しやすい.

(7)　章末に,“章のポイント”として,重要用語や重要事項などがまとめられている.

(8)　執筆者は,日本科学技術連盟や日本規格協会のセミナー講師で,全員がQC検定1級合格者であり,自らの受検経験をもとに記述している.

新レベル表では，例えば管理図の場合，3級では管理図の考え方，使い方，$\overline{X}-R$ 管理図，2級では $\overline{X}-s$，X，p，np，u，c 管理図，また，新QC七つ道具の場合は，3級では定義と基本的な考え方，2級では親和図法，連関図法，系統図法，マトリックス図法，1級ではアローダイアグラム法，PDPC法，マトリックス・データ解析法というように分割されている．

各級の試験範囲は，それより下位の級の範囲を含んでいる．よって，1級受検者は，受検テキスト2級や3級の内容も修得する必要がある．紙数の関係から，すべての内容を詳しく記述できないので，足りないところは，他のテキストや演習・問題集などを併用してほしい．なお，詳しい試験範囲などは，品質管理検定センターのホームページを参照されたい．

本書は，1級の受検者を対象にした『1級受検テキスト』である．1級をめざす方々に求められる知識と能力は，組織内で発生する様々な問題に対して，品質管理の側面からどのようにすれば解決や改善ができるかを把握しており，それらを自分で主導していくことが期待されるレベルである．また，自分自身で解決できないようなかなり専門的な問題については，少なくともどのような手法を使えばよいのかという解決に向けた筋道を立てることができる力を有しているようなレベルである．すなわち，組織内で品質管理活動のリーダーとなる可能性のある人に最低限要求される知識を有し，その活用の仕方を理解しているレベルである．受検にあたって，本テキストを熟読することによって，詳細な知識が養成され，出題範囲を効率よく勉強できるので，即戦力が養成できる．

すでに2級，3級テキストは発刊済みであるが，残りの4級についても，近く刊行する予定である．

本シリーズが，一人でも多くの合格者の輩出に役立つとともに，QC検定制度の普及，日本のモノづくりの強化と日本の国際競争力の向上に結びつくことを期待している．

最後に，本書の出版にあたって，一方ならぬお世話になった㈱日科技連出版社の田中健社長，戸羽節文取締役，石田新氏に感謝申し上げる．

2016年　紫陽花の色鮮やかな頃

QC検定受検テキスト編集委員会

委員長・編著者　細谷　克也

品質管理検定(QC 検定)1級の試験内容

(日本規格協会ホームページ“QC 検定” http://www.jsa.or.jp/ から)

❶ 各級の対象者(人材像)

級	人　材　像
1級／準1級	・部門横断の品質問題解決をリードできるスタッフ． ・品質問題解決の指導的立場の品質技術者．
2級	・自部門の品質問題解決をリードできるスタッフ． ・品質にかかわる部署(品質管理，品質保証，研究・開発，生産，技術)の管理職・スタッフ．
3級	・業種・業態にかかわらず自分たちの職場の問題解決を行う全社員(事務，営業，サービス，生産，技術を含むすべての方々)． ・品質管理を学ぶ大学生・高専生・高校生．
4級	・初めて品質管理を学ぶ人． ・新入社員． ・社員外従業員． ・初めて品質管理を学ぶ大学生・高専生・高校生．

❷ 1級を認定する知識と能力レベル

1級を目指す方々に求められる知識と能力は，組織内で発生するさまざまな問題に対して，品質管理の側面からどのようにすれば解決や改善ができるかを把握しており，それらを自分で主導していくことが期待されるレベルである．また，自分自身で解決できないようなかなり専門的な問題については，少なくともどのような手法を使えばよいのかという解決に向けた筋道を立てることができる力を有しているようなレベルである．

組織内で品質管理活動のリーダーとなる可能性のある人に最低限要求される知識を有し，その活用の仕方を理解しているレベルである．

❸ 1級の試験の実施概要

品質管理活動のリーダーとして期待される，品質管理の手法全般，実践全般に関する理解度，および品質管理周辺の手法や品質管理周辺の活動としてトピック的事柄に関する基礎知識，並びに2級～4級の試験範囲を含む理解度の確認．

❹ 1級・準1級の試験形式と合格基準(第34回より実施)

マークシート試験の90分間の一次試験と論述試験の30分間の二次試験を時間を区切って実施する．一次試験で基準点以上得点した受検者を「準1級合格者」とし，さらにその中から二次試験で基準点以上得点した受検者を「1級合格者」とする．

準1級合格基準：

1級試験のうち，手法分野と実践分野からなる一次試験(マークシート試験)の結果が以下を満たしていること．

・総合得点が概ね70%以上であること．

・手法分野と実践分野の得点がそれぞれ50%以上であること．

1級合格基準：

・当該回の準1級合格基準を満たしていること．

・論述方式で行われる二次試験の得点が概ね70%以上であること．

準1級合格者の特例受検(第35回より実施)：

準1級に合格した者は，合格した回の直後に実施される検定試験に限り，申込の際の申告により，1級試験の一次試験を免除され，二次試験の結果が1級合格基準を満たした場合，1級合格となる．

この特例の場合を除き，1級受検者は二次試験のみの受検はできない．

出典) 品質管理検定センター：「「準1級」設置に伴う、制度・運営方法の変更の概要」，2022年5月19日)

注) 本書においては，第1章～第5章が上記の“実践分野”に対応し，第6章～第17章が上記の“手法分野”に対応する．

なお，新レベル表(Ver.20150130.1)および品質管理検定の詳細は日本規格協会ホームページ“QC検定”をご参照ください．

QC検定 受検テキスト ❶級――目次

Page

はじめに iii
品質管理検定（QC 検定）1 級の試験内容 vi

1 品質の概念 ―― 1
1.1 社会的品質 2
1.2 顧客満足（CS）・顧客価値 3

2 品質保証 ―― 7
2.1 新製品開発 8
2.2 プロセス保証 23

3 品質経営の要素 ―― 45
3.1 方針管理 46
3.2 日常管理 49
3.3 機能別管理 51
3.4 標準化 52
3.5 人材育成 57
3.6 診断・監査 58
3.7 品質マネジメントシステム 60

4 倫理・社会的責任 ―― 67
4.1 品質管理に携わる人の倫理 68
4.2 社会的責任 71

5 品質管理周辺の実践活動 ―― 77
5.1 マーケティング・顧客関係性管理 78

Page

5.2 データマイニング・テキストマイニング 84
5.3 その他の活動 86

6 データの取り方とまとめ方 115
6.1 超幾何分布 116
6.2 有限母集団からのサンプリング 117

7 新 QC 七つ道具 123
7.1 新 QC 七つ道具 124
7.2 アローダイアグラム法 126
7.3 PDPC 法 128
7.4 マトリックス・データ解析法 132

8 統計的方法の基礎 137
8.1 確率変数の期待値と分散 138
8.2 確率変数と確率分布 141
8.3 大数の法則と中心極限定理 150

9 検定と推定 155
9.1 検定・推定 156
9.2 計量値の検定・推定 159
9.3 計数値の検定・推定 184

10 管理図と工程能力指数 197
10.1 管理図の種類 198

Page

10.2　管理図の作り方・見方・使い方　201
10.3　管理図によるプロセス管理　209
10.4　工程能力指数　213

11　抜取検査　221

11.1　抜取検査(OC 曲線)　222
11.2　計数選別型抜取検査　227
11.3　調整型抜取検査　232
11.4　その他の抜取検査　240

12　実験計画法　243

12.1　分散分析法とは　244
12.2　2 水準系直交配列表実験　260
12.3　3 水準系直交配列表実験　268
12.4　多水準法・擬水準法　275
12.5　乱塊法　291
12.6　分割法　294
12.7　枝分かれ実験　302
12.8　直交配列表を用いた分割法　305
12.9　応答曲面法　310
12.10　直交多項式　311

13　ノンパラメトリック法・感性品質と官能評価手法　317

13.1　ノンパラメトリック法　318
13.2　感性品質と官能評価手法　322

Page

14 相関分析・回帰分析 327

14.1 相関分析・回帰分析とは 328
14.2 相関分析 329
14.3 単回帰分析 336
14.4 重回帰分析 348
14.5 回帰モデルと回帰診断 360

15 多変量解析法 373

15.1 多変量解析法の適用場面 374
15.2 判別分析 377
15.3 主成分分析 385
15.4 クラスター分析 393
15.5 数量化理論 399

16 信頼性工学 403

16.1 耐久性，保全性，設計信頼性 404
16.2 信頼性データ解析 414

17 ロバストパラメータ設計 425

17.1 パラメータ設計の概念 426
17.2 パラメータ設計の因子 430
17.3 静特性のパラメータ設計 441
17.4 動特性のパラメータ設計 444

付図・付表 453
参考・引用文献 471
索引 475

第1章

品質の概念

1.1　社会的品質

“社会的品質”とは，日本品質管理学会：JSQC-Std 00-001：2023「品質管理用語」の定義では，以下のように定義している．

「製品・サービス又はその提供プロセスが第三者のニーズを満たす程度．

注記1　第三者とは，供給者と顧客以外の不特定多数を指す．

注記2　社会的品質は，品質要素の一つである．

注記3　社会的品質には，環境保全性，倫理性などが含まれる」

社会的品質という言葉は，製品・サービスの使用・存在が第三者に与える影響(例えば，自動車の排気ガス，建物による日照権の侵害など)と製品・サービスの提供プロセス(例えば，調達，生産，物流，廃棄など)が第三者に与える影響(例えば，工場の廃液などによる環境汚染，資源の浪費など)に使われる．

一般に，品質というと，供給者(生産者)および購入者・使用者との関係が密接であるが，社会的品質は，もっと幅広く製品・サービスが社会全般に及ぼす影響を考慮しようということである．

1970年代初めに生じた公害問題を契機として，生産者と消費者との関係だけではなく，第三者(社会)にも迷惑をかけない製品を設計・生産・販売することが必要になった．要するに，販売時だけではなく，長期間の使用時にも，そして(昨今の社会の環境保全意識の高まりから)製品の廃棄まで品質を管理するということが要求されるようになっている．したがって，社会的品質を考えるには，単に製品の製造・販売時だけではなく，製造前の設計・調達ならびに販売後の信頼性や廃棄容易性，環境に関する法規制などとの関係も含めた多面的な品質の検討が必要になってきている．

国際的な環境マネジメントシステム規格であるISO 14001 (JIS Q 14001)は，組織の活動が環境面に与える影響を管理するためのものであるが，以上に述べたような意味で，社会的品質とも関係が深い．

1.2　顧客満足(CS)・顧客価値

1.2.1　顧客満足

“顧客満足”(Customer Satisfaction：**CS**)とは，「顧客の期待が満たされている程度に関する顧客の受け止め方.

注記1　製品又はサービスが引き渡されるまで，顧客の期待が，組織に知られていない又は顧客本人も認識していないことがある．顧客の期待が明示されていない，暗黙のうちに了解されていない又は義務として要求されていない場合でも，これを満たすという高い顧客満足を達成することが必要なことがある」である(JIS Q 9000：2015).

JIS Q 9000：2015，すなわち，ISO 9000：2015では，顧客満足は，顧客の明示的な期待を満たすこととしているが，日本では，顧客の潜在的なニーズを満たすことが顧客歓喜を含めた顧客満足につながる，と捉えている.

優れた品質やサービスを提供することで，顧客満足を高めることが，品質管理の大きな目的である．その大きさを示す顧客満足度は，品質保証活動の評価尺度にもなる．顧客満足度を調べる方法として，アンケート調査がよく行われる.

1.2.2　顧客価値

“顧客価値”(Customer Value)とは，「製品・サービスを通して，顧客が認識する価値.

注釈1　“顧客が認識する価値”には，現在は認識されていなくても，将来認識される可能性がある価値も含まれる」である(JIS Q 9005：2023).

顧客価値は，顧客満足より幅広い概念で，次の3つの価値を含む.

①　製品・サービスの購入の決定要因として顧客が認識する価値

②　購入した製品・サービスの使用廃棄を通して顧客が確認する価値

③　確認の結果から生まれる信頼感に基づき新たに認識される価値

このような顧客価値の一般的な例を表 1.1 に示す．

組織の持続的成功のためには，顧客価値を明確にし，そのための組織の能力・特徴を考慮し，それを実現することが望ましいとされている．

表 1.1　顧客価値の一般的な例

価値として認識する対象	顧客が使用者の視点で認識		顧客が社会の視点で認識	
	プラスに作用	マイナスに作用	プラスに作用	マイナスに作用
製品・サービス及びそれらに付随するもの	有用性(機能，性能，操作性) 信頼性 入手性 製品支援 経済性	リスク • 安全性 • 情報セキュリティ コスト • メンテナンス • オペレーション	消費を通した貢献 • 地域貢献 • 社会貢献	利用に伴うリスク • 健康 • 安全 • 地球環境 • 文化的
提供する組織に起因するもの	ブランド 信頼感	悪評	組織の貢献 • 地球貢献 • 社会貢献	SR(社会的責任)

出典：旧 JIS Q 9005：2014

第1章のポイント

(1)　社会的品質

“**社会的品質**”とは，「製品・サービス又はその提供プロセスが第三者(供給者と購入者・使用者以外の不特定多数)のニーズを満たす程度」である．

(2)　顧客満足(Customer Satisfaction：CS)

“**顧客満足**”(Customer Satisfaction：CS)とは，「顧客の期待が満たされている程度に関する顧客の受け止め方」である．

(3)　顧客価値

“**顧客価値**”とは，「製品・サービスを通じて，顧客が認識する価値であり，現在は認識されていなくても，将来認識される可能性がある価値も含む」である．

第2章

品質保証

まず，品質保証の意味について考える．

“**品質保証**”(Quality Assurance：**QA**)とは，国際的な定義で，「品質要求事項が満たされるという確信を与えることに焦点を合わせた品質マネジメントの一部」(JIS Q 9000：2015)となっており，広い意味の品質管理(品質マネジメント：Quality Management)の一部となっている．一方，日本流の考え方(定義)では，「顧客・社会のニーズを満たすことを確実にし，確認し，実証するために，組織が行う体系的な活動」(JSQC)としている．

品質保証とは，お客様が商品・サービスを使用するときに安心感を持たせるために組織が行う活動であり，品質管理の目的であるともいえる．

品質保証について，新しく製品を開発する場合に押さえるべきポイントを考え，次に製品の品質をプロセスで保証するという観点で考える必要がある．その意味で，以下，新製品開発とプロセス保証の2つの観点から説明する．

2.1　新製品開発

2.1.1　結果の保証とプロセスによる保証

製品は，いくつもの加工や組立段階を経て製品になる．これらの段階を品質管理では工程(プロセス)と呼ぶ．良い製品を作るためには，製造だけでなく，良い製品やサービスの企画，設計，製造，検査，原材料や必要な設備の確保など，各工程(プロセス)がしっかりと結びついて役割を果たす必要がある．

「QC的ものの見方・考え方」の一つである「品質を工程で作り込む」を実行するためには，仕事の“**結果の保証**”としての検査だけでは十分ではない．途中のプロセス(工程)＝仕事のやり方に着目して，プロセスを管理し，向上させていく必要がある．これが，“**プロセスによる保証**”である．時代の変化に応じて“結果の保証”から“プロセスによる保証”へ重点が移行してきたといえる．

2.1.2 保証と補償

品質保証の“**保証**”と“**補償**”とは音(おん，読み)が同じであるが，その意味は異なる．“**補償**”とは，「欠陥による被害を償(つぐな)うこと」であり，問題発生後の金銭的な事後処理である．それに対して“**保証**”は，お客様に「大丈夫だと請け合う」ことで，問題発生の前に重点が置かれているといえる．製造物責任法(PL 法，1995 年施行)は，保証ではなく補償に関する法律である(2.1.8 項参照)．

以上のように保証と補償とは本来は意味が異なる．ただし，家庭電化製品などについている“保証書”には，「メーカーの責任による故障の場合には，無償で取り替えます」というように“補償”について書かれている場合が多く，保証だけでなく補償の意味も含んでいる表現が多く見られる．

2.1.3 品質保証体系図

“**品質保証体系図**”とは，「製品の設計・開発から製造，検査，出荷，販売，アフターサービス，クレーム処理などに至るまでの各ステップにおける品質保証に関する業務を各部門に割りふったもので，通常，フローチャートとして示される」ものである．横軸に品質保証に関係する各部門および必要に応じて会議体，関連帳票類，標準書などの記入欄を設け，縦軸に品質保証活動を進めるための PDCA サイクルを業務の流れとして書き表わす．この体系図の書き方は“**業務フロー図**”と同じ要領であり，個別の“業務フロー図”を全社的な品質保証活動全般に広げたものが“品質保証体系図”といえる．「体系」とはシステム(しくみ)であるから，品質保証体系図とは組織全体の品質保証のしくみを“見える化”したものだといえる．

品質保証体系図を活用するには，次の視点が必要である．

①　縦の流れの各ステップを進めるための判定基準，特に部門間の引き

渡しに着目する.

② 会議体や処置などが複数の部門にまたがる形で行われる場合は，それぞれの役割，責任の所在に着目する.

③ 各ステップに対応する会議体，標準類・帳票類の位置づけに着目する.

④ 各ステップを縦に見て，この流れで本当にPDCAが回っていることになるのか確認する.

⑤ この体系図に従った活動の結果，顧客の満足する製品の提供がなされているかという実績を把握し，この体系図が有効かの検証を行う.

⑥ 顧客クレームが発生した場合に，その原因を掘り下げ，この体系(しくみ)のどこに問題があったかを考え，必要に応じて，しくみの改善を検討実施する.

2.1.4 品質機能展開

“**品質機能展開**”(Quality Function Deployment：**QFD**)とは，「製品に対する品質目標を実現するために，さまざまな変換及び展開を用いる方法論. QFDと略記することがある. 参考：“品質展開”，“技術展開”，“コスト展開”，“信頼性展開”及び“業務機能展開”の総称」(JIS Q 9025：2003)である.

品質機能展開を進めるには，製品に対する顧客の要求を把握し，これを実現するために設計品質を定め，さらには製品を構成する部品の品質および製造工程の管理項目にいたる一連の関係について，二元表を用いて情報整理を行う.

品質機能展開に関係する用語の説明(定義と内容)を表2.1に示す.

図2.1に品質機能展開の全体構想図を示す.

“**品質展開**”は，図2.1の左上部に位置しており，各種展開表を二元表として組み合わせ，この連鎖を用いて品質を検討する. “品質展開”の基本となる“**品質表**”の例を図2.2に示す.

表 2.1 “品質機能展開”に関連する用語

	用語	用語の説明
基本	変換	要素を次元の異なる要素に，対応関係をつけて置き換える操作.
	展開	要素を順次変換の繰り返しによって，必要とする特性を定める操作.
	展開表	要素を階層的に分析した結果を，系統的に表示した表.
	二元表	二つの展開表を組み合わせてそれぞれの展開表に含まれる項目の対応関係を表示した表.
品質表	a) 要求品質展開表	要求品質を階層構造で表した展開表(系統図的に示される).
	b) 品質特性展開表	品質特性を階層構造で表した展開表(系統図的に示される).
	c) 品質表	要求品質展開表と品質特性展開表との二元表. 参考 1. 顧客の声を言語表現によって体系化し，これと品質特性との関係を表示し，要求品質を実現する品質設計に用いる. 参考 2. 品質表が定める範囲には，要求品質展開表と品質特性展開表との二元表だけを指す場合と，これに企画品質設定表，設計品質設定表，品質特性関連分析を付加したものを指す場合との二通りがある.
	d) 企画品質設定表	要求に対する重要度や技術的難易度，競合他社のレベルなどを項目として設定する.
	e) 設計品質設定表	必要に応じて他社製品の規格などを項目として設け，比較分析する.
	f) 品質特性関連表	品質特性間の関連を分析する.
各種の展開	品質展開	要求品質を品質特性に変換し，製品の設計品質を定め，各機能部品，個々の構成部品の品質，及び工程の要素に展開する方法. (注)品質管理にあたっては，アンケート調査，実験計画法，品質工学，製品企画の手法，多変量解析，QC 工程表を用いることがある.
	技術展開	設計品質を実現する機能が，現状考えられる機構で達成できるか検討し，ボトルネック技術(BNE)を抽出する方法. また，企業が保有する技術自体を展開することを技術展開と呼ぶこともある. (注)品質表で定めた企画品質や設計品質を実現するために，BNE となる技術を明確にすることが目的である. BNE としては，製品の品質面，コスト面，信頼性面での阻害要因が考えられるが，これらの阻害要因を解決するために必要な技術を抽出する.

表 2.1　“品質機能展開”に関連する用語(つづき)

	用　語	用　語　の　説　明
各種の展開	コスト展開	目標コストを要求品質又は機能に応じて配分することによって，コスト低減又はコスト上の問題点を抽出する方法. (注)品質表で設定された設計品質と，これを実現するための機構及び部品レベルで目標コストを配分し，コスト検討を実施する.
	信頼性展開	要求品質に対し，信頼性上の保証項目を明確化する方法である. (注)信頼性展開は，製品で保証すべき項目を明確にし，これらの故障に着目して信頼性の確保について考える．品質展開がポジティブな要求品質の展開であるのに対して，ネガティブな故障などの予防に関して信頼性手法を活用し，設計段階でこの故障を予防する. 品質表で設定された設計品質や，これを実現するサブシステム，部品を明確にし，FTA(Fault Tree Analysis)及び FMEA(Failure Mode and Effects Analysis)を用いて信頼性の検討を行う.
	業務機能展開	品質を形成する業務を階層的に分析して明確化する方法. (注)品質機能展開を実施するということは，品質展開だけでなく業務機能展開を実施することであり，両者を実施して初めて効果的かつ効率的に組織の総合的なパフォーマンスが改善される. 業務機能展開は，業務機能展開表，保証項目展開表，品質保証活動一覧表，品質保証体系図などによって構成される.

出典：JIS Q 9025：2003「マネジメントシステムのパフォーマンス改善―品質機能展開の指針」

図 2.2 に品質表の構成を示すが，品質表には図 2.2 のような，a) b) c) の 3 つの部分を指す場合と，それだけでなく d) e) f) も含んだものを指す場合がある(表 2.1 の c) 品質表の参考 2 参照).

表 2.2 に品質表の例を示す.

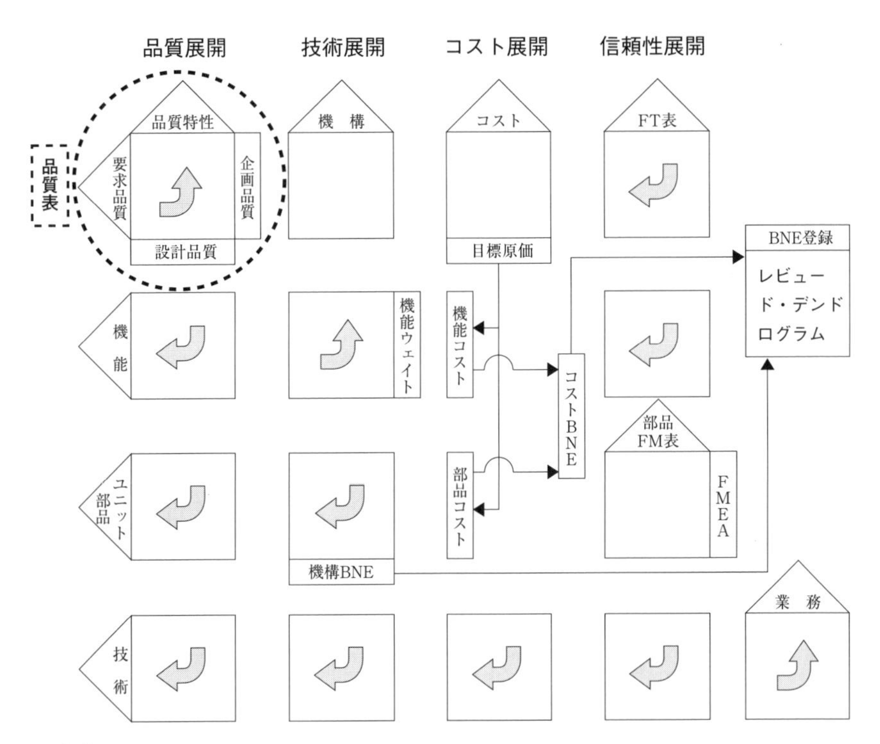

出典：JIS Q 9025：2003

図 2.1 品質機能展開(QFD)の全体構想図

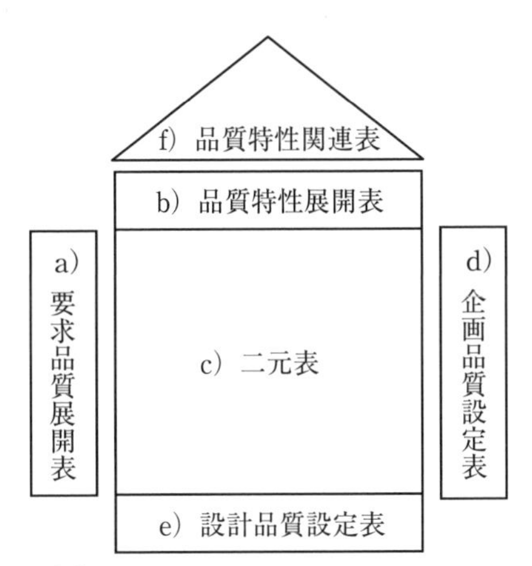

出典：JIS Q 9025：2003

図 2.2 品質表の構成

表 2.2 品質表の例：ゲーム機

要求品質展開表＼品質特性展開表 1次	2次	操作性				ソフト充実度				形状寸法				質量			話題性			
1次	2次	接続時間	メモリ容量	CPU速度	携帯性	ソフト互換度	ソフト拡張性	キャラクタ充実度	ソフト多様性	本体厚さ	外形寸法	操作部寸法	開口部寸法	本体質量	操作部質量	付属品質量	意匠性	安全性	注目度	リアル度
使いたくなる	面白い						○	◎									○		○	○
	会話できる						○													
	体感できる							○				○			○					◎
	デザインが良い										◎						◎		○	
ソフトがいい	どのソフトも使える					◎			◎	○										
	ソフトが多く入る		○				○													
	ソフトが作れる					○	◎													
長く楽しめる	多人数で楽しめる						○												◎	
	若者が好む				○												◎		◎	○
	長く使える		○						◎											
頑丈である	水に強い												○					○		
	ほこり(埃)に強い												◎							
	熱に強い										○							◎		
使いやすい	接続しやすい	◎			○								○							
	コードが無い	○			○															
	持ち運べる				◎					○	○			◎		◎				
高性能である	音質がよい																			◎
	ロードが早い			◎					○											
	画像がきれい		○				○													○
操作しやすい	簡単にセーブできる		○	○					○											
	ボタンが押しやすい											◎			○					
	片手で操作できる											◎			○	○				

出典：JIS Q 9025：2003「マネジメントシステムのパフォーマンス改善―品質機能展開の指針」，附属書 4，表 1

2.1.5 DR とトラブル予測，FMEA，FTA

(1) DR とトラブル予測

“デザインレビュー”(DR)は，設計審査と訳され，設計にインプットすべきユーザーニーズや設計仕様などの要求事項が設計のアウトプットにもれなく織り込まれ，品質目標を達成することができるかどうかについて審議することをいう．

設計審査の場には，設計部門だけでなく営業，製造部門など，関連する他部門の代表者も参加する必要がある．この審査では開発・設計段階での品質不具合(トラブル)を審査することを主目的とするが，製品の性能，機能，信頼性，コスト，納期などを含めて，製品企画・設計開発から販売・サービスにいたるまでの品質保証活動を審査の対象とし，過去のトラブル知見を含むあらゆる専門知識を結集して市場品質を確保するための活動を体系的に行う必要がある．

DR による**トラブル予測**とその処置によって，トラブルの未然防止が効果的・効率的に実現できる．

(2) FMEA，FTA

信頼性を保証する道具として，“**FMEA**”(故障モードと影響解析：Failure Mode and Effects Analysis)と，“**FTA**”(故障の木解析：Fault Tree Analysis)がある．その比較および概念を表 2.3 に示す．

表 2.3 FMEA と FTA の比較と概念

略称	FMEA	FTA
手法の説明	製品を構成する部品から，製品やシステム全体の影響を評価する手法.	特定の故障をトップ事象として，その原因を追究する手法.
構造の概念図	製品(システム)：システムへの影響 ↑ サブシステム(構成部材)：故障モード ↑ 部品 （FMEA表）	トップ事象 ↓ AND, OR の論理記号：事象の展開 ↓ 基本事象の特定 （FT図）
特徴	各部品の故障モードごとにその影響や原因を考える FMEA 表を作成して積み上げていくボトムアップ方式.	トップ事象から AND, OR の論理記号を用いたFT図で事象を樹形状に展開するトップダウン方式.

FMEAは製品の設計の際だけではなく，下流である製造工程の検討の際にも作成され，その場合は“**工程FMEA**”と呼ばれる．さらには，作業ミスによる品質不良(ポカミス)を防止する手段として“**作業FMEA**”と呼ばれるものにも活用されている．この場合は，作業要素ごとにエラーモードや発生原因などを考えることになる．

2.1.6　品質保証のプロセス，保証の網(QAネットワーク)

(1)　品質保証のプロセス

品質保証のプロセスとして，新製品開発やプロセス保証で必要となる各ステップでの実施事項をまとめ，本章での各項目との関係を示したものを表2.4に示す．

(2)　保証の網(QAネットワーク)

“**保証の網(QAネットワーク)**”とは，不具合・誤りと工程(プロセス)の二元的な対応において，どの工程で発生防止や流出防止を実施するのかをまとめた図である．QAネットワーク図では，縦軸に不具合・誤りを，横軸に工程をとってマトリックスを作り，表中の対応するセルには，発生防止と流出防止の観点からどのような発生防止・流出防止対策がとられているか，またそれらの有効性などを記入する．また，それぞれの不具合・誤り項目ごとに，重要度，目標とする保証水準，マトリックスより求めた現在の保証ランクを記述する．図2.3にその概略図を示す．

この保証の網(QAネットワーク)を作成することによって，それぞれ不具合・誤り項目に対する重要な工程が明確になり，不具合の流出防止ができる．また，総合的な保証水準の改善のために，アクションをとるべき工程がわかる．

このような取組みを通じて，品質保証のプロセスを可視化することにより，関係者間の共通理解と技術・技能の伝承がはかられる．

表 2.4　品質保証のプロセス(ステップ)と本章での各項目との関係

ステップ	品質保証のための実施事項	本章での各項目との関係
1)　市場調査，製品企画	潜在的なものを含めて顧客のニーズを把握し，これに基づき，新しい製品を企画立案する．顧客満足調査，品質表(品質機能展開)などの手法を活用する．	2.1.4　品質機能展開
2)　製品設計	企画に基づいて製品を具体化する．その際に十分な設計審査(DR)を行うことが重要である．FMEA，FTA などの信頼性技法を活用する．	2.1.5　DRとトラブル予測，FMEA，FTA
3)　生産準備	製品設計を受けて，それを効率的に生産するためのプロセスを設計する．必要に応じてQC 工程図(表)を作る． 材料や部品について仕入れや外注する場合は，購買管理や外注管理が必要になる． 量産前に初期流動管理を行うことがある．	2.1.6　品質保証のプロセス，保証の網(QAネットワーク) 2.1.9　初期流動管理 2.2.3　QC 工程図，フローチャート
4)　生産・検査	品質を工程で作り込む．その際に QC 工程図を活用する． 保証の網(QA ネットワーク)で各プロセスと品質項目との関係を可視化する． 作業標準などを使って標準を順守するという教育訓練を行う． 検査で品質を保証することも大切である．	2.2.3　QC 工程図，フローチャート 2.1.6　品質保証のプロセス，保証の網(QA ネットワーク) 2.2.1　作業標準書 2.2.6　変更管理，変化点管理 2.2.7，2.2.8　検査 2.2.4　工程異常 2.2.5　工程能力調査，工程解析
5)　販売・サービス	販売以降の市場を対象とした活動である． 苦情処理を的確に実施し，顧客の不満を解消するとともに，次の商品へのフィードバックを図る． 苦情処理では，現物処理(不適合製品の管理)だけでなく，苦情の再発防止(是正処置)や未然防止(予防処置)も必要である．	2.1.10　市場トラブル対応，苦情とその処理
6)　全般	すべてのステップを通じて，顧客や社会の満足を得るための商品・サービスを考え，作りこんでいく必要がある．	2.1.3　品質保証体系図 2.1.8　製品安全，環境配慮，製造物責任 2.1.7　製品ライフサイクル全体での品質保証

発生防止，流出防止からの保証水準の例

		発生防止水準			
		1	2	3	4
流出防止水準	1	A	A	A	B
	2	A	B	C	D
	3	A	C	D	D
	4	B	D	D	D

○○製造ラインの QA ネットワーク

工程保証レベル／不具合・誤りまたは保証項目				工程												保証レベル		改善事項		改善後の保証レベル
				鋳塊受入	プレス押出	整直・面取	圧伸加工	蒸気ブロー	中間検査	抽伸加工	仕上げ切断	油拭	1次検査	内面研磨	2次検査	目標	現状	内容	期限	
外観	内面黒筋	ないこと	発生		2											A	B	……	4/13	
			流出		2															
	内面汚れ	ないこと	発生					2								B	C	……	4/30	
			流出					3												
	内面変色	ないこと	発生		2											A	B	……	5/10	
			流出		4										2					
寸法	外　径	45±0.05	発生							1						A	A			
			流出							1			1							

図 2.3　保証の網（QA ネットワーク）の例（一部）

2.1.7 製品ライフサイクル全体での品質保証

品質保証の考え方も，時代の進歩に伴い保証の対象の品質の意味が拡大してきた．特に製品の時間的な経過を含んだ品質として信頼性が重視されるようになってきた．耐久消費財という名の示すように，消費者が期待する期間，故障しないで稼働するという信頼性が要求されている．また，1970 年代初めに生じた公害問題を契機として，生産者と消費者との関係だけではなく，第三者（社会）にも迷惑をかけない製品を設計・生産・販売することが必要になった．

要するに，販売時だけではなく，長期間の使用時にも，そして(昨今の社会の環境保全意識の高まりから)製品の廃棄まで品質保証するということが要求されるようになっていて，それが「**製品ライフサイクル全体での品質保証**」という考えにつながる．

したがって，品質保証を考えるには，単に製品の販売時の品質だけではなく，販売後の信頼性や廃棄容易性や環境に関する法規制などとの関係も含めた多面的な品質の検討が必要になってきている．フェイルセーフで終わるようにライフサイクルを考えることも重要である．

2.1.8 製品安全，環境配慮，製造物責任

特に，社会的な要求へ対応するための品質保証として以下の3項目が挙げられる．

(1) 製品安全

顧客が製品を使用する際の安全を保証するために，安全な製品を作りこむことを“**製品安全**”という．“製品安全”の活動として，商品企画，製品設計，製造，販売，使用，修理・保全(サービス)，廃棄処理にいたるすべての活動において，危険性の予見と回避または排除，安全性確保のための表示，安全性に関する記録の管理などによって，製品の安全性を確保しなければならない．顧客の安全を確保するということは，メーカーの最も重要な社会的責任の一つであり，製造物責任を果たすことにもなる．

(2) 環境配慮

その製品・サービスが環境へ及ぼす影響を配慮して，製品・サービスに関する設計，製造，販売，使用，廃棄を行うことが供給者に求められている．このような考え方は，近年の世界的な環境保全に対する意識の高まりから考えられるようになったもので，製品の規格(仕様)やそれらの試験・評価方法などの規格についてもその配慮が要求されている．

(3) 製造物責任

“**製造物責任**”とは，「ある製品の欠陥が原因で生じた人的・物的責任に対して製造業者が負うべき賠償責任」のことで，英語でProduct Liability(略して**PL**)という．この考え方は欧米では古くからあったが，日本では1995年7月から“**製造物責任法**(略称**PL法**)”が施行され，製造者の賠償責任が法的に追及されるようになった．PL法は，「製造物の欠陥により人の生命，身体又は財産に係わる被害が生じた場合における製造業者等の損害賠償の責任について定めることにより，被害者の保護を図ること」(第一条)を目的としている．製造物の欠陥により，その使用者が被害を受けた場合に，製造者は過失の有無にかかわらず，損害の賠償の義務を負うという点に注意しなければならない．

メーカーとしては，賠償責任のあり方を念頭におくのは当然であるが，基本的には何よりも製品事故が起こらないようにするという，上記(1)の“製品安全”の姿勢が大切である．

2.1.9 初期流動管理

“**初期流動管理**”とは，「量産初期の品質保証ステップを着実に実施していくための管理で，特に，製品の量産に入る立ち上げの段階で，また工程の大幅な変更が実施された後，設計変更がなされたとき，量産安定期とは異なる特別な体制をとって情報を収集し，スムーズな立ち上げ(垂直立ち上げ)を図る」ことである．

このために，普段よりも頻度を多くデータをとったり，サンプルサイズを増やしたりする．要は，立ち上げのときはトラブルが起きやすいので，特別な管理体制を設けるものである．

このように，初期流動管理は，新製品，新材料，新部品，新設備が一定期間で基準目標値を達成できるように実施事項に取り組み，生産工程の安定化をはかる管理体制整備活動といえる．

初期流動管理の対象となるのは，一般に以下の①～④のような場合であるが，関係する社内規定などで，明確にしておくことが望ましい．

①　新製品を生産するとき．
②　新材料や新部品を使用するとき．
③　設備を新設または従来の設備を大幅に変更したとき．
④　久しぶりの製品の生産や，久しぶりの材料･部品･設備の使用のとき．

上記④は①～③とは異質であるが，“３Ｈ管理(初めて，変更，久しぶり)”の３番目の項目として注目されており，初期流動管理の対象に加えるとよいとされている．「久しぶり」とする期間は，事前に決めておくとよい．

初期流動管理では，初期の製品に関する品質の情報を多く収集し，そこで発見・検出された不適合に対する是正処置を迅速に行い，根本的な対策を確実に実施することが重要である．このことにより，顧客満足度を向上し，理想的な定常の生産体制に入ることが可能となる．また，初期流動管理の時期に量産体制に移行するために以下の作業を行う．

①　必要な標準類の整備．
②　製造に必要な材料や部品の調達．
③　製造に必要な設備の準備．
④　作業者に対する教育・訓練の実施．

特に上記④は忘れがちになるが，重要で欠かせないものである．

2.1.10　市場トラブル対応，苦情とその処理

市場に出た製品の品質に対して顧客から苦情等が提示されることがあるが，それにどのように取り組むかは，「**市場トラブル対応**」として企業(生産者)にとって，大変重要である．

“苦情” とは，「製品若しくはサービス又は苦情対応プロセスに関して，組織に対する不満足の表現であって，その対応又は解決を，明示的又は暗示的に期待しているもの」(JIS Q 10002：2019)である．この定義をベースにして，“苦情”(complaint)のうちで，とくに修理，取替え，値引き，解約，損害賠償などの請求があるものを **“クレーム”**(claim)といって区別する場合もある．“苦情”(complaint)は顧客満足に関係する重要な情報である．

苦情の情報は，供給者である企業にとって，以下の①～④に示す点で重要な意味をもっている．

① 使用者の不満を解消し，信頼を維持するための応急処置の出発点になる．

② 同様のクレームが生じないように予防することができる．

③ 保有する技術の不足や，お客様の要望を知ることができる．

④ 品質保証システムの不備を知ることができる．

“**苦情処理**”は，顧客満足向上に大いに関係しており，迅速・確実に実施する必要がある．

その概要・手順を表2.5に示す．最初の「応急処置」にとどまらず，解

表2.5 苦情処理の手順の概要

項 目	実施事項
1) 応急処置	① 苦情の受付 ② 現品調査または実地調査 ③ クレーム判定 ④ クレーム品に対する修理・取り替え ⑤ クレーム処理報告書の発行(注1)
2) 解析（原因究明）	① 現象の的確な把握 ② 重要品質問題への登録 ③ 解析担当部門の決定 ④ 解析担当部門による現地調査または実地調査 ⑤ 不具合原因の究明 ⑥ 品質保証システムの不備の解析(注2)
3) 対策（是正処置）	① 対策案（方法，範囲）の立案 ② クレーム品と同一の製品に対する処置 ③ 他の製品に対する処置（水平展開） ④ 設計・製造・評価プロセスに対する処置 ⑤ 品質保証システムの改善(注2)
4) 苦情情報の活用	① クレーム処理報告書の作成(注1) ② 苦情情報の分析 ③ 過去トラの作成

(注1) 「クレーム処理報告書」は，なるべく早く情報として発行し，表中の様々な処置のポイントを記入（作成）する．

(注2) 品質保証システムの不備についても解析し，それに基づき改善する．

析（原因究明）→対策（是正処置）→苦情情報の活用まで確実に進めることが，長期的な製品・サービスの品質向上につながる．

2.2 プロセス保証

2.2.1 作業標準書

“**作業標準**”とは，「製品又は部品の各製造工程を対象に，作業条件，作業方法，管理方法，使用材料，使用設備，作業要領などに関する基準を規定したもの」（JIS Z 8141：2022）である．

作業標準を記載した文書は，その内容，あるいは会社，工場によって，作業標準書，作業手順書，作業指図書，作業指示書，作業要領書，作業指導書など，いろいろな名前で呼ばれている．

作業標準の内容としては，工程の全体にわたって必要事項を詳細に記述したものより，作業の勘どころや注意点などを，図や絵や写真を使って，できるだけ簡潔に，明確的にわかるようにしたものがよい．

作業標準に網羅されている項目は，以下のようなものである．

①　適用範囲
②　使用材料，部品
③　使用設備
④　作業方法，作業条件，作業上の注意事項
⑤　作業時間
⑥　作業原単位
⑦　作業の管理項目と管理方法
⑧　規格
⑨　異常の場合の処置
⑩　設備，治工具の保全，点検
⑪　作業人員と作業資格

⑫　不良(トラブル)履歴

作業標準書には，なぜそのように手順が決まっているのか，その手順を守らないとどのようになるかについても記載しておくとよい．

作業標準書を作成する目的は，大きく分けて以下の4つである．

①　必要な作業内容を伝達する

作業内容を“見える化”し，作業の変更が行われた場合は，改訂後の作業標準書で再教育が必要である．

②　不適合や作業ミスを防止する

十分な工程解析が必要である．

③　決めることにより作業能率が向上する

標準を決めてそれを守ることによって効率が上がる．

④　改善が促進され容易になる

作業標準書が改善のためのベースラインになる．

作業標準書の使用上の注意点としては，品質トラブルが発生したときに，起きた現象と作業標準書を以下の①～③の観点で対比させ，トラブルの原因を追究し，必要に応じて作業標準書を追記・改訂することが望ましい．

①　標準が決められていたか？

②　標準に不備がなかったか？

③　標準どおりに作業が行われていたか？

2.2.2　プロセス(工程)の考え方

(1)　プロセスとは

“プロセス(Process：工程)”とは，「インプットを使用して意図した結果を生み出す，相互に関連する又は相互に作用する一連の活動」(JIS Q 9000：2015)である．

(2)　プロセスの考え方

プロセスについては，以下の①～⑤の点を考える必要がある．

①　何らかのインプットを受け，ある価値を付与し，アウトプット(意

図した結果)を生成する．

② インプットは，アウトプットの元(基)になる材料，情報，エネルギーなどがあり，他のプロセスからのアウトプットの場合がある．

③ 人，設備，技術，ノウハウ，資金などの経営資源を活用して行う．

④ 活動状況の監視・測定を行う．

⑤ 相互に関連するまたは相互に作用する活動とは，特定の目的を達成するうえで，それぞれの役割をもった，ひとまとまりの行為である．

上記を概念的に図式化したものを図 2.4 に示す．

プロセスの語源は pro(前に，前の) + cess(進む)であり，結果を出すために前に進める，つまり「結果を出すための一連の手続き(手順，道筋)」ということができる．

そして，品質管理を実施するうえで，“**プロセスに基づく管理**”が求められている．このプロセスに基づく管理とは，以下の①～④のようなものである．

① ねらいとする成果を生み出すためのプロセスを明確にする．

② 個々のプロセスを計画どおり実施する．

③ 成果とプロセスの関係，プロセス間の相互関係を把握する．

④ 一連のプロセス(それはシステムと考えられる)を有効に機能するように維持・改善する．

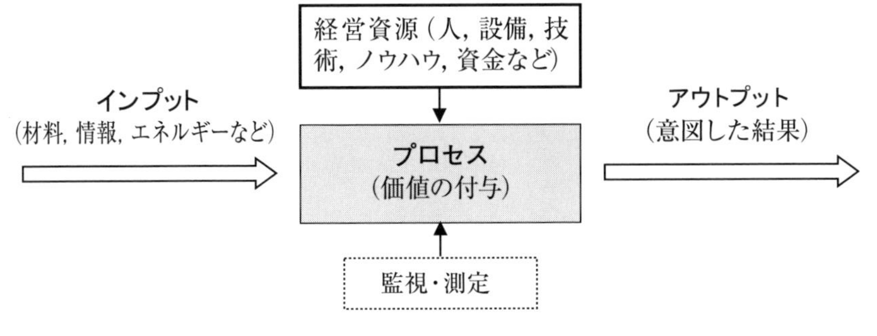

図 2.4　プロセスの概念図

2.2.3 QC工程図，フローチャート

(1) QC工程図

"QC工程図" とは，「製造品質が設計仕様に適合しているのかを確認するために，各製品ごとに材料・部品の供給から完成品として出荷されるまでの工程を図示し，各工程での管理項目，管理方法について図表を使って明らかにしたものであり，各工程の流れに沿って，どの製造条件(要因)と特性を，どのように管理すればよいかわかるようにした管理資料」である．

QC工程図は，QC工程表，管理工程表，工程保証項目一覧表など様々な言葉で呼ばれているが，ほぼ同義語である．

QC工程図は，主に繰り返しのあるプロセスの管理に用いられ，製造プロセスに適用されることが多いが，サービスプロセスにも活用されている．

QC工程図の作成にあたっては，前もって製造工程の中で，何が品質に影響を与えているかを明らかにするために，製品の品質特性と工程上の要因の関係を分析する必要がある．

QC工程図に盛り込まれるべき主な項目は，次のようなものである．

① 工程のフローチャート(これは省かれることもある)
② 工程要素および／または機械・設備名
③ 重要度(最終製品の特性や重大製品事故の発生履歴などから，重要度の高い工程をマークする場合がある．この項目は省かれることも多い)
④ 管理項目
⑤ 管理水準
⑥ サンプリング(方法)
⑦ 責任部門
⑧ 測定器・測定方法
⑨ 記録方法
⑩ 異常時の処理(責任者と処置方法)
⑪ 関連標準類
⑫ 参考事項(過去のトラブル経験など)

QC工程図は，すべての製品に対して作成する必要はないが，重要な製品に対してはぜひ作成し活用するのがよい．

QC工程図の活用法を以下に列挙する．

① それを使って製品実現の工程がどれだけしっかりしているか，どこに弱点があるかを把握し，トラブルが発生する前にそこを補強してトラブルを予防する．

② 作成されたQC工程図をもとに，自社の工程に対して必要十分な管理が行われているか，過去の経験が活かされているか，現状のままでよいかなどを確認し，必要であれば問題が発生する前に処置をとる．

③ 不幸にしてトラブルが発生したときには，なぜそれが起こったか，どこが弱点であったかを追究する道具として活用する．

(2) フローチャート

フローチャートは，流れ図，フロー図ともいわれ，特に品質管理では，仕事の流れを表現するときに用いられ，クレーム処理体系図，品質保証体系図などがある．

業務フロー図もフローチャートの一種である．これは，仕事の進め方を作業手順レベルまで展開し，詳細な処理の仕方や部門・課における主要業務について，その処理手順などを帳票やものの流れに従って示した図のことである．すなわち，その業務についての管理のサイクルを回すうえで，必要な作業間のつながりと流れ，各作業に必要な標準類，各作業で出力される帳票類および作業に関連する部門，会議体を示した図をいう．

2.2.4 工程異常の考え方とその発見・処置

“工程異常” とは，「工程が管理状態にないこと」であり，工程が見逃せない原因によって，定常状態でなくなることをいう．製品の特性が，規格に合致していない“不適合(不良)”と，工程異常とは明確に区別しなければならない．不適合品が発生していなくても，何らかの要因の変動によって，工程異常になっている場合がある．工程異常の検出には，管理図の活用が有効であるが，工程に日常直接関係している作業者などの感性(感覚・意識)も大切である．

工程異常の検出に際しては，その対応を迅速・確実に行う必要があるので，工程異常報告書を発行するのがよい．工程異常報告書は，サービスやシステムの場合，障害報告書などと呼ばれることがあるが，用途は同じである．この工程異常報告書には，一般に以下のような項目を記入する．

①異常発生状況，②原因調査，③応急処置，④再発防止処置，⑤再発防止処置の効果の確認，⑥関連標準類の改訂記録，⑦担当者，⑧確認者．

また，原因究明に際しては，QC 工程図や作業標準書も活用し，それらの順守状況も確認し，必要に応じて改訂も行う．

2.2.5 工程能力調査，工程解析

製品の品質を管理し改善するためには，その製品を製造する工程の実態をよく知る必要がある．工程が安定状態であるのか，製品の品質がその規格値に対して満足できる状態なのかなど，工程の持つ質的な能力の把握が重要である．この工程の持つ製品の品質能力を**工程能力**という．**工程能力調査**とは，工程から製品をサンプリングして品質特性を計測し，工程能力を推定することである．工程能力を把握する方法として，工程のばらつきの大きさの製品規格の幅に対する関係を表す**工程能力指数** C_p が用いられる．

工程から得られたデータを基にして，工程における特性と要因の関係を明らかにする活動を**工程解析**といい，統計的な方法を用いることが多い．この工程解析に基づき工程の維持や改善を図る．QC 工程図(2.2.3 項参照)の作成には，工程解析が必要となる．

一般に工程能力調査や工程解析というと，製造プロセスにおける工程改善のための調査に重点をおくことが多いが，上流の製品設計や工程設計のための活動により重点をおくべきである．工程能力がわからずに製作性や加工性を考慮しないで製品設計が行われた場合，工程設計段階や製造段階にその“つけ”が出てくるからである．

2.2.6 変更管理，変化点管理

(1) 変更管理

“変更管理” とは，「製品の仕様，型式や設備，工程・材料・部品などに関する変更を行う場合，開発・設計・製造・販売・サービスなどの段階において，変更に基づくトラブルを未然に防止するために，変更にともなう影響を評価し，問題があれば事前に処置をとること」(『新版 品質保証ガイドブック』，日科技連出版社)である．要求品質特性や生産条件が変わることはよくあることであり，その変更に応じて，関係する標準類の改訂を早急に行う必要がある．それらの標準類のメンテナンスと並行して，変更になったということを関係者に迅速・確実に伝えて，変更点を関係者間で周知させる必要がある．このような“変更管理”については，JIS Q 9001：2025 の「8.2.4 製品及びサービスに関する要求事項の変更」，「8.3.6 設計・開発の変更」，および「8.5.6 変更の管理」でも要求されている．

(2) 変化点管理

この“変更管理”と類似した用語に **“変化点管理”** というものがある．想定外の事態の発生や４Ｍの変更など，事前に変更となる内容が明確でなく，条件(要因)や特性に変化が起こった場合が“変化点”である．例えば，故障や特異な入力・環境外乱(温度，台風・地震)，作業の中断や引継ぎ・交替時，図面変更・工程変更などへの対応が不適切であった場合に，不具合・異常が発生することがある．このような変化点を早めに把握・監視して，適切な対応をしようというのが変化点管理である．

いわば，変更管理は，変更に関する問題発生の予防処置である．一方，変化点管理は想定外の条件(要因)や特性の変化に対する管理といえる．いずれにしても，“変更や変化”は，不具合・異常の原因になりやすいので，その事実(情報)を関係者間で迅速に共有し，適切な対応をすることが求められる．

変化点管理および変更管理は，日常管理において重要である．

2.2.7 検査の目的・意義・考え方(適合・不適合)

“**検査**”とは,「適切な測定,試験,又はゲージ合わせを伴った,観測及び判定による適合性評価」(JIS Z 8101-2：2015)である.ここで“適合性評価”とは,「アイテム(単位体)が規定された要求事項をどの程度満たすかの系統的な調査」である.また,“規定された要求事項”とは,顧客の要求事項だけではなく,製造者が定めた要求事項も含んでいる.

“**適合**”しているとは,要求事項を満たしているということで,満たしているものを“適合品”という.“**不適合**”とは,要求事項を満たしていないということで,満たしていないものを“不適合品”と呼ぶ.以前は良品／不良品という呼び方をしていたが,JISではこの適合・不適合という呼び方を使用している.

検査の目的・意義には,表2.6に示す2つがある.

表2.6　検査の目的・意義

検査の目的・意義	備　考
①　一つひとつに対して適合品／不適合品(良品／不良品),あるいはロットに対して合格／不合格の判定をし,不適合品や不合格ロットを後工程や顧客に引き渡さないようにする.	検査の基本的な目的である.
②　検査で得られた製品・サービスの品質に関する情報を伝達し,前工程で再発防止や未然防止を行う.	この目的は忘れられがちであるが重要である.

2.2.8 検査の種類と方法

検査は,検査の行われる段階,方法,性質などにより,表2.7のとおり分類される.

表 2.7　検査の種類

分類の仕方	検査の名称	内　容
検査の行われる目的(段階)による分類	受入検査 (購入検査)	品物(材料・半製品または製品)を受け入れる段階で，一定の基準に基づいて受入の可否を判定する検査. 品物を外部から購入する場合を，購入検査という.
	工程間検査 (中間検査) (工程内検査)	工場内において，半製品をある工程から次の工程に移動してもよいかどうかを判定するために行う検査. 工程内検査，中間検査ともいう.
	最終検査	できあがった品物が，製品として要求事項を満足しているかどうかを判定するために行う検査．完成品検査，製品検査ともいう.
	出荷検査	製品を出荷する際に行う検査．輸送中に破損，劣化が起こらないように，梱包条件についてもチェックする. 最終検査の終了後に直ちに製品が出荷される場合には，最終検査が出荷検査となるが，最終検査後に製品がいったん倉庫に保管され，改めて検査が行われる場合の検査は最終検査とは別のものとなる.
	自主検査	製造部門が自分たちの製造した製品について自主的に行う検査.
検査のやり方による分類	全数検査	製品またはサービスのすべてのアイテムに対して行う検査.
	抜取検査	製品またはサービスのサンプルを用いる検査. すべて検査しないということで全数検査とは異なる.
	間接検査	購入検査で，供給者が行った検査結果を必要に応じて確認することによって，購入者の試験を省略する検査.
	無試験検査	品質情報・技術情報に基づいて，サンプルの試験を省略する検査．技術的にも使用実績からも，不適合品が出たり，そのために次工程や使用者に迷惑になることがほとんどないと判断される場合に採用される.

表 2.7 検査の種類(つづき)

分類の仕方	検査の名称	内 容
検査の性質による分類	破壊検査	破壊試験を伴う検査. 破壊試験とは，品物を破壊したり，商品価値の下がるような方法で行う試験のことをいう.
	非破壊検査	検査する対象物を破壊せずに行う検査. 品物を試験しても破壊することなく，しかも商品価値を下げないで検査の目的を達成する検査. 放射線，超音波，電磁誘導，蛍光染料などを利用するものがある．非破壊試験ともいう.
検査の行われる場所による分類	定位置検査	固定した場所で行う検査. 工程の一箇所を指定し，そこに検査工程を入れて検査するか，または検査室などの特別な場所に品物を運んで検査する.
	巡回検査	工程内において，とくに検査を行う時点を指定せず，検査員が随時工程をパトロール(巡回)しながら行う検査.

2.2.9 計測の基本

製品・サービスの品質を管理するためには，その特性をはかる(量的にとらえる)必要があり，そこで“**計測**”が重要になってくる．計測に関連する用語の定義を表 2.8 に示す.

計測に関連する用語については，JIS Z 8103：2019「計測用語」で定義されている.

表 2.8　計測に関連する用語の定義

用　語	用語の定義
測　定	ある量を，基準として用いる量と比較し，数値または符号を用いて表すこと． (注)　計測の手段となる．
計　測	特定の目的を持って，事物を量的にとらえるための方法・手段を考及し，実施し，その結果を用い初期の目的を達成させること．
計　量	公的に取り決めた測定標準を基礎とする計測．計量法の関係があって，公的に取り決めた測定標準を基礎とする場合に"計量"といい，それ以外の場合は"計測"を使うことが多い．
計測器	計器，測定器，標準器などの総称．温度計や圧力計も含んでいる．
計　器	(a)　測定量の値，物理的状態などを表示，指示又は記録する器具． (b)　(a)で規定する器具で，調節，積算，警報などの機能を併せ持つもの．
測定器	測定を行うための器具装置など．
標準器	ある単位で表された量の大きさを具体的に表すもので，測定の基準として用いるもの．(測定)標準のうち，計器及び実量器をさす．
計測管理	計測の目的を効率的に達成するため，計測の活動全体を体系的に管理すること．

2.2.10 計測の管理

(1)　計測の管理

計測には必ず誤差が伴う．その大きさや性質は計測方法によって大きく異なるので，それぞれの目的にあった計測方法を選択するとともに，計測技術を向上していかねばならない．また，計測に使用する機器(計測器)は，時間の経過とともに劣化・変化するので，変化の大きさを評価し，それを予防して必要なレベルを確保しなければならない．このような必要性から

“計測の管理” が求められる．計測の管理には，計測器と計測作業の管理がある．

“計測器の管理” とは「生産活動またはサービスの提供に必要な計測器の計画，設計・製作，調達から使用，保全をへて廃却・再利用に至るまで，計測器を効果的に活用するための管理」のことである．

“計測作業の管理” としては，作業の手順書を策定し，教育訓練をし，その結果をフォローする必要がある．

(2)　計測器の管理

計測で使用する機器については計測結果に与える影響が大きいため，適切な管理を行う必要がある．

工程で使用する計測機器は，定期的に要求精度を満たしているか否かを点検し，必要に応じて校正や修理を行い，精度の維持をはかることが重要である．

“校正” とは，「計器または測定系の示す値，もしくは実量器または標準物質の表す値と，標準によって実現される値との間の関係を確定する一連の作業」をいい，校正には，計器を調整して誤差を修正することは含まない．

点検および校正用の設備，試験室，標準試料については適切な管理を行うことが重要であり，特に，基礎的あるいは重要な計測器の校正にあたっては，国際標準または国家標準のような公的に認められた標準器との間にトレーサビリティを確保できていることを証明できるようにする必要がある．組織で使用している計測機器のトレーサビリティについては，その関係を示す体系図を作成し，整理しておくとよい．

“標準器” とは，「ある単位で表された量の大きさを具体的に表すもので，測定の基準として用いるもの．(測定)標準のうち，計器及び実量器をさす」(JIS Z 8103：2019)である．

また，**“標準物質”** とは，「指定された特性に関して十分に均質かつ安定な物質であって，測定又は名義的性質の検査において意図する用途に適していることが立証されているもの．」(JIS Z 8103：2019)であり，例えば，

pH 標準液，粘度標準液，鉄鋼標準試料，ガス分析用標準ガスなどがある．

計測器はしっかりした管理のもとに使用されなければならない．管理の源は校正である．JIS Q 9001：2025 では，測定機器は「定められた間隔で又は使用前に，国際計量標準又は国家計量標準に対してトレーサブルである計量標準に照らして校正若しくは検証，又はそれらの両方を行う」ことを満たさなければならない．

「校正と点検とはどのように違うのか？」が議論になることがある．どちらも計測器の信頼性の程度を評価するのが目的であるが，以下の①，②の視点で区別するといい．

① 点検は，計測器そのものをチェック，確認することで評価すること．使用前点検や月次点検などでチェックを行うことが多い．

② 校正は，標準器又は標準物質と照らし合わせてチェック確認することで評価すること．

1993 年の計量法改正により，トレーサビリティ制度が創設され，独立行政法人産業技術総合研究所計量標準総合センターなどが持つ一次標準器および標準物質が指定され，それらの標準器によって校正された認定事業者(登録事業者)の二次標準によって，実用標準(社内標準)が校正されるという体系が確立されている．このような下位から上位へ標準をさかのぼっていく体系をトレーサビリティ体系といい，個々の計測器が国家標準につながっていることをトレーサブルという．

校正の源である国家計量標準(一次標準：特定標準器など，または特定標準物質)は，計量法に従い，産業界のニーズや計量標準供給体制の整備状況などに基づき経済産業大臣が指定している．これを用いて，独立行政法人産業技術総合研究所，日本電気計器検定所または経済産業大臣が指定した指定校正機関は，登録事業者に対し計量標準の供給(校正など)を行う．この計測のトレーサビリティが確保されていることを図 2.5 のような JCSS という校正事業者登録制度で確保している．

JCSS とは，Japan Calibration Service System の略称であり，この校正事業者登録制度は ISO(国際標準化機構)および IEC(国際電気標準会議)が定めた校正機関に関する基準(ISO/IEC 17025)の要求事項に適合している

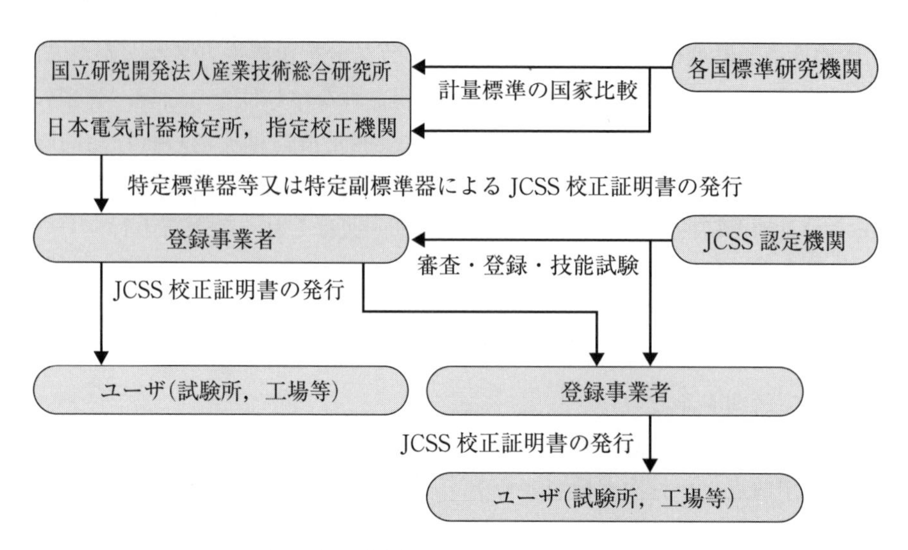

出典：独立行政法人製品評価技術基盤機構ホームページ（2016 年 4 月 14 日閲覧）

図 2.5　JCSS（校正事業者登録制度）における計測のトレーサビリティ

かどうか審査を行い，校正事業者を登録するものである．

2.2.11　測定誤差の評価

同じ工程で製造した工程（母集団）からのサンプルであっても，ばらつきをもっている．このばらつきの原因はいろいろ考えられる．例えば，重さの場合，とったサンプルの違いで，重さは変わってくる．これをサンプリング誤差という．

また，測定には必ず誤差が伴う．同じサンプルでも測定を繰り返せば異なった値が出てくる．測定器や測定者が変わる場合にも違いが出てくる．これを測定誤差という．

このことから測定して得るデータは，サンプリング誤差と測定誤差を伴うので，

$$\text{測定値} = \text{真の値} + \text{誤差}$$

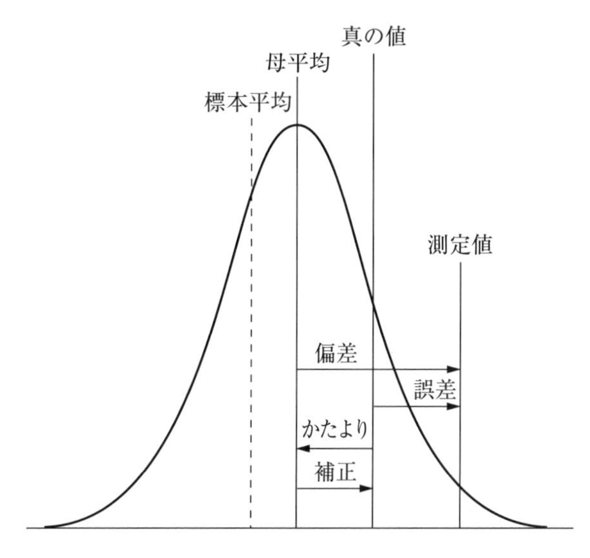

図 2.6　計測の誤差

あるいは

測定値 ＝ 真の値 ＋ サンプリング誤差＋ 測定誤差

と表現することができる．

誤差を詳しく図示すると，図 2.6 のようになる．

この図の中で用いられている用語などは，JIS Z 8103：2019「計測用語」で定義されているので，それを表2.9に示す．真の値，測定値の母平均(期待値)，標本平均はそれぞれ異なっていることに注意すること．

2.2.12　官能検査，感性品質

“官能検査” は人間の五官(五感：視覚，聴覚，触覚，味覚，嗅覚)による“官能評価”のことをいい，「官能特性を人の感覚器官によって調べ，それに基づく評価」である．この官能特性とは，「人間の感覚器官が感知できるもの」であり，感覚的特性，心理的特性の類義語としても使われる．

表 2.9　測定誤差に関する用語の意味

用語	用語の定義
真値, 真の値	量の定義と整合する量の値.
誤差	測定値－真の値
偏差	測定値－測定値の母平均
残差	測定値－測定値の試料平均
かたより	測定値の母平均－真の値
ばらつき	測定値がそろっていないこと．また，ふぞろいの程度. ばらつきの大きさを表すには，例えば，標準偏差を用いる.
真度, 正確さ	無限回の反復測定によって得られる測定値の平均と参照値との一致の度合い.
精密さ, 精度	指定された条件の下で，同じ又は類似の対象について，反復測定によって得られる指示値又は測定値の間の一致の度合い.
再現性, 再現精度	測定の再現条件の下での測定の精密さ.

出典：JIS Z 8103：2019

官能検査における品質の表示は，a)数値による表現，b)言葉による表現，c)図や写真による表現，d)検査見本による表現，などで行うことができるが，数値によることが多い．ただし，官能評価は数値化することが容易ではない.

“感性品質” とは，人間の五官(五感)などの「感覚」だけでなく，人間の情緒や感情，気持ちや気分，好感度，選好，快適性，使いやすさ，生活の豊かさなどの「感じ方」をも含んだ品質のことを意味している．このように，人間の「感覚」と「感じ方」を併せて「感性」とすると，商品開発においては，「感性」を重視し，「感性に訴える商品」を提供することが求められるようになってきた．最近の「人間重視・生活重視」の動きの中で，人の「感じ方」を含めた“感性品質”の重要性は高まっている．
　食品の味や利き酒などを中心に古くから研究されてきた官能検査(官能評価)は，食品業界や化粧品業界を中心に，新製品開発や市場調査に用いられてきた．その後，自動車，建設，電気機器，サービスなど，活用される分野が多様化するとともに，“感性品質”へ広がってきたといえる．

第2章のポイント

(1)　品質保証

「顧客・社会のニーズを満たすことを確実にし，確認し，実証するために，組織が行う体系的な活動」が“**品質保証**”であり，品質管理の目的といえる．

(2)　品質保証体系図

“**品質保証体系図**”とは，製品の企画，設計・開発，製造，出荷，アフターサービスに至るまでの品質保証の業務を各部門に割りふったフローチャートである．

(3)　品質機能展開

“**品質機能展開**”(Quality Function Deployment：**QFD**)とは，「製品に対する品質目標を実現するために，さまざまな変換及び展開を用いる方法論」のことである．

(4)　デザインレビュー(DR)

“**デザインレビュー(DR)**”は，設計審査と訳され，設計にインプットすべきユーザーニーズや設計仕様などの要求事項が設計のアウトプットにもれなく織り込まれ，品質目標を達成することができるかどうかについて審議することをいう．これにより，トラブルの予測と未然防止を目的としている．

(5)　FMEA，FTA

信頼性を保証する道具として，“**FMEA**”(故障モードと影響解析：Failure Mode and Effects Analysis)と，“**FTA**”(故障の木解析：Fault Tree Analysis)がある．

(6) 保証の網(QA ネットワーク)

“**保証の網(QA ネットワーク)**”とは，不具合・誤りと工程(プロセス)の二元的な対応において，どの工程で発生防止や流出防止を実施するのかをまとめた図である．

(7) 初期流動管理

“**初期流動管理**”とは，製品企画から量産前の品質保証ステップを着実に実施していくための管理で，とくに製品の量産に入る立ち上げの段階で，量産安定期とは異なる特別な体制をとって情報を収集し，スムーズな立ち上げ(垂直立ち上げ)をはかることである．

(8) 作業標準書

“**作業標準**”とは，「製品または部品の各製造工程を対象に，作業条件，作業方法，管理方法，使用材料，使用設備，作業要領などに関する基準を規定したもの」であり，これを記載した文書は，作業標準書，作業手順書，作業要領書等の名称で呼ばれる．

(9) プロセス(工程)

“**プロセス(工程)**”とは「インプットを使用して意図した結果を生み出す，相互に関連する又は相互に作用する一連の活動」であり，インプットとアウトプット，使われる資源(人，設備，情報等)や監視・測定の方法等を明確にする必要がある．

(10) QC工程図

“**QC 工程図**”とは「製造品質が設計仕様に適合しているのかを確認するために，各製品ごとに材料・部品の供給から完成品として出荷されるまでの工程を図示し，各工程での管理項目，管理方法について図表を使って明らかにしたもの」である．

(11)　工程異常

“**工程異常**”とは，「工程が管理状態にないこと」であり，(様々な要因が集まった)工程が見逃せない原因によって，定常状態でなくなることをいう．製品の特性が，規格に合致していない“不適合(不良)”と，工程異常とは明確に区別しなければならない．

(12)　工程能力調査

工程の持つ製品の品質能力を“**工程能力**”という．工程能力を把握する方法として，工程のばらつきの大きさの製品規格の幅に対する関係を表す**工程能力指数** C_p が用いられる．工程が安定状態であるのか，製品の品質がその規格値に対して満足している状態なのかの把握を行い(工程能力調査)，原因と対策を検討する(工程解析)．

(13)　変更管理，変化点管理

様々な条件(要因)を変更することや，条件・特性が変化することがある．その変化(変更)に伴う問題点の発生を防止する**変更管理**や**変化点管理**がある．

(14)　検査

“**検査**”とは，「適切な測定，試験，又はゲージ合わせを伴った，観測及び判定による適合性評価」(JIS Z 8101-2：2015)である．ここで適合性評価とは，「アイテム(単位体)が規定された要求事項をどの程度満たすかの系統的な調査」である．

(15)　計測の基本と管理

製品・サービスの品質を管理するためには**計測**が重要であり，工程で使用する計測機器は，定期的に要求精度を満たしているか否かを点検し，必要に応じて**校正**や修理を行う．

(16)　測定誤差の評価

測定には必ず“**測定誤差**”が伴い，その誤差を評価するための各種の用語がある．それらの用語のそれぞれの意味と差異を明確に理解する必要がある．

(17)　官能検査，感性品質

“**官能検査**”とは，官能評価のことをいい，「官能評価分析(官能特性を人の感覚器官によって調べることの総称)に基づく評価」のことである．

“**感性品質**”とは，人間の五官(五感)などの「感覚」だけでなく，人間の情緒や感情，気持ちや気分，好感度，選好，快適性，使いやすさ，生活の豊かさなどの「感じ方」をも含んだ品質のことを意味している．

第3章

品質経営の要素

3.1 方針管理

3.1.1 方針管理とは

企業が経営環境の変化に対応して存続し，発展していくためには，経営戦略をしっかり持ち，経営トップが決めた方針のもとに統一ある活動を行うことが重要である．その活動には，日常の各職場・各部門で決められた業務(分掌業務という)を行い，部門の役割を遂行していく“**日常管理**”の活動に加えて，前向きの改善・改革に取り組む“**方針管理**”の活動がある．方針管理は，重要な課題を明確にし，関連部門と協力のうえでPDCAを回して，効率的に解決をはかっていく職制を中心とした活動である．

3.1.2 方針の展開とすり合わせ

(1)　方針管理における目標と方策

方針を示す場合は，目標とそれを達成するための方策(目標を達成するための手段)を合わせて示すことが必要である．

方針＝目標＋方策

そして，この目標にも方策にも以下の①～③の3要素が必要である．

①　目標または方策項目
②　目標値
③　期限(達成期日)

その例を以下に示す．

＜目標の例＞　目標項目：A製品の営業利益率の向上
目標値　：5%向上
期限　　：今年度末
方策　　：1)　製造原価低減
2)　新製品Aの拡販

＜方策の例＞　(上記の方策1)の場合)

方策項目：Ｂ工場での製造原価低減
目標値　：15% 削減
期限　　：今年度９月末

(2)　方針の展開とすり合わせ

“方針の展開” とは,「方針に基づき，上位の重点課題，目標および方策を，下位の重点課題，目標および方策へと展開すること」であるが，具体的には以下のような例が考えられる.

社長方針を各部門に展開するために，各部門は上位方針を受けて，部門の課題・目標・具体的な解決策を検討し，実施計画書を立案する.

展開の仕方として，例えば,「部長方針」＝「目標 1」＋「方策 1」が策定されると，この「方策 1」の中身を受けて「課長方針」として「目標 2」＋「方策 2」を策定する．また,「方策 2」の中身を受けて「係長方針」として「目標 3」＋「方策 3」を策定する.

展開のもう一つのやり方として，営業における売上高目標などに対して，各課で割り当てて実施する場合もある．例えば，営業部長方針として売上高 20 億円という目標が設定されたとき，Ａ課で 10 億円，Ｂ課で７億円，Ｃ課で３億円というように各課に割り当てて目標を立て，それに対するそれぞれの方策を策定するという展開の仕方である.

このような展開の際に欠かすことができないのが **“すり合わせ”** である．例えば，部長と部下の課長との間での上下間の意見調整・一致であり，トップダウンだけでなくボトムアップも必要である．また，上下のみならず，例えば，製造部門と購買部門の間といった，組織内部の関連部門とも調整を行うこともすり合わせに含まれている．加えて，関連部門とも計画段階から連携をとることが重要である.

3.1.3 方針管理のしくみとその運用

方針管理のしくみとその運用として，方針管理の一般的な手順を図 3.1 に示す．

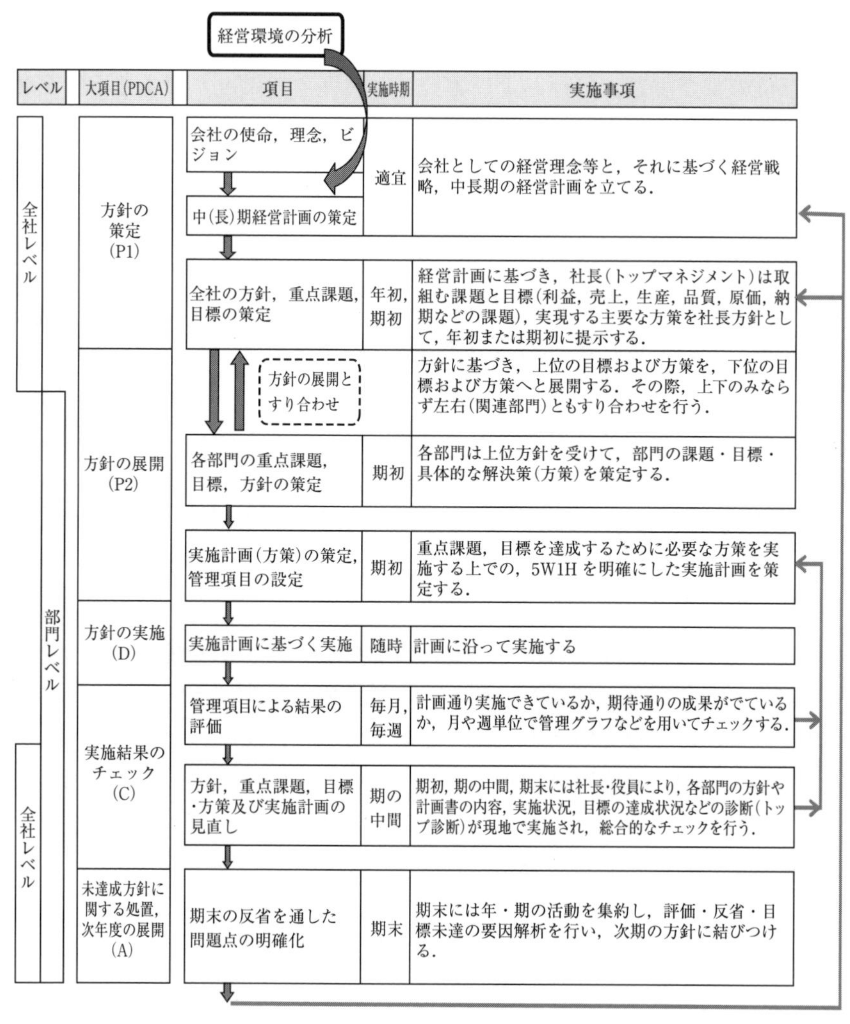

図 3.1　方針管理のしくみとその運用

3.1.4 方針の達成度評価と反省

期の中間点または期末には，目標および方策についての達成度を評価し，その反省を踏まえて，次期に反映をする必要がある．その視点を表3.1に示す．特に，方策についての達成度評価が忘れられて，いわゆる「結果オーライ」(結果さえよければ，そのプロセス・方策はどうでもよいと考えること)に陥ることは避けなければならない．

表3.1　方針の実施状況に関する(次期に向けた)分析の視点

目標＼方策	達成の場合	未達成の場合
実施できた場合	• 目標に対する方策の寄与の度合いは？（“結果良ければすべて良い”であってはならない.）	• 方策が見当違いであったのか? • 方策の寄与の度合いが小さかったか？
実施できなかった場合	• なぜ方策が実施できなかったか？ • 策定した方策以外の要因および寄与の度合いは？	• なぜ方策が実施できなかったか? • 方策が適切であったか？

3.2 日常管理

3.2.1 日常管理とは

多くの企業組織は部・課といった縦割りの各部門が，その部門の主体業務を中心とした“**部門別管理**”を行っている．“**部門別管理**”とは，方針管理でカバーできない通常の業務を，各々の部門が確実に果たすことで，“日常管理”とほぼ同じ意味と考えてよい．“**日常管理**”とは，各部門の担当業務について，その目的を効率的に達成するために日常やらなければならないすべての活動であって，標準(Standard)などに基づいて，現状を維持する活動を基本とするが，さらに好ましい状態へ改善する活動も含まれる．

日常管理と方針管理の比較(関係)を図3.2に示す．

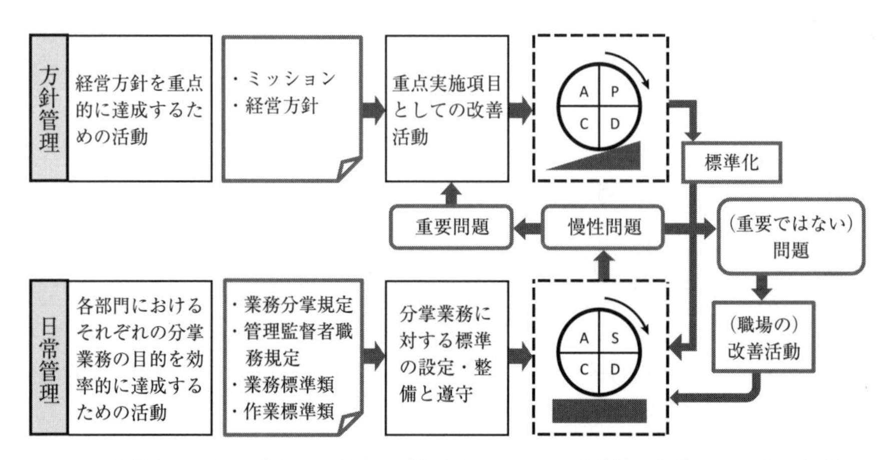

出典：細谷克也，『QC的ものの見方・考え方』，p.265，日科技連出版社，1984年に加筆

図3.2　日常管理と方針管理

3.2.2　変化点とその管理

4M(Man，Machine，Material，Method)の変更や想定外の事態の発生など，条件(要因)や特性に変化が起こった場合を“**変化点**”という．例えば，故障や特異な入力・環境外乱(温度，台風・地震)，作業の中断や引継ぎ・交替時，図面変更・工程変更などへの対応が不適切であった場合などによって，不具合・異常が発生することがある．このような変化点を早めに把握･監視して，適切な対応をしようという管理方法が“**変化点管理**”である．

“変化点管理”は想定外の条件(要因)や特性の変化に対する管理であるが，“変更や変化”は，不具合・異常の原因になりやすいので，その事実(情報)を関係者間で迅速に共有し，適切な対応をすることが求められる．

3.3 機能別管理

部門別管理である日常管理が定着し，また年度ごとの方針を実現していく方針管理により改善が進んでいくと，1部門では解決できないような部門間にまたがる問題の改善が必要になってくる．ここに“機能別管理”が求められる．

“機能別管理”とは，「組織を運営する上で基本となる要素について，各々の要素ごとに部門横断的なマネジメントシステムを構築して，これを総合的に運営管理し，組織全体で目的を達成するための活動」である．なお，「組織を運営する上で基本となる要素」には，品質，コスト，量・納期，安全，人材育成，環境などがある．この「要素」という意味から，機能別管理のことを，“経営要素別管理”ということもある．また「総合的に運営管理」するために，要素ごとに責任をもつ委員会を設けることがあり，**“機能別委員会”**と呼ばれる．

この機能別管理を導入することによって，縦糸(部門別管理)のみの簾(すだれ)式の組織に横糸(機能別管理)が通され，縦横が結びついた織物となって力強い組織になるといわれている．このような縦糸と横糸の管理のことを**“マトリックス管理”**という．

このような機能別管理と部門別管理の関係を(方針管理との関係も含め)図式化して図3.3に示す．

この“マトリックス管理”を行っていても，**“機能別の責任と権限”**は，それぞれの部門ごとに明確になっているべきで，その実行責任を縦組織の各部門が免れることはない．

“クロスファンクショナルチーム(**CFT**：部門横断チーム)”とは，「部門単独では解決が困難な重点課題に対処するために，異なった部門から，活用できる全ての関連知識及び技能を結集し，編成されたチーム．注記1 部門横断チームには，組織の設計，技術，製造，営業及びサービスの部門並びに他の該当する部門の要員を含む．また，顧客又はパートナを含めてもよい．」(JIS Q 9023：2018)である．

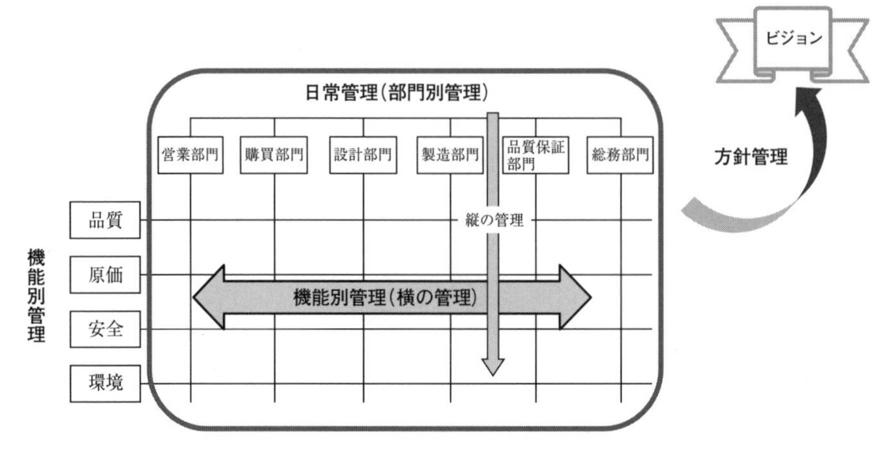

図 3.3 機能別管理,日常管理,および方針管理の関係

3.4 標準化

3.4.1 標準化の目的・意義・考え方

私たちの身のまわりには,例えば乾電池のように,形,大きさ,性能など統一することによって便利なことが多くある.このように形,大きさ,性能などを決めたものを**標準**といい,規格や標準を決めて活用することを**標準化**という.標準は技術と社会や経済を結びつけるものであるが,標準化は維持や改善のベースとなるもので品質管理の基盤であるともいえる.標準の対象は,形のはっきりした物(モノ)だけではなく,サービスや方法などの無形のものもある.

"統一・単純化"という考えは重要である."統一・単純化"という観点が抜けてしまうと,関係者の利益・利便や効果的・効率的な運営が得られないからである.

標準化の基本的な目的には,科学技術の成果の普及,社会の秩序や生活の便益の増大などが挙げられる.ここでは,**標準化の目的と意義**を表 3.2

に整理した.

表 3.2　標準化の目的と意義

項　目	目的と意義	例
①　互換性・インタフェースの確保	部品と部品の組立，部品または製品の取り換え，ソフトウェアを含むシステム間の接続などにおける悪影響を防ぎ，それぞれの要求事項を満たす.	•電源のコンセント •ボルトとナット •パソコン同士のデータ送受信
②　多様性の制御(調整)	大多数の必要性を満たすように，製品，プロセス，サービスの種類の増大を制御(調整)して最適化する.	•乾電池の単1～単5形への統一 •洋服のサイズのL，M，S •自動車部品の規格化
③　相互理解の促進	用語・記号・製図法などの共通化のように，相互理解を助けて便益をもたらす.	•案内標識 •安全標識 •製作図面 •国際単位系(SI)
④　安全確保・環境保護	人間の生活環境における危険なことや危害のリスクを削減するために，技術基準や設計，製造法が決められている. 環境保全のための法的規制の基になる測定・分析方法や標準物質が決められている.（この分野の標準(規格)は法令などに引用されることが多い.）	•ヘルメット，自動車用シートベルトの基準 •化学物質分析基準
⑤　品質の確保(目的適合性)	使用者(消費者)が製品やサービスの使用目的に合っているかどうかの判断ができる.	• JISマーク表示制度
⑥　両立性	ある条件下で，複数の製品，プロセスまたはサービスが相互に悪影響を及ぼさずに，共に有効に使用できる.	•携帯電話とペースメーカーの関係
⑦　政策目標の遂行	わが国においては，工業標準化法にもとづいて標準化事業が行政の一環として実施されている．そのため政策目標の遂行が標準化の目的となりうる.	例えば，“産業競争力の強化”“省エネルギー”“高齢者・障害者対応”などの政策目標がある
⑧　貿易障害の除去	世界規模で製品・サービスの基準を統一し(国際規格の制定)，国際取引の円滑化を図る.	製品の試験・検査方法を国際的に統一することによる貿易の効率・迅速化

出典：経済産業省産業技術環境局基準認証ユニット，『標準化実務入門(標準化教材)』，pp.14～16，2016年をベースに作成.

3.4.2 社内標準化とその進め方

企業(組織)活動を効果的・効率的に推進するためには，社内の構成員がやるべきことを，「誰が，いつ，どこで，何を，何のために，どのように」と5W1Hが明確になるように取り決めておかなければならない．この取決めは，企業(組織)として設定し意識して守らなければならないもので，**社内標準化**という．

“**社内標準**”とは，「会社・工場などで材料，部品，製品および組織並びに購買，製造，検査，管理などの仕事に適用することを目的として定めた標準」である．

社内標準化の目的と意義には，「仕事のやり方を統一する」という社内標準化の前提があり，このことは「アウトプットのばらつきが小さくなり，作業が効率化できる」という利点がある．「社内で標準を制定・活用すること」(社内標準化)は，企業活動に欠かすことのできないものであり，そのアウトプットとしての製品・サービスの品質に大きな影響をもっている．したがって，社内標準化は品質管理と関係が密接であるといえる．

社内標準化の進め方について表3.3に示す．PDCAを回すという意味では、特に⑩が重要である。

3.4.3 産業標準化

“**産業標準化**”とは，「産業分野における標準化のこと」であり，わが国では，国が定める産業標準として日本産業規格(JIS)が制定されている．

(1) JISとは

“**JIS**”(Japanese Industrial Standard)とは，産業標準化法に基づいて制定される日本の鉱工業品およびデータ，サービス，経営管理などに関する国家規格のことであり，正式には“**日本産業規格**”といい，英語の頭文字をとってJISを略号としている．

日本の産業標準化制度は，産業標準化法に従って，主務大臣(経済産業

表 3.3　社内標準化の進め方

分類	ポイント
考え方 P	①　標準化は常に使う人，守る側の立場に立って考え，工夫する（守らない／守れないのはなぜか？　と考える） ②　現場の作業に関係するものは，できるだけ現場から提案してもらうか，現場の意見を十分考慮する
方法 D	③　真の要因を標準化する（川上／源流管理） ④　標準化は要点のみをルール化し，「がんじがらめ」にしない ⑤　標準化は人間の特性をよく理解して，よい意味での「習慣化」する ⑥　人がミスしてもよいようなポカヨケも考える ⑦　標準化は，決めることより，正しく伝えること（教育訓練）が肝心
評価と改善 C，A	⑧　標準化はそれぞれの結果の把握（効果の確認）まで行う ⑨　標準の改訂の要否を適時，迅速に検討し，見直しを行う ⑩　トラブルが発生するごとに，1）標準はあったか？　2）標準は適切であったか？　3）標準に従って仕事をしたか？　の3点についてチェックし，上記⑨→⑦→⑧につなげる．

大臣，国土交通大臣など）により制定される“JIS”と，当該JISへの適合性を評価して証明する“JISマーク表示制度および試験事業者認定制度”の2本柱で運営されている．

(2)　JISの対象範囲

JISは，鉱工業品およびデータ，サービス，経営管理などについての規格であるが，特殊な規格体系をもつ医療品，農薬，化学肥料，蚕糸および食料品，その他農林物資はJISの対象から除外されている．また，流行や，趣味・嗜好の対象，芸術品などは本来標準化すべきではないとして，JIS化されていない．

(3)　JISの分類と種類

JISは，分野ごとにアルファベットで識別された20部門に分類されている．例えば，Aは土木および建築，Bは一般機械である．

また，JIS の規格番号は，例えば JIS Z 8101-1 のように，部門を示すアルファベット(Z：その他)と 4 桁の番号，必要であれば規格番号に枝番号を付けて示す．

規格の内容は，JIS Z 8301「規格票の様式及び作成方法」に沿って作成される．

JIS は性質から表 3.4 の 3 つに分類することができる．

表 3.4　JIS の種類

分類	内　　容
基本規格	用語，記号，単位，標準数など適用範囲が広い分野にわたる規格，または特定の分野についての全般的な事柄を規定する規格．
方法規格	試験方法，分析方法，生産方法，使用方法などの規格であって，所定の目的を確実に果たすために，方法が満たさなければならない要求事項について規定する規格．
製品規格	鉱工業品が特定の条件のもとで，所定の目的を確実に果たすために，満たさなければならない要求事項(要求事項の一部だけ，例えば，寸法，材料または構造のいずれかだけの場合を含む)について規定する規格．

(4)　JIS マーク表示制度

JIS マーク表示制度とは，「一定水準の品質，性能を有する鉱工業品等を安定して提供することが可能な技術的な能力を有する事業者に対して，JIS マークの表示を認定する制度」のことである．

3.4.4　国際標準化

“国際規格(国際標準)”とは，「国際標準化組織又は国際規格組織によって採択され，公開されている規格」(JIS Z 8002：2006)であり，「すべての国々の標準化に直接関係する団体が参加できる標準化」(JIS Z 8002：2006)を“**国際標準化**”という．この活動を国際標準化活動という．主な国際標準化組織を表 3.5 に示す．

表 3.5　主な国際標準化組織の概要

略称	ISO	IEC	ITU
英文名	International Organization for Standardization	International Electrotechnical Commission	International Telecommunication Union
和文名称	国際標準化機構	国際電気標準会議	国際電気通信連合
対象分野	電気・電子，通信技術分野を除いたすべて	電気・電子技術分野のすべて	電気通信，放送分野のすべて
設立年	1946 年	1906 年	1932 年

日本の場合は，日本産業標準調査会(Japan Industrial Standards Committee：JISC)が 1952 年に ISO に，1953 年に IEC にそれぞれ加盟している．日本産業標準調査会は，産業標準化法によって設置された組織で，経済産業省にその事務局がある．

国際標準化事業は，関係各国の利害を話し合いの形で調整して，国際的に統一した規格を作り，各国がその実施の促進を図ることによって，国際間の通商を容易にするとともに，科学，経済など諸般の部門にわたる国際協力を推進することを目的としている．

国としても，民間を含めて，今後の国際標準化活動への積極的な参加および活動をしていかなければならない．

3.5　人材育成

3.5.1　品質教育とその体系

「品質管理は，教育に始まって教育に終わる」とよくいわれる．**品質(管理)教育**のねらいには，以下の①～③がある．

① 企業における品質の重要性の認識を高める．

② 問題解決の手法を理解させ，使えるようにする．

③　品質管理の実際的な運営方法と基本的な考え方を理解させる．

このために，組織の各人に必要な品質管理に関する力量を明確にし，その実態を定期的に評価し，計画的に教育訓練することが重要である．

そして，以下の観点で**品質教育の体系**を確立する必要がある

1)　教育対象者：新入社員，中堅社員，職長・班長，係長，課長，部長，経営幹部など
2)　教育内容：品質管理の考え方，品質管理手法，IE，VE 手法など
3)　教育方法：社内教育，社外教育，通信教育，OJT，OFF-JT など

品質管理教育を実施するうえでは，次のことに留意する必要がある．

①「QC 的ものの見方・考え方」について実例を通じてしっかり理解させる．
②　QC 手法の基礎的なものから高度のものまで，必要に応じ適宜確実に教え込む．
③　データの収集や解析に有用なソフトの活用法を習得させる．
④　どのようなテーマや場面で，どのような手法を使えばいいのかを，具体的な事例で教える(「手法ありき」ではなく，「テーマ(問題・課題)ありき」であることを理解させる)．
⑤　講師の一方的な講義だけではなく，カリキュラムに演習，グループ・ディスカッションを取り入れる．
⑥　教育後はどのように活用されているか，確認評価をし，教育方法の改善につなげる．

3.6　診断・監査

3.6.1　品質監査

“**監査**”とは，「監査基準が満たされている程度を判定するために，客観的証拠を収集し，それを客観的に評価するための体系的で，独立し，文書

化したプロセス」(JIS Q 9000：2015)である．**品質監査**は，品質マネジメントシステムに関する要求事項がどの程度満たされているかを判定するために行われる．

監査は，監査側と被監査側の関係によって，表3.6に示す区分がある．

表3.6　監査の区分

監査の区分	その内容
第一者監査	組織が自ら監査することで，“内部監査”とも呼ばれる．
第二者監査	顧客またはその代理人などによって行われる．
第三者監査	外部の独立した監査機関によって行われ，“審査”と呼ばれることもある．

3.6.2　トップ診断

品質管理活動を行ううえで一番大切なことは，その企業のトップ(代表者，社長など)が真の品質管理の理解者であり，リーダーシップのある推進者であることである．そのためには，トップ自身が行うトップ診断は，非常に大切な推進活動である．

トップ診断は，トップが各部門に適時出向いていき，その部門の長や関係者より品質管理活動状況を聞き，点検するもので，主な内容は次のようなものである．

① トップの示した目標を，部門として，現在かかえている問題点を認識したうえで，どうブレークダウンしたか．
② そのためどんな活動計画を立案したか．
③ 実施状況はどうであるか．
④ 実施した結果どんな問題点が出てきたか．
⑤ それに対してどう対処しようとしているのか．
⑥ 活動上の悩み，困っている点は何か．

トップ診断を効果的に行うための留意点を以下に示す．

① ありのままを説明する．

② データ，解析資料，管理資料，標準類を提示する．
③ アラ探しに終わらないで，良い点も発掘・評価する．
④ 結果のみにとらわれずに，プロセス(仕事のやり方，手順，しくみ)に着目する．
⑤ 指摘は具体的なものとし，改善の方法を示す．
⑥ 指摘事項・指示事項は改善計画をたて，そのフォローアップも行う．

3.7 品質マネジメントシステム

3.7.1 ISO 9001

品質マネジメントシステム(Quality Management System：QMS)は，「品質に関する，マネジメントシステムの一部」であり，マネジメントシステムとは「方針及び目標，並びにその目標を達成するためのプロセスを確立するための，相互に関連する又は相互に作用する，組織の一連の要素」と定義されている(JIS Q 9000：2015)．方針・目標を達成するために，必要な手順を標準化し，それに従い実行するというPDCAまたはSDCAのサイクルを基本とし，品質管理，品質保証および品質改善を行っていく．その基準を，組織への要求事項として示したものがISO 9001規格である．

ISO 9001は，“品質マネジメントシステム—要求事項”という名称のISO(国際標準化機構)で制定された国際規格の一つで，企業や団体の品質管理・品質保証の仕組みについての基準である．グローバル化した世界経済のなかで，製品やサービスの自由な流通を促進する目的で，企業などの組織の品質マネジメントシステムを第三者がこの規格に基づいて審査し登録をするという制度のもとに，全世界で使用されている．その国際規格は，2015年に改訂されたが，同年に翻訳発行され日本の規格としてJIS Q 9001：2025「品質マネジメントシステム—要求事項」となっている．

3.7.2 品質マネジメントの原則

JIS Q 9000：2015「品質マネジメントシステム―基本及び用語」では，“品質マネジメントの原則”として，**７つの原則**が決められている（表3.7参照）．これは，ISO 9001：2015（JIS Q 9001：2025）における品質マネジメントシステム規格の基礎となっている．

表3.7　品質マネジメントの原則

7原則	原則の説明
1．顧客重視	品質マネジメントの主眼は，顧客の要求事項を満たすこと及び顧客の期待を超える努力をすることにある．
2．リーダーシップ	全ての階層のリーダーは，目的及び目指す方向を一致させ，人々が組織の品質目標の達成に積極的に参加している状況を作り出す．
3．人々の積極的参加	組織内の全ての階層にいる，力量があり，権限を与えられ，積極的に参加する人々が，価値を創造し提供する組織の実現能力を強化するために必須である．
4．プロセスアプローチ	活動を，首尾一貫したシステムとして機能する相互に関連するプロセスであると理解し，マネジメントすることによって，矛盾のない予測可能な結果が，より効果的かつ効率的に達成される．
5．改善	成功する組織は，改善に対して，継続して焦点を当てている．
6．客観的事実に基づく意思決定	データ及び情報の分析及び評価に基づく意思決定によって，望む結果が得られる可能性が高まる．
7．関係性管理	持続的成功のために，組織は，例えば提供者のような，密接に関連する利害関係者との関係をマネジメントする．

出典：JIS Q 9000：2015

3.7.3 第三者認証制度

品質マネジメントシステム認証（審査登録）制度は，顧客が組織を直接審査する代わりに，第三者である認証（審査登録）機関が，審査・登録・公表を行うものである．その制度のことを“**第三者認証制度**”という．そのしくみは，図3.4に示すように，組織←認証機関←認定機関という3層構造になっている．組織を審査・登録するのは認証(審査登録)機関であるが，その認証(審査登録)機関にその能力があるかどうかの認定を，各国一つの認定機関が行う．日本の場合，認定機関はJAB(公益財団法人日本適合性認定協会)である．

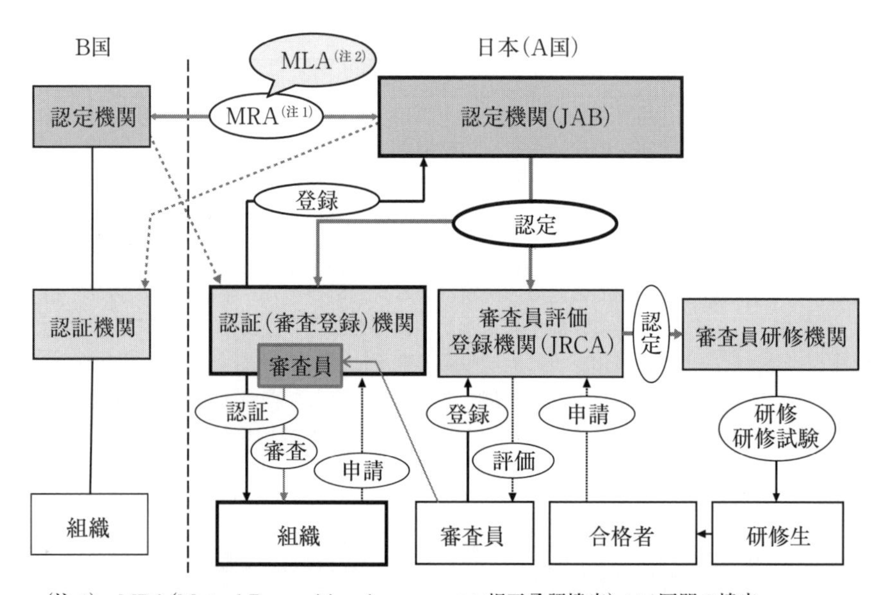

(注1)　MRA(Mutual Recognition Agreement：相互承認協定)：二国間の協定
(注2)　MLA(Multilateral Recognition Arrangement：国際相互承認協定)：多国間の協定

図3.4　品質マネジメントシステム認証制度のスキーム

3.7.4　品質マネジメントシステムの運用

日本における品質管理(TQM)は，顧客の要望を反映させながら，供給者が主体性をもってよい品質を作り上げてきた．これに対してISO 9001は，購入者が供給者に対して要求する品質マネジメントシステムである．

TQMに含まれている多彩な改善の手法は，ISO 9001にはない．またISO 9001はシステムを対象にするのに対して，TQMはシステムだけでなくその製品やサービスを対象にしている．

一方，ISO 9001のポイントは，文書化と内部監査にあると考えられ，それは日本的品質管理では重視されていなかった事項である．このように相違点があるが，責任と権限，ルールの明確化など，ISO 9001はTQMに新しい視点を提供したといえる．ISO 9001もTQMも，社内標準化がその基盤にあるという点や継続的改善を目指しているという類似点がある．

QMSの運用として，品質マネジメントの原則(表3.7参照)をベースにPDCAを的確に回すことが求められている．

ISO 9001の2015年改訂で，認証組織の信頼感を高めるために以下のような変更，強化がなされている．

- 品質マネジメントシステムの事業プロセスへの統合
- 品質に関連するパフォーマンス(測定可能な結果)評価の要求の明確化
- 一層の顧客重視
- リスクおよび機会への取組み
- 組織の知識の明確化，ヒューマンエラーへの取り組み

このような改訂に対応するためには，組織の品質マネジメントシステムの運用も，本書にあるような様々な品質管理の考え方や手法の活用が望ましいと考えられる．

第3章のポイント

(1)　方針管理

“**方針管理**”とは，「企業，組織において経営目的を達成するために，経営基本方針に基づき，中(長)期経営計画や短期経営方針を定め，それらを効率的に達成するために，企業組織全体の協力のもとに行われる活動」をいう．期初には**方針の展開**と**すり合わせ**を確実に行い，期末には**方針の達成度評価**と**反省**を行う必要がある．

(2)　日常管理

“**日常管理**”とは，「各部門の担当業務について，その目的を効率的に達成するために日常やらなければならないすべての活動であって，標準(Standard)などに基づいて，現状を維持する活動を基本とするが，さらに好ましい状態へ改善する活動も含まれ，部門別管理ともいわれる」である．要因や特性の変化に適切に対応するという“**変化点**”と“**変化点管理**”は重要な日常管理の一つである．

(3)　機能別管理

“**機能別管理**”とは，「組織を運営するうえで基本となる要素について，各々の要素ごとに部門横断的なマネジメントシステムを構築して，これを総合的に運営管理し，組織全体で目的を達成するための活動」である．日常管理(部門別管理)が縦の管理だとすれば，横の管理だともいえ，両者で縦と横の“**マトリックス管理**”をすることになる．

(4)　標準化

“**標準化**”とは，「標準(規格)を決めて，それを活用すること」であるが，「効果的・効率的な組織運営を目的として，共通に，かつ繰り返して使用するための取決めを定めて活用する活動」といえる．**社内標準化**，**産業標準化**，**国際標準化**などの分野を含んでいる．

(5)　人材育成

組織の各人に必要な品質管理に関する力量を明確にし，その実態を定期的に評価し，計画的に**品質教育**を実施することが重要であり，そのために体系化するのが望ましい.

(6)　診断・監査

品質経営のPDCAサイクルを回すために，Cの部分にあたる(各種)**品質監査**と**トップ診断**の機能は重要である.

(7)　品質マネジメントシステム

ISO 9001 (JIS Q 9001)は，“品質マネジメントシステム—要求事項”という名称のISO(国際標準化機構)で制定された国際規格の一つで，企業や団体の品質管理・品質保証の仕組みについての基準である．基本的には品質マネジメントの原則に沿っており，**第三者認証制度**のもとで，この規格で要求されている**品質マネジメントシステムの運用状況**が審査される.

第4章

倫理・社会的責任

4.1　品質管理に携わる人の倫理

4.1.1　個人としての倫理

“**倫理**”とは，「人倫のみち．実際道徳の規範となる原理．道徳」(『広辞苑』，岩波書店)である．これと似通った言葉に“**モラル**(moral)”があるが，意識のレベルの言葉であり，倫理は規範(規則・基準・規準などを含む)としての意識だけではなく，行動なども含むという違いがある．

品質管理に携わる人，とくに「指導的立場で部門横断の品質問題解決をリードする品質技術者」(“QC 検定１級”にふさわしい人)には，強い倫理観を持って仕事をすることが求められている．最近の社会では，試験検査データの改ざん，リコール隠し，食品偽装事件などの，品質に関わる倫理観に関連するような社会問題が数多く報道されている．これらの問題の背景には，組織としての社会的責任の問題も大きいが，品質管理に携わる人の責任も免れないことがある．

今までは，「前任者がやっていたから…」，「上司の命令だから…」，「会社で決められたことだから…」という「組織の論理」に身を任せていれば，それですんだかもしれない．しかし，本来，大切なのは個人の倫理であり，現代は自立した一人ひとりの倫理観が試される時代でもある．

このような状況の中で，品質管理に携わる人は，その属する組織の製品・サービスの安全・品質・環境に関わる鍵を握っているので，最後の砦であるという自覚を持ち，判断し行動しなければならない．

倫理的行動の指針として，倫理規定や倫理綱領が多くの専門団体から出されている．その中から２つの例を抜粋して以下 4.1.2 項に示す．これらの指針や綱領を確認し，参考にしてほしい．

4.1.2　品質管理に携わる人の倫理指針・綱領の例

(1)　日本品質管理学会の倫理指針

日本品質管理学会会員の倫理的行動のための指針(抜粋)

平成16年10月30日

社団法人日本品質管理学会

<指針制定の趣旨　適用範囲>

この指針は，品質管理専門家個人の良心に基づく行動，発言を妨げるものではない．しかし，その場合にも自己の行動・発言を他人が，品質管理専門家としての公的行動・発言と，会員個人の良心に基づく行動・発言なのかを峻別できるように配慮することが望ましい．

<倫理条項　本文>

(ア)　会員は，専門家としての行為を適法，倫理的かつ誠実なものとすることを通じ，品質管理専門職の社会的意義，評価を高めるように努力する．

(イ)　会員は，公共の安全・福祉増進に寄与できる機会には，優先的に自身の専門性と技量を発揮する．

(ウ)　会員は，専門職として職務に誠実に取り組み，社会に対して欺瞞的・背信的行為を行わない．このため自らの職務における専門的判断や専門職としての行動が，多様な利害関係の相克によって偏りが生じる事態の予防に心掛ける．

(エ)　会員は，自身の行為に対する責任を受入れ，他人の貢献を正当に評価する．

(オ)　会員の専門家として責任を持つ行動・職務・発言は，原則として自身の専門領域に限定する．

(カ)　会員が，専門家としての主張，推論を公表する際には，第三者が検証可能な情報に基づいて，客観的かつ真実に即した方法で行う．

<倫理条項　細則：(2)専門職として(抜粋)>

倫理条項本文(ア)，(ウ)，(オ)については，具体的に次のように行動する．

(①～②は省略)

③　会員は，社会に対して欺瞞的あるいは不誠実な活動を行っていると判断した個人，組織に対する一切の協力を行わない．

④　会員の専門家としての行動は，職務の受益者に対する奉仕を基調とした誠実なものとする．

⑤　会員は，品質管理の理解，適切な応用，社会への影響をより良いものにするよう努める．

⑥　会員は，自身の専門的職務業績によってのみ，専門職としての名声を築き，他の専門家との不公平な競争を行わない．

⑦　会員は，他の会員，同僚，部下，学生などの専門家としての発展を助力し，その評判，将来性，実務，研究活動，雇用を悪意または虚偽をもって，直接，間接に妨害しない．
⑧　会員は，専門家として適格であると判断される領域においてのみ，専門家としての職務を引き受ける．
⑨　会員は，自身の専門家としての能力を維持あるいは改善することに努める．

出典：日本品質管理学会　ホームページ(2016年5月26日閲覧)

(2)　JRCA(マネジメントシステム審査員評価登録センター)の倫理綱領

JRCA　AQI 120-改定3版：2016
品質／情報セキュリティマネジメントシステム審査員の資格規準　付属書3
審査員倫理綱領(抜粋)
(法令・基準の順守)
1．マネジメントシステム審査員は，法令，認証制度の基準及び当センターの基準，手順に従う．
2．マネジメントシステム審査員は，この綱領に定められていない事項についても自ら守るべき職業倫理のあることを認識し，品質マネジメントシステム審査員の名誉と良識においてこの綱領の精神に従う．
(自律)
3．マネジメントシステム審査員は，深い知識と高い技術の保持に努め，マネジメントシステム審査員としての名誉を重んじ，つねに偏見がなく，専門的で厳格な態度で行動し，信義にもとるような行為を行わない．
(公正性)
7．いかなる利害関係者にも組みすることなく，またいかなる者とも業務に影響を及ぼしかねない個人的な関係を作らない．
(秘密保持)
9．マネジメントシステム審査員は，業務上知り得た秘密及び情報等を，他に漏らし又は個人的に利用しない．
(自己研鑽)
11．マネジメントシステム審査員は，マネジメントシステム審査員としての社会的使命の重要性を認識し，つねに自己の力量の開発，研鑽に努め，忠実な業務の遂行を通じて，審査に対する信頼の向上に努める．
（地位利用の禁止）
15. マネジメントシステム審査員は，受審組織等に対し，マネジメントシステム審査員の立場を利用して，自己又は第三者の利益を図るような行為をしない．

（注）全16項目のうち，4．5．6．8．10．12．13．14．16は省略．
出典：日本規格協会　ホームページ

4.2 社会的責任

4.2.1 CSRとSR

“社会的責任”とは，「組織活動が社会および環境に及ぼす影響に対して組織が担う責任のこと」をいう．

近年，世界中で，環境破壊，貧困など様々な社会的問題が深刻化している．また，ICT（Information and Communication Technology：情報通信技術）や物流などネットワークの発達によって，個々の組織の活動が社会に与える影響は大きくなり，そして広がるようになってきている．このため，社会を構成する世界中のあらゆる組織に対して，社会的に責任ある行動がより強く求められるようになってきている．とくに，企業では社会的な評価・評判が製品・サービスの売上げといった営業活動や資金調達に大きく影響するようになり，**“CSR”**（Corporate Social Responsibility：企業の社会的責任）が重要になってきた．

さらに，現在では企業だけでなく様々な組織が持続可能[注1]な社会への貢献に責任があると考えられるようになってきており，対象は企業だけではないという意味で，**“SR”**（Social Responsibility：社会的責任）といわれるようになってきている．

CSRまたはSRは，歴史的には環境問題が盛んに取り上げられるようになった頃から，企業の環境破壊に対抗する主張として考え方の基礎がつくられ発展したといわれるが，現在では，環境(対社会)はもちろん，労働安全衛生・人権(対従業員)，雇用創出(対地域)，品質(対消費者)，取引先への配慮(対顧客・外注)など，幅広い分野に拡大している．

社会的責任を果たす最大のメリットは，組織が社会からの信頼を得ることにあるが，次のような効果も期待できる．

- 法令違反など，社会の期待に反する行為によって，事業継続が困難になることの回避
- 組織の評判，知名度，ブランドの向上
- 従業員の採用・定着，士気向上，健全な労使関係への効果
- 消費者とのトラブルの防止・削減やその他ステークホルダー(注2)との関係向上
- 資金調達の円滑化，販路拡大，安定的な原材料調達

(注1)　“持続可能(Sustainable：サスティナブル)”とは，現在の活動を継続しても，将来のニーズを満たすことが可能であること．地球環境や資源の問題から，持続的な発展を求める考え方．

(注2)　“ステークホルダー”とは，その組織と利害関係をもつ個人，グループのこと．企業でいえば，顧客や取引先，株主，従業員や労働組合などはもちろん，企業が事務所・工場などをおいている地域の地域住民まで含まれる．

4.2.2　現代の企業と社会的責任活動

企業は社会とともに発展していく存在で，企業倫理や法令順守といった，いわゆる最低限のコンプライアンスは守っていかなければならない．この数年を見ても，不祥事が企業の命取りとなる事例さえあった．

しかし，企業がCSRに取り組む理由はそればかりではない．受身的・消極的なCSR対応から一歩進んで，トップのリーダーシップの下に，企業が社会と積極的に向き合っていくことが，社会のためにも，企業のためにもなると考えられるからである．

例えば，CSR活動を日々順守・実践することにより，社内の風通しが

よくなって組織が活性化し，その結果，企業の生産性が高まって，コーポレート・ブランドや企業価値が高まる，といったような効果もある．CSR は経営改革の一環であり，企業の成長や価値を高める手段となる．企業が CSR に前向きに取り組むことが，結果的には経営の質と競争力を向上させ，企業価値の向上につながると考えられる．

このような考え方に基づき，企業の多くは，専門の CSR 担当部署を設けたり，「企業の社会的責任(CSR)報告書」というような形で，毎年，各社の社会的責任活動の考え方と実績を報告している．その報告は各社のホームページに掲載されていることが多いので，それを確認するとよい．

4.2.3 社会的責任に関する国際規格(ISO 26000)

社会的責任に関する国際規格は，ISO 26000 として 2010 年 11 月に発行された．規格の名称は“Guidance on social responsibility”である．ISO 9001 や ISO 14001 などのマネジメントシステム規格のような組織への要求事項ではなく，あくまでガイダンス(手引き)である．

日本では，JIS Z 26000：2012「社会的責任に関する手引」として翻訳規格の形で 2012 年 3 月に発行された．

(1) 社会的責任を果たすために必要な 7 原則

社会的責任を果たすためには何が必要か，JIS Z 26000：2012 で提示されている 7 つの原則を表 4.1 に示す．いずれも，それぞれの組織において基本とすべき重要な視点である．

(2) 社会的責任の中核主題

JIS Z 26000：2012 では，社会的責任の中核主題として，表 4.2 に示す 7 つが挙げられている．この 7 つの中核主題に取り組むことによって，組織は社会的責任を果たすことができるとされている．

表 4.1　社会的責任を果たすために必要な 7 原則

7 原則	意　　味
①　説明責任	組織の活動によって外部に与える影響を説明する.
②　透明性	組織の意思決定や活動の透明性を保つ.
③　倫理的な行動	公平性や誠実であることなど倫理観に基づいて行動する.
④　ステークホルダーの利害の尊重	様々なステークホルダーへ配慮して対応する.
⑤　法の支配の尊重	各国の法令を尊重し順守する.
⑥　国際行動規範の尊重	法律だけでなく，国際的に通用している規範を尊重する.
⑦　人権の尊重	重要かつ普遍的である人権を尊重する.

出典：ISO/SR 国内委員会「やさしい社会的責任—ISO 26000 と中小企業の事例—解説編」, 日本規格協会

表 4.2　社会的責任の 7 つの中核主題

中核主題	ポイント	取組み例
組織統治 organizational governance	• 組織として有効な意思決定の仕組みを持つようにする. • 十分な組織統治は，社会的責任実現の土台である.	監査役や監事の選定と適正な運営，ステークホルダーとの対話，社外専門家の活用.
人権 human rights	• 人権を守るためには，個人・組織両方の意識と行動が必要. • 直接的な人権侵害だけでなく，間接的な影響にも配慮し，改善する.	差別のない雇用，人権教育.
労働慣行 labor practices	• 労働慣行は，社会・経済に大きな影響を与える. • 「労働は商品ではない」が基本原則である.	職場の安全環境の改善，ワーク・ライフバランス推進，人材育成・職業訓練.
環境 environment	• 組織の規模にかかわらず，環境問題へ取り組む. • 環境への影響が「わからないから取り組まない」ではなく，「わからなくても，環境問題に取り組む」の予防的アプローチをとる.	省エネ・省資源，CO_2 削減，サプライチェーンにおける環境・生物多様性保全活動.
公正な事業慣行 fair operating practices	• 他の組織とのかかわりあいにおいて，社会に対して責任ある倫理的行動をとる.	意識向上教育，内部通報・相談窓口の設置，フェアトレード製品などの購入.
消費者課題 consumer issues	• 組織の活動，製品，サービスが消費者に危害を与えないようにする. • 製品・サービスを利用した消費者が環境被害など社会に悪影響を及ぼさないようにする.	積極的な情報開示，消費者とのコミュニケーション強化，エコ製品製造.
コミュニティへの参画及びコミュニティの発展 community involvement and development	• 地域住民との対話から，教育・文化の向上，雇用の創出まで，幅広くコミュニティに貢献する.	ボランティア活動，地域住民・児童を対象にした教育活動，地域におけるスポーツ促進.

出典：ISO/SR 国内委員会「やさしい社会的責任—ISO 26000 と中小企業の事例—概要編」，日本規格協会を参考に作成

第4章のポイント

(1)　品質管理に携わる人の倫理

品質管理に携わる人は，その属する組織の製品・サービスの安全・品質に関わる鍵を握っているので，強い倫理観を持って判断し行動しなければならない．この倫理的行動の指針として，倫理規定や倫理綱領が専門団体から出されている．

(2)　社会的責任(SR：Social Responsibility)

企業活動の結果が社会とその環境に与える影響が大きくなり，その責任は"**CSR**"(Corporate Social Responsibility：企業の社会的責任)と呼ばれる．最近では，企業だけでなく様々な組織をも対象にされ，"**SR**"(Social Responsibility：社会的責任)といわれることも多い．

社会的責任に関する国際規格は，ISO 26000 として発行され，日本では JIS Z 26000：2012「社会的責任に関する手引」として発行された．組織への要求事項ではなくガイダンス(手引き)である．

第5章

品質管理周辺の実践活動

5.1　マーケティング・顧客関係性管理

5.1.1　マーケティング

“マーケティング(Marketing)”とは，アメリカマーケティング協会(1985)によれば，「個人及び組織の目標を満足させる交換を創造するために，アイデア・製品・サービスの概念形成，価格決定，プロモーション，流通を計画し実行するプロセス」(『クォリティマネジメント用語辞典』，日本規格協会)である．この定義が示すように，マーケティングの中核は交換(こうかん)であり，交換が発生するためには，当事者は互いに他方に対して価値のあるものを持っており，情報伝達可能であるということが求められる．

マーケティングの対象は，商品だけでなくアイデアやサービスなども該当する．そして，これらの「交換」を円滑に行うための「プロセス」がマーケティングである．現在は，1回1回の交換を最適化するよりも，長期的で安定的な取引の形成・維持へと目的が拡張し，顧客との間にいかに良好な関係性を形成させるか，そのための仕組み作りへと視点が移行している．

マーケティング・マネジメントプロセスの流れは，**マーケティング計画化→マーケティング組織化→マーケティング統制**であり，このプロセスを説明する．

(1)　マーケティング計画化

1)　マーケティング環境分析

企業が存続・維持・発展するためには，企業を取り巻く環境に的確に適応することが重要である．環境は，企業を取り巻く外部環境と，企業の経営資源であるヒト，モノ，カネ，情報に代表される内部環境の2つに分けられており，環境分析が必要である．その手法として，SWOT分析があり，外部環境分析(機会・脅威分析)と内部環境分析(強み・弱み分析)に分けられる．

2) マーケティング目標

マーケティング目標は，全社的な目標を達成するための下位目標，全社的な目標のいずれかに設定する．一般的には，売上高，利益率，市場シェアなど具体的な目標がある．

3) 標的市場の選定

マーケティングにおいては，市場を読むことと差別化を図ることが重要であるが，顧客全般でなく顧客層を細分化し(**セグメンテーション**)，そこから対象となる層を決め(**ターゲティング**)，その自らのポジションを決める(**ポジショニング**)という方法が重要であり，Segmentation，Targeting，Positioningの頭文字をとり，**STP**と呼ばれる手法である．

① 市場細分化(セグメンテーション)

市場細分化(セグメンテーション)とは，市場全体を何らかの細分化基準によって分割することである．分割されたそれぞれの市場は，市場セグメントと呼ぶ．重要なことは，各市場セグメント間が，基本的には異質である一方，同一市場セグメント内はある程度同質的な需要から構成されていることである．

② ターゲティング

市場細分化の次に，企業は，その市場にある一つ以上の市場セグメントへの参入を検討する．つまり標的市場の選定(ターゲティング)である．

③ ポジショニング

標的市場が決れば，それらの市場セグメントの中で，その企業がどのようなポジションを占めていくかを決めなければならない．“**ポジショニング**”とは，「ある製品が，競合品と比較して，標的とする消費者の心のなかで明確な，独自の，望ましい位置を占めることができるように調整すること」である．

4) マーケティング・ミックスの選定

企業・組織が標的市場との「交換」を円滑に行うための具体的なマーケティング手段として，“**マーケティング・ミックス(Marketing Mix)**”がある．マーケティング・ミックスは，**製品(Product)**，**価格(Price)**，流通(Place)，プロモーション(Promotion)の4つの要素(これを各要素の頭文字をとって「**マーケティング・ミックスの4P**」と呼ぶ)から構成される．

- 製品ミックス：品質，性能，デザイン，ブランドネーム，パッケージ，付帯サービスなど．
- 価格ミックス：標準価格，ディスカウント，下取り価格，支払期限，信用取引条件など．
- 流通ミックス：チャネル，流通カバレッジ，ロケーション，在庫，配送など．
- プロモーション：広告，品的販売，セールスプロモーション，パブリシティなど．

なお，これらの手段は企業・組織のマーケティング目標やポジショニング戦略に合わせて統合的に決定することが求められる．

(2)　マーケティング組織化

次に実行の段階では，組織化を図ってマーケティングを実行することが重要である．マーケティングの組織化は，大別すると，組織編成，人員配置，指揮の3つの領域に分かれる．

(3)　マーケティング統制

マーケティング統制とは目標，戦略，業績などを評価，検討することである．この統制のための評価検討のプロセスは通常，業績測定→差異分析→是正処置の3段階からなる．

マーケティング戦略を検討するときは，必ず製品のライフサイクルを検討することが大切である．

5.1.2　顧客関係性管理

(1)　顧客関係性が着目されるようになった背景

成熟社会において，顧客との間に長期にわたって良好な関係を構築することの重要性が高まっている．その背景には，新規顧客獲得コストが既存顧客維持コストの5から10倍かかることが明らかとなったことや，2割の既存の優良顧客が売上の8割を占めるというパレートの法則の有効性が認められ，既存顧客の維持が重要な課題となったことが挙げられる．さらには，製品ライフサイクルの短縮化により，顧客を自社製品にとどめる方策の必要性や，製品の高度化により，バリューチェーンの後工程にあたるサービスなどの重要性が上がったことが挙げられる．これらを背景として，顧客管理の視点が「取引(売れること)」から「関係性(売れ続けること)」へ移行し，顧客関係性の構築が企業にとって最も重要なテーマの1つとなっている．

(2)　顧客関係性構築へ向けた諸概念の整理

関係性とは「信頼や相互依存性の程度」であり，これを顧客と企業の関係性に当てはめると，顧客関係性とは「顧客と企業間における信頼などを含む相互依存性の程度」として考えることができる．顧客関係性は企業と顧客の間の双方向の関係であり，価値創造の源泉としてきわめて重要である．顧客関係性にかかわる諸概念間の関係をはじめに整理しておく(図5.1参照)．

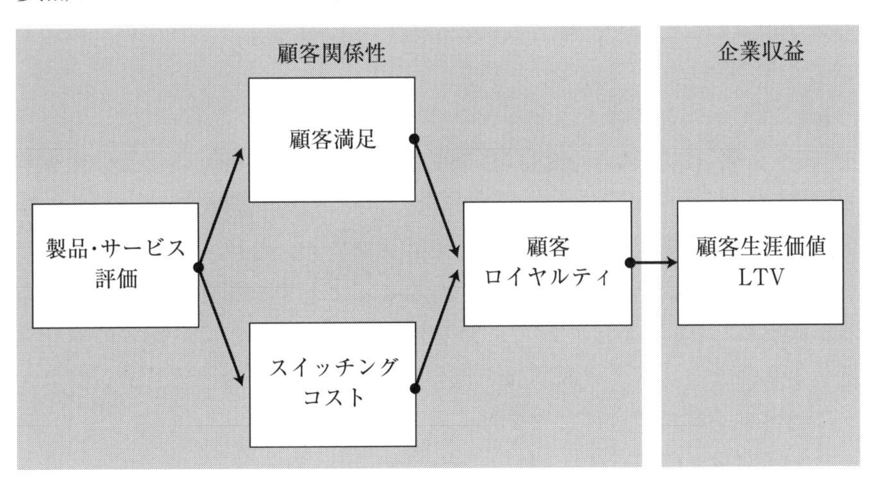

出典：日本品質管理学会編，『新版 品質保証ガイドブック』，p.314，日科技連出版社，2009年に一部加筆．

図5.1　顧客関係性にかかわる諸概念

1)　製品・サービス評価

顧客と自社が関係を築く出発点は，自社製品・サービスであり，その評価である．一般に評価項目群は，「商品の品質」，「付帯するサービスの品質」，「購買利便性などチャネル（流通：place）や価格に関すること」，「広告やプロモーションなどコミュニケーション情報」の4つに分けられる．製品・サービスを構成する個々の属性評価である．

2)　顧客満足

顧客関係性構築にかかわる2つ目の概念として，**顧客満足**（以後CSと呼ぶ）が挙げられる．CSを表すモデルとして著名な期待不一致モデルにおいて，CSは〔CS＝成果－期待〕として表され，0以上ならば満足であり，0未満なら不満となる．〔製品・サービス評価→CS〕という関係として描かれる．

CSは良好な顧客関係性を築くうえでも重要である．

3)　顧客ロイヤルティ（Customer Loyalty）

“顧客ロイヤルティ”は，「顧客がブランドに対してもつ執着心，売り手と買い手の取引関係を超えた信頼関係など，ブランドに対する顧客のこだわりの依存度」である．顧客ロイヤルティは真に顧客関係性が築かれたことを意味することから，顧客関係性議論の中で最も注目されている概念といえよう．

4)　スイッチングコスト

“スイッチングコスト”とは，「製品・サービスを切替える場合に発生する消費者の費用・出費または犠牲・損失」であり，「埋没コスト」と「発生コスト」の2要素で構成される．「埋没コスト」とは，過去から現在に至るまでの間に支払った費用が無駄になることによって生じたコストである．「発生コスト」とは，新たに発生するコストのことで，顧客の他社銘柄への乗換えを防ぎ，継続購買を促すものである．このスイッチングコストは顧客ロイヤルティに影響を与える．

5)　顧客生涯価値（LTV：Life Time Value）

“顧客生涯価値”（LTVと呼ばれる）とは，ある消費者や企業が自社の顧客であり続ける間に，自社に対して支払う対価の総和を指す．製品・サービス評価や顧客満足，顧客ロイヤルティ，そしてスイッチングコストがそれぞれ向上することによって，企業は大きなLTVを獲得できると考えられている．

(3)　顧客情報の収集と管理と活用

ITの発展と普及により，企業は顧客の基礎情報や購買履歴など多くの情報を把握できるようになり，それらの情報を活かして顧客関係性構築を図るものとして，**CRM**(Customer Relationship Management：顧客関係性管理)が挙げられる．CRMは，

① 企業が提供する商品・サービスを通じて顧客にとって価値あるものとして認められ続けるとともに，信頼されるパートナーとなるための経営手法．

② 個人を対象とした営利活動の効率性，効果性を最大限に引き出すための方法．

③ 一般顧客ではなく重要顧客を対象に，個々の取引より顧客との関係を重視したマネジメント手法．

④ 顧客は企業の利益を生み出す資産であるという考え方の下に，様々な企業活動を顧客起点で再構築することによって競争優位を築こうとする経営手法．

と定義されている．CRMを用いることによって，顧客を大衆としてではなく，個として捉えるアプローチが可能になったとされている．

CRMの最大の目的は，「企業が顧客との関係性を深め，顧客を育成し継続的な収益向上を実現すること」であり，顧客から得られるLTVの最大化である．顧客満足度調査が顧客の行動要因を探るために顧客の心象を問うているのに対し，CRMでは消費者の傾向を把握するために，実行動に着目している．この実行動として，情報の収集，管理，分析，活用がある．

5.2 データマイニング・テキストマイニング

5.2.1 データマイニングとは

“データマイニング”(Data Mining)とは，「データベース(データの集まりに一定の構造を持たせて，その利用効率，管理効率を高めたもの)などに保存されている大量のデータに対して，データに内在する規則性，傾向やパターン，ルールなどの知識を効率よく発見するための手法」である．機械学習分野のアルゴリズムや統計的手法を利用することが多い．

マイニングとは，元々「採鉱，採掘」という意味であり，データマイニングとは大量の「データ」(鉱山)から有益な鉱石である知識を「採鉱」するという意味である．

主にマーケティング分野で応用され，日本でも近年その成果が注目されている．

手法としては，統計学，情報科学，心理学などの成果を取り入れている．この手法が登場した背景には，コンピュータの処理装置と記憶容量が高性能化・低価格化すると同時に，ネットワーク技術の発達で大規模データの蓄積が時間・費用の両面で実用的になったという環境変化がある．

5.2.2 データマイニングの手法例

データマイニングの手法として頻用されるのは，**決定木**(けっていぎ)(デシジョンツリー：Decision Tree)である．決定木は分類とルール生成を目的とする．例えば，多数の顧客属性(説明変数)と取引履歴(目的変数)から，優良(不良)顧客のグループを発見し，属性の組合せで記述した分類ルールを経営戦略に活用する．

図5.2の例は，ある商品に対する購入希望の有無を目的変数として，作成した決定木である．この例では，未婚の女性で恋人あり，既婚の女性で子どもなし，25歳未満の男性に購入希望があるということがわかる．こ

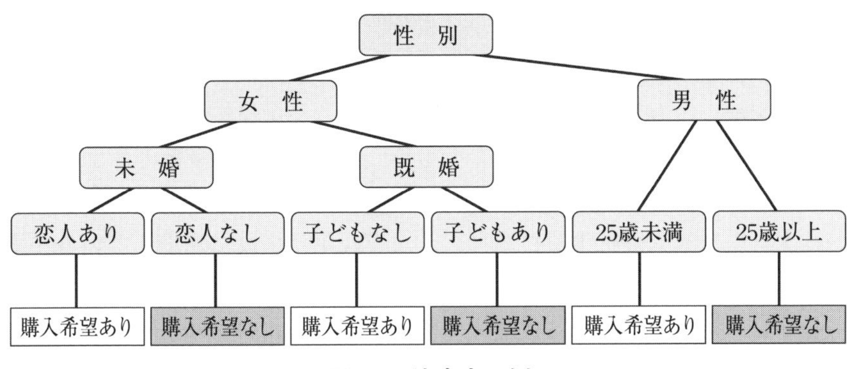

図 5.2　決定木の例

のように決定木は，様々な変数を多次元的に組み合わせたセグメンテーション軸を求めることができる．

5.2.3　テキストマイニング

“**テキストマイニング**”とは，「テキストをマイニングすること」である．テキストは小説や新聞，あるいはブログやホームページ，メールなどの文書を意味する．マイニングによって発見しようとするのは，収集したテキストに共通する話題(テーマ)であったり，テキストを書いた人の癖であったりと様々である．

テキストマイニングでは，入手した大量のテキストから，その情報を余すことなく利用するために，コンピュータにテキストを解析させるテキストマイニング技術が重要である．

テキストマイニングで共通しているのは，テキストの言葉を解析すること，すなわち，テキストを単語に分解することである．工学分野では，こうした作業を**自然言語処理**といい，テキストマイニングを実現するための前提となる．日本語の場合，まずテキストを文のレベルに分割し，さらに文を単語の単位に分割することが必要である．これは英語のように，単語がスペースで区切られているテキストに比べて，非常な手間を要する作業である．日本語では，日本語文法の知識がない限り，文を単語に分解することができない．日本語で文を単語に分割することを“分かち書き”という．文を単語のレベルにまで分解した後で，さらに活用形を原形(終止形)に変換することも行われる．また，その単語の品詞属性も重要な情報である．例えば,「渡した」であれば「渡す」が原形であり，その品詞属性は“五段動詞”，活用は連用形である．こうした処理は**形態素解析**と呼ばれる．

日本語を形態素解析する技術は，ここで数年で格段に進歩している．また，解析を行うソフトウェアもいくつか開発されている．

しかし，言語は本質的には曖昧であり，コンピュータによる解析結果も完全ではなく，決して完全になりえない．あくまでも出力されたものは使う側の判断にゆだねられる．ユーザーは日本語形態素解析器の出力を，分析方針に合わせて修正することも必要になる．

テキストマイニングは，まずテキストの言葉の解析を済ませ，続いてデータ解析を行うことである．現在，応用されているのは，マーケティング，人文科学分野，研究論文や特許文書の分類，検索などがある．

5.3 その他の活動

5.3.1 顧客価値創造技術手法(商品企画七つ道具を含む)

“顧客価値創造技術手法”とは,「顧客にとっての価値(顧客価値)を目標とし，その実現を図るための手法」である．顧客価値を実現する最重要機能は，商品企画であり，そのツールとして商品企画七つ道具が開発・提唱されている．

(1)　商品企画七つ道具

“商品企画七つ道具”とは,「インタビュー調査，アンケート調査，ポジショニング分析，アイデア発想法，アイデア選択法，コンジョイント分析，品質表からなる商品企画のためのシステマティックな手法の体系」であり，英語で Seven Tools for New Product Planning，略して **P7** といわれる．

商品企画七つ道具は，「顧客に感動を与える商品」を提供するため，

① 調　査：潜在ニーズを探り，コンセプトの方向を決める
② 発　想：創造性を付与し，ジャンプをはかる
③ 最適化：種々のコンセプトの中で顧客にとって最適なコンセプトを決める
④ リンク：技術者とコンセプトを相互に理解し，実現に向ける

の 4 つの活動(ステップ)が必修事項であるとして，マーケティングサイエンスなどの成果を積極的に援用し，独自の手法もブレンドして提案されたものである．

商品企画七つ道具の流れを図 5.3 に示す．

商品企画作業の最初に，大まかな方向を決めなければならない．従来の企画とは異なり，仮説の発見，検証は十分に実施するので，はじめは漠然

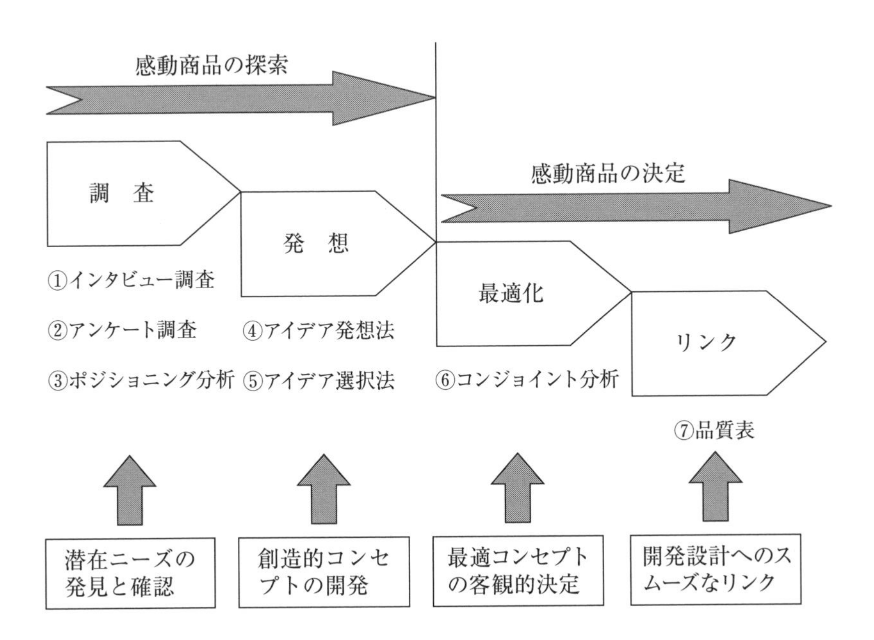

出典：神田範明，『ヒットを生む商品企画七つ道具 はやわかり編』，日科技連出版社，2000 年

図 5.3　商品企画七つ道具の流れ

としていても構わない．以後使用する商品企画七つ道具の各手法について次に示す．

1)　インタビュー調査

インタビュー調査とは，仮説発見のために定性的に調査する手法である．顧客と直接対面して情報収集する調査方式であり，大切なのは，顧客の意見を直接的に，定性的に把握して良好な仮説を打ち立てることである．アンケート調査のように，すべての顧客に対して質問内容が一定ではない．インタビュー調査には，主に「グループインタビュー」および「評価グリッド法」の２つの方法がある．「グループインタビュー」は数名の対象層の顧客に集まってもらって自由に意見交換してもらい，その中から新商品のヒントを得る手法で，グループ内の心理的な相乗効果から成果が期待できる．「評価グリッド法」は各個人に対して一定の評価対象を一定の方式で評価してもらう手法で，実際には商品サンプル，カタログ，イラスト，説明文などを２つずつ取り上げて顧客に比較評価し，自身の言葉で表現してもらう．評価構造が把握でき，意外なヒントが得られることがある．

2)　アンケート調査

アンケート調査とは，仮説検証のために定量的に調査する方法であり，a)インタビュー調査(など)で導いた仮説を検証する，b)顧客の評価データを集めてポジショニングにつなげる，を目的に実施する．ニーズの発見よりも検証がねらいである．

3)　ポジショニング分析

ポジショニング分析とは，商品を位置付け企画を方向付ける手法である．アンケート調査の結果データを多変量解析の因子分析により解析し，強い相関をもった変数を組み合わせて少数の因子にまとめ，各商品ごとの中心位置を図示した知覚マップを作る．このマップ上で，a)商品の顧客から見た位置関係(ポジション)を確認する．b)商品と商品の間にある「すき間」を客観的に発見する．c)購入希望度，好感度などを高める「理想ベクトル」を表示する．

4)　アイデア発想法

アイデア発想法とは，アイデアを効率的に発想する手法で，ポジショニング分析で得た最適な方向に沿って創造的なジャンプをはかり，商品力を飛躍的に高める重要なステップである．画期的なアイデアを大量生産する「アナロジー発想法」，「焦点発想法」，「チェックリスト発想法」，「シーズ発想法」の4種のシステマティックな発想法が提唱されている．

5)　アイデア選択法

アイデア選択法とは，アイデアを評価し客観的に選択する手法である．

主な手法に，複数の評価項目にあらかじめ設定したウェイトをかけ，合計点の高いアイデアを採用する「重み付け評価法」，ウェイトの決定を2項目ずつの重要度比較の反復を行い，2つずつの一対比較で行う「一対比較評価法(AHP)」がある．

6)　コンジョイント分析

コンジョイント分析とは，最適なコンセプトを見つける手法であり，a)顧客に好まれる商品コンセプトの探索，b)トレードオフ分析，c)マーケットシェアの予測を分析することができる．アイデア選択法で選択したアイデアの各属性についての好き嫌いや購入意向の程度を顧客に提示して順位付けしてもらい，そのデータを解析して最適な組合せを求めれば，それが自動的に新商品の最適コンセプトとなる．

7)　品質表

品質表とは，企画と設計とのリンクをはかる手法であり，コンジョイント分析で得た最適コンセプトを基本に，顧客の「要求品質」と「技術特性(品質特性)」をマトリックス状に関連付け，商品コンセプトや顧客の要望を具体的な設計につなげる．重要特性や開発上のボトルネック技術もこの表から明らかにできる．

5.3.2　IE

(1)　IEとは

“**IE**”(Industrial Engineering)とは，「経営目的を定め，それを実現するために，環境(社会環境及び自然環境)との調和を図りながら，人，物(機械，設備，原材料，補助材料，エネルギーなど)，金及び情報などを最適に計画し，運用し，統制する工学的な技術・技法の体系」であり，その歴史的な発展過程で「時間研究，動作研究など伝統的なIE技法に始まり，生産の自動化，コンピュータ支援化，情報ネットワーク化の中で，制御，情報処理，ネットワーク，最適化，シミュレーションなど様々な工学的手法が取り入れられ，その体系自身が経営体とともに進化している」(JIS Z 8141：2022)とされている．

IEは，経営資源を有効に活用するために最適な生産システムをめざし，その設計や改善を科学的に進める手法である．生産ネックの解消，仕掛の削減，レイアウトの改善，作業能率の向上，物流の改善，作業の省力化，コストの削減などの広範囲の問題解決を扱うことができる．

ここでは，IEの基礎部分であり，「時間研究，動作研究など歴史的なIE技法」とされている作業研究について説明する．

(2) IE(作業研究)の手法体系

“作業研究”とは，「作業を分析して実現し得る最善の作業方法である標準作業の決定と，標準作業を行うときの所要時間から標準時間とを求めるための一連の手法体系」であり，「方法工学ともいい，方法研究と作業測定とによって構成される」(JIS Z 8141：2022)とされている．それは，標準的な方法を研究する(方法研究)には，その作業に要する時間の測定(作業測定)が必要となるからである．作業研究の手法体系を図5.4に示す．

1) 方法研究

方法研究とは，「作業又は製造方法を分析して，生産要素を有効に活用して目的を達成する作業方法又は製造工程を設定するための手法体系」(JIS Z 8141：2022)である．生産システムを分析的に見れば，「工程──►作業──►要素作業──►動作」といった粗さで区分できるが，そのレベルに応じたシステムの分析方法(工程分析，作業分析，および動作分析)がある．

方法研究の一手法である“工程分析”は，生産システムを工程のレベルで分析する手法である．工程を加工(○)，運搬(○)，検査(□，◇)，停滞(▽，D)の4つに分類して工程の現状を把握し，ムダな作業や工程の排除・簡素化・入れ換えなどを行い，全体としてもっとも効率的な工程とするも

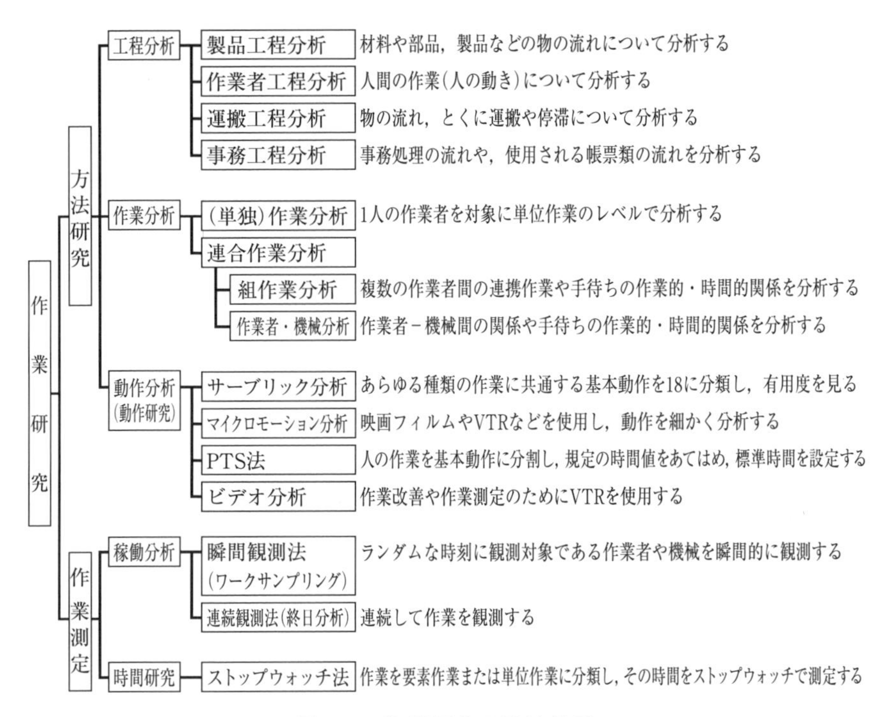

図 5.4　作業研究の手法体系

のである．

2)　作業測定

作業の所要時間を把握・分析し，標準時間を設定するための手法である．

5.3.3　VE

"VE"（価値工学：Value Engineering）とは，「最低の総コストで必要な機能を確実に達成するために，製品やサービスの機能分析にそそぐ組織的な努力」である．

もともとVA（Value Analysis：価値分析）という名称でコストダウンの手法として開発されたが，設計段階にさかのぼって，価値保証・コスト予防することが重要であると考え，これをVEと称した．内容的には両者に差異はない．

VE は，製品やサービスの価値を高めるための技術であり，

$$価値(V)=\frac{機能(F)}{コスト(C)}$$

という概念式で説明される．

ここで，機能(F)とは，使命，目的を果たすためにもっている働きである．そして，顧客満足度(機能)の高いより良いもの(F)を，より安いコスト(C)でつくることによって，製品やサービスの価値(V)を高めるという考え方である．

例えば，高機能の新製品のコストを従来品以下に抑えるにはどうすればよいか，経理部門の業務を，これまで3人で4日かかっていた仕事を2人で3日以内に仕上げるにはどうすればよいか，PR 効果の高いパンフレットをつくるには，内容，見た目，紙質などをどうすればよいかなど，課題を解決する場面で，VE は真価を発揮する．

VE には，表5.1に示す“5原則”がよく知られているが，基本技法(手順)としては次の手順で進める．

① 機能定義：価値を定量的に把握する．このため，抽出された機能を目的と手段の関連づけで，機能系統図法で整理する．

② 機能評価：把握された価値をどこまで高めるか決定する．

③ 代替案(アイデア)の発想，具体化：目標価値を達成する方策を構築する．

表5.1　VE の5原則

VE の5原則	その意味
使用者優先の原則	顧客の視点を出発点にすること
機能本位の原則	「それは何のため？」という問いを発して目的を追究し，機能本位で考える
創造による変更の原則	現状や固定観念にとらわれずにクリエイティブな思考をする
チーム・デザインの原則	チームワーク，いわゆるコラボレーションを行う
価値向上の原則	V＝F/C の概念式に基づいて価値の向上をはかる

5.3.4 設備管理，資材管理，生産における物流・量管理

(1) 設備管理

“**設備管理**”とは，「設備ライフサイクルにおいて，設備を効率的に活用するための管理．注釈1　計画には，投資，開発・設計，配置，更新・補充についての検討，調達仕様の決定などが含まれる」(JIS Z 8141：2022)である．

品質と生産性の向上のために，また人手不足に対応するために，製造工程には多くの設備が導入され，製造工程で作り込まれている品質や安全に対する設備の寄与が，以前とは比較にならないほど増してきている．製造工程の能力は，設備の能力でほぼ決まるという状況になってきている．したがって，設備能力を十分発揮させるために，設備の特性を把握しそれを踏まえた管理方式を構築することが重要である．

(2) 資材管理

“**資材管理**”とは，「所定の品質の資材を必要とするときに必要量だけ適正な価格で調達し，適正な状態で保管し，(要求に対して)タイムリーに供給するための管理活動．注釈1　資材管理を効果的に実施するためには，資材計画(材料計画)，購買管理，外注管理，在庫管理，倉庫管理，包装管理及び物流管理を的確に推進する必要がある」(JIS Z 8141：2022)である．

資材管理の目的は，良い品質の製品が問題なく製造できる条件を資材の面から整えることにより，できあがってくる製品の品質を保証することである．良い品質の製品を作るために必要な原材料などの管理と，それを作る製造工程の管理，そのための規格・基準作り，それを通した製品品質の保証である．

(3) 生産における物流・量管理

“**物流**”(物的流通)とは，「物資を供給者から需要者へ，時間的及び空間的に移動する過程の活動．一般的には，包装，輸送，保管，荷役，流通加工及びそれらに関連する情報の諸機能を総合的に管理する活動．調達物流，

生産物流，販売物流，回収物流(静脈物流)，消費者物流など，対象領域を特定して呼ぶこともある」(JIS Z 0111：2006)である．

現在では物流的流通を“ロジスティクス”という用語で，原材料の調達から製品までの企業の物財と情報の流れを体系的にとらえる傾向にある．“サプライチェーンマネジメント”もその１つの体系である．

(4) 在庫管理

“**在庫管理**”(Inventory Management)とは，「必要な資材を，必要なときに，必要な量を，必要な場所へ供給できるように，各種品目の在庫を望ましい水準に維持するための諸活動．注釈１ 発注時期及び発注量の決定が含まれ，発注の方式は，定量発注方式と定期発注方式とに大別される」(JIS Z 8141：2022)とされている．

定量発注方式とは，発注時期になると，あらかじめ定められた一定量を発注する在庫管理方式である．ジャスト・イン・タイムを実現するためのかんばん方式は，定量発注方式の一種である．

定期発注方式とは，あらかじめ定めた発注間隔で，発注量を発注ごとに決めて発注する在庫管理方式．発注量は，次の式で表わされる．

$$\text{発注量} = (\text{発注間隔} + \text{調達期間})\text{中の需要推定量} - \text{発注残} - \text{手持在庫量} + \text{安全在庫量}$$

現在の在庫量，需要予測量，安全在庫量，調達期間などに応じ，発注量，発注時期を決める．部品，仕掛品の在庫に対しては，個々に発注量を決める場合と，最終製品の需要予測量に基づき，部品展開を求める場合とがある．

経済的発注量とは，一定期間の在庫関連費用(発注費用と保管費用)を最小にする１回当たりの発注量のことで，以下の式で求められる．

$$\text{経済的発注量} = \sqrt{\frac{2 \times (\text{一定期間内の推定所要量}) \times (\text{発注ごとに発生する発注費用})}{(\text{一定期間内の単位当たりの保管費用})}}$$

5.3.5 リスクマネジメント

(1) リスクマネジメントとリスク

社会が高度化し企業を取り巻く環境が激変する中，製品のマーケット規模が短期間で大幅に縮小したり，一つの不祥事で会社が倒産する危機に瀕したりするように，企業が抱えるリスクは大きくなってきている．これまでのように失敗に学びつつ経営および現場の管理技術を改善していくという仕組みだけでは，万全とはいえなくなってきている．また，従来は，リスクは各担当部門が個別に対応してきたが，このような経営環境の変化に対応するためには，企業の構成員すべてが認識することが重要となってきた．ステークホルダー(利害関係者)の多様な期待に応え，企業価値の向上という事業目標を達成するために，全社的な課題としてリスクマネジメントに取り組む必要がある．

“**リスクマネジメント**”とは，「リスクについて，組織を指揮統制するための調整された活動」(JIS Q 31000：2019)とされており，組織のあらゆる活動に含まれるリスクおよびリスクを軽減するための管理策をモニタリングし，レビューすることである．

“**リスク**”とは，自組織の目的達成の成否および時期を不確かにする外部および内部の要素ならびに影響力のことをいう．すなわち，リスクの本質は，何らかの影響があることと，その不確かさにある．とくに，リスクマネジメントの必要性と難しさをもたらす原因は，その不確かさにあるといえる．

2002年までは，リスクの定義としては，

リスク＝発生確率×被害の大きさ

が広く知られており，リスクを好ましくない影響と発生確率の積とされてきたが，2002年のISO/IEC Guide 73の発行で“リスク”の概念は，「目的に対する不確かさの影響」(JIS Q 31000：2019のリスクの定義)とし，その影響の観点を，安全を阻害する危険性のような好ましくない影響に限定せず，リスクを定めた目的に対して好ましい方向も含めて，影響をもたらす可能性があるものと定めた．

(2)　リスクマネジメント規格の概要

リスクマネジメント規格として，JIS Q 31000：2019「リスクマネジメント―指針」が制定されている．これは，リスクマネジメント手法が，組織全体の経営手法として採用されるにつれて，これまで個別に開発されてきたリスクマネジメントの用語および運営法に関して，整合性を持たせて整理をする必要がでてきたため開発されたものである．

この規格の特徴としては，次のようなものが挙げられる．

①　リスクを管理するためのプロセスだけでなく，プロセスを管理するための枠組み(組織体制のあり方)を含んでいる．

②　すべての組織に適用できる．

③　好ましくない影響だけでなく，好ましい影響を与えるリスクにも適用できる．

④　認証用の規格ではない．

リスクマネジメントの原則，枠組み，プロセスを，図5.5に示す．

1)　リスクマネジメントの原則(箇条3)

リスクマネジメントを効果的に実施するためにすべての階層で理解すべき原則として，図5.5左側の枠内に示すように11の原則を挙げている．

2)　リスクマネジメントの枠組み(箇条4)

リスクマネジメントの枠組み(図5.5中央の枠内)は，リスクマネジメントの実践(4.4)の中で，リスクマネジメントプロセス(箇条5)を実施することより，リスクの運用管理を効果的にするもので，その実施内容を表5.2に示す．

3)　リスクマネジメントプロセス(箇条5)

リスクマネジメントプロセス(図5.5右側の枠内)と実施内容を表5.3に示す．リスクマネジメントプロセスは，組織の業務の一部として組込まれて運用され，組織の文化も考慮し，事業内容に合わせて作るもので，リスクマネジメントの実践(4.4)の中で実施する．

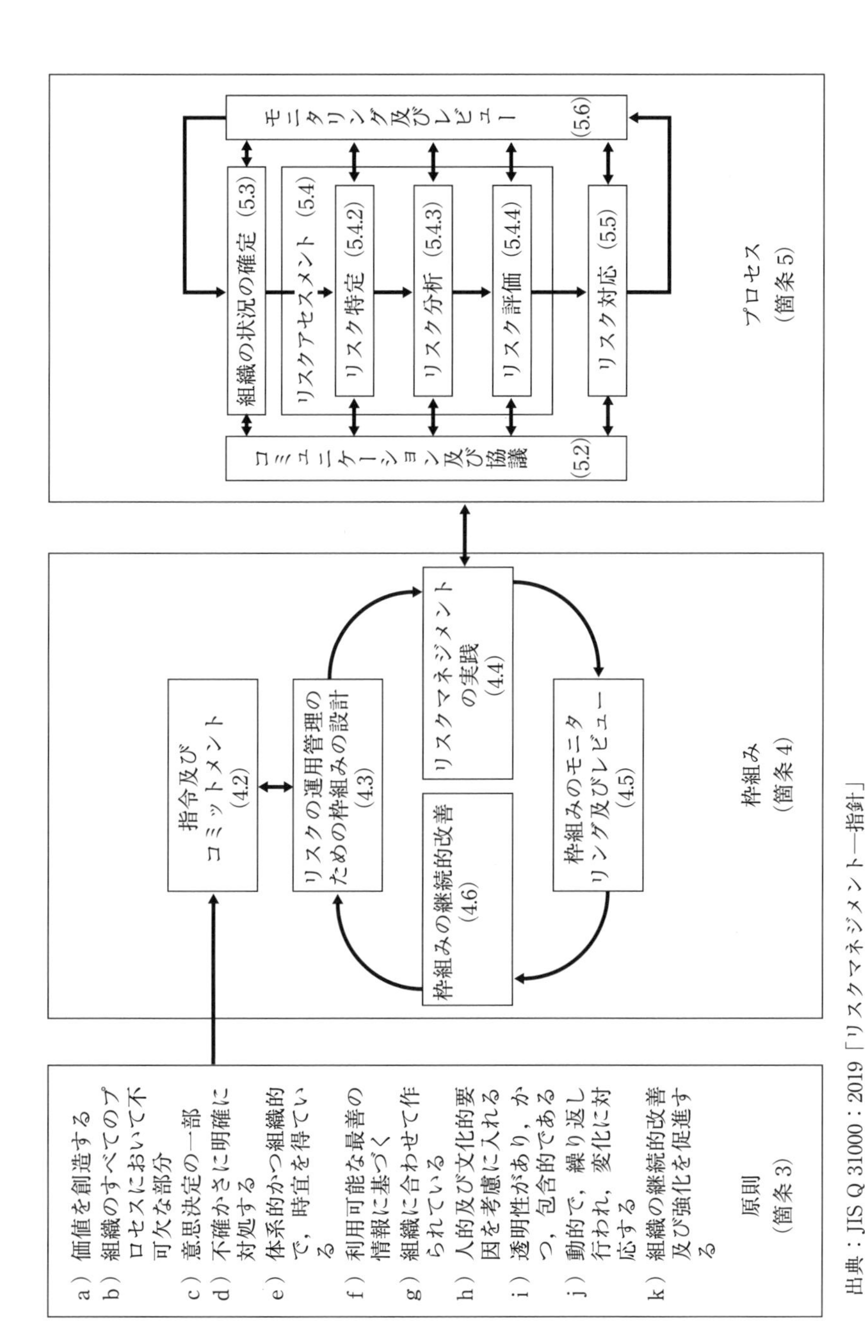

出典：JIS Q 31000：2019「リスクマネジメント—指針」

図 5.5　リスクマネジメントの原則，枠組みおよびプロセスの関係

表 5.2　リスクマネジメントの枠組みと実施内容

項　目	実　施　内　容
指令及びコミットメント(4.2)	• 経営者がリスクマネジメントの前提となる組織の基本方針を明確にし，導入と実施について経営者がコミットメントする．
リスクの運用管理のための枠組みの設計(4.3)	• 組織内外の状況(変化を含む)を把握する(4.3.1) • リスクマネジメント方針を確定する(4.3.2) • 運用管理のアカウンタビリティ，権限及び力量を確実にする(4.3.3) • 業務に組込んで運用する(4.3.4) • 必要な資源(人，もの，金)を割り当てる(4.3.5) • コミュニケーション及び報告の仕組みを確定する(4.3.6，4.3.7)
リスクマネジメントの実践(4.4)	• リスクマネジメントシステム(枠組み)を実行する(4.4.1) • リスクマネジメントプロセス(箇条 5)を実践する(4.4.2)
枠組みのモニタリング及びレビュー(4.5)	• 実績を監視し，有効性についてレビューする(4.5)
枠組みの継続的改善(4.6)	• (4.5)でのレビューの結果(実績，進捗など)に基づいて，枠組みを継続的に改善する．

表 5.3　リスクマネジメントプロセスと実施内容

項　目	実　施　内　容
コミュニケーション及び協議(5.2)	情報の提供，共有又は取得，及びステークホルダーとの対話をすべての段階で継続的に行う．
組織の状況の確定(5.3)	組織の状況の確定により，リスクの運用管理において考慮するのが望ましい外部及び内部の要因を規定し，リスクマネジメント方針に従って適用範囲及びリスク基準を設定する．
リスクアセスメント(5.4)	リスク特定，リスク分析及びリスク評価の一連のプロセス(下記の 5.4.2，5.4.3，5.4.4 参照)である(5.4.1)．
リスク特定(5.4.2)	プロセスで取り扱うリスクを決定する．組織に好ましくないものだけでなく，好ましい影響を与えるリスクについても特定する．
リスク分析(5.4.3)	リスクの特質を理解し，リスク対応のための判定の情報としてリスクレベルを決定する．リスクレベルは「結果」と「起こりやすさ」の組合せ(かけ算が多い)として示される．
リスク評価(5.4.4)	リスク及び／又はその大きさが，リスク対応が必要かどうかを決定するために，リスク分析の結果をリスク基準と比較評価する．
リスク対応(5.5)	リスクを修正するために対策をとる．例えば，対策には，「リスク源」の除去，「起こりやすさ」を下げる，「結果」を変える，などがある．
モニタリング及びレビュー(5.6)	実績を監視し，有効性についてレビューする．

＊リスク基準はリスクの重大性を評価するための目安となる基準であり，組織の目的，外部状況，内部状況に基づくものであり，自社で規定する．

5.3.6 プロジェクトマネジメント

(1) プロジェクトマネジメントとは

“プロジェクト”とは,「開始日及び終了日をもち,調整され,管理された一連の活動から成り,時間,コスト及び資源の制約を含む特定の要求事項に適合する目標を達成するために実施される特有のプロセス」(JIS Q 9000:2015)であり,一定の期間内に,様々な制約の下で,人,もの,金,情報などの経営資源を最も効率よく投入して,品質の良い製品やサービスを提供するための活動である.

“プロジェクトマネジメント”とは,「プロジェクトの目標を達成するために,プロジェクトの全側面を計画し,組織し,監視し,管理し,報告すること,及びプロジェクトに参画する人々全員への動機付けを行うこと」(JIS Q 9000:2015)であり,プロジェクトの顧客と他の利害関係者のニーズを充足するために,ある一定の制約条件の中で,全体最適を追究し,プロジェクトのPDCAを回すことである.

また,PMBOK:Project Management Body of Knowledge(PM協会)によれば,「プロジェクトの事業主体や他の利害関係者の当該プロジェクトに対する要求事項や期待を充足させる,またはそれ以上の成果をあげるために,最適な知識,技術,ツール,技法を適用すること」である.

プロジェクトマネジメントには,要員手配,組織化・チーム編成,調達・契約,リスク対応,進捗管理,コミュニケーションなどの運営課題と制約条件の中で,目的・効果,顧客満足,コスト,期間などの経営的達成および仕様書どおりの開発・機能,開発終了後の稼働局面を含めたライフサイクルでの品質確保などの技術的達成の達成課題とがある.

(2) プロジェクトマネジメントの規格

プロジェクトマネジメントの規格としては,JIS Q 21500:2018「プロジェクトマネジメントの手引」が制定されている.

この規格は,プロジェクトの実施に重要で,かつ,影響を及ぼすプロジェクトマネジメントの概念及びプロセスに関する包括的な手引を提供している．

この規格が対象とする利用者は，次の者を想定している．

① 上級管理者及びプロジェクトスポンサ：プロジェクトマネジメントの原則及び実務の理解を深めて，プロジェクトマネージャ，プロジェクトマネジメントチーム及びプロジェクトチームへの適切な支援及び指導を行いやすくする．

② プロジェクトマネージャ，プロジェクトマネジメントチーム及びプロジェクトチームの構成員：自らのプロジェクト標準及び実施標準をほかのプロジェクト標準及び実施標準と比較するための共通の基盤をもてるようにする．

③ 国家又は組織の規格の作成者：ほかのプロジェクトマネジメント規格と中核レベルで一貫性のあるプロジェクトマネジメント規格の作成に使用する．

この規格は，序文に続いて，次の4つの箇条から構成されている．

1. 適用範囲
2. 用語及び定義
3. プロジェクトマネジメントの概念
4. プロジェクトマネジメントのプロセス

箇条3のプロジェクトマネジメントの概念では，大半のプロジェクトに適用される主要概念について規定している．さらにプロジェクトを遂行する環境について規定している．

箇条4のプロジェクトマネジメントのプロセスでは，プロジェクトを成功させるために，プロジェクトマネージャ及びプロジェクトチームは，次の処置を達成することが望ましいとしている．

① プロジェクトの目標を満たすために必要な，適切なプロセスを選択する．

② プロジェクトの目標及び要求事項を満たすための製品の仕様及び計画を作成し，又は適応するために，定義したアプローチを使用する．

③ プロジェクトスポンサ，顧客及びその他のステークホルダを満足させるように要求事項に従う．

④　プロジェクト成果物を提供するためにプロジェクトリスク及び必要な資源を考慮しながら，その制約内でプロジェクト・スコープを定義し，マネジメントする．

⑤　顧客及びプロジェクトスポンサのコミットメントを含めた，各遂行組織から適切な支援を得る．

5.3.7 BCM

“**BCM**”(Business Continuity Management：事業継続マネジメント)とは，リスクマネジメントの一種で，地震，火災，新型インフルエンザ，大規模なシステム障害など，不測の事態が発生した場合であっても，事業の継続あるいは早期復旧をはかるための経営上の管理手法である．リスクマネジメントでは，主に人命などに焦点が当てられ，ややもすると事業の継続に関する視点が弱くなるため，事業の継続を主眼において検討するものとしてBCMが重要視されてきた．

大規模地震の頻発，新型インフルエンザの蔓延など，近年，事業継続を脅かす不測の事態の発生の可能性が高まっている．また，アウトソーサーの積極的な活用，サプライチェーンの高度化などによって，ビジネスプロセスが複雑化しており，自社や関係会社で事業中断が発生すると，想定以上の影響を及ぼす可能性が高くなっている．不測の事態の発生に備えて事業継続の手立てを事前に講じるBCMの重要性が，ますます高くなっている．

BCMを構築・高度化していくために，次の活動を継続的に行う．

①　事態発生時に継続する優先事業の選別

②　優先事業の継続に必要な経営資源の分析および手当て

③　インシデントマネジメント計画(IMP)の策定

④　事業継続計画(BCP)の策定

⑤　事態発生を想定した訓練・演習の実施

⑥　各種取組みの定期的な見直し

5.3.8 TPM

“**TPM**”(Total Productive Maintenance)とは，「全員参加の生産保全」であり，「生産システムの効率化を極限まで追求(総合的効率化)をする企業の体質づくりを目標にして，生産システムのライフサイクルを対象とし，“災害ゼロ・不良ゼロ・故障ゼロ”などあらゆるロスを未然防止する仕組みを現場・現物で構築し，生産部門をはじめ，開発，営業，管理などの全部門にわたって，トップから第一線従業員に至るまで全員が参加し，重複小集団活動によって，ロス・ゼロを達成する生産革新活動」(JIS Z 8141：2022)である.

5.3.9 JIT

“**JIT**”(Just In Time：ジャストインタイム)とは，トヨタ生産方式ともいわれ，代表的な要素として，かんばん方式がある.

「全ての工程が，後工程の要求に合わせて，必要な物を，必要なときに，必要な量だけ生産(供給)する生産方式.

注釈1　ジャストインタイムの狙いは，作り過ぎによる中間仕掛品の滞留，工程の遊休などを生じないように，生産工程の流れ化及び生産リードタイムの短縮にある.

注釈2　ジャストインタイムを実現するためには，最終組立工程の生産量を平準化すること(平準化生産)が重要である.

注釈3　ジャストインタイムは，後工程が使った量だけ前工程から引き取る方式であることから，後工程引取り方式(プルシステム)ともいう」(JIS Z 8141：2022).

5.3.10 MOT

“**MOT**”(Management of Technology：技術経営)とは，「技術の研究開発を中心とする技術重視の経営管理のこと」である．主にイノベーション

の創出をマネジメントし，新しい技術を取り入れながら事業を行う企業・組織が，持続的発展のために，技術を含めて総合的に経営管理を行い，経済的価値を創出していくための戦略を立案，決定，実行するものである．技術マネジメント，技術版経営学ともいわれる．

5.3.11 PLM

“**PLM**”(Product Lifecycle Management：プロダクトライフサイクルマネジメント)とは，「製品の設計から，開発，試作，テスト，量産開始までの製品開発プロセスで，製品を企画してから生産するまでのスコープにおける製品情報を一元的に管理して，それにかかわる業務プロセスを支援するシステム」である．

5.3.12 SCM

“**SCM**”(Supply Chain Management：サプライチェーンマネジメント)とは，「資材供給から生産，流通，販売に至る物又はサービスの供給プロセスにおいて，需要が連鎖的に発生する特徴を利用して，取引を行う複数の企業が情報共有，協調意思決定などの手法を用いて，必要なときに，必要な場所に，必要な物を，必要な量だけ供給できるようにすることで，サプライチェーンに介在するムダを排除し，経営効率を向上させる方法論．

注釈１　SCM における重要な課題に，物流，商流及び資金流の最適化と同期化，サプライチェーン全体としての効率最大化，柔軟性及び頑健性の実現などがある．

注釈２　SCM は，サプライヤーの技術革新を支援する安定契約を基に，情報技術を含む固有技術の革新を活用して，新しいビジネスモデル・手法(例えば，VMI，TOC，APS，CPFR など)を創成する，管理技術における一つの日々進化している方法論」(JIS Z 8141：2022)である．

5.3.13　品質コストマネジメント

品質向上とコスト削減を両立させ，利益を生み出す方法．このために生まれたのが“**品質コストマネジメント**”という概念である．

品質コストとは，「品質管理活動や品質保証業務の遂行に付随して発生するコスト(予防コスト，評価コスト)と，これらの活動ないし業務が不完全であったためにメーカーが支払う損失(内部失敗コスト，外部失敗コスト)の総称のこと」である．

品質コストマネジメントは，コストという貨幣的なスケールを用いることによって，ビジネスの共通目標である利益数値に関連づけて品質を認識する．とはいえ，それは個々の製品やサービスの品質をダイレクトに評価するものではなく，むしろこれらの品質を維持・向上させるために，企業が推進する品質管理活動や経営そのものの質を費用対効果という側面から判定しようとするものである．

5.3.14　ABC

“**ABC**”(Activity-Based Costing：活動基準原価計算)とは，「原価計算法の1つで，経営資源を消費して発生した原価を活動(Activity)ごとに集計し，その原価を，製品やサービスに正確に跡付けようとする原価計算手法のこと」である．ABCでは，活動こそが経営資源を消費する原因であると考え，原価を発生せしめる生産現場の諸取引や諸活動ごとに，詳細かつ正確に原価の集計・記録を行う点が，従来の原価計算とは異なる固有の特徴となっている．

5.3.15　コストドライバー

原価の発生要因を意味し，ABCの基本概念の一つである．すなわち，ABCの手続的特質の一つは，経営資源の消費額を活動(アクティビティ)に割り当てたり，活動ごとに原価を集計したコストプールから，製品ないし製品系列に原価を割りあてていく際に，各活動に固有の物量的尺度であるこのコストドライバーが用いられたりする点にある．前者は，活動ごとの資源消費量を規定する変数であることから，“資源ドライバー”(Resource Driver)と呼び，後者は最終給付別の消費量を規定する変数であることから，“活動ドライバー”(Activity Driver)として区分することもあるが，両者をともにコストドライバーと呼ぶことがある．

5.3.16 OR

(1) ORとは

“**OR**”(Operations Research：オペレーションズリサーチ)とは，「科学的方法および用具を体系の運営方策に関する問題に適用して方策の決定者に問題の解を提供する技術．第2次大戦中，米英の戦略，作戦，武器に関する軍の研究に理工学者，心理学者，経営学者などが参加して，問題の解決に協力したことにはじまる．戦後は軍ばかりではなく，一般の官庁や会社においてもこの方法がとりあげられるようになった．その特色は，多方面の専門家の協力によって多面的な立場から計量的に問題の解決をはかるという点にある」(JIS Z 8121：1967)とされている．

ORは，直訳すれば「作戦研究」であり，戦争を契機として発達した学問分野であるが，現在はその適用範囲を企業活動などに広げ，以下の特徴を持つ．

① 複雑なシステムの分析などにおける意思決定を支援し，また意思決定の根拠を他人に説明するためのツールである．

② 最適化をめざす分野として発達してきたため，その手法の中には企業戦略立案のための手法が多く存在する．

③ 政府，軍隊，国際機関，企業，非営利法人など，様々な組織に意思決定のための数学的技術として使用されている．

④ 特定の領域の問題だけでなく幅広い領域に応用することが可能であり，学際的な研究分野であるともいえる．

(2)　ORの手順と手法

ORでは，順列組合せ，確率，最適化および待ち行列などの数学的研究を踏まえて，現実の問題を数理モデルに置き換えるのが一般的である．そのことで，合理化された意思決定が可能となるだけでなく，定量的な問題についても最適化を行うことができる．

ORにおける問題解決の手順は，次の①～⑥のように整理されている．

①問題発見──►②定式化──►③模型作成──►④模型の解──►⑤解の実施──►⑥問題解決

「⑤解の実施」で実施上具合の悪い点を発見したら，再度「②定式化」へと戻る．また，定式化を行ったら一足とびに問題が解決する場合もある．

代表的なORの手法を表5.4に示す．

ORを実務に適用するうえで，膨大な計算量のため現在ではコンピュータの活用は必須であり，それがこれらの手法の発展を促している面もある．

表5.4　ORの代表的な手法とその使用目的など

手法名	手法の使用目的など
数理計画法 (線形計画法)	生産計画の製品混合問題(多品種の生産能力制約の中での総利益の最大化)を数学的に定式化し，それを解く．
スケジューリング	プロジェクトの日程管理(新QC七つ道具のアローダイアグラムもその一つ)．
シミュレーション	対象とする体系についての模型による実験．
待ち行列	スーパーのレジや高速道路の料金所の前の待ち時間の短縮など．
在庫管理	在庫品を補充する場合の最適発注量の決定．
AHP (階層化意思決定法)	最適戦略決定における代替案の選択．
ゲーム理論	複数の参加者間の競争的行動における最適戦略．

5.3.17 ナレッジマネジメント

(1) ナレッジマネジメントとは

それぞれの組織では，有用な知識・技術を明確にし，それを技術標準，マニュアルなどの標準にすることが望ましい．これは，組織を構成している個々人に蓄積されている“知”(個人のノウハウ・技能で，“暗黙知”といわれる)を誰もが参照できる組織の“知”(組織の体系化された知識・技術で，“形式知”または“明示知”といわれる)に変換することを意味している(表5.5参照)．

このような概念や手法が，“ナレッジマネジメント”という言葉で最近注目されている．

“ナレッジマネジメント”(Knowledge Management)とは，「組織内の個人が有する知識を共有化し，有効活用をすることによって新しい知識の創造を目指すマネジメント手法」をいう．ナレッジ(知識)と情報の関係は深いので，ナレッジマネジメントは，情報技術との関連を軸に議論されることが多い．企業組織を構成している個々人の“知”をグループの“知”，組織の“知”へと表出し，“知”が創造できる企業組織へと導く方法論である．

(2) ナレッジマネジメントの方法論

ナレッジマネジメントには，次のようなSECI(セキ)モデルがある．SECI(セキ)モデルとは，“知”を暗黙知と形式知に分け，4つのフェーズの頭文字をとったもので，この知識変換プロセスによって，“知”が創造できるとしている(表5.6参照)．

表5.5　暗黙知と形式知

区別	その意味
暗黙知	人間一人ひとりの体験に根ざす個人的な知識であり，信念，ものの見方，価値システムといった無形の要素を含んだ知．
形式知 (明示知)	文法にのっとった文章，数学的表現，技術仕様，マニュアルなどにみられる形式言語によって表わす知識．形式化が可能で容易に伝達できる知．

表 5.6　SECI(セキ)モデル(4つの知識変換プロセス)

変換プロセス	その説明	知の形態 暗黙知		知の形態 形式知
①　共同化(Socialization)	個人，グループで暗黙知を共有する	○		
②　表出化(Externalization)	対話で暗黙知を形式知へ変換する	○	→	○
③　結合化(Combination)	形式知を組合せ新たな知識を創造する			○
④　内面化(Internalization)	体系化した知識を自分の暗黙知とする	○	←	○

また，ナレッジマネジメントの具体的な手法の一つとして，データマイニングがある．

5.3.18　経済性工学

“経済性工学”(経済性分析：Economic Engineering)とは，「企業活動において経済的に有利な方策を探索し，比較し，選択するための分析方法を体系化した研究分野」である．

利益の増加，費用の節減をめざした諸活動を助けることを主目的としている．主な内容としては以下のとおりである．

① 経済性の優劣を判定するための計算(いわゆる損得計算)と経済活動の結果生じる利益や費用を分け合うための計算(いわゆる割勘計算)の違いの明確化

② 複数の方策の中から有利な案，あるいは有利な組合せを選ぶ場合の判断指標の使い方

③ 資金の時間的価値を織り込んだ設備投資分析

企業は経済活動を行っており，企業内のほとんどすべての部門で生じる各種の問題が経済性工学の対象になるので，近年多くの企業でこの考え方が取り入れられるようになってきた．

その一つとして生産システムの経済性を考えるうえで，損益分岐点と原価管理の考え方が重要であるので，以下に概説する．

“損益分岐点” とは，「損失も利益も発生しない売上高(または販売量)」のことで，この点が損失と収益の分かれ目になる．この点は，図 5.6 に示

すように，生産量または販売量に対して引いた線と総費用の線とが交差する点である．損益分岐点よりも生産量または販売量が大きければ費用よりも収益が大きく，小さければ逆になる．

図 5.6 は以下の式から作図されている．

利益＝売上高－総費用＝売上高－変動費－固定費

ここで，売上高＝単価×売上数量であるから，売上高は原点を通る直線となる．

変動費は，売上に(ほぼ)比例して増加する費用で，原材料費，仕入原価，外注費，光熱費などからなる．

固定費は，売上に関係なくかかる費用で，人件費(時間外給与や歩合給などは除く固定給)，設備関係費，減価償却費，リース代，不動産賃借料，

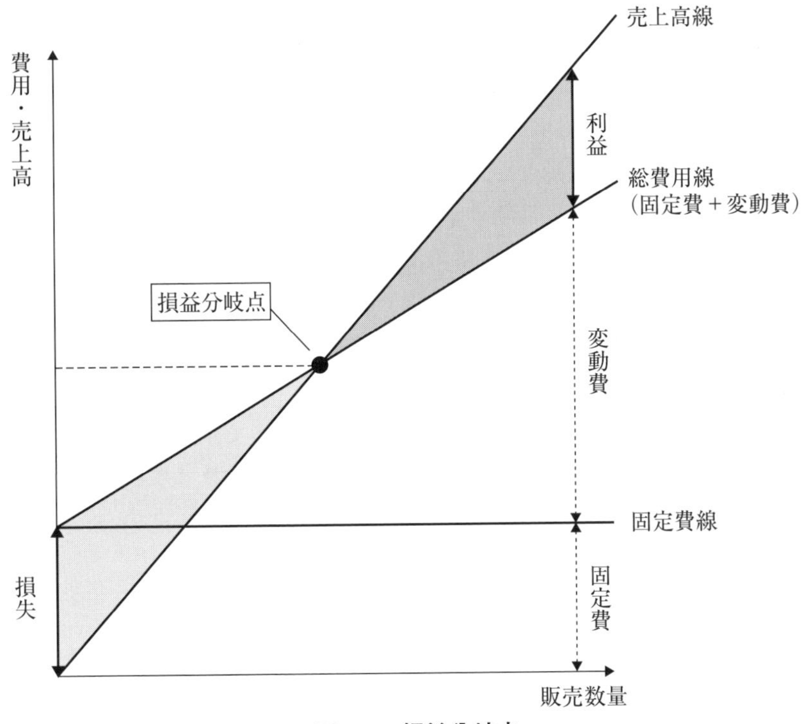

図 5.6　損益分岐点

支払金利などからなる．

損益分岐点は，単にこれを算出するために用いられるだけでなく，目標利益を得るのに必要な売上高を求めたり，販売量の増減に伴う単位当たりの変動費や固定費が利益額に与える影響を分析するために用いられる．

5.3.19　バランストスコアカード

“**バランストスコアカード**”(Balanced Scorecard)とは，1992年にアメリカで考案された戦略的管理手法で，「経営活動を多面的な視点で分析し，戦略を効果的に実践していくもの」である．財務の視点，顧客の視点，内部プロセスの視点，学習と成長の視点という4つの視点で，戦略マップ(図5.7参照)を作り，それをもとにしてスコアカードを構築する．基本は，これら複数の多面的な指標(財務指標←→非財務指標，外部指標←→内部指標)からなる評価指標を採用することにより，短期目標と長期目標，過去と将来の業績目標，といったバランスをとり，長期的競争力も同時に築き上げていこうとするものである．

スコアカードとは，「成績表」，「通信簿」といった意味であるが，バランストスコアカードは，組織業績を生み出す様々な要因を，「バランス」のとれた4つの視点の中にちりばめて，それらの関係性として表現している．スコアカードには，(4つの)視点→戦略→重要要因→業績評価指標→目標値→アクションプラン(方策)が表として網羅されており，まさに戦略的なアクションプランである．

バランストスコアカードの強みは，経営者にとって企業の今を示し，従業員にとって明確に役割を示すものであり，業績をドライブ(牽引)するマップ(道筋)となることである．

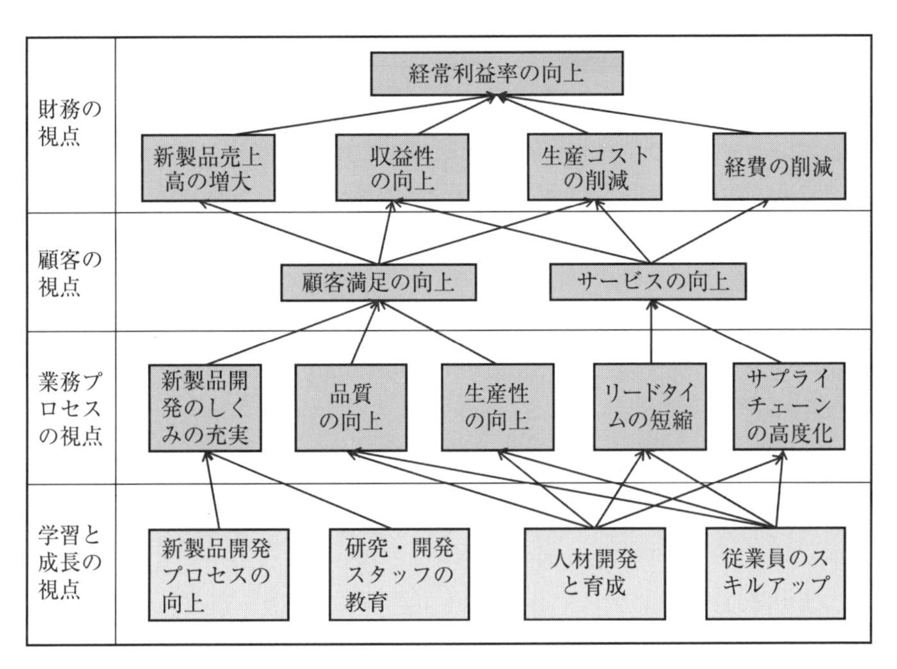

図 5.7　バランストスコアカードの戦略マップ(例)

第5章のポイント

(1)　マーケティング

“**マーケティング**”とは，「個人および組織の目標を満足させる交換を創造するために，アイデア・製品・サービスの概念形成，価格決定，プロモーション，流通を計画し実行するプロセス」のことである．

(2)　顧客関係性管理

“**顧客関係性管理**”とは，「顧客と企業間における信頼などを含む相互依存性の程度」である．

(3)　データマイニング

“**データマイニング**”とは，「データベース（データの集まりに一定の構造を持たせて，その利用効率，管理効率を高めたもの）などに保存されている大量のデータに対して，データに内在する規則性，傾向やパターン，ルールなどの知識を効率よく発見するための手法」のことである．

(4)　テキストマイニング

“**テキストマイニング**”とは，「テキストをマイニングすること」である．入手した大量のテキストから，その情報を余すことなく利用するために，コンピュータにテキストを解析させるテキストマイニング技術が重要である．

(5)　顧客価値創造技術手法（商品企画七つ道具を含む）

“**顧客価値創造技術手法**”とは，「顧客にとっての価値（顧客価値）を目標とし，その実現を図るための手法」である．顧客価値を実現する最重要機能は商品企画であり，そのツールとして商品企画七つ道具が開発・提唱されている．商品企画七つ道具とは，「顧客に感動を与える商品を提供するために提案された，インタビュー調査，アンケート調査，ポジショニング分析，アイデア発想法，アイデア選択法，コンジョイント分析，品質表からなる商品企画のためのシステマティックな手法の体系」で，略してP7と呼ばれることもある．

(6)　IE(Industrial Engineering：インダストリアルエンジニアリング)

“**IE**”とは,「経営目的を実現するために，人，物(機械・設備，原材料，補助材料およびエネルギー)，金および情報を最適に設計し，運用し，統制する工学的な技術・技法の体系」のことである．その基盤となっている作業研究とは，方法工学ともいい，方法研究と作業測定とから構成される．

(7)　VE(価値工学：Value Engineering)

“**VE**”とは,「最低の総コストで必要な機能を確実に達成するために，製品やサービスの機能分析にそそぐ組織的な努力」のことである．

$$\text{価値}(V)=\frac{\text{機能}(F)}{\text{コスト}(C)}$$

という概念式で説明されるV(Value：価値)の向上をめざす．

(8)　プロジェクトマネジメント

“**プロジェクト**”とは,「開始日及び終了日をもち，調整され，管理された一連の活動から成り，時間，コスト及び資源の制約を含む特定の要求事項に適合する目標を達成するために実施される特有のプロセス」である．

“**プロジェクトマネジメント**”とは,「プロジェクトがうまく目標を達成するために，プロジェクトの全側面を計画し，組織し，監視し，管理しおよび報告すること．ならびにプロジェクトに参画する人々全員への動機付けを行うこと」である．プロジェクトの顧客と他の利害関係者のニーズを充足するために，ある一定の制約条件の中で，全体最適を追究し，プロジェクトのPDCAを回すことである．

(9)　リスクマネジメント

“**リスクマネジメント**”とは,「リスクについて，組織を指揮統制するための調整された活動」である．リスクとは,「目的に対する不確かさの影響」(JIS Q 31000：2019)と定義されている．影響とは，期待されていることから，好ましいものおよび／または好ましくないものからかい(乖)離することをいう．

(10)　OR(Operations Research：オペレーションズリサーチ)

“**OR**”は，複雑なシステムの分析などにおける意思決定を数理的に支援し，最適化をめざす手法として発達してきた．その手法の中には企業戦略立案のためのものが多く存在する．

(11)　経済性工学(経済性分析：Economic Engineering)

“**経済性工学**”とは，「企業活動において経済的に有利な方策を探索し，比較し，選択するための分析方法を体系化した研究分野」である．利益の増加，費用の節減をめざした諸活動を助けることを目的としている．

原価を固定費と変動費に分け，損益分岐点を算出し，売上や利益との関係を検討することができる．

(12)　バランストスコアカード(Balanced Scorecard)

“**バランストスコアカード**”とは，「経済活動を多面的な視点で分析し，戦略を効果的に実践していく」ことである．ここでは，財務の視点，顧客の視点，内部プロセスの視点，および学習と成長の視点という４つの(バランスのとれた)視点で，戦略マップを作り，それをもとにしてアクションプランであるスコアカードを構築する．

第6章

データの取り方とまとめ方

本章では，有限母集団からのサンプリングについて述べる．

6.1 超幾何分布

超幾何分布は，離散分布の一つである．要素の数 N 個のうち不適合品が M 個である有限母集団からランダムに n 個を抜き取ったとき(これを有限母集団からの非復元抽出という)，その中に含まれる不適合品の個数が x である確率 P_x は，

$$P_x = \frac{{}_M C_x \times {}_{N-M} C_{n-x}}{{}_N C_n}$$

となる．これを“**超幾何分布**”という(図 6.1 参照)．

超幾何分布に従う確率変数 X の期待値と分散は，

$$E(X) = \frac{nM}{N}$$

$$V(X) = \frac{nM}{N}\left(1 - \frac{M}{N}\right)\left(\frac{N-n}{N-1}\right)$$

となる．$P = \dfrac{M}{N}$ を母不適合品率と考えると，上記の期待値と分散は，

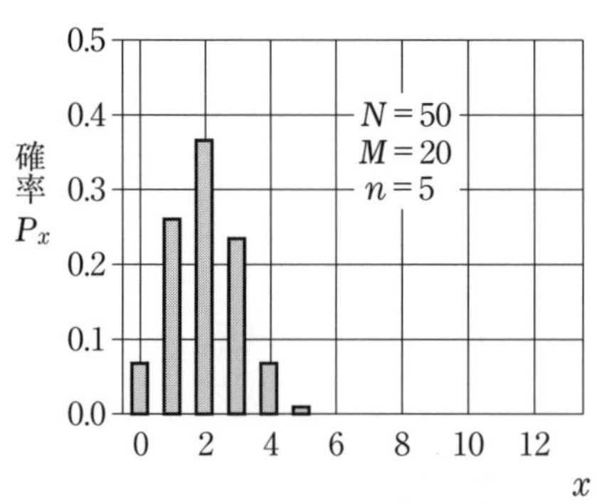

図 6.1　超幾何分布の例

$$E(x) = nP$$

$$V(x) = nP(1-P)\left(\frac{N-n}{N-1}\right)$$

となる．ここで，$\left(\frac{N-n}{N-1}\right)$は，母集団が有限であるために付加された係数で，“**有限修正（有限母集団修正）**”という．

超幾何分布は，$P = \frac{M}{N}$を一定にして$N \to \infty$とすれば，その極限分布は二項分布になる（二項分布については8.2.3項参照）．実用的には，$\frac{n}{N} \leqq 0.10$のときには近似的に二項分布と見なされることが多い．また，$\frac{n}{N} \leqq 0.10$で$\frac{x}{n} \leqq 0.1$であれば，ポアソン分布に近似することができる．

6.2　有限母集団からのサンプリング

6.2.1　ランダムサンプリング

“**ランダムサンプリング**”とは，「母集団を構成している単位体または単位量などが，いずれも同じような確率でサンプル中に入るようにサンプリングすること」である．こうして得られたサンプルは母集団全体の傾向を忠実に表わすので，確率の法則を適用することができる．

母平均μ，母分散σ^2の大きさNの有限母集団から，ランダムに抜き取ったn個の平均値$\overline{x}$の期待値と分散は，

$$E(\overline{x}) = \mu$$

$$V(\overline{x}) = \frac{N-n}{N-1} \cdot \frac{\sigma^2}{n}$$

となり，分散が無限母集団の場合と異なる．すなわち，無限母集団の場

合の $V(\bar{x})=\dfrac{\sigma^2}{n}$ に対して $\left(\dfrac{N-n}{N-1}\right)$ の係数が付加されている．この係数は，6.1 節での説明と同様に有限修正と呼ばれる．

有限修正は，通常 N が 1 よりもはるかに大きいため，$N-1$ を N で置き替えて，

$$\frac{N-n}{N-1} \fallingdotseq \frac{N-n}{N} = 1-\frac{n}{N}$$

となる．$\dfrac{n}{N}$ はサンプルと母集団の大きさの比を表わし，**抜取比**という．

有限修正が特に効いてくるのは，抜取比 $\dfrac{n}{N}$ が 0.5 よりも大きい場合であり，抜取比 $\dfrac{n}{N}$ が 0.1 より小さい場合には，無限母集団と見なしてもよい．

6.2.2　2段サンプリング

"2段サンプリング" とは，「母集団が1次単位に分かれているときに，1次単位をランダムサンプリングし，次に得られた1次単位のそれぞれから2次単位をランダムサンプリングし調査する方法」である．

2段サンプリングにおける特性 x の平均値 $\bar{\bar{x}}$ の期待値と分散は，無限母集団の場合，

$$E(\bar{\bar{x}}) = \mu$$

$$V(\bar{\bar{x}}) = \frac{\sigma_b^2}{m} + \frac{\sigma_w^2}{mn}$$

ここで，

m：1次サンプルの大きさ

n：2次サンプルの大きさ

σ_b^2：1次単位間の特性 x の分散

σ_w^2：1次単位内の特性 x の分散

となる．有限母集団の場合は，6.2.1 項と同様に，

$$E(\bar{\bar{x}}) = \mu$$

$$V(\bar{\bar{x}}) = \frac{M-m}{M-1} \cdot \frac{\sigma_b^2}{m} + \frac{N-n}{N-1} \cdot \frac{\sigma_w^2}{mn}$$

ここで，

M：1次単位の総数

N：1次単位の大きさ

となる．$\frac{M-m}{M-1}$，$\frac{N-n}{N-1}$は，同様に有限修正と呼ばれる．

6.2.3 層別サンプリング

“層別サンプリング”とは，「母集団が1次単位に分かれているときに，すべての分かれている1次単位から2次単位をランダムサンプリングし，調査する方法」である．層別サンプリングでは，層内が均一になるようにすれば，精度がよくなる．

層別サンプリングにおける特性xの平均値$\bar{\bar{x}}$の期待値と分散は，$m=M$の場合の2段サンプリングと考えると，

$$E(\bar{\bar{x}}) = \mu$$

$$V(\bar{\bar{x}}) = \frac{N-n}{N-1} \cdot \frac{\sigma_w^2}{Mn}$$

となる．σ_b^2の項がないので，σ_w^2が小さいほど$V(\bar{\bar{x}})$は小さくなる．

6.2.4 集落サンプリング

“集落サンプリング”とは，「母集団が1次単位に分かれているときに，1次単位をランダムサンプリングし，選ばれた1次単位に含まれる2次単位をすべて調査する方法」である．1次単位が集落にあたる．集落サンプリングはいくつかの集落を代表として調査するため，集落が互いに似ているほど，精度がよくなる．

集落サンプリングにおける特性xの平均値$\bar{\bar{x}}$の期待値と分散は，$n=N$

の場合の2段サンプリングと考えると，

$$E(\bar{\bar{x}}) = \mu$$

$$V(\bar{\bar{x}}) = \frac{M-m}{M-1} \cdot \frac{\sigma_b^2}{m}$$

となる．σ_w^2 の項がないので，σ_b^2 が小さいほど $V(\bar{\bar{x}})$ は小さくなる．

例題 6.1

ある工場に入荷する機械部品は，1箱に $N=120$ 個入りで，$M=12$ 箱ずつ納入され，特性 x は品質特性である．納入される箱間の特性 x の分散は $\sigma_b^2 = 2^2$，箱内の部品間の特性 x の分散は $\sigma_w^2 = 1^2$ とする．

① 入荷した箱からランダムに $m=3$ 箱を選び，選ばれた各箱内の部品の中からランダムに部品 $n=40$ 個を選んで合計 $mn=120$ 個をサンプリングし，特性 x をそれぞれ測定して平均値を求めた．このとき特性 x の平均値 $\bar{\bar{x}}$ の分散を求める．

② 入荷したすべての箱 $M=12$ 箱から，それぞれランダムに部品 $n=10$ 個を選んで合計 $Mn=120$ 個をサンプリングし，特性 x をそれぞれ測定して平均値を求めた．このとき特性 x の平均値 $\bar{\bar{x}}$ の分散を求める．

③ 入荷した箱からランダムに $m=1$ 箱を選んで，その箱の部品 $N=120$ 個すべてを選んで合計 $mN=120$ 個をサンプリングし，特性 x をそれぞれ測定して平均値を求めた．このとき特性 x の平均値 $\bar{\bar{x}}$ の分散を求める．

解説

① 有限母集団の場合の2段サンプリングである．$M=12$，$m=3$，$N=120$，$n=40$ であるから，特性 x の平均値の分散 $V(\bar{\bar{x}})$ は，

$$V(\bar{\bar{x}}) = \frac{M-m}{M-1} \cdot \frac{\sigma_b^2}{m} + \frac{N-n}{N-1} \cdot \frac{\sigma_w^2}{mn} = \frac{12-3}{12-1} \cdot \frac{2^2}{3} + \frac{120-40}{120-1} \cdot \frac{1^2}{3 \times 40}$$
$$= 1.0965 = (1.05)^2$$

となる．

② 有限母集団の場合の層別サンプリングである．$m=M=12$，$N=120$，

$n = 10$ の場合の2段サンプリングと考えると，特性 x の平均値の分散 $V(\bar{\bar{x}})$ は，

$$V(\bar{\bar{x}}) = \frac{N-n}{N-1} \cdot \frac{\sigma_w^2}{Mn} = \frac{120-10}{120-1} \cdot \frac{1^2}{12 \times 10}$$
$$= 0.00770 = (0.0878)^2$$

となる．

③　有限母集団の場合の集落サンプリングである．$M = 12$，$m = 1$，$n = N = 120$ の場合の2段サンプリングと考えると，特性 x の平均値の分散 $V(\bar{\bar{x}})$ は，

$$V(\bar{\bar{x}}) = \frac{M-m}{M-1} \cdot \frac{\sigma_b^2}{m} = \frac{12-1}{12-1} \cdot \frac{2^2}{1}$$
$$= 4.00 = (2.00)^2$$

となる．

以上を比較すると，サンプルの大きさが同じであるにもかかわらず，箱内の部品間の分散 σ_w^2 が小さいので，層別サンプリングでの平均値の分散が小さくなっていることがわかる．

第6章のポイント

(1)　超幾何分布

有限母集団からの非復元抽出を行ったとき，その中に含まれる不適合品の個数は，**超幾何分布**に従う．

(2)　ランダムサンプリング

有限母集団から，ランダムに抜き取った n 個の平均値 $\bar{x}$ の分散は，

$$V(\bar{x})=\frac{N-n}{N-1}\cdot\frac{\sigma^2}{n}$$

となり，$\dfrac{(N-n)}{(N-1)}$の有限修正が付加される．

(3)　2段サンプリング

有限母集団からの2段サンプリングにおける特性 x の平均値 $\bar{\bar{x}}$ の分散は，

$$V(\bar{\bar{x}})=\frac{M-m}{M-1}\cdot\frac{\sigma_b^2}{m}+\frac{N-n}{N-1}\cdot\frac{\sigma_w^2}{mn}$$

となる．

(4)　層別サンプリング

有限母集団からの層別サンプリングにおける特性 x の平均値 $\bar{\bar{x}}$ の分散は，$m=M$ の場合の2段サンプリングと考えると，

$$V(\bar{\bar{x}})=\frac{N-n}{N-1}\cdot\frac{\sigma_w^2}{Mn}$$

となる．

(5)　集落サンプリング

有限母集団からの集落サンプリングにおける特性 x の平均値 $\bar{\bar{x}}$ の分散は，$n=N$ の場合の2段サンプリングと考えると，

$$V(\bar{\bar{x}})=\frac{M-m}{M-1}\cdot\frac{\sigma_b^2}{m}$$

となる．

第7章

新 QC 七つ道具

7.1　新QC七つ道具

“新QC七つ道具”(N7)とは，「親和図法，連関図法，系統図法，マトリックス図法，アローダイアグラム法，PDPC法，マトリックス・データ解析法の7つの手法で構成され，“言語データを図に整理する方法”として構成されたもの」であり，とくに，数値データではなく，主に言語データしか得られない計画の立案段階において有効な手法である(表7.1参照).

また，問題点の明確化，実現したい姿の明確化，アイデアの発想の促進，グループ思考の効率化，関係者のコンセンサスなどに役立つといわれている.

表7.1　新QC七つ道具

手法名	内　容
親和図法	多数のキーワードのツリー構造(多段・多方分類)の図
連関図法	多数のキーワードのネットワーク構造(非ツリー構造)の図
系統図法	主に目的－手段に注目した関係連鎖(ツリー構造)の図
マトリックス図法	行と列の交点(セル)に両者の関係(強さ)を表示する図
アローダイアグラム法	順序関係のある作業を結合点と矢線によって表示する図
PDPC法	望ましいプロセスとそこから外れた場合の復帰方法とを同時に表示する図
マトリックス・データ解析法	主成分分析に基づいて作成した2次元の図

新QC七つ道具が適用されるのは，主として数値にならない情報を処理して問題解決を行う場合である．言語データを得る方法としては「ジョハリの窓」の考え方がある．表7.2は，相互のコミュニケーションの重要性を説明するために考えられた，ジョハリの窓である．表中のaは自分も他人も知っていること，bおよびcは自分または他人のどちらかが知っていること，dは誰もが知らないことである．個人個人が持つ情報を集め，グループ全員がa，b，cの情報を共有化することにより，ジョハリの窓のdの知恵も出ることが期待される.

表7.2　ジョハリの窓

他人＼自分	知っている	知らない
知っている	a	b
知らない	c	d

(1)　親和図法

混沌とした問題について，事実，意見，発想を言語データで捉えて，それらの相互の親和性(似ている)で統合することにより解決すべき問題を図で明確に表わしたのものである．課題などに関する言語データから結論を見い出す，アンケートの自由回答欄にある単語や文章から，顧客のニーズを見い出す(結論を出す)，などに適している．

(2)　連関図法

複雑な原因の絡み合う問題について，親和図法とは異なり，その因果関係を論理的につないだ図である．問題の因果関係を解明し，解決の糸口を見い出すことに使用する．

(3)　系統図法

目的を設定し，この目的に到達する手段を系統的に展開した図である．目的と手段を多段に枝分かれさせせながら展開していくことによって，実施可能な方策を得るために利用する．

(4)　マトリックス図法

行に属する要素と列に属する要素によって二元的配置にした図であり，多元的思考によって問題点を明確にしていくために使用する．とくに，二元的配置の中から，問題の所在または形態を探索したり，二元的関係の中から問題解決への着想を得たりすることができる．

7.2節以降では，アローダイアグラム法，PDPC法，マトリックス・データ解析法について解説する．なお，親和図法，連関図法，系統図法，マトリックス図法の作成手順・活用方法については，本シリーズ『【新レベル表対応版】QC検定受検テキスト2級』を参照されたい．

7.2 アローダイアグラム法

7.2.1 アローダイアグラム法とは

“**アローダイアグラム法**”とは，「日程計画を表すために矢線を用いた図である．PERT (Program Evaluation and Review Technique) と呼ばれる日程計画及び管理の技法で使用され，特定の計画を進めていくために必要な作業の関連をネットワークで表現し，最適な日程計画をたて効率よく進捗を管理するために使用される．具体的には，目標を達成する手段の実行手順，所要日程(工期，工数)及びその短縮の方策を検討する際に使用する．日程管理に利用する場合，グラフ(ガントチャート)と併用して使用することがある」(JIS Q 9024：2003)である．

アローダイアグラムは，図7.1に示すように，実線の矢線(作業)，破線の矢線(ダミー)，丸印(結合点)を用いて表わす．

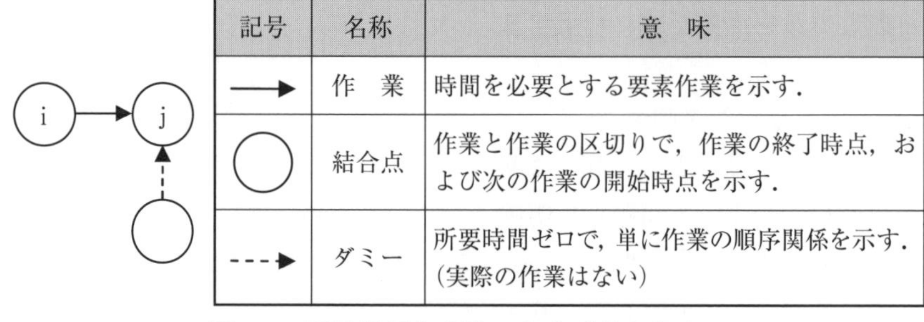

記号	名称	意　味
──▶	作　業	時間を必要とする要素作業を示す．
○	結合点	作業と作業の区切りで，作業の終了時点，および次の作業の開始時点を示す．
- - -▶	ダミー	所要時間ゼロで，単に作業の順序関係を示す．(実際の作業はない)

図7.1　図示記号と名称，およびその意味

7.2.2 アローダイアグラムの作成手順

手順1 課題を設定する.

手順2 必要な作業を列挙する.

手順3 作業名をカードに記入する.

手順4 作業の順序関係をつけて，カードを左から右に配置する.

手順5 結合点を書き，矢印を引き，結合点の番号を記入する.

手順6 各作業の所要日程(工期，工数)を見積もる.

手順7 最早結合点日程を計算する.

手順8 最遅結合点日程を計算する.

手順9 余裕時間を計算する.

手順10 クリティカルパスを表示する.

手順11 必要事項を記入する(目的，作成日，作成場所，作成者など).

作成上の注意事項として，1組の結合点には1つの作業要素を対応させる，不必要なダミー作業を用いない，ループを作らない，などが挙げられる.

7.2.3 アローダイアグラムの例

“クリティカルパス”(最重要経路)とは，「アローダイアグラム上でプロジェクトの所要日数を決定付ける作業の経路．アローダイアグラム上で，矢線の長さを各作業の所要日数としたとき，始点から終点までの最長パスに対応する」(JIS Z 8141：2022)であり，日程計画で，その遅れがただちに全体日程に影響するような日程をつないだ経路のことである.

図7.2のように，実線の上に作業名，その下に作業所要日数を記入する．加えて結合点の右上に最早結合点日程，最遅結合点日程を記載する場合もある．得られた最早結合点日程と最遅結合点日程が一致している箇所を確認して，クリティカルパスとして太線で表示する．このクリティカルパスに該当する作業は，遅れが生じると，全体日程を遅延させることになるので，全体日程を順守するために重要な経路となる.

図7.2の例では，最早結合点日程は，①→②→④の日数 14 + 14 = 28

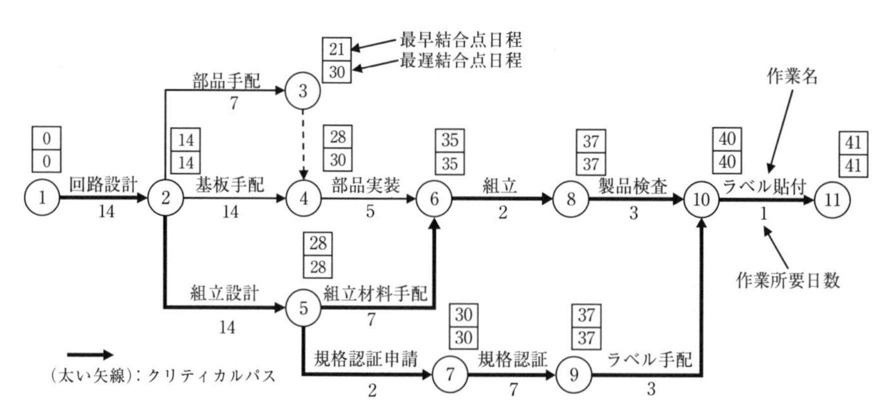

図 7.2　製品 A の設計・製作・評価のアローダイアグラム

(日)と関連する作業①→②→③の日数が 14 + 7 = 21(日)であるから，④では長い方の日数である 28(日)となる．これを最終の結合点まで続ける．

最遅結合点日程は，最終の結合点⑪の 41(日)からその前の作業(⑩との間)の日数を引くので，⑩は41－1 = 40(日)となる．それを図7.2のとおり，最早結合点日程の下に記載する．これをスタートの①に向かって行う．

クリティカルパスについては，最早結合点日程と最遅結合点日程の日数(数字)が同じ所になり，そのルートがわかるように太い矢線で表示する．

7.3 PDPC法

7.3.1 PDPCとは

“**PDPC(法)**” とは，「プロセス決定計画図(Process Decision Program Chart)であり，目標達成のための実施計画が，想定されるリスクを回避して目標に至るまでのプロセスをフロー化した図である．PDPCは，事態の進展とともに，各種の結果が想定される問題について，望ましい結果に至るプロセスを決めるために用いられる．具体的には，問題の最終的な解決までの一連の手段を表し，予想される障害を事前に想定し，適切な対策を講じる場合に用いられる」(JIS Q 9024：2003)である．

7.3.2 PDPCの種類

PDPCには，事態の推移に応じて発生する状態(基本事象と阻害事象)を逐次的に展開する逐次展開型PDPCと，楽観ルートと呼ばれる実施事項と基本事象からなる基本ルートを設定し，事態の推移に応じて発生が懸念される悲観ルートの対応を検討する強制連結型PDPCの2つの方法がある．

(1) 逐次展開型PDPC

逐次展開型PDPCは，現在の状態と目標とする状態を明確にして，事態の進展課程で発生する状態の変化を読み(予測・予見)ながら，その時点で当面の方策(むしろ戦術というべき)を逐次に計画し判断しながら目標を達成したい場合に用いるものである．例えば，新市場の開拓，受注活動，研究開発，新製品開発，生産・販売準備，技術提携，重要人物の採用問題のような複雑な交渉などに活用できる．

(2) 強制連結型PDPC

強制連結型PDPCは，初期の状態と起こりうる最終の事態や望ましくない事態を多方面から想定し，初期状態から起こりうる最終の事態に至るケースやプロセスを様々な角度から予測しながら，災害など重大事態に至らないように回避するための方策を事前に導きたい場合に用いるものである．例えば，重大事故予防，公害予防，災害予防などに活用できる．輸送ポンプの異常事態を回避するためには，輸送ポンプが故障停止した際に起こりうる事態をすべてを出し切り，万が一，輸送ポンプが停止しても，2次災害や社会に迷惑をかけないようにするために事前に検討するというものである．

7.3.3 PDPC法の特徴

① 経験を生かして先を読みきり，先手をとることができる(予測が容易).
② 問題の所在，最重点事項の確認が容易である.
③ 事態をどのように導いて終結に到着しようとするかの決定者の意図が表現でき，関係者にその意図がよくわかる.
④ 全員の意見を集めて容易に修正することができる.
⑤ PDPC法の図は理解しやすく，協力と連絡を容易にできる.

7.3.4 PDPCの作成手順

手順1 課題を設定する.
手順2 前提条件および制約条件を確認する.

表7.3 PDPCに用いられる記号と意味

記号	内容	意味
(楕円)	出発点	問題のきっかけや，問題解決の目的を表わす
(長方形)	実施事項	出発点からゴールに至る過程で実施しようとした対策を表わす
(角丸長方形)	基本事象／阻害事象	実施事項を実施した結果や判明するだろう事象や判明や事象を表わす
(ひし形)	事象の成立／不成立	実施事項を実施した結果が成立するかどうかを表わす
(太線の楕円)	ゴール	到達目標や問題が解決された状態を表わす
(細い矢印)	計画した経路	実施事項と判明事項をつなぐ経路を表わす
(太い矢印)	実施した経路	実施事項を実施し，結果が判明した経路を表わす

出典：猪原正守，『新QC七つ道具入門』，日科技連出版社，2009年

手順 3　出発点と達成目標のゴールを決める．

手順 4　出発点からゴールまでの大まかな手段を列挙する．

手順 5　各段階で予想される状態を想定し，その対策を記載する．

手順 6　計画を逐次実施する．

手順 7　作成日，作成場所および作成者を記入する．

作成上の注意事項として，1 次手段を複数抽出する，事態の推移に応じて PDPC を作成する，フィードバックを許さない，などが挙げられる．

PDPC には，表 7.3 のような記号の約束事がある(図 7.3 参照)．

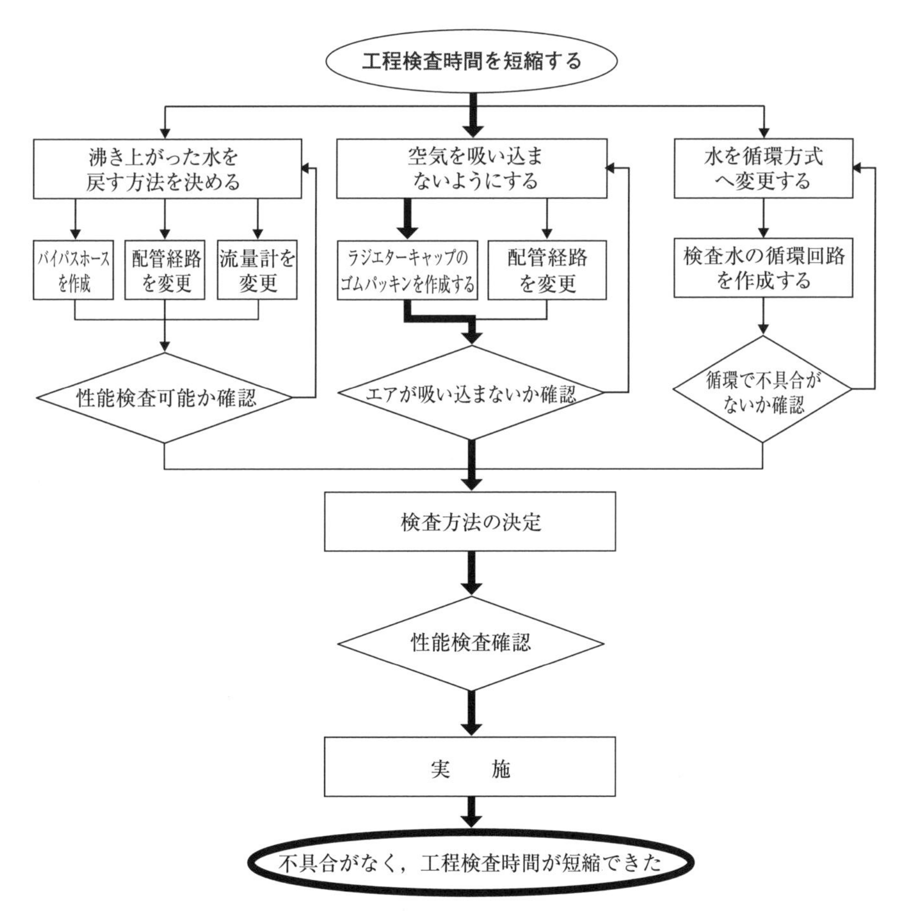

図 7.3　ヒートポンプの「工程検査時間を短縮する」の PDPC

図7.3の例は，ヒートポンプの「工程検査時間を短縮する」ために，実施項目を3件挙げている．調査していく中で，「空気を吸い込まないようにする」ことが効果がありそうということがわかったので，「配管経路を変更する」の対策を実施し，その効果があるか(エアが吸い込まないか)を評価した．効果が見い出せなかったので，「空気を吸い込まないようにする」に戻り，「ラジエターキャップのゴムパッキンを作成する」の対策を実施した．この方法で効果があったので，検査方法を決定し，性能検査確認を行い，工程検査時間を短縮した．実際に実施した経路を太い矢線で表現しておく．

7.4　マトリックス・データ解析法

7.4.1　マトリックス・データ解析法とは

“**マトリックス・データ解析(法)**”とは，「行列に配置した数値データを解析する，多変量解析の一手法であり，主成分分析とも呼ばれることがある．通常，大量にある数値データを解析して，項目を集約し，評価項目間の差を明確に表すために使用する」(JIS Q 9024：2003)である．新QC七つ道具の中で，唯一数値データを扱う方法である．

マトリックス・データ解析法は次のような場合に適用すると有効である．

① 多数の尺度(測定値)でデータを採取したものの傾向がつかめない，分類できない，要因として使いにくい，細かすぎて説明ができない，などのときに，これらをまとめる．

② 市場調査データを集約して顧客の評価や重視度をまとめる．

③ 官能検査データを集約して各対象物同士の比較評価を行う．

④ 人事評価データを要約して各社員または各部門の比較評価を行う．

⑤ 会計データをまとめて部門ごとの比較評価を行う．

⑥ モラル調査，環境への意識調査などのデータから次の改善の糸口を

探る.

⑦　製品や部品の品質データを集約してQA(品質保証)上の問題点を把握する.

7.4.2　マトリックス・データ解析の解析手順

手順1　データをマトリックス(二元表：サンプルと変数)に整理する.

手順2　変数の平均値および標準偏差を計算する.

手順3　変数間の相関係数を計算する.

手順4　主成分分析を行い，固有値を計算する.

手順5　固有ベクトルおよび因子負荷量を計算する.

手順6　主成分得点の計算をする.

手順7　因子負荷量と主成分得点の第1主成分，第2主成分，…の散布状態を二元グラフ化する.

作成上の注意事項としては，サンプル数は評価項目(変数)より多くする，評価項目(変数)は解析結果を見ながら，際立ったサンプル間の差が見つけられるまで何回か入れ換える，などが挙げられる.

7.4.3　マトリックス・データ解析の例

あるクラスの生徒10人の学期末テストの成績について，主成分分析を行い，因子負荷量と主成分得点について，第1主成分軸と第2主成分軸で二元グラフ化したものである(図7.4参照).

図7.4(a)の因子負荷量のグラフより，第1主成分は総合的な成績の良さ・悪さ，第2主成分は理数系が得意か文科系が得意かを表わしている.図7.4(b)の主成分得点のグラフから，No.10の生徒は全体的に成績が悪く，No.8，9の生徒は文科系が得意で理数系が苦手であることがわかる.

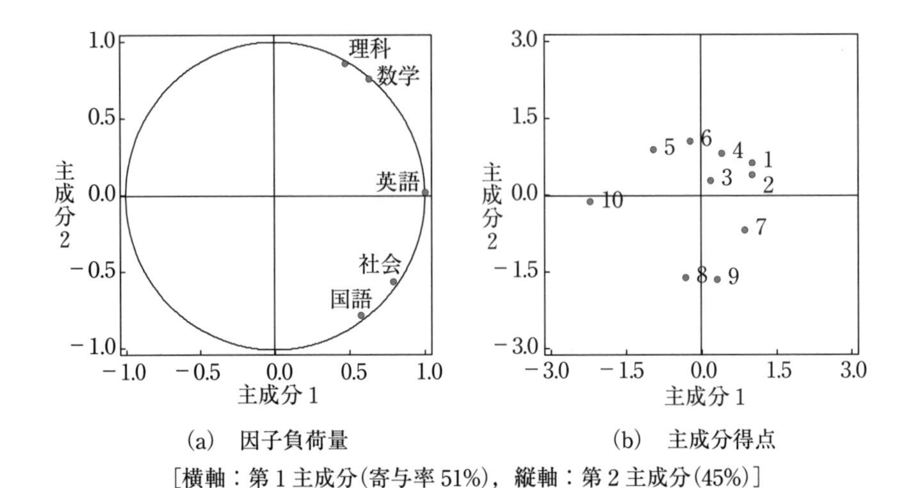

(a) 因子負荷量　　(b) 主成分得点

[横軸：第1主成分(寄与率51%)，縦軸：第2主成分(45%)]

図7.4 あるクラスの生徒10人の学期末テストの得点のマトリックス・データ解析

第7章のポイント

新QC七つ道具とは，親和図法，連関図法，系統図法，マトリックス図法，アローダイアグラム法，PDPC法，マトリックス・データ解析法の7つの手法をいう．

質的で抽象的な言語データを集約したり，構造を明らかにし，問題や課題を解決する方針や方向を決定するときに用いる．

(1) アローダイアグラム法

計画を推進するうえで必要な各作業の前後の関連性を，矢線を用いて明らかにする日程計画図である．

(2) PDPC法

計画を実施していくうえで予期せぬトラブルを防止するために，事前に考えられる様々な結果を予測し，プロセスの進行をできるだけ望ましい方向に導く方法である．

(3) マトリックス・データ解析法

行と列(サンプルと変数)で構成された多次元の数値データを変数同士の相関に基づいて少数の次元に集約して平面などに表示し，傾向をつかんだり，分類したりする場合に用いる．新QC七つ道具の中で唯一数値データを扱う手法であり，多変量解析の「主成分分析」に相当する．

第8章

統計的方法の基礎

8.1　確率変数の期待値と分散

“**期待値**” と “**分散**” は，統計的手法で必ず用いられる基本的な概念であり，確率分布においてはその分布の特徴を示す．これらの量を求めておけば，分布のおおよその様子を表わすことができる．確率分布の中心を示すものが期待値(平均) $E(X)$ であり，確率分布のばらつきを示すものが分散 $V(X)$ である．

8.1.1　期待値

確率変数の期待値は，確率変数の平均値と解釈できる．

(1)　離散型確率変数の場合

期待値は，確率変数 X の取りうる値 x_i と，その起こる確率 p_i との積和として，次の式で求められる．期待値は母平均とも呼び，μ で表わす．

$$E(X) = \sum_i x_i p_i = \mu$$

このことを，N 個のデータ x_1, x_2, …, x_N の平均値 $\overline{x} = \frac{1}{N}\sum_{i=1}^{N} x_i$ において，N 個の中に同じ値を持つものがある場合を考える．c_1 が f_1 個，c_2 が f_2 個，…，c_k が f_k 個となっている場合の平均値は，

$$\overline{x} = \frac{1}{N}\sum_{i=1}^{k} c_i f_i = \sum_{i=1}^{k} c_i \left(\frac{f_i}{N}\right)$$

となり，確率変数 X が c_i となる確率が $p_i = \frac{f_i}{N}$ の場合の期待度 $E(X)$ に一致する．

なお，確率変数 X の関数 $g(X)$ の期待値は，

$$E\{g(X)\} = \sum_i g(x_i) p_i$$

となる．

(2)　連続型確率変数の場合

品質特性が計量値である連続型確率変数の場合も，同様に期待値(平均) $E(X)$ は以下のように求められる．

$$E(X)=\int_{-\infty}^{\infty}xf(x)\,dx=\mu$$

同様に，確率変数 X の関数 $g(X)$ の期待値も，

$$E\{g(X)\}=\int_{-\infty}^{\infty}g(x)f(x)\,dx$$

となる．

(3)　期待値の性質

期待値には下記の性質があり，極めて重要である．

X，Y を確率変数，a，b を定数とすると，

$$E(aX+b)=aE(X)+b$$

$$E(aX+bY)=aE(X)+bE(Y)$$

が成立する．すなわち，

- 確率変数を定数倍したものの期待値は，期待値を定数倍したもの
- 確率変数に定数を加えたものの期待値は，期待値に定数を加えたもの
- 確率変数同士を加えたものの期待値は，それぞれの期待値を加えたもの

となる．

8.1.2　分散，共分散

(1)　分散

分布のばらつきを表わすものが分散である．ばらつきは期待値 μ からの偏差 $(X-\mu)$ を調べることとなるが，$X-\mu$ の期待値は常に0になってしまうので，偏差を2乗したものの期待値を X の分散として $V(X)$ や σ^2 で

表わす．一般に，確率変数の分散を**母分散**と呼ぶ．

$$V(X) = E\{(X-\mu)^2\} = \sigma^2$$

また，

$$V(X) = E\{(X-\mu)^2\} = E(X^2) - \mu^2$$

と変形し，分散の計算を行うことも多い．

(2)　標準偏差

分散の単位は元のデータの単位の2乗となっているため，元の単位に戻すために平方根をとる．これを**標準偏差**といい，$D(X)$やσで表わす．一般に，確率変数の標準偏差を母標準偏差と呼ぶ．

$$D(X) = \sqrt{V(X)} = \sqrt{E\{(X-\mu)^2\}} = \sigma$$

(3)　共分散

2つの確率変数の関係を表わす量に共分散がある．“**共分散**” $Cov(X, Y)$は，2つの確率変数X，Yの偏差の積の期待値である．

$$Cov(X, Y) = E\{(X-\mu_X)(Y-\mu_Y)\}$$

また，

$$Cov(X, Y) = E(XY) - \mu_X\mu_Y$$

と変形して用いられることも多い．

共分散は，2つの確率変数が互いに独立ならば0になる．

(4)　分散の性質

分散には下記の性質があり，極めて重要である．

X，Yを確率変数，a，bを定数とすると，

$$V(aX+b) = a^2V(X)$$

が成立する．すなわち，分散は期待値の場合と異なり，確率変数Xに定数を加えても変わらない．また，分散は元の単位の2乗の単位となっているので，倍率が2乗で効いてくることに注意する．

さらに，確率変数の和の分散は，

$$V(aX+bY) = a^2V(X) + b^2V(Y) + 2abCov(X, Y)$$

となる．とくに，X と Y が互いに独立であれば，$Cov(X, Y) = 0$ なので，

$$V(aX+bY) = a^2V(X) + b^2V(Y)$$

となる．この式から，分散は X，Y が互いに独立な確率変数の場合には，

$$V(X + Y) = V(X) + V(Y)$$

$$V(X - Y) = V(X) + V(Y)$$

が成り立つ．これを**分散の加法性(加成性)**といい，極めて重要な性質である．X，Y が互いに独立でない場合は，

$$V(X + Y) = V(X) + V(Y) + 2Cov(X, Y)$$

$$V(X - Y) = V(X) + V(Y) - 2Cov(X, Y)$$

となり，共分散 $Cov(X, Y)$ の項があるため，分散の加法性は成り立たない．

8.2 確率変数と確率分布

データは，母集団からサンプルを抜き取り，その品質特性を測定して得られる．また，サンプルを抜き取るたびにデータは必ずばらつく．このように，サンプリングを行って測定しないと値が確定しない性質を持つ量や数のことを“**確率変数**”といい，確率変数 X がそれぞれの値をとる確率を表現したものを“**確率分布**”という．

8.2.1 離散型確率変数

確率変数の取りうる値が，x_1，x_2，…のようにとびとびの場合，確率関数 p_i を用いて表現され，以下のような性質がある．

① $p_i \geqq 0$，$i = 1, 2, \cdots$

② 確率変数 X が，x_i となる確率を p_i とすれば，

$$p_i = Pr(X = x_i),\ i = 1, 2, \cdots$$

③　$\sum_{i} p_i = 1$

このような確率変数を“**離散型確率変数**”という．

8.2.2 連続型確率変数

確率変数の取りうる値が連続的な確率分布は**確率密度関数**$f(x)$を用いて表現され，以下のような性質がある．

①　$f(x) \geqq 0$

②　ある区間(a, b)にデータが入る割合(確率)を$Pr(a < X \leqq b)$とすれば，

$$Pr(a < X \leqq b) = \int_a^b f(x)\,dx$$

③　$\int_{-\infty}^{\infty} f(x)\,dx = 1$

このような確率変数を**連続型確率変数**という．

8.2.3 母集団の分布

(1)　正規分布

計量値の分布としてもっとも重要で，一般的なものが“**正規分布**”である．正規分布は左右対称のひと山のベル型(富士山型)の分布を示す(図 8.1 参照)．

正規分布の確率密度関数$f(x)$は以下のようになり，定数μとσによって分布の形が定まることがわかる．

$$f(x) = \frac{1}{\sqrt{2\pi}\sigma} e^{-\frac{(x-\mu)^2}{2\sigma^2}}$$

正規分布の期待値(平均)と分散は，

$$E(X) = \mu,\quad V(X) = \sigma^2$$

となり，平均μ，分散σ^2(標準偏差σ)の確率分布である．

正規分布は$N(\mu, \sigma^2)$と表現される．

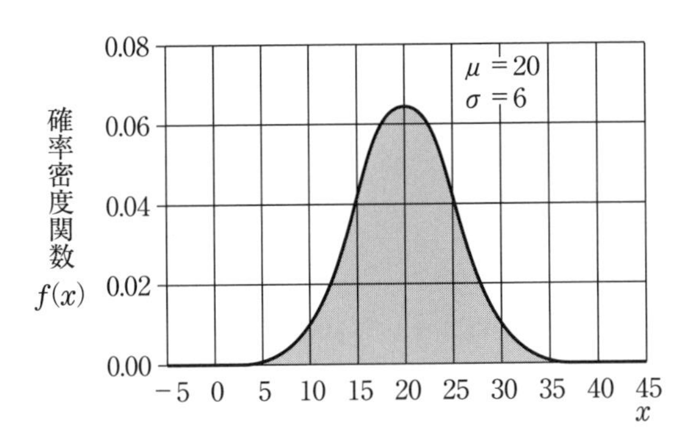

図 8.1　正規分布の例

(2)　二項分布

計数値である不適合品数は，“二項分布”に従う(図 8.2 参照)．母不適合品率 P の工程からサンプルを n 個ランダムに抜き取ったとき，サンプル中に不適合品が x 個ある確率 P_x は，

$$P_x = {}_nC_x P^x (1-P)^{n-x} = \frac{n!}{x!(n-x)!} P^x (1-P)^{n-x}$$

となる．二項分布の期待値(平均)と分散は，

$$E(X) = nP$$

$$V(X) = nP(1-P)$$

となる．

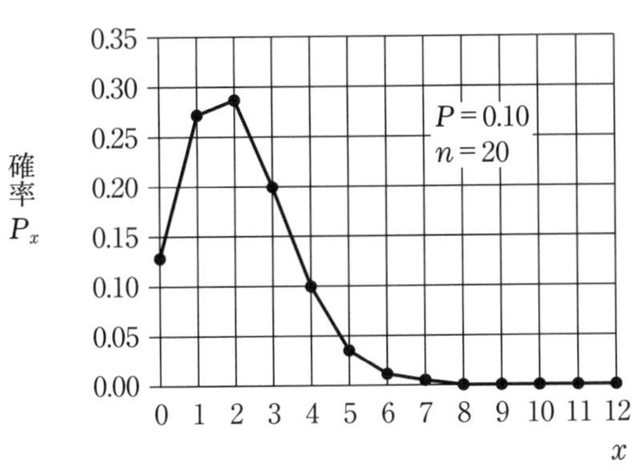

図 8.2　二項分布の例

(3)　ポアソン分布

二項分布において，$nP=m$ を一定にしてサンプルの大きさ n を無限大にしたとき，ポアソン分布となることが知られている．一定の大きさの製品中に見られる不適合数や1日当たりの事故件数などは，**“ポアソン分布”** に従う(図8.3参照)．ポアソン分布は，

$$P_x = e^{-m}\frac{m^x}{x!} \quad (x=0,\ 1,\ 2,\ \cdots,\ m>0)$$

となる．ポアソン分布の期待値(平均)と分散は，

$$E(X)=m$$
$$V(X)=m$$

となる．

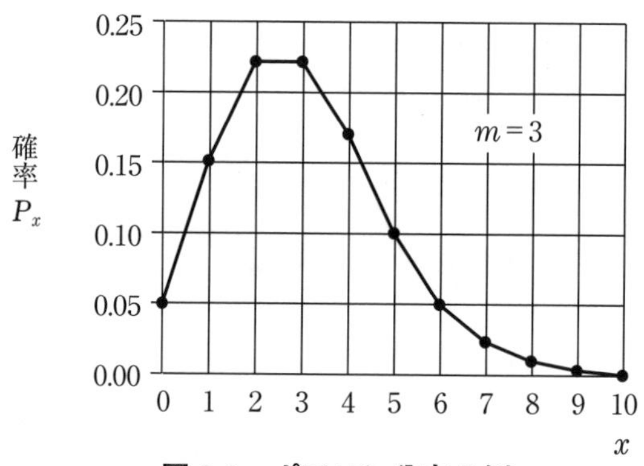

図8.3　ポアソン分布の例

(4) 一様分布

“一様分布” とは，区間$(a,\ b)$での確率密度関数が $\frac{1}{(b-a)}$ と，一定の値をとる分布である(図8.4参照)．確率変数 X が区間$(0,\ h)$の一様分布に従うとき，X の期待値(平均)，分散，標準偏差は下記のようになる．

確率密度関数が，

$$f(x)=\frac{1}{h} \quad (0<x<h)$$

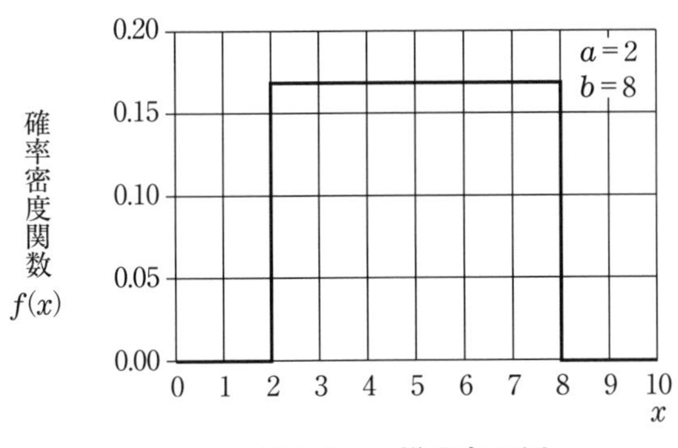

図 8.4　一様分布の例

$$f(x) = 0 \quad (x \leqq 0,\ および\ x \geqq h)$$

であるので，期待値は，

$$E(X) = \int_0^h x \frac{1}{h}\, dx = \left[\frac{x^2}{2h}\right]_0^h = \frac{h}{2}$$

となる．同様に，X^2 の期待値は関数 $g(X)$ の期待値として，

$$E(X^2) = \int_0^h x^2 \frac{1}{h}\, dx = \left[\frac{x^3}{3h}\right]_0^h = \frac{h^2}{3}$$

となる．したがって，分散と標準偏差は，

$$V(X) = E\{(X-\mu)^2\} = E(X^2) - \{E(X)\}^2 = \frac{h^2}{3} - \left(\frac{h}{2}\right)^2 = \frac{h^2}{12}$$

$$D(X) = \sqrt{V(X)} = \sqrt{\frac{h^2}{12}} = \frac{\sqrt{3}\,h}{6}$$

となる．

例題 8.1

確率変数 X が区間 $(0,\ 3)$ の一様分布に従うとき，X の期待値，分散，標準偏差を求めよ．

解説

確率密度関数が，

$$f(x)=\frac{1}{3}\quad(0<x<3)$$

$$f(x)=0\quad(x\leqq 0,\ および\ x\geqq 3)$$

である．したがって，期待値は，

$$E(X)=\int_0^3 x\frac{1}{3}dx=\left[\frac{x^2}{6}\right]_0^3=\frac{3}{2}$$

となる．同様に，X^2 の期待値は関数 $g(X)$ の期待値として，

$$E(X^2)=\int_0^3 x^2\frac{1}{3}dx=\left[\frac{x^3}{9}\right]_0^3=3$$

となる．したがって，分散と標準偏差は，

$$V(X)=E\{(X-\mu)^2\}=E(X^2)-\{E(X)\}^2=3-\left(\frac{3}{2}\right)^2=\frac{3}{4}$$

$$D(X)=\sqrt{V(X)}=\sqrt{\frac{3}{4}}=\frac{\sqrt{3}}{2}$$

となる．

(5)　指数分布

指数分布は，故障などの事象が起こるまでの時間の分布を表わす場合に用いられ（図 8.5 参照），代表的な寿命分布として重要である．“**指数分布**”の確率密度関数は，

$$f(x)=\begin{cases}0 & (x<0)\\ \lambda\exp(-\lambda x) & (x\geqq 0)\end{cases}$$

となる．ここで，パラメータ λ は，指数分布が故障寿命を示すとき，故障率を表わす．また確率変数 X がパラメータ λ の指数分布に従うとき，期待値（平均）と分散は，

$$E(X)=\frac{1}{\lambda}$$

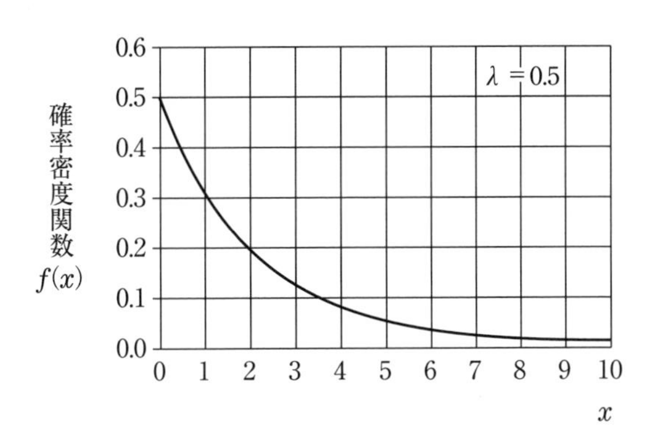

図 8.5　指数分布の例

$$V(X)=\frac{1}{\lambda^2}$$

となる．

例題 8.2

電子部品 Q の寿命は，パラメータ $\lambda=\frac{1}{200}$ の指数分布に従っている．この電子部品の寿命が 100 時間から 300 時間である確率を求めよ．また，平均寿命と分散も求めよ．

解説

確率密度関数から，

$$Pr(100\leqq X\leqq 300)=\int_{100}^{300}\lambda\exp(-\lambda x)\,dx=\int_{100}^{300}\frac{1}{200}\exp\left(-\frac{1}{200}x\right)dx$$

$$=\left[-\exp\left(-\frac{x}{200}\right)\right]_{100}^{300}$$

$$=-\exp\left(-\frac{300}{200}\right)+\exp\left(-\frac{100}{200}\right)$$

$$=-0.2231+0.6065=0.3834$$

となる．

また，平均寿命と分散は，

$$E(X) = \frac{1}{\lambda} = \frac{1}{\frac{1}{200}} = 200(\text{時間})$$

$$V(X) = \frac{1}{\lambda^2} = \frac{1}{\left(\frac{1}{200}\right)^2} = 40000(\text{時間})^2$$

となる．

(6) 二次元分布

対応する2つの確率変数の分布を二次元分布という（図8.6参照）．

2つの確率変数の関係を表わす量として共分散を考えると，共分散 $Cov(X,\ Y)$ は，X の単位と Y の単位の積になっており，単位の取り方によって変動するので不都合な場合がある．そこで各変数の単位に依存しない**相関係数** $\rho(X,\ Y)$ を考える．二次元の確率分布の相関係数を母相関係数といい，ρ で表す．

$$\rho(X, Y) = \frac{Cov(X, Y)}{\sqrt{V(X) \cdot V(Y)}}$$

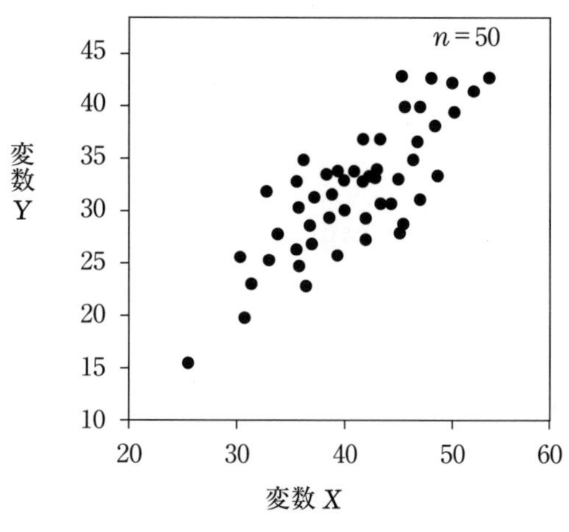

図8.6 二次元分布の例

相関係数を用いて確率変数の和の分散を表わすと，

$$V(aX+bY) = a^2V(X) + b^2V(Y) + 2abCov(X, Y)$$
$$= a^2V(X) + b^2V(Y) + 2ab\rho(X, Y)\sqrt{V(X)\cdot V(Y)}$$

となる．

相関係数には，正の定数 a，c に対して，次の重要な性質がある．

$$\rho(aX+b,\ cY+d) = \rho(X,\ Y)$$

すなわち，相関係数は定数を加えても定数倍をしても変わらない．元来，相関係数は単位に依存しないものなので，分布の分散にも依存しない．

また，相関係数 $\rho(X,\ Y)$ は，

$$-1 \leqq \rho(X,\ Y) \leqq 1$$

が成り立つ．

8.2.4 確率分布間の関係

(1) 母集団の分布の近似条件

- 二項分布は，$P \leqq 0.1$ のとき，ポアソン分布に近似できる．
- 二項分布は，$nP \geqq 5$ かつ $n(1-P) \geqq 5$ のとき，正規分布に近似できる．
- ポアソン分布は，$m \geqq 5$ のとき，正規分布に近似できる．

(2) 統計量の分布の関係

- u が正規分布 $N(0,\ 1^2)$ に従うとき，u^2 は自由度1の χ^2 分布に従う．
  $$u(P) = \sqrt{\chi^2(1,\ P)}$$
- 自由度 $\phi = \infty$ の t 分布は正規分布の $N(0,\ 1^2)$ に等しい．
  $$t(\infty,\ P) = u(P)$$
- t が自由度 ϕ の t 分布に従うとき，t^2 は自由度 $\phi_1 = 1$，$\phi_2 = \phi$ の F 分布に従う．
  $$t(\phi,\ P) = \sqrt{F(1,\ \phi\ ;P)}$$
  $$t(\phi,\ P)^2 = F(1,\ \phi\ ;P)$$
- χ^2 が自由度 ϕ の χ^2 分布に従うとき，χ^2/ϕ は自由度 $\phi_1 = \phi$，$\phi_2 =$

∞の F 分布に従う．

$$\chi^2(\phi,\ P) = \phi F(\phi,\ \infty\ ;P)$$

8.2.5 分散の加法性

製品特性のばらつきには，多くの変動要因がある．例えば，製品ロットからサンプルを抜き取り，特性値を測定する場合を考えると，製品の特性値のばらつき σ^2 は，ロットのばらつき σ_L^2，サンプリングのばらつき σ_S^2，測定のばらつき σ_M^2 に起因すると考えられる．

これらの関係は，

$$\sigma^2 = \sigma_L^2 + \sigma_S^2 + \sigma_M^2$$

となり，この関係を分散の加法性という．分散の加法性は，8.1.2 項で述べたように正規分布に限らず，すべての分布で成立する．

ただし，加法性が成り立つのは分散であって，標準偏差ではないことに注意すること．

$$\sigma \neq \sigma_L + \sigma_S + \sigma_M$$

8.3 大数の法則と中心極限定理

8.3.1 大数の法則

同じ母集団($E(x) = \mu$，$V(x) = \sigma^2$)からの大きさ n のランダムサンプル(互いに独立で同じ分布に従う標本)の平均値 $\overline{x}$ の期待値と分散は，

$$E(\overline{x}) = \mu,\ V(\overline{x}) = \sigma^2/n$$

となる．これより，n を限りなく大きくすれば，$\overline{x}$ のばらつきが限りなく小さくなることがわかる．このことを“**大数の法則**”という．

大数の法則は，正規分布以外の分布についても成立する．例えば，確率変数 X が区間(0, h)の一様分布に従うとき，この実現値 x_1，…，x_n の平

均値 $\overline{x}$ は，n が大きくなるにつれて $E(\overline{x})=\dfrac{h}{2}$ に収束していく．

8.3.2 中心極限定理

任意の分布に従う確率変数の和は正規分布に近似できる．すなわち，x_i は互いに独立に同一の分布（$E(x)=\mu$，$V(x)=\sigma^2$）に従うとき，十分大きい n について，近似的に，

$$\sum_{i=1}^{n} x_i \sim N(n\mu,\ n\sigma^2)$$

が成立する．これを平均値 $\overline{x}$ の分布に変形すると，

$$\overline{x} \sim N\left(\mu,\ \frac{\sigma^2}{n}\right)$$

となる．この関係を**中心極限定理**という．

例えば，一様分布において n を増加させると，平均値 $\overline{x}$ の分布は正規分布に近づいていく．

中心極限定理は，二項分布やポアソン分布といった離散分布についても成立する．この性質は統計的解析でデータに正規分布を仮定することの根拠のひとつとなっている．

第8章のポイント

(1)　確率変数と確率分布

サンプリングをして測定しないと値が確定しない性質を持つ量や数のことを確率変数といい，確率変数 X がそれぞれの値をとる確率を確率分布という.

(2)　確率変数の期待値と分散

期待値と分散は，確率分布の特徴を表わす．確率分布の中心を示すものが期待値（母平均）$E(X)$ であり，確率分布のばらつきを示すものが分散 $V(X)$ である.

(3)　共分散

2つの確率変数の関係を表わす量に共分散がある．共分散 $Cov(X, Y)$ は2つの確率変数 X, Y の偏差の積の期待値である.

(4)　確率分布の種類

①　正規分布

一般に，データが計量値の場合，多くは正規分布に従う．品質管理におけるもっとも重要な分布である．正規分布は母平均 μ と母分散 σ^2 によって定まり，記号 $N(\mu,\ \sigma^2)$ で表わす.

あらゆる正規分布は，標準化を行うことによって，標準正規分布 $N(0,\ 1^2)$ に変換される.

②　二項分布

不適合品数は二項分布に従う．離散変数の分布である.

③　ポアソン分布

ある一定の大きさのサンプル中の不適合数はポアソン分布に従う．離散変数の分布である．二項分布において n が十分大きく P が小さい場合，$m = nP$ とすることによりポアソン分布に近似することができる.

④　一様分布

一様分布とは，区間 (a, b) での確率密度関数が $\dfrac{1}{(b-a)}$ と，一定の値をとる分布である.

⑤　指数分布

指数分布は，故障などの事象が起こるまでの時間の分布を表わす場合に用いられ，寿命分布として重要である．

⑥　二次元分布

対応する２つの確率変数の分布を二次元分布という．２つの確率変数の関係を表わす量には**相関係数**を用いる．

(5)　分散の加法性

確率変数 X と Y が互いに独立な場合に，次の式が成り立つ．

$$V(X \pm Y) = V(X) + V(Y)$$

$X - Y$ の分散も，各分散 $V(X)$ と $V(Y)$ の和になる．

(6)　大数の法則

サンプルの大きさ n を限りなく大きくすると，平均 $\bar{x}$ のばらつきが限りなく小さくなる．これを大数の法則という．

(7)　中心極限定理

任意の分布に従う確率変数の和は正規分布に近似できる．これを中心極限定理という．

第9章

検定と推定

9.1　検定・推定

9.1.1　検定・推定とは

検定とは，母集団の分布に関する仮説を統計的に検証するものである．データを検証するものではなく，母集団に関する仮説をデータを用いて検証することである．

検定においては，主張したい(立証したい)ことを**対立仮説** H_1 に置き，この仮説を否定する仮説を**帰無仮説** H_0 とする．対立仮説には，両側仮説と片側仮説とがあり，それぞれの場合の検定を両側検定，片側検定という．

帰無仮説が真であるにもかかわらず，対立仮説が真であると判断してしまう誤りを，**第1種の誤り(過誤)**，またはあわてものの誤りと呼び，その確率を**有意水準**，危険率などといい記号 α で表わす．これに対し，対立仮説が真であるにもかかわらず，帰無仮説が真であると判断してしまう誤りを，**第2種の誤り(過誤)**，またはぼんやりものの誤りと呼び，その確率を記号 β で表わす．一般に α を大きくすると β は小さくなり，α を小さくすれば β は大きくなる(表9.1参照)．

表9.1　α と β の意味

判断 / 真実	H_0が正しい	H_1が正しい
H_0が真	$1-\alpha$	α(有意水準)
H_1が真	β	$1-\beta$(検出力)

検定では，対立仮説が真のときにそれを正しく検出できることが重要である．この確率は$(1-\beta)$となり，“**検出力**”という．

検定における有意水準(危険率) α とは，帰無仮説が成り立っている場合に，「めったに起こらない」と解釈する確率であり，一般的には5%や1%

といった小さい値に設定される．したがって，データから求めた検定統計量が，有意水準から定めた棄却域に入った場合は，「めったに起こらないことが起こった」とは考えずに，「もとの仮定が間違っていた」と判断し，帰無仮説を棄却するのである．図9.1に1つの母平均の検定(対立仮説：$\mu > \mu_0$，母分散既知の場合)における$\bar{x}$の分布を示し，棄却域とα，β，検出力$(1-\beta)$の関係を表わす．

検定においては，データから求めた検定統計量の値が棄却域に入ったとき，帰無仮説が棄却され，対立仮説が成り立っていると判断する．

"**棄却域**"Rとは，「帰無仮説を棄却すると判断する統計量の範囲」をいう．

- 両側検定では，棄却域が右，左両側(上側，下側という)にある．
- 片側検定では，棄却域が右(上側)または左(下側)のいずれかにある．

　図9.1は，片側検定で棄却域が右側(上側)の場合を示している．

有意水準を5%とすると，正規分布は左右対称なので，両側検定の場合，上側に2.5%分，下側に2.5%分の棄却域を設ける必要がある．正規分布の上側2.5%点(これを本書では，$u(0.05) = 1.960$と表現する)および下側2.5%点($-u(0.05) = -1.960$)が帰無仮説を棄却する限界値になる．また，片側検定の場合は，上側または下側に5%分の棄却域を設けるので上側5%点($u(0.10) = 1.645$)，または下側5%点($-u(0.10) = -1.645$)が帰無仮説を棄却する限界値になる．

一方，推定とは，対象とする母集団の分布の母平均や母分散といった母数を推定するものである．1つの推定量により母数を推定する**点推定**と，

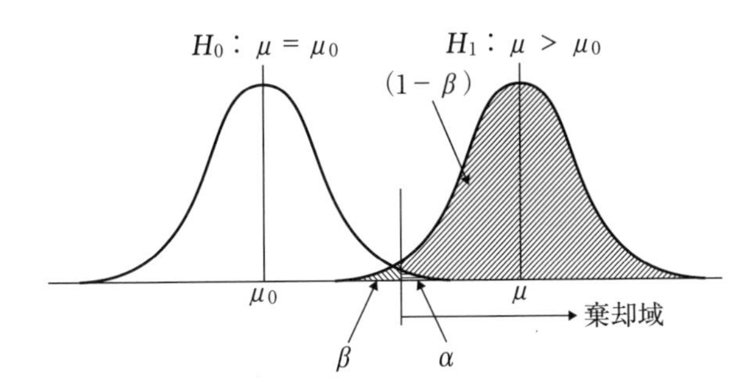

図9.1　母平均の検定における棄却域

区間を用いて推定する**区間推定**がある．区間推定では真の母数を含む確率である信頼率$(1-\alpha)$に応じて，その区間の幅が決まる．

9.1.2 検定の手順

手順1　帰無仮説H_0と対立仮説H_1の設定

母平均μの検定を行う場合，H_0：$\mu=\mu_0$であり，対立仮説には，

H_1：$\mu \neq \mu_0$　(両側仮説)

H_1：$\mu > \mu_0$　(片側仮説)

H_1：$\mu < \mu_0$　(片側仮説)

の3つが考えられ，「検定によって何を主張したいか」によっていずれかを選ぶ．

- 特性値が変化したといいたい→H_1：$\mu \neq \mu_0$
- 特性値が大きくなったといいたい→H_1：$\mu > \mu_0$
- 特性値が小さくなったといいたい→H_1：$\mu < \mu_0$

手順2　有意水準の設定

有意水準αは検定に先立って決めておく．一般には5%(0.05)，または1%(0.01)を採用する．

手順3　検定統計量の選定

目的とする検定の種類により検定統計量を選ぶ(表9.2参照)．

手順4　棄却域の設定

有意水準と対立仮説に応じた棄却域を設定する．

手順5　サンプルからデータを採取

検定の対象となる母集団からランダムにサンプルを採取し，測定してデータを得る．サンプルの大きさnは，αと検出力$(1-\beta)$の関係を考慮して決定することが望ましい．

手順6　検定統計量の計算

手順7　有意性を判定

検定の結果，データが棄却域に入ったとき，帰無仮説を棄却し，「有意水準αで有意である」という．

9.1.3 推定の手順

手順1　点推定

点推定とは，母平均μや母分散σ^2などを1つの値で推定することであり，不偏推定量である平均値$\bar{x}$，分散Vなどがよく用いられる．

手順2　区間推定

区間推定とは，推定値がどの程度信頼できるかを区間を用いて推定する方法であり，信頼率を定めて推定する．信頼率は，一般的には95%(0.95)または90%(0.90)を用いる．

「保証された信頼率で母数を含む区間」である信頼区間，すなわち信頼区間の上限値(信頼上限)と下限値(信頼下限)である信頼限界を求める．

9.2 計量値の検定・推定

9.2.1 計量値の検定の種類

計量値の検定・推定には，1つの母集団の母平均，母分散に関するもの，2つの母集団の母平均，母分散に関するものと3つ以上の母集団の母分散の一様性に関するものがある．表9.2にそれぞれの場合についての検定方法をまとめる．

9.2.2 1つの母平均の検定・推定(母分散既知)

例題9.1によって母分散が既知の場合の1つの母平均の検定・推定の手順を示す．

なお，母分散が既知であるということは一般的にはありえないが，長期にわたって管理状態にある工程では，R管理図などからσを推定し，これを用いることがある．

表 9.2　計量値の検定の種類

母集団の数	検定の対象とする母数	母分散の情報	統計量の分布	検定統計量
1	母平均 μ	母分散 σ^2 が既知	標準正規分布	$u_0 = \dfrac{\overline{x} - \mu_0}{\sqrt{\sigma^2/n}}$
1	母平均 μ	母分散 σ^2 が未知	t 分布	$t_0 = \dfrac{\overline{x} - \mu_0}{\sqrt{V/n}}$
1	母分散 σ^2	—	χ^2分布	$\chi_0^2 = \dfrac{S}{\sigma_0^2}$
2	母平均 μ_1 と母平均 μ_2 の差	母分散 σ^2 が既知	標準正規分布	$u_0 = \dfrac{\overline{x}_1 - \overline{x}_2}{\sqrt{\dfrac{\sigma_1^2}{n_1} + \dfrac{\sigma_2^2}{n_2}}}$
2	母平均 μ_1 と母平均 μ_2 の差	母分散 σ^2 が未知 $\sigma_1^2 = \sigma_2^2$ の場合 $\sigma_1^2 \neq \sigma_2^2$ の場合	t 分布 t 分布（近似）	$t_0 = \dfrac{\overline{x}_1 - \overline{x}_2}{\sqrt{V\left(\dfrac{1}{n_1} + \dfrac{1}{n_2}\right)}}$ ただし，$V = \dfrac{S_1 + S_2}{n_1 + n_2 - 2}$ $t_0 = \dfrac{\overline{x}_1 - \overline{x}_2}{\sqrt{\dfrac{V_1}{n_1} + \dfrac{V_2}{n_2}}}$
1 （見かけ上2であるが母数 $\delta = \mu_1 - \mu_2$ の検定と考える）	対応のある母平均 μ_1 と母平均 μ_2 の差 $\delta = \mu_1 - \mu_2$	母分散 σ_d^2 が既知	標準正規分布	$u_0 = \dfrac{\overline{d}}{\sqrt{\sigma_d^2/n}}$
1 （見かけ上2であるが母数 $\delta = \mu_1 - \mu_2$ の検定と考える）	対応のある母平均 μ_1 と母平均 μ_2 の差 $\delta = \mu_1 - \mu_2$	母分散 σ_d^2 が未知	t 分布	$t_0 = \dfrac{\overline{d}}{\sqrt{V_d/n}}$
2	母分散の比	—	F分布	$F_0 = \dfrac{V_1}{V_2}$
3つ以上	母分散の一様性	—	—	**コクランの検定** k個の分散の最大値V_{max}とするとき， $c = V_{max}/(\sum V_i)$ 他にハートレーの検定，バートレットの検定がある．

例題 9.1

ある工場で製造される特殊繊維の引張強度の母平均は150.0，母分散は3.0^2であった．今回，引張強度の向上を目的に製造条件の変更を行い，試作品10個の強度を測定したところ，その平均値は152.0であった．母分散は変化しないものとして引張強度が大きくなったかどうか検討する（引張強度の単位は省略してある）．

解説

母分散が既知である1つの母集団の母平均が大きくなったかどうかの片側検定の場合である．

手順1　仮説の設定と有意水準

$H_0: \mu = \mu_0 \quad (\mu_0 = 150.0)$

$H_1: \mu > \mu_0$

$\alpha = 0.05$

手順2　棄却域の設定

$R: u_0 \geqq u(2\alpha) = u(0.10) = 1.645$

ただし，$u(0.10)$は正規分布表より，$P = 0.05$（片側確率）に相当する$K_P(= 1.645)$を求める．

手順3　検定統計量の計算

$$u_0 = \frac{\overline{x} - \mu_0}{\sigma/\sqrt{n}} = \frac{152.0 - 150.0}{3.0/\sqrt{10}} = \frac{2.0}{0.9487} = 2.108$$

手順4　判定

$u_0 = 2.108 > u(0.10) = 1.645$

以上より，有意である．すなわち，有意水準5%で引張強度は大きくなったといえる．

手順5　母平均の推定

点推定

$\hat{\mu} = \overline{x} = 152.0$

信頼率95%の区間推定

$$\bar{x} \pm u(0.05)\frac{\sigma}{\sqrt{n}} = 152.0 \pm 1.960 \times \frac{3.0}{\sqrt{10}} = 150.14,\ 153.86$$

となる.

区間推定の式からわかるように，信頼区間の幅 $2u(0.05)\frac{\sigma}{\sqrt{n}}$ は，サンプルの大きさ(データ数) n が大きいほど，標準偏差 σ が小さいほど，狭くなる.

(注) 本例で検定の目的が変わった場合，仮説と棄却域は以下のようになる.

(1) 母平均が変わったといいたい場合

H_0：$\mu = \mu_0$ ($\mu_0 = 150.0$)

H_1：$\mu \neq \mu_0$

R：$|u_0| \geqq u(\alpha) = u(0.05) = 1.960$

(2) 母平均が小さくなったといいたい場合

H_0：$\mu = \mu_0$ ($\mu_0 = 150.0$)

H_1：$\mu < \mu_0$

R：$u_0 \leqq -u(2\alpha) = -u(0.10) = -1.645$

検定統計量は同じ u_0 を用いて判定すればよい．推定については同じ式で行える.

9.2.3 1つの母平均の検定・推定(母分散未知)

例題9.2によって母分散が未知の場合の1つの母平均の検定・推定の手順を示す.

例題 9.2

ある工場で製造される樹脂の硬さの母平均は200.0であった．今回，工程の簡略化を目的に製造設備の変更を行い，試作品10個の硬さを測定したところ下記のデータを得た．樹脂の硬さが変わったかどうか検討する(硬さの単位は省略してある).

データ：200，198，201，196，204，202，205，206，197，201

解説

1つの母集団の母平均に関する検定で母分散未知の場合，母平均が変わったかどうかを検定したい両側検定の場合である.

手順1　仮説の設定と有意水準

H_0：$\mu = \mu_0$　（$\mu_0 = 200.0$）

H_1：$\mu \neq \mu_0$

$\alpha = 0.05$

手順2　棄却域の設定

R：$|t_0| \geqq t(\phi,\ \alpha) = t(9,\ 0.05) = 2.262$

ただし，$t(9, 0.05)$ は t 分布表より，自由度9，$P = 0.05$（両側確率）に相当する $t(= 2.262)$ を求める．

手順3　検定統計量の計算

平均値 $\bar{x}$ の計算

$$\bar{x} = \frac{\sum x_i}{n} = \frac{2010}{10} = 201.0$$

平方和 S の計算

$$\begin{aligned} S = \sum(x_i - \bar{x})^2 &= (200 - 201.0)^2 + (198 - 201.0)^2 + (201 - 201.0)^2 \\ &+ (196 - 201.0)^2 + (204 - 201.0)^2 + (202 - 201.0)^2 \\ &+ (205 - 201.0)^2 + (206 - 201.0)^2 + (197 - 201.0)^2 \\ &+ (201 - 201.0)^2 \\ &= 102.0 \end{aligned}$$

分散 V の計算

$$V = \frac{S}{n-1} = \frac{102.0}{10-1} = 11.33$$

検定統計量 t_0 の計算

$$t_0 = \frac{\bar{x} - \mu_0}{\sqrt{V/n}} = \frac{201.0 - 200.0}{\sqrt{11.33/10}} = 0.939$$

手順4　判定

$|t_0| = 0.939 < t(9,\ 0.05) = 2.262$

以上より，有意ではない．すなわち，有意水準5%で樹脂の硬さは変わったとはいえない．

手順5　母平均の推定

点推定

$$\hat{\mu} = \overline{x} = 201.0$$

信頼率95％の区間推定

$$\overline{x} \pm t(\phi,\ 0.05)\sqrt{\frac{V}{n}} = \overline{x} \pm t(9,\ 0.05)\sqrt{\frac{V}{n}} = 201.0 \pm 2.262 \times \sqrt{\frac{11.33}{10}}$$

$$= 201.0 \pm 2.4 = 198.6,\ 203.4$$

となる．

（注）　本例で検定の目的が変わった場合，仮説と棄却域は以下のようになる．

(1)　母平均が大きくなったといいたい場合

H_0：$\mu = \mu_0$　($\mu_0 = 200.0$)

H_1：$\mu > \mu_0$

R：$t_0 \geqq t(\phi,\ 2\alpha) = t(9,\ 0.10) = 1.833$

(2)　母平均が小さくなったといいたい場合

H_0：$\mu = \mu_0$　($\mu_0 = 200.0$)

H_1：$\mu < \mu_0$

R：$t_0 \leqq -t(\phi,\ 2\alpha) = -t(9,\ 0.10) = -1.833$

検定統計量は同じt_0を用いて判定すればよい．推定については同じ式で行える．

9.2.4　1つの母分散の検定・推定

例題9.3によって1つの母分散の検定・推定の手順を示す．

例題9.3

あるラインで製造される工業用プラスチックの延性の母平均は60.0，母分散は3.0^2であった．ばらつきの低減を目的に，製造条件を改善し試作品を9個製造した．9個のデータから求めた平方和は15.00であった．改善の効果があったかどうか検討する（延性の単位は省略してある）．

解説

1つの母集団の母分散に関する検定で，ばらつきが低減されたことを検出したい片側検定である．

手順1　仮説の設定と有意水準

H_0：$\sigma^2 = \sigma_0^2$　($\sigma_0^2 = 3.0^2$)

H_1：$\sigma^2 < \sigma_0^2$

$\alpha = 0.05$

手順 2　棄却域の設定

R：$\chi_0^2 \leqq \chi^2(\phi,\ 1-\alpha) = \chi^2(8,\ 0.95) = 2.73$

ただし，$\chi^2(\phi,\ 1-\alpha) = \chi^2(8,\ 0.95)$ の値は χ^2 表より求める．

手順 3　検定統計量の計算

$\chi_0^2 = S/\sigma_0^2 = 15.00/3.0^2 = 1.67$

手順 4　判定

$\chi_0^2 = 1.67 < \chi^2(8,\ 0.95) = 2.73$

以上より，有意水準 5% で有意である．すなわち，有意水準 5% で改善後の延性のばらつきは低減したといえる．

手順 5　母分散の推定

点推定

$$\hat{\sigma}^2 = V = \frac{S}{n-1} = \frac{15.00}{8} = 1.875 = 1.37^2$$

信頼率 95% の区間推定

$$\sigma_L^2 = \frac{S}{\chi^2(8,\ 0.025)} = \frac{15.00}{17.53} = 0.8557 = 0.93^2$$

$$\sigma_U^2 = \frac{S}{\chi^2(8,\ 0.975)} = \frac{15.00}{2.18} = 6.881 = 2.62^2$$

となる．

（注）　本例で検定の目的が変わった場合，仮説と棄却域は以下のようになる．

(1)　母分散が変わったといいたい場合

H_0：$\sigma^2 = \sigma_0^2$　$(\sigma_0^2 = 3.0^2)$

H_1：$\sigma^2 \neq \sigma_0^2$

R：$\chi_0^2 \geqq (\phi,\ \alpha/2) = \chi^2(8,\ 0.025) = 17.53$

または，$\chi_0^2 \leqq \chi^2(\phi,\ 1-\alpha/2) = \chi^2(8,\ 0.975) = 2.18$

(2)　母分散が大きくなったといいたい場合

H_0：$\sigma^2 = \sigma_0^2$　$(\sigma_0^2 = 3.0^2)$

H_1：$\sigma^2 > \sigma_0^2$

R：$\chi_0^2 \geqq \chi^2(\phi,\ \alpha) = \chi^2(8,\ 0.05) = 15.51$

検定統計量は同じ χ_0^2 を用いて判定すればよい．推定については同じ式で行える．

9.2.5 2つの母分散の比の検定

例題9.4によって母分散の比の検定の手順を示す．

例題 9.4

A，B 2つのラインで製造される自動車部品の寸法のばらつきに差があるかどうかを検討する．両ラインからそれぞれ8個のサンプルを採取し，得られたデータから平方和を計算したところ，Aラインでは24.00，Bラインでは30.00となった(寸法の単位は省略してある)．

解説

2つの母集団の母分散の比に関する検定で，ばらつきに差があるかどうかを検定したい両側検定である．

手順1 仮説の設定と有意水準

H_0：$\sigma_A^2 = \sigma_B^2$

H_1：$\sigma_A^2 \neq \sigma_B^2$

$\alpha = 0.05$

手順2 棄却域の設定

R：$F_0 \geqq F(\phi_{分子},\ \phi_{分母};\ \alpha/2) = F(7,\ 7;\ 0.025) = 4.99$

ここで，$\phi_{分子}$とはF_0を求めるときの分子の自由度，$\phi_{分母}$とはF_0を求めるときの分母の自由度とする．また，$F(7,\ 7;\ 0.025)$の値は$F(2.5\%)$表より求める．

手順3 検定統計量の計算

分散の計算

$$V_A = \frac{S_A}{n_A - 1} = \frac{24.00}{8-1} = \frac{24.00}{7} = 3.429$$

$$V_B = \frac{S_B}{n_B - 1} = \frac{30.00}{8-1} = \frac{30.00}{7} = 4.286$$

検定統計量F_0の計算

分散の大きなV_Bを分子にする．

$$F_0 = \frac{V_B}{V_A} = \frac{4.286}{3.429} = 1.25$$

手順4　判定

$$F_0 = 1.25 < F(7,\ 7\ ;\ 0.025) = 4.99$$

以上より，有意水準5%で有意ではない．すなわち，有意水準5%で両ラインの寸法のばらつきは異なるとはいえない．

（注）　本例で検定の目的が変わった場合，仮説，統計量，棄却域は以下のようになる．

(1)　Aの母分散が大きいといいたい場合

H_0：$\sigma_A^2 = \sigma_B^2$

H_1：$\sigma_A^2 > \sigma_B^2$

$$F_0 = \frac{V_A}{V_B} = \frac{3.429}{4.286} = 0.800$$

R：$F_0 \geqq F(\phi_A,\ \phi_B\ ;\ \alpha) = F(7,\ 7\ ;\ 0.05) = 3.79$

(2)　Bの母分散が大きいといいたい場合

H_0：$\sigma_A^2 = \sigma_B^2$

H_1：$\sigma_A^2 < \sigma_B^2$

$$F_0 = \frac{V_B}{V_A} = \frac{4.286}{3.429} = 1.25$$

R：$F_0 \geqq F(\phi_B,\ \phi_A\ ;\ \alpha) = F(7,\ 7\ ;\ 0.05) = 3.79$

9.2.6　2つの母平均の差の検定・推定（母分散未知）

例題9.5によって2つの母集団の母平均の差の検定・推定の手順を示す．

例題 9.5

製品Yの重要特性である電気伝導度に与える製造条件の影響を調べたい．2種類の製造条件A，Bのもとで9回ずつの試作実験をランダムな順序で行い，下記のデータを得た．両条件で製造した製品の電気伝導度に差があるかどうか検討する（電気伝導度の単位は省略してある）．

条件A：43，37，37，29，37，40，39，38，34

条件B：42，27，32，38，36，32，33，35，40

解説

2つの母平均の差に関する検定で，母分散が未知の場合である．両条件で差があるかどうかを検定する両側検定である．

2つの母集団の母平均の差に関する検定では，実用的には，「2つのサンプルサイズの比が2倍以下」「2つの分散の比が2倍以下」が成り立てば，$\sigma_A^2 = \sigma_B^2$ と見なし t 検定を行えばよい．

手順1　仮説の設定と有意水準

H_0： $\mu_A = \mu_B$

H_1： $\mu_A \neq \mu_B$

$\alpha = 0.05$

手順2　棄却域の設定

R： $|t_0| \geqq t(\phi,\ \alpha) = t(16,\ 0.05) = 2.120$

手順3　検定統計量の計算

平均値の計算

$\overline{x}_A = 37.11$

$\overline{x}_B = 35.00$

平方和の計算

$$S_A = (\text{A のデータの 2 乗の和}) - \frac{(\text{A のデータの和})^2}{(\text{A のデータ数})}$$

$$= \sum x_{A_i}^2 - \frac{\left(\sum x_{A_i}\right)^2}{n_A}$$

$$= (43^2 + 37^2 + 37^2 + 29^2 + 37^2 + 40^2 + 39^2 + 38^2 + 34^2) - \frac{(43 + 37 + 37 + 29 + 37 + 40 + 39 + 38 + 34)^2}{9}$$

$$= 12518 - \frac{334^2}{9} = 122.9$$

同様に，

$$S_B = \sum x_{B_i}^2 - \frac{\left(\sum x_{B_i}\right)^2}{n_B} = 170.0$$

分散の計算

$$V_A = \frac{S_A}{n_A - 1} = \frac{122.9}{9-1} = \frac{122.9}{8} = 15.36$$

$$V_B = \frac{S_B}{n_B - 1} = \frac{170.00}{9-1} = \frac{170.0}{8} = 21.25$$

$$\frac{V_B}{V_A} = \frac{21.25}{15.36} = 1.38 < 2$$

よって，分散の比は2倍以下である．また，サンプルサイズも等しいので，等分散の場合の t 検定を行う．

プールした分散を求める．

$$V = \frac{S_A + S_B}{n_A + n_B - 2} = \frac{122.9 + 170.0}{9+9-2} = 18.31$$

検定統計量 t_0 の計算

$$t_0 = \frac{\overline{x}_A - \overline{x}_B}{\sqrt{V\left(\frac{1}{n_A} + \frac{1}{n_B}\right)}} = \frac{37.11 - 35.00}{\sqrt{18.31 \times \frac{2}{9}}} = 1.046$$

手順4　判定

$$|t_0| = 1.046 < t(n_A + n_B - 2,\ 0.05) = t(9 + 9 - 2,\ 0.05)$$
$$= t(16,\ 0.05) = 2.120$$

より，有意水準5%で有意ではない．すなわち，製造条件の違いにより電気伝導度に差があるとはいえない．

手順5　母平均の差の推定

点推定

$$\hat{\mu}_A - \hat{\mu}_B = \overline{x}_A - \overline{x}_B = 37.11 - 35.00 = 2.11 \rightarrow 2.1$$

信頼率95%の区間推定

$$(\overline{x}_A - \overline{x}_B) \pm t(\phi,\ \alpha)\sqrt{V\left(\frac{1}{n_A} + \frac{1}{n_B}\right)}$$

$$= 2.1 \pm 2.120 \times \sqrt{18.31 \times \frac{2}{9}} = 2.1 \pm 4.3 = -2.2,\ 6.40$$

（注） 本例で検定の目的が変わった場合，仮説と棄却域は以下のようになる．

(1) Aの母平均が大きいといいたい場合

H_0：$\mu_A = \mu_B$

H_1：$\mu_A > \mu_B$

R：$t_0 \geqq t(\phi,\ 2\alpha) = t(16,\ 0.10) = 1.746$

(2) Bの母平均が大きいといいたい場合

H_0：$\mu_A = \mu_B$

H_1：$\mu_A < \mu_B$

R：$t_0 \leqq -t(\phi,\ 2\alpha) = -t(16,\ 0.10) = -1.746$

検定統計量は同じ t_0 を用いて判定すればよく，推定については同じ式で行える．

（注） 2つの母集団の母平均の差に関する検定で，母分散は未知であるが $\sigma_A^2 \neq \sigma_B^2$ と考えられる場合の検定統計量は，

$$t_0 = \frac{\bar{x}_A - \bar{x}_B}{\sqrt{\dfrac{V_A}{n_A} + \dfrac{V_B}{n_B}}}$$

となる．

この検定は，**サタースウェイト（Satterthwaite）の方法**によって求めた自由度 ϕ^* の t 分布で近似した検定方法で，**ウェルチ（Welch）の検定**と呼ばれる．

サタースウェイトの方法では，

$$\frac{\left(\dfrac{V_A}{n_A} + \dfrac{V_B}{n_B}\right)^2}{\phi^*} = \frac{\left(\dfrac{V_A}{n_A}\right)^2}{\phi_A} + \frac{\left(\dfrac{V_B}{n_B}\right)^2}{\phi_B}$$

によって等価自由度 ϕ^* を求める．ϕ^* は一般に整数にはならない．したがって，t の値を t 表から補間して求めたり，ϕ^* の小数部分を切り捨てた自由度を採用したりして検定（これを安全側の検定という）が行われる．

9.2.7 データに対応があるときの母平均の差の検定・推定

例題9.6によってデータに対応があるときの母平均の差の検定・推定の手順を示す．

例題 9.6

ある化学工場では，製品不純物の低減をはかるため，新しい副原料を検討することになった．不純物が減少すれば新しい副原料を採用したいと考え，8個の主原料ロットを二分し，それぞれについて新しい副原料Aと従来の副原料Bを使用したときの不純物を測定した結果，表9.3のデータが得られた．

母平均の差$\delta\ (=\mu_A-\mu_B)$を検討する．

表 9.3　対応のあるデータ（単位：ppm）

主原料ロット	1	2	3	4	5	6	7	8
新副原料A	15	20	18	35	24	32	40	18
従来副原料B	29	40	17	29	42	49	67	19

解説

これらのデータは，主原料ロットによって定まる共通の成分が含まれる8組の対になったデータと考えられる．このような場合を「データに対応がある」という．

データに対応がある場合には，対になったデータの差を1つのデータとして扱えば，母集団が1つの場合と同様に解析することができる．

手順 1　仮説の設定と有意水準

H_0：$\delta=0$　$(\delta=\mu_A-\mu_B)$

または$\mu_A=\mu_B$

H_1：$\delta<0$

または$\mu_A<\mu_B$

$\alpha=0.05$

手順 2　棄却域の設定

$R：t_0\leqq -t(\phi,\ 2\alpha)=-t(7,\ 0.10)=-1.895$

手順 3　検定統計量の計算

データの差の平均値$\overline{d}$の計算（表9.4参照）

$$\overline{d}=\frac{\sum d_i}{n}=\frac{-90}{8}=-11.25$$

表 9.4　計算補助表

原料ロット	x_{A_i}	x_{B_i}	$d_i = x_{A_i} - x_{B_i}$	d^2
1	15	29	−14	196
2	20	40	−20	400
3	18	17	1	1
4	35	29	6	36
5	24	42	−18	324
6	32	49	−17	289
7	40	67	−27	729
8	18	19	−1	1
計	202	292	−90	1976

平方和 S_d の計算

$$S_d = \sum d_i^2 - \frac{(\sum d_i)^2}{n} = 1976 - \frac{(-90)^2}{8} = 963.5$$

分散 V_d の計算

$$V_d = \frac{S_d}{n-1} = \frac{963.5}{8-1} = 137.6$$

検定統計量 t_0 の計算

$$t_0 = \frac{\overline{d}}{\sqrt{V_d/n}} = \frac{-11.25}{\sqrt{137.6/8}} = -2.713$$

手順 4　判定

$$t_0 = -2.713 < -t(7,\ 0.10) = -1.895$$

以上より，有意である．すなわち，有意水準 5% で新副原料 A を使用したときの不純物は減少したといえる．

手順 5　母平均の差の推定

点推定

$$\hat{\delta} = \overline{d} = -11.25(ppm)$$

信頼率 95% の区間推定

$$\bar{d} \pm t(7,\ 0.05)\sqrt{\frac{V_d}{n}} = -11.25 \pm 2.365 \times \sqrt{\frac{137.6}{8}} = -11.25 \pm 9.81$$

$$= -21.06,\ -1.44(ppm)$$

となる．

9.2.8 3つ以上の母分散の一様性の検定

3つ以上の母集団における母分散の一様性を検定する方法にもいくつかの手法がある（表9.5参照）．

これらの帰無仮説は，H_0：$\sigma_1^2 = \sigma_2^2 = \cdots = \sigma_k^2$，すなわち「すべての母分散は等しい」であり，対立仮説は「k個の母分散のうち等しくないものがある」となる．

表9.5　3つ以上の母分散の一様性の検定

検定方法	サンプルの大きさ	検定統計量	棄却域
コクラン(Cochran)の検定	各サンプルの大きさが一定の場合	k個の分散の最大値をV_{max}とするとき， $c = V_{max}/(\sum V_i)$	R：$c \geqq C(k, \phi;\alpha)$
ハートレー(Hartley)の検定	各サンプルの大きさが一定の場合	k個の分散の最大値をV_{max}，最小値をV_{min}とするとき， $h = V_{max}/V_{min}$	R：$h \geqq F_{max}(k, \phi;\alpha)$
バートレット(Bartlett)の検定	各サンプルの大きさが一定でなくてもよい	$b = \frac{1}{c}\{\phi_T \ln V - \sum \phi_i \ln V_i\}$ ただし， $c = 1 + \frac{1}{3(k-1)}\left\{\sum \frac{1}{\phi_i} - \frac{1}{\phi_T}\right\}$ $\phi_i = n_i - 1$ $\phi_T = \sum \phi_i$ $V = \sum \phi_i V_i/\phi_T$	R：$b \geqq \chi^2(k-1,\ \alpha)$

コクランの検定はJIS Z 8402-2：1999「測定方法及び測定結果の精確さ(真度及び精度)—第2部：標準測定方法の併行精度及び再現精度を求めるための基本的方法」にも規定されている方法で，母分散が1つだけ飛び離れて大きいときに高い検出力を持つ検定法である．**ハートレーの検定**は母分散が1つだけ小さいときに高い検出力を持つ検定方法である．**バートレットの検定**はどのような対立仮説でもまんべんなく検出する検定法である．

(1) コクランの検定

例題9.7によってコクランの検定の手順を示す．

例題 9.7

5箇所の試験所で，成分Gの分析を行っている．今回，同一サンプルを用い各試験所でそれぞれ6回の測定を行ったところ以下の分散値が得られた．各試験所での測定値のばらつきが一様であるかどうか検討する．

$$V_1 = 1.50,\ V_2 = 1.88,\ V_3 = 2.23,\ V_4 = 3.89,\ V_5 = 1.21$$

解説

各サンプルの大きさが一定であるので，コクランの検定を用いる．

手順1 仮説の設定

H_0：各試験所での測定値のばらつきは一様である

H_1：各試験所での測定値のばらつきは一様ではない

手順2 有意水準と棄却域

$\alpha = 0.05$

$R：c \geqq C(k,\ \phi\ ;\ \alpha) = C(5,\ 5\ ;\ 0.05) = 0.506$

kは分散の個数，すなわち試験所の数を表わし，$k=5$となる．

自由度ϕは，サンプルの数nから1を引いた値で，$\phi = n-1=6-1=5$となる．

表9.6のコクランの検定の$C(k,\ \phi\ ;\ \alpha)$より，$C(5,\ 5\ ;\ 0.05) = 0.506$と読み取る．

手順3 検定統計量の計算

分散の最大値は $V_{max} = V_4 = 3.89$ であり，分散の合計は

$$\sum V_i = V_1 + V_2 + V_3 + V_4 + V_5 = 1.50 + 1.88 + 2.23 + 3.89 + 1.21 = 10.71$$

となるので，

$$c = \frac{V_{max}}{\sum V_i} = \frac{3.89}{10.71} = 0.363$$

となる．

手順4　判定と結論

$$c = 0.363 < C(5,\ 5\ ;\ 0.05) = 0.506$$

となり，有意ではない．すなわち，各試験所での測定値のばらつきは一様ではないとはいえない．

(2)　ハートレーの検定

例題 9.8 によってハートレーの検定の手順を示す．

例題 9.8

例題 9.7 のデータを用いて，ハートレーの検定で解析を行う．

$$V_1 = 1.50,\ V_2 = 1.88,\ V_3 = 2.23,\ V_4 = 3.89,\ V_5 = 1.21$$

解説

各サンプルの大きさが一定であるので，ハートレーの検定を用いることができる．

手順1　仮説の設定

H_0：各試験所での測定値のばらつきは一様である

H_1：各試験所での測定値のばらつきは一様ではない

手順2　有意水準と棄却域

$$\alpha = 0.05$$

$$R : h \geqq F_{max}(k,\ \phi\ ;\ \alpha) = F_{max}(5,\ 5\ ;\ 0.05) = 16.3$$

k は分散の個数，すなわち試験所の数を表わし，$k = 5$ となる．

自由度 ϕ は，サンプルの数 n から 1 を引いた値で，$\phi = n - 1 = 6 - 1 = 5$

表 9.6 コクランの検定の $C(k, \phi; \alpha)$

k	$\phi = 1$		$\phi = 2$		$\phi = 3$		$\phi = 4$		$\phi = 5$	
	0.05	0.01	0.05	0.01	0.05	0.01	0.05	0.01	0.05	0.01
2	—	—	0.975	0.995	0.939	0.979	0.906	0.959	0.877	0.937
3	0.967	0.993	0.871	0.942	0.798	0.883	0.746	0.834	0.707	0.793
4	0.906	0.968	0.768	0.864	0.684	0.781	0.629	0.721	0.590	0.676
5	0.841	0.928	0.684	0.788	0.598	0.696	0.544	0.633	0.506	0.588
6	0.781	0.883	0.616	0.722	0.532	0.626	0.480	0.564	0.445	0.520
7	0.727	0.838	0.561	0.664	0.480	0.568	0.431	0.508	0.397	0.466
8	0.680	0.794	0.516	0.615	0.438	0.521	0.391	0.463	0.360	0.423
9	0.638	0.754	0.478	0.573	0.403	0.481	0.358	0.425	0.329	0.387
10	0.602	0.718	0.445	0.536	0.373	0.447	0.331	0.393	0.303	0.357
11	0.570	0.684	0.417	0.504	0.348	0.418	0.308	0.366	0.281	0.332
12	0.541	0.653	0.392	0.475	0.326	0.392	0.288	0.343	0.262	0.310
13	0.515	0.624	0.371	0.450	0.307	0.369	0.271	0.322	0.243	0.291
14	0.492	0.599	0.352	0.427	0.291	0.349	0.255	0.304	0.232	0.274
15	0.471	0.575	0.335	0.407	0.276	0.332	0.242	0.288	0.220	0.259
16	0.452	0.553	0.319	0.388	0.262	0.316	0.230	0.274	0.208	0.246
17	0.434	0.532	0.305	0.372	0.250	0.301	0.219	0.261	0.198	0.234
18	0.418	0.514	0.293	0.356	0.240	0.288	0.209	0.249	0.189	0.223
19	0.403	0.496	0.281	0.343	0.230	0.276	0.200	0.238	0.181	0.214
20	0.389	0.480	0.270	0.330	0.220	0.265	0.192	0.229	0.174	0.205
21	0.377	0.465	0.261	0.318	0.212	0.255	0.185	0.220	0.167	0.197
22	0.365	0.450	0.252	0.307	0.204	0.246	0.178	0.212	0.160	0.189
23	0.354	0.437	0.243	0.297	0.197	0.238	0.172	0.204	0.155	0.182
24	0.343	0.425	0.235	0.287	0.191	0.230	0.166	0.197	0.149	0.176
25	0.334	0.413	0.228	0.278	0.185	0.222	0.160	0.190	0.144	0.170
26	0.325	0.402	0.221	0.270	0.179	0.215	0.155	0.184	0.140	0.164
27	0.316	0.391	0.215	0.262	0.173	0.209	0.150	0.179	0.135	0.159
28	0.308	0.382	0.209	0.255	0.168	0.202	0.146	0.173	0.131	0.154
29	0.300	0.372	0.203	0.248	0.164	0.196	0.142	0.168	0.127	0.150
30	0.293	0.363	0.198	0.241	0.159	0.191	0.138	0.164	0.124	0.145
31	0.286	0.355	0.193	0.235	0.155	0.186	0.134	0.159	0.120	0.141
32	0.280	0.347	0.188	0.229	0.151	0.181	0.131	0.155	0.117	0.138
33	0.273	0.339	0.184	0.224	0.147	0.177	0.127	0.151	0.114	0.134
34	0.267	0.332	0.179	0.218	0.144	0.172	0.124	0.147	0.111	0.131
35	0.262	0.325	0.175	0.213	0.140	0.168	0.121	0.144	0.108	0.127
36	0.256	0.318	0.172	0.208	0.137	0.165	0.118	0.140	0.106	0.124
37	0.251	0.312	0.168	0.204	0.134	0.161	0.116	0.137	0.103	0.121
38	0.246	0.306	0.164	0.200	0.131	0.157	0.113	0.134	0.101	0.119
39	0.242	0.300	0.161	0.196	0.129	0.154	0.111	0.131	0.099	0.116
40	0.237	0.294	0.158	0.192	0.126	0.151	0.108	0.128	0.097	0.114

出典：日科技連ベーシックコース・テキスト編集委員会編,『品質管理セミナー・ベーシックコース・テキスト　第4章　検定・推定（補訂第6版）』, 日本科学技術連盟, 2015年

となる．

表9.7の最大分散比の表より，$F_{max}(5, 5; 0.05) = 16.3$ と読み取る．

手順3　検定統計量の計算

分散の最大値は $V_{max} = V_4 = 3.89$ であり，分散の最小値は $V_{min} = V_5 = 1.21$ なので，

表9.7　最大分散比 F_{max}

$F_{max}(k, \phi; \alpha)$

$F_{max} = V_{max}/V_{min}$ の上側5%の点　　k = 分散の個数，ϕ = おのおのの自由度

ϕ ＼ k	2	3	4	5	6	7	8	9	10	11	12
4	9.60	15.5	20.6	25.2	29.5	33.6	37.5	41.1	44.6	48.0	51.4
5	7.15	10.8	13.7	16.3	18.7	20.8	22.9	24.7	26.5	28.2	29.9
6	5.82	8.38	10.4	12.1	13.7	15.0	16.3	17.5	18.6	19.7	20.7
7	4.99	6.94	8.44	9.70	10.8	11.8	12.7	13.5	14.3	15.1	15.8
8	4.43	6.00	7.18	8.12	9.03	9.78	10.5	11.1	11.7	12.2	12.7
9	4.03	5.34	6.31	7.11	7.80	8.41	8.95	9.45	9.91	10.3	10.7
10	3.72	4.85	5.67	6.34	6.92	7.42	7.87	8.28	8.66	9.01	9.34
12	3.28	4.16	4.79	5.30	5.72	6.09	6.42	6.72	7.00	7.25	7.48
15	2.86	3.54	4.01	4.37	4.68	4.95	5.19	5.40	5.59	5.77	5.93
20	2.46	2.95	3.29	3.54	3.76	3.94	4.10	4.24	4.37	4.49	4.59
30	2.07	2.40	2.61	2.78	2.91	3.02	3.12	3.21	3.29	3.36	3.39
60	1.67	1.85	1.96	2.04	2.11	2.17	2.22	2.26	2.30	2.33	2.36
∞	1.00	1.00	1.00	1.00	1.00	1.00	1.00	1.00	1.00	1.00	1.00

$F_{max} = V_{max}/V_{min}$ の上側1%の点　　k = 分散の個数，ϕ = おのおのの自由度

ϕ ＼ k	2	3	4	5	6	7	8	9	10	11	12
4	23.2	37	49	59	69	79	89	97	106	113	120
5	14.9	22	28	33	38	42	46	50	54	57	60
6	11.1	15.5	19.1	22	25	27	30	32	34	36	37
7	8.89	12.1	14.5	16.5	18.4	20	22	23	24	26	27
8	7.50	9.9	11.7	13.2	14.5	15.8	16.9	17.9	18.9	19.8	21
9	6.54	8.5	9.9	11.1	12.1	13.1	13.9	14.7	15.3	16.0	16.6
10	5.85	7.4	8.6	9.6	10.4	11.1	11.8	12.4	12.9	13.4	13.9
12	4.91	6.1	6.9	7.6	8.2	8.7	9.1	9.5	9.9	10.2	10.6
15	4.07	4.9	5.5	6.0	6.4	6.7	7.1	7.3	7.5	7.8	8.0
20	3.32	3.8	4.3	4.6	4.9	5.1	5.3	5.5	5.6	5.8	5.9
30	2.63	3.0	3.3	3.4	3.6	3.7	3.8	3.9	4.0	4.1	4.2
60	1.96	2.2	2.3	2.4	2.4	2.5	2.5	2.6	2.6	2.7	2.7
∞	1.00	1.0	1.0	1.0	1.0	1.0	1.0	1.0	1.0	1.0	1.0

出典：森口繁一，日科技連数値表委員会編，『新編　日科技連数値表—第2版』，日科技連出版社，2009年

$$h = \frac{V_{max}}{V_{min}} = \frac{3.89}{1.21} = 3.21$$

となる．

手順4 判定と結論

$$h = 3.21 < F_{max}(5, 5; 0.05) = 16.3$$

となり，有意ではない．すなわち，各試験所での測定値のばらつきは一様ではないとはいえない．

(3) バートレットの検定

例題9.9によってバートレットの検定の手順を示す．

例題 9.9

例題9.7のデータを用いてバートレットの検定で解析を行う．

$V_1 = 1.50$，$V_2 = 1.88$，$V_3 = 2.23$，$V_4 = 3.89$，$V_5 = 1.21$

解説

バートレットの検定を用いる．この検定は，各サンプルの大きさが一定でなくても適用できる．

手順1 仮説の設定

H_0：各試験所での測定値のばらつきは一様である

H_1：各試験所での測定値のばらつきは一様ではない

手順2 有意水準と棄却域

$$\alpha = 0.05$$

$$R : b \geqq \chi^2(k-1, \alpha) = \chi^2(4,\ 0.05) = 9.49$$

k は分散の個数，すなわち試験所の数を表わし，$k=5$ となる．

手順3 検定統計量の計算

すべての母分散が等しいとした場合，

$$\phi_i = n_i - 1$$

$$\phi_T = \sum \phi_i = (6-1) + (6-1) + (6-1) + (6-1) + (6-1) = 25$$

とおくと，σ^2 の推定量は，

$$V=\sum \phi_i V_i/\phi_T$$
$$=\frac{1}{25}(5\times 1.50+5\times 1.88+5\times 2.23+5\times 3.89+5\times 1.21)=2.142$$

となる．これから，検定統計量 b は，

$$b=\frac{1}{c}\left(\phi_T \ln V-\sum \phi_i \ln V_i\right)$$
$$=\frac{1}{1.08}(25\times \ln 2.142-5\times \ln 1.50-5\times \ln 1.88-5\times \ln 2.23-5\times \ln 3.89-5\times \ln 1.21)$$
$$=\frac{2.1047}{1.08}=1.949$$

ただし，

$$c=1+\frac{1}{3(k-1)}\left(\sum \frac{1}{\phi_i}-\frac{1}{\phi_T}\right)=1+\frac{1}{3\times 4}\left(5\times \frac{1}{5}-\frac{1}{25}\right)=1.08$$

と求める．

手順 4　判定と結論

$$b = 1.949 < \chi^2(4,\ 0.05) = 9.49$$

となり，有意ではない．すなわち，各試験所での測定値のばらつきは一様ではないとはいえない．

9.2.9　検出力

(1)　母平均に関する検定の検出力

検定の検出力について，例題 9.1 の 1 つの母平均に関する検定（σ 既知で片側検定）を例に解説する．この検定における平均値 $\bar{x}$ の分布（図 9.1）を再び図示すると，図 9.2 のようになる．

検出力は帰無仮説を棄却する確率であり，図の右側の斜線部分の面積にあたる．図より，

$$u(2\alpha)\sqrt{\frac{\sigma^2}{n}}+u(2\beta)\sqrt{\frac{\sigma^2}{n}}=\mu-\mu_0$$

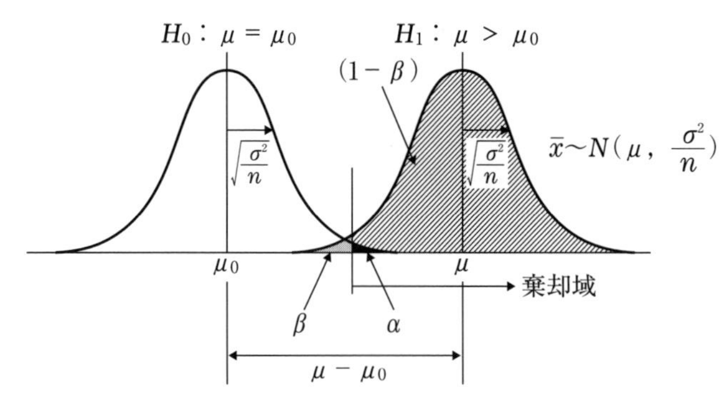

図 9.2　1 つの母平均に関する検定における $\bar{x}$ の分布

の関係が導かれる．これから，

$$\sqrt{\frac{\sigma^2}{n}}\{u(2\alpha)+u(2\beta)\}=\mu-\mu_0$$

$$u(2\alpha)+u(2\beta)=\frac{\mu-\mu_0}{\sqrt{\sigma^2/n}}$$

$$u(2\beta)=\frac{\mu-\mu_0}{\sqrt{\sigma^2/n}}-u(2\alpha)$$

ここで，$\mu_0 = 150.0$，$\sigma = 3.0$，また，$\alpha = 0.05$ から付表 1　正規分布表より $u(0.10) = 1.645$ と求められるので，

$$u(2\beta)=\frac{\mu-150.0}{\sqrt{3.0^2/n}}-1.645$$

となる．

例題 9.1 の $\mu=152.0$，$n=10$ での検出力 $1-\beta$ を求めると，

$$u(2\beta)=\frac{\mu-150.0}{\sqrt{3.0^2/n}}-1.645=\frac{152.0-150.0}{\sqrt{3.0^2/10}}-1.645=0.46$$

となり，正規分布表より $\beta = 0.3228$ なので，$1-\beta=0.677$ となる．

また，$\mu=153.0$，$n=10$ の場合の検出力を求めると，

$$u(2\beta)=\frac{153.0-150.0}{\sqrt{3.0^2/10}}-1.645=1.52$$

となり，正規分布表より $\beta = 0.0643$ なので，$1-\beta=0.936$ となる．

同様に，$\mu = 152.0$，$n = 15$ の場合の検出力は，

$$u(2\beta) = \frac{152.0 - 150.0}{\sqrt{3.0^2/15}} - 1.645 = 0.94$$

となり，正規分布表より $\beta = 0.1736$ なので，$1 - \beta = 0.826$ となる．

このように検出力は，μ と μ_0 の差が大きいほど，サンプルの大きさ n が大きいほど，大きくなる．したがって，帰無仮説が棄却されなかった場合には，十分な検出力があるサンプルの大きさであったかを事後であっても検証するとよい．

また，下記の式を用い，適当な μ を定めたとき，そのときの検出力が $1 - \beta$ になるようあらかじめ n を設定することもできる．

$$n = \left(\frac{\sigma}{\mu_0 - \mu}\right)^2 \{u(2\alpha) + u(2\beta)\}^2$$

(2)　母分散に関する検定の検出力

母分散に関する検定の検出力についても，例題 9.3 をもとに解説する．

真の母分散 σ^2 と帰無仮説における母分散 σ_0^2 の比を，

$$\lambda^2 = \sigma^2 / \sigma_0^2$$

とおき，S/σ^2 が $\chi^2(\phi)$ 分布に従うことから，検定統計量を，

$$\chi_0^2 = \frac{S}{\sigma_0^2} = \frac{S}{\sigma^2} \times \left(\frac{\sigma^2}{\sigma_0^2}\right) = \frac{S}{\sigma^2} \times \lambda^2$$

と式を変形する．

対立仮説は，H_1：$\sigma^2 < \sigma_0^2$ であるので，このときの棄却域は，

$$\chi_0^2 \leqq \chi^2(n-1,\ 1-\alpha)$$

となる．したがって，検出力 $1 - \beta$ は，対立仮説が成り立つときに χ_0^2 が棄却域に入る確率で，

$$1 - \beta = Pr\left\{\frac{S}{\sigma_0^2} \leqq \chi^2(n-1,\ 1-\alpha)\right\} = Pr\left\{\frac{\lambda^2 S}{\sigma^2} \leqq \chi^2(n-1,\ 1-\alpha)\right\}$$

$$= Pr\left\{\frac{S}{\sigma^2} \leqq \frac{\chi^2(n-1, 1-\alpha)}{\lambda^2}\right\}$$

と求められる．ここで，S/σ^2 は $\chi^2(\phi)$ 分布に従うので，

$$1-\beta = Pr\left\{\frac{S}{\sigma^2} \leqq \chi^2(n-1,\ \beta)\right\}$$

でもある．これらの式から，

$$\chi^2(n-1,\ \beta) = \frac{\chi^2(n-1,\ 1-\alpha)}{\lambda^2}$$

$$\lambda^2 = \frac{\chi^2(n-1,\ 1-\alpha)}{\chi^2(n-1,\ \beta)}$$

と導くことができる．

このλ²と分位点の比の関係式を用いると，αとβをあらかじめ定めておけば，適当なnについてのλ^2を求めることができる．また，逆に真の母分散の値がσ^2のときに検出力$1-\beta$で検出するためのサンプルの大きさnを求めることもできる．

例題9.3において，製造条件改善後の母分散が$\sigma^2 = 1.4^2$のときの検出力$1-\beta$を求める．

$$\lambda^2 = \sigma^2/\sigma_0^2 = 1.4^2/3.0^2 = 0.2178$$

$$\chi^2(n-1,\ \beta) = \frac{\chi^2(n-1,\ 1-\alpha)}{\lambda^2}$$

$$\chi^2(8,\ \beta) = \frac{\chi^2(8,\ 0.95)}{0.2178} = \frac{2.73}{0.2178} = 12.53$$

となる．χ^2表から，$\chi^2(8,\ 0.25) = 10.22$，$\chi^2(8,\ 0.10) = 13.36$と読み取れるので，検出力$1-\beta$は，

$$0.10 < \beta < 0.25$$

$$0.75 < (1-\beta) < 0.90$$

となる（より詳細には，Excel関数chidistなどを用いると，検出力は0.871とわかる）．

また，製造条件改善後の母分散が1.5^2のときに検出力0.90以上で検出したいとする．このときのサンプルの大きさnを求める．

$$\lambda^2 = \sigma^2/\sigma_0^2 = 1.5^2/3.0^2 = 0.250$$

$$\lambda^2 = \frac{\chi^2(n-1,\ 1-\alpha)}{\chi^2(n-1,\ \beta)}$$

$$0.250 = \frac{\chi^2(n-1,\ 0.95)}{\chi^2(n-1,\ 0.10)}$$

χ^2表から，$\chi^2(n-1,\ 0.95)$，$\chi^2(n-1,\ 0.10)$の値を読み取ると，

$$\frac{\chi^2(8,\ 0.95)}{\chi^2(8,\ 0.10)} = \frac{2.73}{13.36} = 0.204$$

$$\frac{\chi^2(9,\ 0.95)}{\chi^2(9,\ 0.10)} = \frac{3.33}{14.68} = 0.227$$

$$\frac{\chi^2(10,\ 0.95)}{\chi^2(10,\ 0.10)} = \frac{3.94}{15.99} = 0.246$$

$$\frac{\chi^2(11,\ 0.95)}{\chi^2(11,\ 0.10)} = \frac{4.57}{17.28} = 0.264$$

となる．これから，$\lambda^2 = 0.250$ のときに検出力 0.90 で検出できるのは，$\phi = n-1 = 11$ 以上である．すなわち，必要なサンプルの大きさは $n=12$ である．

参考：対立仮説が，H_1：$\sigma^2 > \sigma_0^2$ の場合には，

$$\lambda^2 = \frac{\chi^2(n-1,\ \alpha)}{\chi^2(n-1,\ 1-\beta)}$$

となる．

両側検定の場合には，棄却域が両側にあるので，片側検定と同様にはできない．しかしながら，両側検定の場合でも，$\lambda > 1$ の場合には，下側棄却域を無視してもよく，$\lambda < 1$ の場合には，上側棄却域を無視してもよい．こうすれば，片側検定と同様の考え方で，下記のように導くことができる．

対立仮説が，H_1：$\sigma^2 \neq \sigma_0^2$ のとき

$\lambda > 1$ の場合：

$$\lambda^2 = \frac{\chi^2(n-1,\ \alpha/2)}{\chi^2(n-1,\ 1-\beta)}$$

$\lambda < 1$ の場合：

$$\lambda^2 = \frac{\chi^2(n-1, 1-\alpha/2)}{\chi^2(n-1,\ \beta)}$$

9.3 計数値の検定・推定

9.3.1 計数値の検定の種類

計数値の検定・推定には以下の手法がある.

(1) 不適合品数・不適合品率(不良個数・不良率)の解析

データは二項分布に従う母不適合品数についての解析が目的である.

1) 1つの母不適合品率 P に関する検定と推定

1つの母集団の母不適合品率 P に関して, $H_0: P = P_0$ (P_0 は既知の値)の検定や P の推定を行う.

2) 2つの母不適合品率 P_A と P_B との違いに関する検定と推定

2つの母集団のそれぞれの不適合品率 P_A と P_B に関して, $H_0: P_A = P_B$ の検定や $P_A - P_B$ の推定を行う.

(2) 不適合数(欠点数)の解析

データはポアソン分布に従うと仮定し, 1単位当たりの母不適合数 λ についての解析が目的である.

1) 1つの母不適合数 λ に関する検定と推定

1つの母集団の母不適合数 λ に関して, $H_0: \lambda = \lambda_0$ (λ_0 は既知の値)の検定や λ の推定を行う.

2) 2つの母不適合数 λ_A と λ_B との違いに関する検定と推定

2つの母集団のそれぞれの不適合数 λ_A と λ_B に関して, $H_0: \lambda_A = \lambda_B$ の検定や $\lambda_A - \lambda_B$ の推定を行う.

なお, これらの手法ではすべて正規分布近似を用いる. 近似が満足いくものであるためには, 不適合品数, 不適合数, 度数データが5個程度以上になるように, サンプルサイズや単位数などを設定することが必要である.

二項分布の正規分布近似の種類とポアソン分布の正規分布近似の種類を, 表9.8, 表9.9に示す.

表 9.8　二項分布の正規分布近似

直接近似	$p \sim N\left(P,\ \dfrac{P(1-P)}{n}\right),\ p=\dfrac{x}{n}$
ロジット変換 による近似	$L(p^*)=\ln\dfrac{p^*}{1-p^*}\sim N\left(L(P),\ \dfrac{1}{nP(1-P)}\right)$

（注）$p^*=\dfrac{x+0.5}{n+1}$は連続修正と呼ばれ，離散分布である二項分布を連続分布の正規分布によりよく近似させる目的で行う．

表 9.9　ポアソン分布の正規分布近似

直接近似	$\hat{\lambda}\sim N\left(\lambda,\ \dfrac{\lambda}{n}\right),\ \hat{\lambda}=\dfrac{T}{n}$
対数変換 による近似	$\ln\hat{\lambda}^*\sim N\left(\ln\lambda,\ \dfrac{1}{n\lambda}\right)$

（注）$\hat{\lambda}^*=\dfrac{T+0.5}{n}$も連続修正である．

(3)　項目ごとに分類された度数データの解析

項目ごとに分類された度数データの解析として代表的なものに適合度の検定と分割表による検定がある．

1)　適合度の検定

度数分布として得られたデータに基づいて，母集団分布が何らかの想定された確率分布と食い違いがないかどうかを調べる．

2)　分割表による検定

二元表として分類された度数データ（分割表）に基づいて，行と列の分類項目に関係があるかどうかを検定する．

9.3.2　1つの母不適合品率 P に関する検定と推定

例題 9.10 によって 1 つの母不適合品率に関する検定・推定の手順を示す．

例題 9.10

あるラインで製造される機械部品の従来の不適合品率は7.0%であった．今回，製造設備の更新を行い，試作品200個の機械部品を検査したところ不適合品は8個であった．母不適合品率が変わったかどうか検討する．

解説

1つの母不適合品率に関する検定で，母不適合品率が変わったかどうかを検定したい両側検定の場合である．

手順1 仮説の設定と有意水準

$H_0：P = P_0 \quad (P_0 = 0.070)$

$H_1：P \neq P_0$

$\alpha = 0.05$

手順2 正規分布への近似条件の検討

$nP_0 = 200 \times 0.070 = 14 > 5$

$n(1-P_0) = 200 \times 0.930 = 186 > 5$

なので，正規分布への近似条件が成り立つ．以下，正規分布への直接近似法により検定・推定を行う．

手順3 棄却域の設定

$R：|u_0| \geqq u(\alpha) = u(0.05) = 1.960$

手順4 検定統計量の計算

標本不適合品率 p の計算

$$p = \frac{x}{n} = \frac{8}{200} = 0.040$$

$$u_0 = \frac{p - P_0}{\sqrt{P_0(1-P_0)/n}} = \frac{0.040 - 0.070}{\sqrt{0.070 \times (1-0.070)/200}} = -1.663$$

手順5 判定

$|u_0| = 1.663 < u(0.05) = 1.960$

以上より，有意ではない．すなわち，有意水準5%で母不適合品率は変わったとはいえない．

手順6 母不適合品率の推定

点推定

$$\hat{P} = p = \frac{8}{200} = 0.040$$

信頼率 95% の区間推定

$$p \pm u(0.05)\sqrt{\frac{p(1-p)}{n}} = 0.040 \pm 1.960\sqrt{\frac{0.040\times(1-0.040)}{200}}$$

$$= 0.040 \pm 0.027 = 0.013,\ 0.067$$

となる．

（注）　計数値の検定の場合も，計量値の場合と同様に検定の目的に応じて仮説，棄却域を設定する．また推定については同じ式で行える．

9.3.3　2つの母不適合品率 P_A と P_B との違いに関する検定と推定

例題 9.11 によって 2 つの母不適合品率に関する検定・推定の手順を示す．

例題 9.11

2 つのラインで製造される樹脂部品がある．各ラインからそれぞれ 1000 個のサンプルを抜き取り検査したところ，A ラインでは 10 個，B ラインでは 15 個の不適合品があった．ラインによって母不適合品率に違いがあるかどうかを検討する．

解説

2 つの母不適合品率に関する検定で，母不適合品率に差があるかどうかを検定したい両側検定の場合である．

手順 1　仮説の設定と有意水準

$H_0 : P_A = P_B$

$H_1 : P_A \neq P_B$

$\alpha = 0.05$

手順 2　正規分布への近似条件の検討

$x_A = 10 > 5,\ n_A - x_A = 1000 - 10 = 990 > 5$

$$x_B = 15 > 5,\ n_B - x_B = 1000 - 15 = 985 > 5$$

なので，正規分布への近似条件が成り立つ．以下，正規分布への直接近似法により検定・推定を行う．

手順3 棄却域の設定

$$R:\ |u_0| \geqq u(\alpha) = u(0.05) = 1.960$$

手順4 検定統計量の計算

標本不適合品率の計算

$$p_A = \frac{x_A}{n_A} = \frac{10}{1000} = 0.0100,\quad p_B = \frac{x_B}{n_B} = \frac{15}{1000} = 0.0150$$

$$\overline{p} = \frac{x_A + x_B}{n_A + n_B} = \frac{10 + 15}{1000 + 1000} = 0.0125$$

$$u_0 = \frac{p_A - p_B}{\sqrt{\overline{p}(1-\overline{p})\left(\dfrac{1}{n_A} + \dfrac{1}{n_B}\right)}} = \frac{0.0100 - 0.0150}{\sqrt{0.0125 \times (1 - 0.0125) \times \left(\dfrac{1}{1000} + \dfrac{1}{1000}\right)}}$$

$$= -1.006$$

手順5 判定

$$|u_0| = 1.006 < u(0.05) = 1.960$$

以上より，有意ではない．すなわち，有意水準5%で母不適合品率は差があるとはいえない．

手順6 母不適合品率の差の推定

点推定

$$\hat{P}_A - \hat{P}_B = p_A - p_B = 0.0100 - 0.0150 = -0.0050$$

信頼率95%の区間推定

$$(p_A - p_B) \pm u(0.05)\sqrt{\frac{p_A(1-p_A)}{n_A} + \frac{p_B(1-p_B)}{n_B}}$$

$$= -0.0050 \pm 1.960\sqrt{\frac{0.0100 \times (1 - 0.0100)}{1000} + \frac{0.0150 \times (1 - 0.0150)}{1000}}$$

$$= -0.0050 \pm 0.0097 = -0.0147,\ 0.0047$$

となる．

9.3.4　1つの母不適合数λに関する検定と推定

例題 9.12 によって1つの母不適合数に関する検定・推定の手順を示す．

例題 9.12

あるメーカーで製造される金属箔には従来1㎡当たり平均2個のきずがあった．今回，製造ラインの改善を行い，試作品から10㎡分の金属箔を検査したところ合計8個のきずが見られた．母不適合数が減少したかどうか検討する．

解説

1つの母不適合数に関する検定で，母不適合数が小さくなったかどうかを検定したい片側検定の場合である．

手順1　仮説の設定と有意水準

$$H_0: \lambda = \lambda_0 \quad (\lambda_0 = 2.0)$$

$$H_1: \lambda < \lambda_0$$

$$\alpha = 0.05$$

手順2　正規分布への近似条件の検討

$$n\lambda_0 = 10 \times 2.0 = 20.0 > 5$$

なので，正規分布への近似条件が成り立つ．以下，正規分布への直接近似法により検定・推定を行う．

手順3　棄却域の設定

$$R: u_0 \leqq -u(2\alpha) = -u(0.10) = -1.645$$

手順4　検定統計量の計算

$$\hat{\lambda} = \frac{T}{n} = \frac{8}{10} = 0.800$$

$$u_0 = \frac{\hat{\lambda} - \lambda_0}{\sqrt{\dfrac{\lambda_0}{n}}} = \frac{0.800 - 2.0}{\sqrt{\dfrac{2.0}{10}}} = -2.683$$

手順5 判定

$$u_0 = -2.683 < -u(0.10) = -1.645$$

以上より，有意である．すなわち，有意水準5%で母不適合数は小さくなったといえる．

手順6 母不適合数の推定

点推定

$$\hat{\lambda} = \frac{T}{n} = \frac{8}{10} = 0.800$$

信頼率95%の区間推定

$$\hat{\lambda} \pm u(0.05)\sqrt{\frac{\hat{\lambda}}{n}} = 0.800 \pm 1.960\sqrt{\frac{0.800}{10}} = 0.80 \pm 0.55$$

$$= 0.25,\ 1.35$$

となる．

9.3.5 2つの母不適合数 λ_A と λ_B との違いに関する検定と推定

例題9.13によって2つの母不適合数の差に関する検定・推定の手順を示す．

例題 9.13

2つの同規模の車両組立工場がある．A工場では最近6カ月間にライン休止事故が10件，B工場では最近5カ月間にライン休止事故が15件あった．工場によってライン休止事故件数に違いがあるかどうかを検討する．

解説

2つの母不適合数に関する検定で，母不適合数に差があるかどうかを検定したい両側検定の場合である．1カ月を1単位として考え，1カ月当たりの休止事故件数をそれぞれ λ_A, λ_B とする．

手順1　仮説の設定と有意水準

H_0：$\lambda_A = \lambda_B$

H_1：$\lambda_A \neq \lambda_B$

$\alpha = 0.05$

手順2　正規分布への近似条件の検討

$T_A = 10 > 5$

$T_B = 15 > 5$

なので，正規分布への近似条件が成り立つ．以下，正規分布への直接近似法により検定・推定を行う．

手順3　棄却域の設定

R：$|u_0| \geqq u(\alpha) = u(0.05) = 1.960$

手順4　検定統計量の計算

$$\hat{\lambda}_A = \frac{T_A}{n_A} = \frac{10}{6} = 1.667,\quad \hat{\lambda}_B = \frac{T_B}{n_B} = \frac{15}{5} = 3.000$$

$$\hat{\lambda} = \frac{T_A + T_B}{n_A + n_B} = \frac{10+15}{6+5} = 2.273$$

$$u_0 = \frac{\hat{\lambda}_A - \hat{\lambda}_B}{\sqrt{\hat{\lambda}\left(\dfrac{1}{n_A} + \dfrac{1}{n_B}\right)}} = \frac{1.667 - 3.000}{\sqrt{2.273 \times \left(\dfrac{1}{6} + \dfrac{1}{5}\right)}} = -1.460$$

手順5　判定

$|u_0| = 1.460 < u(0.05) = 1.960$

以上より，有意でない．すなわち，有意水準5%で母不適合数には差があるとはいえない．

手順6　母不適合数の差の推定

点推定

$$\hat{\lambda}_A - \hat{\lambda}_B = 1.667 - 3.000 = -1.333 \rightarrow -1.33$$

信頼率95%の区間推定

$$(\hat{\lambda}_A - \hat{\lambda}_B) \pm u(0.05)\sqrt{\frac{\hat{\lambda}_A}{n_A} + \frac{\hat{\lambda}_B}{n_B}}$$

$$= -1.33 \pm 1.960\sqrt{\frac{1.667}{6}+\frac{3.000}{5}} = -1.33 \pm 1.84 = -3.17,\ 0.51$$

となる．

9.3.6 分割表による検定

計数値のデータを二元表にまとめた表を**分割表**という．分類された度数データに基づいて，行と列の分類項目に関係があるかどうかの検定を行うものである．

例題9.14によって分割表による検定の手順を示す．

例題9.14

A，B，C 3つの工場で製造される同一仕様のプラスチック成形品について調査したところ，表9.10の結果を得た．工場によって適合品・不適合品の出方に違いがあるかどうか検討する．

表9.10　データ表

	適合品	不適合品	計
A工場	90	10	100
B工場	70	30	100
C工場	80	20	100
計	240	60	300

解説

3 × 2分割表による検定である．

手順1　仮説の設定

H_0：工場によって適合品・不適合品の出方に違いがない

H_1：工場によって適合品・不適合品の出方に違いがある

手順2　有意水準と棄却域

$\alpha = 0.05,\quad \phi = (3-1)(2-1) = 2$

$$R: \chi_0^2 \geqq \chi^2(\phi, \alpha) = \chi^2(2, 0.05) = 5.99$$

手順3　期待度数と検定統計量の計算

3 × 2 分割表(表 9.11 参照)である.

表 9.11　3×2 分割表

	適合品	不適合品	計
A 工場	x_{11}	x_{12}	$T_{1\cdot}$
B 工場	x_{21}	x_{22}	$T_{2\cdot}$
C 工場	x_{31}	x_{32}	$T_{3\cdot}$
計	$T_{\cdot 1}$	$T_{\cdot 2}$	T

$$\chi_0^2 = \sum_{i=1}^{3}\sum_{j=1}^{2}\frac{(x_{ij}-t_{ij})^2}{t_{ij}}$$

ただし，期待度数 t_{ij} は,

$$t_{ij} = \frac{T_{i\cdot} \times T_{\cdot j}}{T}$$

なので,

$$t_{11} = \frac{T_{1\cdot} \times T_{\cdot 1}}{T} = \frac{100 \times 240}{300} = 80,\quad t_{12} = \frac{T_{1\cdot} \times T_{\cdot 2}}{T} = \frac{100 \times 60}{300} = 20$$

$$t_{21} = \frac{T_{2\cdot} \times T_{\cdot 1}}{T} = \frac{100 \times 240}{300} = 80,\quad t_{22} = \frac{T_{2\cdot} \times T_{\cdot 2}}{T} = \frac{100 \times 60}{300} = 20$$

$$t_{31} = \frac{T_{3\cdot} \times T_{\cdot 1}}{T} = \frac{100 \times 240}{300} = 80,\quad t_{32} = \frac{T_{3\cdot} \times T_{\cdot 2}}{T} = \frac{100 \times 60}{300} = 20$$

よって,

$$\chi_0^2 = \frac{(90-80)^2}{80} + \frac{(10-20)^2}{20} + \frac{(70-80)^2}{80} + \frac{(30-20)^2}{20} + \frac{(80-80)^2}{80}$$

$$+ \frac{(20-20)^2}{20} = 12.5$$

となる.

手順4　判定と結論

$$\chi_0^2 = 12.5 > \chi^2(2, 0.05) = 5.99$$

となり，有意である．工場によって適合品・不適合品の出方に違いがあるといえる．

9.3.7 適合度の検定

一般に，ある仮定された理論度数，または期待度数 t_i に対して，実測される度数 x_i が適合しているか否かを検定するには，**適合度の検定**が用いられる．例えば，ある度数分布が得られているとき，その確率分布が特定の分布(正規分布，ポアソン分布，一様分布など)であると見なしてよいかどうかを調べる場合などに用いられる．

例題9.15によって適合度の検定の手順を示す．

例題 9.15

B 工場の1年間の設備休止件数を月ごとにまとめたものを表9.12に示す．月によって設備休止の件数に違いがあるといえるか検討する．

表 9.12　月別設備休止件数

1月	2月	3月	4月	5月	6月	7月	8月	9月	10月	11月	12月	合計
5	6	7	6	5	10	10	11	7	6	6	5	84

解説

月によって設備休止件数が変わらない，すなわち一様分布に従うという仮説を検定する．

手順1　仮説の設定

H_0：設備休止件数は各月同じである

H_1：設備休止件数は月により異なる

手順2　有意水準と棄却域

$$\alpha = 0.05$$

$$\phi = k-p-1 = 12-0-1 = 11$$

ここで，k は度数分布における級の数を表わし，p は期待度数を計算するためにデータから推定した母数の数を表わす．本例では，$k=12$，$p=0$ である．

「H_0：正規分布に従う」を帰無仮説にした場合には，母平均と母分散をデータから推定する必要があるので，$p=2$ となる．

また，「H_0：ポアソン分布に従う」を帰無仮説にした場合には，母欠点数をデータから推定する必要があるので，$p=1$ となる．

$$R：\chi_0^2 \geqq \chi^2(\phi,\ \alpha) = \chi^2(11,\ 0.05) = 19.68$$

手順3　期待度数と検定統計量の計算

H_0 の下では合計84件が各月均等に振り分けられるので，

$$t_1 = t_2 = \cdots = t_{12} = \frac{84}{12} = 7.0$$

$$\chi_0^2 = \sum_{i=1}^{k} \frac{(x_i - t_i)^2}{t_i} = \frac{(5-7.0)^2}{7.0} + \frac{(6-7.0)^2}{7.0} + \frac{(7-7.0)^2}{7.0} + \frac{(6-7.0)^2}{7.0}$$
$$+ \frac{(5-7.0)^2}{7.0} + \frac{(10-7.0)^2}{7.0} + \frac{(10-7.0)^2}{7.0} + \frac{(11-7.0)^2}{7.0} + \frac{(7-7.0)^2}{7.0}$$
$$+ \frac{(6-7.0)^2}{7.0} + \frac{(6-7.0)^2}{7.0} + \frac{(5-7.0)^2}{7.0} = 7.14$$

手順4　判定と結論

$$\chi_0^2 = 7.14 < \chi^2(11,\ 0.05) = 19.68$$

となり，有意ではない．すなわち，設備休止件数は月によって異なるとはいえない．

第9章のポイント

(1)　検定・推定とは

“**検定**”とは，「母集団の母分散は従来と変わらない」，「2つの母集団の母平均は同じである」などの母集団に関する仮説を検証する方法である．また“**推定**”とは，母集団の母数がどの程度の値か推測する方法である．

(2)　計量値の検定・推定の種類と適用範囲

計量値の検定・推定について重要なものには，1つの母集団を対象にするものとして，1つの母平均に関する検定・推定，1つの母分散に関する検定・推定がある．2つの母集団を対象にするものには，母分散の比に関する検定・推定，母平均の差に関する検定・推定がある．

また，3つ以上の母分散に関する検定もある．

(3)　検定結果，推定結果の見方

検定の結果は，第1種の誤りを犯す確率αと第2種の誤りを犯す確率β，およびサンプルの大きさnに影響を受ける．推定の結果は信頼率$(1-\alpha)$，およびサンプルの大きさnによって影響を受ける．例えば，検定において，その結果から正しい情報を引き出すためには，αをどれくらいにするのか，どれくらいの差をどのくらいの確率で検出したいのか(検出力の検討)といったことを考え，必要なサンプルの大きさnを事前に検討することも重要である．

(4)　計数値の検定・推定の種類と適用範囲

計数値についても計量値と同様に検定・推定を行う．母不適合品率や母不適合数に関する検定・推定については正規分布近似による方法がある．

確率分布が特定の分布であると見なしてもよいかどうかを調べる場合には，適合度の検定が用いられる．

二元表である分割表による解析も計数値データ特有のものである．

第10章

管理図と工程能力指数

10.1　管理図の種類

10.1.1　管理図の概要

“管理図” は1931年にアメリカのベル研究所のW. A. シューハート博士がその著『工業製品の経済的品質管理』の中で提案した品質管理手法の一つで，その後，工業製品の品質管理によく活用されるようになった．また，この管理図が，統計的品質管理の始まりとされている．

シューハートは品質に変動を与える原因を，偶然原因と異常原因の2つに分けて考えた．

偶然原因：いつも同じ方法でやっているのに，特性値にばらつきがでてしまう原因，つまり原材料，作業方法などすべて標準どおり行っても生じるやむを得ないばらつき．

異常原因：工程に何か異常が起こっている，例えば作業標準を守らない，または，標準類が不備のために生じる見逃すことのできないばらつき．

工程から異常原因が着実に排除されて，偶然原因のみでばらついている **“統計的管理状態”** にあるのか，そうでないのかを合理的に判断することが必要となってくる．このために考案されたのが管理図である．

10.1.2　管理図の種類

管理図は作成する品質特性によって，以下のような種類がある．

(1)　$X-Rs$ 管理図（個々のデータと移動範囲の管理図）

データが1日に1個しかとれない，ロットから1つのデータしかとれない，データをとる数が限定されているなどの場合に，得られたデータをそのまま用いるのが $X-Rs$（移動範囲）管理図である．移動範囲とは，互いに隣りあった n 個のデータの（最大値）−（最小値）である．

上に X 管理図，下に Rs 管理図として並べて作成する．

(2) $\overline{X}$－R 管理図（平均値と範囲の管理図）

計量値の管理図としてもっとも広く用いられているのが $\overline{X}-R$ 管理図である．群間変動（10.3.1 項参照）を見るために $\overline{X}$ 管理図を用い，群内変動を見るために R 管理図を用いる．管理図の場合，ばらつきの尺度としては簡便であることから R を用いるのが一般的である．

(3) Me－R 管理図（メディアンと範囲の管理図）

$\overline{X}-R$ 管理図の $\overline{X}$（平均値）の代わりにメディアン（中央値）を使用するのが，Me（メディアン）$-R$ 管理図である．

（注） メディアンの記号として，Me の代わりに $\widetilde{X}$ を用いる場合もある．

(4) $\overline{X}$－s 管理図（平均値と標準偏差の管理図）

$\overline{X}-R$ 管理図の範囲 R の代わりに標準偏差 s を用いるのが $\overline{X}-s$ 管理図である．群の大きさが大きくなると，R では精度が悪くなるので s を計算し，この管理図を作成したほうがよい．

(5) np 管理図（不適合品数の管理図），p 管理図（不適合品率の管理図）

np 管理図，および p 管理図は特性値が不適合品数（不良個数）や不適合品率（不良率）のときに用いられる管理図である．p 管理図は群の大きさが一定でなくてよい，すなわち生産個数や検査個数が一定でなくてもよいが，np 管理図の場合には一定でなくてはならない．

(6) c 管理図（不適合数の管理図），u 管理図（単位当たりの不適合数の管理図）

c 管理図，および u 管理図は，特性値が不適合数（欠点）のときに用いられる管理図である．u 管理図は群の大きさが一定でなくてよい．すなわち，検査するサンプルの長さや面積が一定でなくてもよいが，c 管理図は一定でなくてはならない．

表 10.1　管理図の管理線

	管理図の種類	管理線	
		CL	UCL／LCL
計量値	$X-Rs$(移動範囲)管理図	$X:\overline{X}$ $Rs:\overline{Rs}$	$\overline{X}\pm 2.659\overline{Rs}$ UCL ＝ $3.267\overline{Rs}$，LCL は考えない (注)　2.659，3.267 は $n=2$ の場合である．
計量値	$\overline{X}-R$ 管理図	$\overline{X}:\overline{\overline{X}}$ $R:\overline{R}$	$\overline{\overline{X}}\pm A_2\overline{R}$ UCL ＝ $D_4\overline{R}$，LCL ＝ $D_3\overline{R}$
計量値	Me(メディアン)$-R$ 管理図	$Me:\overline{Me}$ $R:\overline{R}$	$\overline{Me}\pm A_4\overline{R}$ UCL ＝ $D_4\overline{R}$，LCL ＝ $D_3\overline{R}$
計量値	$\overline{X}-s$ 管理図	$\overline{X}:\overline{\overline{X}}$ $s:\overline{s}$	$\overline{\overline{X}}\pm A_3\overline{s}$ UCL ＝ $B_4\overline{s}$，LCL ＝ $B_3\overline{s}$
計数値	np 管理図	$n\overline{p}=\dfrac{\sum(np)_i}{k}$	$n\overline{p}\pm 3\sqrt{n\overline{p}(1-\overline{p})}$
計数値	p 管理図	$\overline{p}=\dfrac{\sum(np)_i}{\sum n_i}$	$\overline{p}\pm 3\sqrt{\dfrac{\overline{p}(1-\overline{p})}{n_i}}$
計数値	c 管理図	$\overline{c}=\dfrac{\sum c_i}{k}$	$\overline{c}\pm 3\sqrt{\overline{c}}$
計数値	u 管理図	$\overline{u}=\dfrac{\sum c_i}{\sum n_i}$	$\overline{u}\pm 3\sqrt{\dfrac{\overline{u}}{n_i}}$

表 10.1 に各管理図の中心線(CL)と上方管理限界線(UCL)，下方管理限界線(LCL)の計算式を示す．

計量値の管理図は正規分布に従い，計数値のうち，不適合品数，不適合品率の管理図は二項分布に，不適合数の管理図はポアソン分布に従っている．ここで，二項分布とポアソン分布は正規近似を行ったうえで，それぞれ管理する特性の期待値の両側に標準偏差の 3 倍をとった 3σ (3 シグマ)限界線を管理限界線として用いている．したがって，点が管理限界線の外側に外れた場合，「異常が起こっていないにもかかわらず，異常が起こった」と判定する第 1 種の誤りは約 0.3% に設定されている．

表 10.1 中の係数(A_2，A_3，A_4，B_3，B_4，D_3，D_4)は群の大きさ n によっ

て決まる値で，管理図係数表として与えられる．

データをいくつかのグループに分けることを群分けといい，各グループを**群**という．また1つの群の中に含まれるデータ数nを**群の大きさ**という．

$\overline{X}-R$管理図の係数A_2を例にとると，$A_2\overline{R}=\dfrac{3}{d_2\sqrt{n}}\cdot\overline{R}$であり，後述する群内変動は，$\hat{\sigma}_w=\dfrac{\overline{R}}{d_2}$なので，$3\sigma$（3シグマ）のところに限界線があることを示している．図10.1に管理図選定のための流れ図を示す．

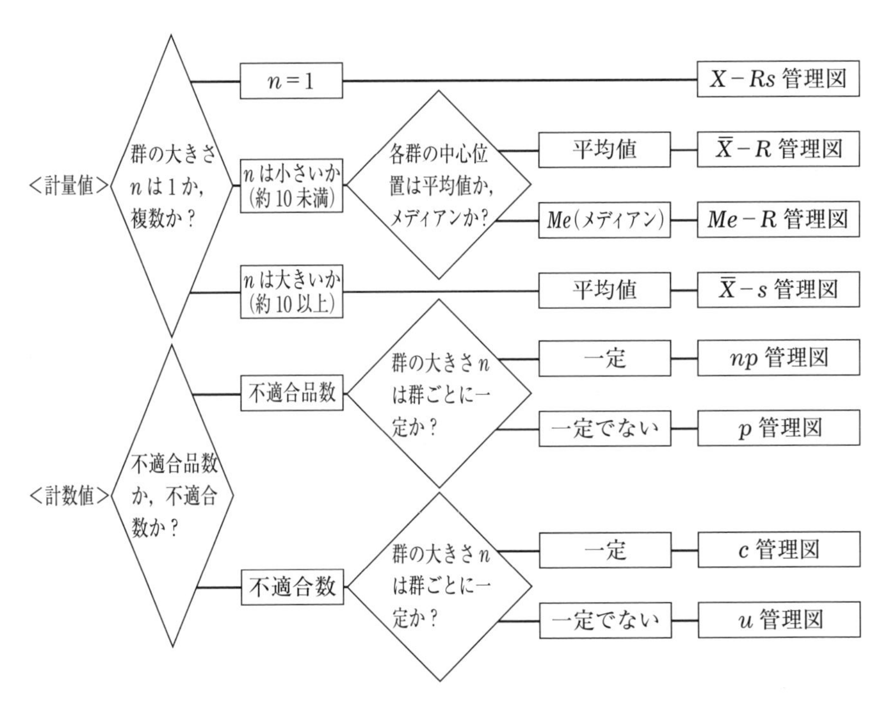

図10.1　管理図選定のための流れ図

10.2　管理図の作り方・見方・使い方

ここでは，管理図の作り方の例として，$Me-R$管理図について示す．

10.2.1 $Me-R$ 管理図の作り方

例題 10.1

ある電子部品の製造工程を解析するために，25 日間にわたって毎日，群の大きさ $n = 3$ のサンプルをとり，その静電容量(pF)を測定して，表 10.2 のデータシートにまとめた．

$Me-R$ 管理図を作成せよ．

表 10.2　ある電子部品の静電容量のデータ

単位：pF

群番号	データ			Me	R
	x_1	x_2	x_3		
1	96.8	96.7	101.4	96.8	4.7
2	97.6	96.0	101.1	97.6	5.1
3	94.4	98.0	94.1	94.4	3.9
4	89.2	97.6	96.4	96.4	8.4
5	102.9	100.9	98.4	100.9	4.5
6	97.6	102.8	97.8	97.8	5.2
7	96.4	98.8	100.3	98.8	3.9
8	105.3	98.5	100.6	100.6	6.8
9	100.7	101.2	99.1	100.7	2.1
10	99.6	99.6	95.1	99.6	4.5
11	96.1	93.4	95.4	95.4	2.7
12	95.7	91.9	96.0	95.7	4.1
13	99.4	98.8	92.5	98.8	6.9
14	96.6	95.9	97.7	96.6	1.8
15	94.1	93.1	98.4	94.1	5.3
16	100.3	96.3	102.9	100.3	6.6
17	95.9	99.9	96.7	96.7	4.0
18	98.1	98.0	94.6	98.0	3.5
19	96.2	94.2	96.3	96.2	2.1
20	103.2	95.4	95.9	95.9	7.8
21	93.7	98.7	99.3	98.7	5.6
22	98.1	100.6	92.6	98.1	8.0
23	91.8	94.8	92.6	92.6	3.0
24	93.1	92.4	88.3	92.4	4.8
25	95.2	99.0	99.9	99.0	4.7
			合計	2432.1	120.0

解説

手順1　データをとり，群ごとにあらかじめ用意したデータシートに時系列（時間順）に記入する

$Me-R$ 管理図は群の大きさ n が $n = 2 \sim 6$ くらいが望ましく，Me を計算する必要がない $n = 3$ または5がよく使われる．

例題の表10.2の場合，$n = 3$，$k = 25$ である．

手順2　メディアン（Me）を求める

表10.2の各群ごとにメディアン（中央値）を求める．群番号1の場合，データが96.8，96.7，101.4なので，データを大きさの順に並べた中央の値・メディアンは96.8である．

手順3　範囲 R を計算する

表10.2の各群ごとに範囲 R を計算する．群番号1の場合，$R = x_{\max} - x_{\min} = 101.4 - 96.7 = 4.7$ となる．

手順4　メディアン（Me）の平均値 $\overline{Me}$ を計算する

各群の Me を全部加えて群の数 k で割り，平均値 $\overline{Me}$ を求める．表10.2の場合，

$$\overline{Me} = \frac{96.8 + 97.6 + \cdots + 92.4 + 99.0}{25} = \frac{2432.1}{25} = 97.28$$

（原データの1桁下まで求める）

手順5　範囲の平均値 $\overline{R}$ を計算する

各群の R を全部加え合わせて群の数 k で割り，$\overline{R}$ を求める．表10.2の場合，

$$\overline{R} = \frac{4.7 + 5.1 + \cdots + 4.8 + 4.7}{25} = \frac{120.0}{25} = 4.80$$

（原データの1桁下まで求める）

手順6　管理線を計算する

①　Me 管理図の管理線の計算

中心線：$\mathrm{CL} = \overline{Me} = 97.28$

上方管理限界線：$\mathrm{UCL} = \overline{Me} + A_4\overline{R}$

$= 97.28 + 1.187 \times 4.80 = 97.28 + 5.70 = 102.98$

下方管理限界線：LCL $= \overline{Me} - A_4\overline{R}$

$= 97.28 - 1.187 \times 4.80 = 97.28 - 5.70 = 91.58$

② R 管理図の管理線の計算

中心線：CL $= \overline{R} = 4.80$

上方管理限界線：UCL $= D_4\overline{R} = 2.575 \times 4.80 = 12.36$

下方管理限界線：LCL $= D_3\overline{R} =$ (示されない)

(注)　A_4, D_4, D_3 は群の大きさ n によって決まる係数で，表 10.3 に示す．

表 10.3　MeーR 管理図のための係数表

大きさ n	Me 管理図	R 管理図		
	A_4	D_3	D_4	d_2
2	1.880	−	3.267	1.128
3	1.187	−	2.575	1.693
4	0.796	−	2.282	2.059
5	0.691	−	2.114	2.326
6	0.549	−	2.004	2.534
7	0.509	0.076	1.924	2.704
8	0.432	0.136	1.864	2.847
9	0.412	0.184	1.816	2.970
10	0.363	0.223	1.777	3.078

手順 7　管理図の作成

① 目盛

A4 判のグラフ用紙に作図する場合，通常横長の方向に使用する．

左縦軸に Me と R，横軸に群番号を目盛る．Me と R は Me 管理図を上にして，Me 管理図の LCL の少し下に R 管理図の UCL がくるように工夫をする．両方の管理図とも管理図の UCL と LCL の間の幅は，横軸の群と群の間隔の約 6 倍になるように目盛る．

② 管理線の記入

CL は実線(———)で，UCL と LCL は破線(---------)で記入する．

③ 打点

Me の値を・印で，R の値を×印で打点し，各打点を群番号の順に実線で結ぶ．

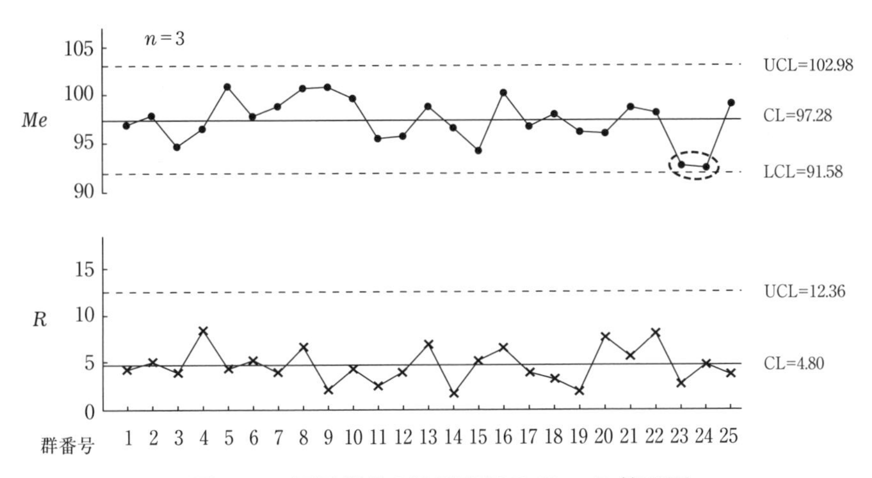

図 10.2　電子部品の静電容量の $Me-R$ 管理図

管理限界外の点は○で囲み，点の並び方にクセがあり異常である箇所も⬭で囲んでわかりやすくする．

④　必要事項の記入

縦軸に Me と R の単位，横軸に群番号・日付・曜日，CL・UCL・LCL の値，左上に群の大きさ n，表題，余白にデータの履歴(製品名，工程名など)を記入する．

以上の手順で作成された管理図が，図 10.2 の電子部品の静電容量の $Me-R$ 管理図である．

10.2.2　管理図の見方・使い方

(1)　統計的管理状態とは

管理図から工程の状態を統計的に判断し，適切な処置をとらなければならない．“**統計的管理状態**”とは，群ごとの工程平均やばらつき(標準偏差)が変化しない状態，同じ分布で推移する状態をいう．管理図から工程が統計的管理状態であるかどうかを判定するには，

① 点が管理限界線外に出ていないこと
② 点の並び方，散らばり方にクセがないこと

の基準による．すなわち，上記2条件をともに満足している場合に，その工程は“統計的管理状態である”と判定する．点の並び方にクセがあるかどうかの判定基準を，次に紹介する．

(2) 工程が統計的管理状態にない場合の判定基準

ここでの判定基準は，広く用いられている旧JIS Z 9021：1998に従って示す．以下の場合，“工程は異常である”と判断する．

① 点が管理限界線外または線上にある場合：図10.3のルール1

② 長さ9点以上の連が現われた場合：図10.3のルール2

点が中心線(厳密にはメディアン線)に対して上または下のどちらか一方の側に並んだ状態を“片側連”といい，一方の側に並んでいる点の数を“連の長さ”という(上側連，下側連ともいう)．

(注) 長さ7点以上の連で異常と判定している書物もある．

③ 6点が上昇または下降傾向にある場合：図10.3のルール3

連続する点が上昇，あるいは下降する場合，“上昇連”あるいは“下降連”といい，そのときの点の数を“連の長さ”という．

(注) 長さ7以上の上昇連，または下降連で異常と判定する場合もある．

④ 周期性のある場合：図10.3のルール4

1) 連続する14点が交互に増減している場合

2) 一定の間隔で点が同じように大波を繰り返すとき．休日明けや週末などの曜日に周期がある場合，装置の調整間隔に周期がある場合これらはいずれも“周期性がある”という．

⑤ 点が管理限界線に接近した場合：図10.3のルール5

中心線と管理限界線の幅を3等分して，その一番外側の帯(同じ側)の中に連続3点中2点が入った場合．

⑥ 点が中心部に少ない場合：図10.3のルール6

連続する5点中，4点が領域B，またはそれを超えた領域にある場合．

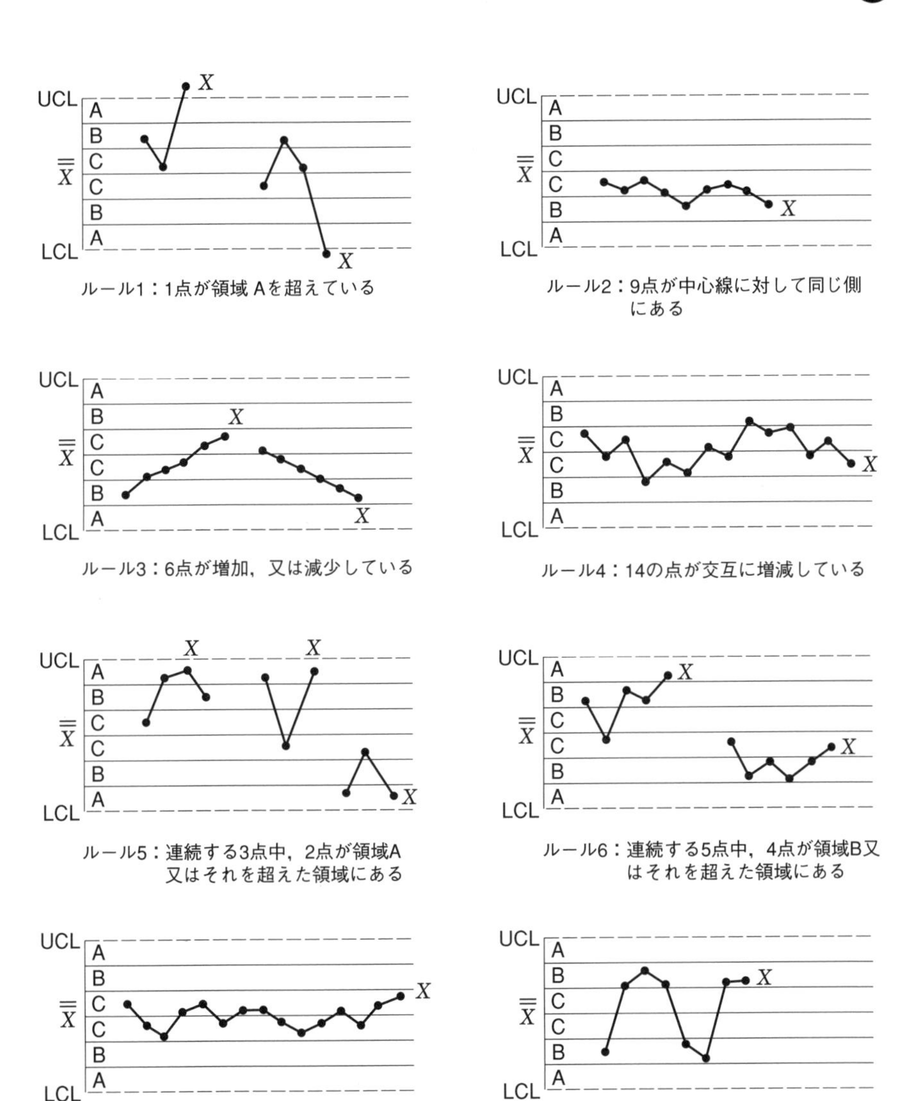

ルール1：1点が領域 Aを超えている

ルール2：9点が中心線に対して同じ側にある

ルール3：6点が増加，又は減少している

ルール4：14の点が交互に増減している

ルール5：連続する3点中，2点が領域A又はそれを超えた領域にある

ルール6：連続する5点中，4点が領域B又はそれを超えた領域にある

ルール7：連続する15点が領域Cに存在する

ルール8：連続する8点が領域Cを超えた領域にある

図 10.3　管理図の異常判定の基準（旧 JIS Z 9021：1998）

⑦ 中心線への接近：図 10.3 のルール 7

中心線と管理限界線の幅を 3 等分して，その一番内側の中に点が連続 15 点以上，上下ともに入ってしまう場合．データの分布からいって一番内側の中に多くの点が入るのは当然のことではあるが，連続 15 点以上も集まるというのは逆に異常である．群内に(各群の中に)異質なデータが混在しており，層別する必要がないかを考える必要がある．

⑧ 点が中心部にない場合：図 10.3 のルール 8

連続する 8 点が領域 C を超えた領域にある場合．

＜判定の例(図 10.2 の場合)＞

図 10.2 の場合，R 管理図は統計的管理状態(安定状態)である．しかし，Me 管理図は群番号 23，24 に連続 3 点中 2 点の管理限界接近(図 10.3 のルール 5)があり，統計的管理状態ではない．したがって，電子部品の静電容量は統計的管理状態ではない．

(3) 判定基準の意味

管理図は平均値の上下に偶然原因によるばらつきの標準偏差の 3 倍の幅をとって，管理限界線の線を引いている．正規分布ではその確率分布より，3σ の外に出る確率は 0.27%(1000 回に約 3 回)しかない．そこで，管理図では平均値 ± 3× 標準偏差のところに UCL，LCL の線を引き，点がこの範囲内におさまっていれば同じ正規分布に従っている(偶然原因でのみばらついている)と判定する．逆に点が外に出れば，「1000 回に 3 回のことが起こった」とは考えないで，「そういう稀なことが起こったのは異常があったからだ(異常原因によって点がばらついたからだ)」と考え，「工程は異常である」と判定する．

しかし，点が管理限界外に出たときに「異常」と判定する誤り(あわてものの誤り = 第 1 種の誤りの確率 α)は約 0.3% であるが，「工程が異常である」のに点が異常を見過ごす確率(ぼんやりものの誤りの確率 = 第 2 種の誤りの確率 β)は，α を小さくとれば一般に大きくなる．そこで，点の並び方にクセがあるときも異常と判定するルール(基準)が設定されている．

それが図10.3のルール2～8である．

例えば，ルール2の9点の連が中心線の上または下に並ぶ確率Prは，点が中心線の上にあるか下にあるかは1/2の確率なので，

$$Pr = \left(\frac{1}{2}\right)^9 \times 2(\text{通り}) = 0.0039$$

また，ルール3の6点上昇または下降する確率Prは6点が連続して順番に並ぶ確率なので，

$$Pr = \frac{1}{6\times5\times4\times3\times2\times1} \times 2(\text{通り}) = 0.0028$$

であり，いずれもかなり低い確率であり，こういうことが生じるとそういう稀な現象が起こったと考えず，点の並び方にクセがあるので異常があると判定する．

（注）　これらの判定基準ルールは正規分布や対称分布を想定して，確率を求めて設定している．計数値の管理図であっても，正規分布近似を行ったうえで平均値$\pm3\sigma$の管理線を設定している．

10.3　管理図によるプロセス管理

10.3.1　群内変動と群間変動

群の中でのばらつきを**群内変動**，群の間のばらつきを**群間変動**という．$\overline{X}-R$管理図などの計量値の管理図の場合，この2つの変動を分けて考えることができ，群内変動はR管理図の$\overline{R}$の値から，群間変動は$\overline{X}$の点の動きから知ることができる．

群内の分散をσ_w^2，群間の分散をσ_b^2，$\overline{X}$の分散を$\sigma_{\overline{X}}^2$とすると，

$$\sigma_{\overline{X}}^2 = \sigma_b^2 + \frac{\sigma_w^2}{n} \qquad (10.1)$$

$$\hat{\sigma}_w = \frac{\overline{R}}{d_2} \tag{10.2}$$

となる．d_2 の値は管理図係数表で示される群の大きさ n で変わる値である．

(10.1)式より，$\overline{X}$ のばらつきは群間変動だけでなく，群内変動の影響も受けることがわかる．

$\hat{\sigma}_b$ は，

$$\hat{\sigma}_b = \sqrt{\hat{\sigma}_{\overline{X}}^2 - \hat{\sigma}_w^2 / n} \tag{10.3}$$

と推定することができる．

また，X の分散を σ_x^2 とすると，$\hat{\sigma}_b = \sqrt{\hat{\sigma}_x^2 - \hat{\sigma}_w^2}$ となる．

統計的管理状態とは，群内変動 σ_w^2 が一定の大きさで推移し，群間変動 $\sigma_b^2 = 0$ と見なせる状態のことである．

R 管理図の管理線の式(表 10.1 参照)からもわかるように，R の分布は工程平均とは無関係である．R 管理図が統計的管理状態(群内変動が一定)の場合，$\overline{X}$ 管理図の点の動きは工程平均の変化(群間変動)のみを反映しているので，その様子を正しく判断(統計的管理状態かどうか)できる．しかし，R 管理図が統計的管理状態でない場合，(10.1)式より $\overline{X}$ 管理図の点の動きは工程平均の変化と群ごとのばらつきの両方の影響を受けるので，工程平均の変動の有無を正しく判断することができない．したがって，$\overline{X}-R$ 管理図ではまず R 管理図の様子を観察して，それが統計的管理状態であるかどうかを判断したうえで $\overline{X}$ 管理図の点の動きを見るようにするのがよい．

例として，図 10.4 の(A)～(E)に 5 つの $\overline{X}-R$ 管理図を示した．

これらの管理図の見方としては，まず R 管理図が統計的管理状態であるかどうかを判定する．R 管理図が統計的管理状態であれば，各群のばらつき(群内変動)は一定(変化していない)ということであり，次に各群の母平均の動き(群間変動)を考察すればよい．

図 10.4 の場合，(C)以外の R 管理図は統計的管理状態であるといえる．次いで，$\overline{X}$ 管理図の点の並び方のクセを見て，(A)は「工程平均が周期的に変動している」，(B)は「点の並び方にクセはない(統計的管理状態であ

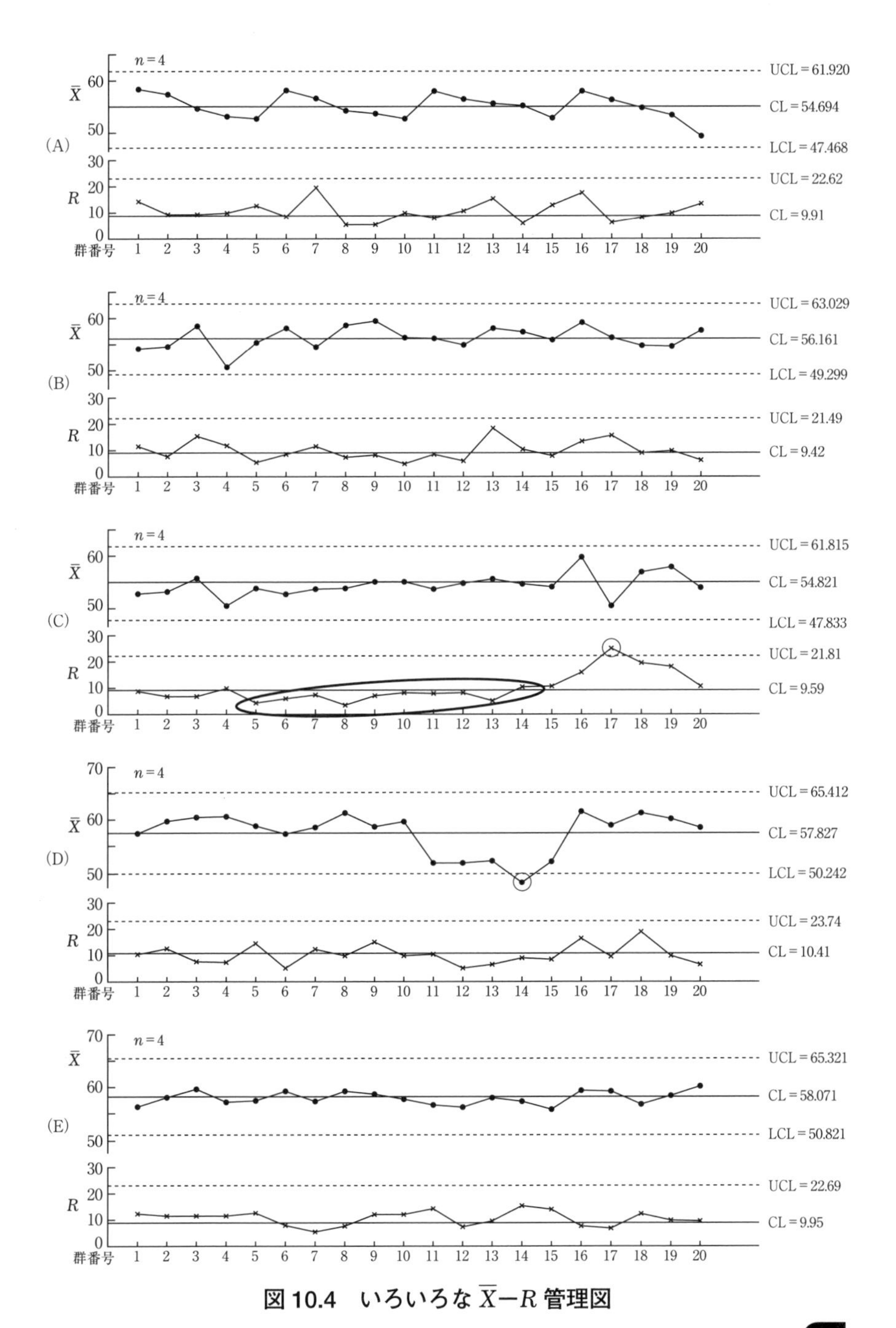

図 10.4　いろいろな $\overline{X}$−R 管理図

る)」，(D)は「下側に管理限界線外れがある」，(E)は「中心線への接近がある(群内に異質のデータが混在)」と判断する．

しかし，(C)のように「R 管理図が異常である(途中からばらつき，すなわち群内変動が大きくなっている)」場合，そのことが $\overline{X}$ 管理図の点の動きにも影響している．すなわち，R 管理図が後半ばらつきが大きくなったため，$\overline{X}$ 管理図も後半に工程平均が大きく変化している．

このように，$\overline{X}-R$ 管理図は，まず R 管理図の変化を観察して，それが統計的管理状態である場合にのみ，$\overline{X}$ の点の動き方から工程平均の変化の状態を見ることができる．しかし，R 管理図が統計的管理状態でない場合には，$\overline{X}$ 管理図から適切な情報を得ることはできない場合が多い．

10.3.2　管理用管理図

管理図には，工程の現状把握や要因解析などに用いる**解析用管理図**と，工程の管理に用いる**管理用管理図**がある．

管理用管理図とは，現在，統計的管理状態にある工程が，今後も引き続き統計的管理状態を維持しているかどうかを判定するための管理図である．具体的には，統計的管理状態を示した解析用管理図の管理線を延長し，そこに打点しながら使用する．なお，解析用管理図の管理限界線は破線(-----)で示し，これを延長して管理用管理図とする場合の管理限界線は，線の種類を変えて(例えば，一点鎖線(-·-·-·-·)で示す)両者を区別する(図10.5参照)．

また打点については，標準類に基づいて日々作業を行い，日々打点を行い，日々工程の状態を判定していく．

もし異常と判定された場合は，要因の解析を行い，原因を追究して再発防止の処置をとり，諸標準の改訂を行わなければならない．

(注)　解析用管理図は**標準値が与えられていない管理図**，管理用管理図は**標準値が与えられている管理図**とも呼ばれている．

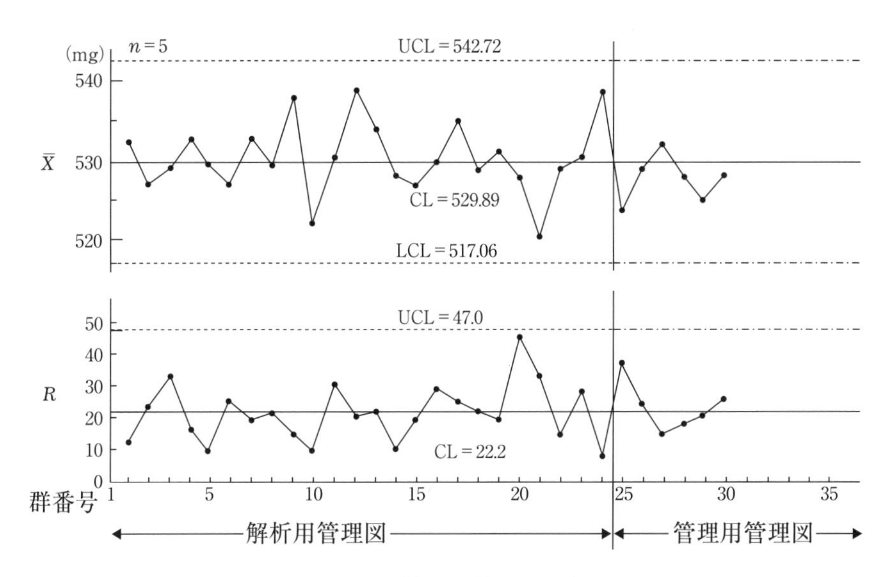

図 10.5　管理用管理図の例

10.4 工程能力指数

10.4.1 工程能力指数の求め方

工程能力とは，ある工程がどれだけ均一に，どれだけばらつきが少なく製品を生産することができるかを示す質的な能力のことをいい，均一な製品を作ることができる工程は「工程能力がある」と表現する．正規分布の場合，$\pm 3\sigma$ の中に 99.7% のデータが入るので，通常 6σ で工程能力を表わす．この値と規格幅で比較したものが工程能力指数 C_p (Process Capability) である．すなわち，工程能力指数は「その工程ではどの程度規格が満足できているか」をチェックするために用いる係数である．

工程能力指数を求めるときには，工程は統計的管理状態でなければならない．

（注）　工程能力指数を示す記号としてPCI (Process Capability Index)を用いる場合もある.

(1)　両側規格の場合

$$C_p = \frac{S_U - S_L}{6\hat{\sigma}}$$

ただし，S_U は規格上限値，S_L は規格下限値である.

ここで，$\hat{\sigma}$ (母標準偏差の推定値)としては，工程が統計的管理状態のときの $\overline{X}-R$ 管理図の群内変動 $\overline{R}/d_2$ や，標準偏差 s が用いられる.

（注）　求める式からわかるとおり，$C_p = 1.00$ とは，規格の中心が工程分布の平均の位置にあるとき，平均値 $\pm 3\sigma$ の位置に規格値が設定されている状態である.

(2)　片側規格の場合

$$C_p = \frac{S_U - \overline{x}}{3\hat{\sigma}} \quad \text{または} \quad C_p = \frac{\overline{x} - S_L}{3\hat{\sigma}}$$

(3)　カタヨリ度を考慮した工程能力指数 C_{pk}

平均値 $\overline{x}$ が規格の中心から大きくずれている場合は C_p では工程能力を正しく示すことはできないので，カタヨリ度を考慮した工程能力指数 C_{pk} を求めて判断する.

$$\text{カタヨリ度}\ K = \frac{|M - \overline{x}|}{\dfrac{S_U - S_L}{2}} \quad \text{ただし，} M = \frac{S_U + S_L}{2}$$

このカタヨリ度から C_{pk} を求める

$$C_{pk} = (1 - K)\,C_p$$

（注）　C_{pk} は以下の式で求めることもできる.

$$C_{pk} = \frac{|S_N - \overline{x}|}{3\hat{\sigma}} \quad (S_N\text{：平均値に近いほうの規格})$$

10.4.2 工程能力の判定

工程能力指数の $\hat{\sigma}$ の予測値としては，通常は試料標準偏差 s を用いる．R 管理図から推測する場合は，工程が安定状態(統計的管理状態である)ことを確認してから，$\dfrac{\overline{R}}{d_2}$ を用いる．

表 10.4 に工程能力指数の判断基準を示す．

表 10.4　工程能力指数の判断基準

工程能力指数	工程能力の判断	処　置
$C_p \geqq 1.67$	工程能力は十分すぎる	部品のばらつきが少し大きくなっても問題ない．管理の簡素化やコスト低減の方法などを考える．
$1.67 > C_p \geqq 1.33$	工程能力は十分である	理想的な状態なので維持する．
$1.33 > C_p \geqq 1.00$	工程能力は十分とはいえないが，まずまずである	工程管理をしっかり行い，統計的管理状態に保つ．C_p が 1.00 に近づくと不適合品発生のおそれがあるので，必要に応じて処置をとる．
$1.00 > C_p \geqq 0.67$	工程能力は不足している	不適合品が発生している．全数選別，工程の管理・改善を必要とする．
$0.67 > C_p$	工程能力は非常に不足している	とても品質が満足できる状態ではない．品質の改善，原因の追究を行い，緊急の対策を必要とする．また，規格を再検討する．

例題 10.2

例題 10.1 の $Me-R$ 管理図で，異常原因を追究して工程の改善を行い，再び $n = 3$，$k = 25$ の $Me-R$ 管理図を作成したところ，工程は安定状態であり，$\overline{Me}=97.40$，$\overline{R}=4.86$ であった．また全体の平均値を計算したところ，$\overline{\overline{X}}=97.40$ であった．

規格上限 $S_U = 110$，規格下限 $S_L = 90$ のときに工程能力指数 C_p および カタヨリ度を考慮した工程能力指数 C_{pk} を求めよ．

解説

$n = 3$ であるので，表10.3より $d_2 = 1.693$ である．したがって，

$$\hat{\sigma} = \frac{\overline{R}}{d_2} = \frac{4.86}{1.693} = 2.87$$

となる．

工程能力指数 C_p は，

$$C_p = \frac{S_U - S_L}{6\hat{\sigma}} = \frac{110 - 90}{6 \times 2.87} = 1.16$$

カタヨリ度を考慮した工程能力指数 C_{pk} は，

$$C_{pk} = \frac{|S_N - \overline{X}|}{3\hat{\sigma}} = \frac{|90 - 97.40|}{3 \times 2.87} = 0.86$$

となる．

C_p から判断すると，「工程能力は十分とはいえないがまずまずである」．しかし，C_{pk} から判断すると「工程能力は不足している」．

したがって，まず平均値を上げて規格の中心にくるように改善するとともに，ばらつきもやや小さくする必要がある．

10.4.3 工程能力指数の区間推定

工程能力指数 C_p は，管理図などにより工程が安定状態であることを確認できた場合，すなわち工程が一つの母集団を形成すると考えられる場合に算出するのが前提である．工程が安定状態でない場合は，母集団が1つに確定せず，σ は想定できない．したがって，その場合は標準偏差 s を使って工程能力指数を計算する．この場合は区別して，工程性能指数 P_p (Process Performance) と呼ぶこともある．工程能力指数の判定基準は母数として定義された工程能力指数に適用されるものである．すなわち，データから計算された工程能力指数はばらつきをもっている．少ないデータ

から計算された工程能力指数は，当然ながらばらつきが大きい．したがって，区間推定を行って評価するのがよい．

(1)　C_p の信頼率 $(1-\alpha)$ の信頼区間

①　両側規格の場合

$$C_{p(U)} = \hat{C}_p \sqrt{\frac{\chi^2(n-1,\ \frac{\alpha}{2})}{n-1}}$$

$$C_{p(L)} = \hat{C}_p \sqrt{\frac{\chi^2(n-1,\ 1-\frac{\alpha}{2})}{n-1}}$$

②　片側規格の場合

$$\hat{C}_p \pm u(\alpha)\sqrt{\frac{\hat{C}_p^{\ 2}}{2(n-1)}+\frac{1}{9n}}$$

(2)　C_{pk} の信頼率 $(1-\alpha)$ の信頼区間

$$\hat{C}_{pk} \pm u(\alpha)\sqrt{\frac{\hat{C}_{pk}^2}{2(n-1)}+\frac{1}{9n}}$$

（注）　$u(\alpha)$ は標準正規分布の両側 100α%点を示す．

例題 10.3

一つの母集団を想定できる精密部品用ベルトの製造工程から，$n=20$ をサンプリングして寸法(mm)を測定したところ，平均値 $\overline{x}=68.066$，標準偏差 $s=0.123$ であった．

規格値は，規格上限 $S_U=68.5$，規格下限 $S_L=67.5$ である．

C_p および C_{pk} を点推定および信頼率 95% で区間推定せよ．

解説

(1)　点推定

$$C_p = \frac{S_U - S_L}{6s} = \frac{68.5 - 67.5}{6 \times 0.123} = 1.36$$

$$C_{pk} = \frac{|S_N - \bar{x}|}{3s} = \frac{|68.5 - 68.066|}{3 \times 0.123} = 1.18$$

(2)　区間推定(信頼率 95%)

①　工程能力指数 C_p

$$C_{p(U)} = \hat{C}_p \sqrt{\frac{\chi^2(n-1,\ \frac{\alpha}{2})}{n-1}} = 1.36\sqrt{\frac{\chi^2(20-1,\ \frac{0.05}{2})}{20-1}}$$

$$= 1.36\sqrt{\frac{\chi^2(19,\ 0.025)}{19}} = 1.36\sqrt{\frac{32.9}{19}} = 1.79$$

$$C_{p(L)} = \hat{C}_p \sqrt{\frac{\chi^2(n-1,\ 1-\frac{\alpha}{2})}{n-1}} = 1.36\sqrt{\frac{\chi^2(20-1,\ 1-\frac{0.05}{2})}{20-1}}$$

$$= 1.36\sqrt{\frac{\chi^2(19,\ 0.975)}{19}} = 1.36\sqrt{\frac{8.91}{19}} = 0.93$$

②　カタヨリ度を考慮した工程能力指数 C_{pk}

$$\hat{C}_{pk} \pm u(\alpha)\sqrt{\frac{\hat{C}_{pk}^2}{2(n-1)} + \frac{1}{9n}} = 1.18 \pm 1.96\sqrt{\frac{1.18^2}{2(20-1)} + \frac{1}{9 \times 20}}$$

$$= 1.18 \pm 1.96\sqrt{0.03664 + 0.00556}$$

$$\fallingdotseq 1.18 \pm 0.40$$

したがって，

$$C_{pk(U)} = 1.58$$

$$C_{pk(L)} = 0.78$$

第10章のポイント

(1) 管理図

連続した観測値を時間順またはサンプル番号順に打点し，中心線，下方管理限界線，上方管理限界線をもつ図である．

①工程の異常を発見し，統計的管理状態を維持する，②層別によって改善点を明確にする，③改善効果を確認する，などに用いる（JIS Q 9024：2003）．

上方管理限界線は上側管理限界線，下方管理限界線は下側管理限界線と呼ばれることもある．

(2) 偶然原因と異常原因

偶然原因とは，工程において適切な作業標準を使い，しかも材料や機械に異常がないにもかかわらず製品品質などの結果にばらつきを与える原因で，不可避原因ともいわれる．

一方，**異常原因**とは，技術標準や作業標準が未設定であったり，守られなかった場合，あるいは材料が変わった，機械の性能が低下したなど，何らかの異常が起きて製品品質に大きなばらつきを与える原因で，見逃せない原因，可避原因ともいわれる．

偶然原因によるばらつきを基準として，異常原因によるばらつきを検出するのが，管理図の異常判定の基本的な考え方である．

(3) 管理図の種類

計量値の管理図は正規分布を前提としており，$\overline{X}-R$ 管理図，$Me-R$ 管理図，$\overline{X}-s$ 管理図，$X-Rs$ 管理図などがあるが，一般には $\overline{X}-R$ 管理図が使われる．

計数値の管理図には，二項分布を前提とした，np 管理図（不適合品数の管理図）と p 管理図（不適合品率の管理図），ポアソン分布を前提とした c 管理図（不適合数の管理図）と u 管理図（単位当たりの不適合数の管理図）がある．

(4)　統計的管理状態の判定

①　点が管理限界線外に出ていないこと

②　点の並び方，散らばり方にクセ(管理限界線への接近，9 点以上の片側連，6 点以上の上昇連または下降連，中心線接近，周期性など)がないこと

(5)　群内変動と群間変動

群の中でのばらつきを群内変動，群と群との間のばらつきを群間変動という．$\overline{X}-R$ 管理図の場合，群内変動は R 管理図から，群間変動は $\overline{X}$ 管理図の点の動きから知ることができる．

(6)　解析用管理図と管理用管理図

解析用管理図を作成して，異常であれば改善を行い，改善の結果，統計的管理状態を保つことができれば，工程能力を調べる意味がある．規格値と対比して「工程能力は十分である」と判定されれば，管理用管理図に移行し管理を行う．

(7)　工程能力指数

工程能力とは，ある工程がどれだけ均一に，どれだけばらつきが少なく製品を生産することができるかの質的な能力のことをいう．

工程能力指数 C_p は

$$C_p = \frac{S_U - S_L}{6\hat{\sigma}}$$

で示される．(S_U：規格上限値，S_L ＝規格下限値)

カタヨリ度を考慮した工程能力指数 C_{pk} は

$$C_{pk} = \frac{|S_N - \overline{X}|}{3\hat{\sigma}}$$

で示される(S_N：平均値に近いほうの規格値)．

第11章

抜取検査

11.1　抜取検査（OC 曲線）

11.1.1　抜取検査とは

検査の対象として提出された品物の中から，あらかじめ定められた抜取方式に従ってサンプルを抜き取って試験を行い，その結果を合格判定基準と比較して合格・不合格を判定する検査方法を抜取検査という．

抜取検査を行って合否を判定するには，事前にサンプルサイズ n と合格判定数 c を定めておくことが必要である．

- サンプルサイズ n：ロットからランダムに抜き取るサンプルの数
- 合格判定個数 c：サンプルを試験した結果，不適合品が c 個以下なら合格と判定し，c 個を超えたなら不合格と判定する個数

n と c の組合せを**抜取検査方式**といい，$(n,\ c)$ で表現される．

11.1.2　抜取検査の種類

(1)　データの種類による分類

①　計数値抜取検査

サンプルを試験して検査単位を適合品・不適合品に分け，あるいは不適合数を数え，合格判定個数と比較してロットの合格・不合格を判定する検査である．

②　計量値抜取検査

サンプルを試験し，その結果を計量値で表わされた合格判定値と比較してロットの合格・不合格を判定する検査である．

(2)　検査回数による分類

①　一回抜取方式

ロットからサンプルを1回だけ抜き取り，その試験結果によってロットの合格・不合格を判定する．

② 二回抜取方式

第1回目として指定された大きさのサンプルの試験結果によって，ロットの合格・不合格，検査続行のいずれかを判定し，もし検査続行となれば，第2回目のサンプルの試験結果と1回目の結果との累計成績によってロットの合格・不合格を判定する．

③ 多回抜取方式

毎回定められた大きさのサンプルを試験し，各回までの累計成績をロット判定基準と比較し，合格・不合格，検査続行のいずれかを判定し，一定回数までに合格か不合格かを判定する．

④ 逐次抜取方式

1個ずつ，または一定個数ずつのサンプルを試験しながら，その累計成績をその都度ロット判定基準と比較することによって，合格・不合格，検査続行のいずれかを判定する．

(3) 検査の進め方による分類

① 規準型抜取検査

出荷側に対する保護と受取側に対する保護の2つを規定し，両者の要求を満足するように設計された抜取検査である．

出荷側に対しては，なるべく合格させたいロットの不良品率(不適合品率)の上限 p_0 と生産者危険 α を設定し，受取側に対してはなるべく不合格としたい不良品率(不適合品率)の下限 p_1 と消費者危険 β を設定し，これらを満たす抜取検査方式を設計する．

② 選別型抜取検査

ロットに対して抜取検査を行い，不合格と判定したロットは全数選別する抜取検査である．

不合格ロットの処置まで考慮している．この抜取検査は，不合格の場合でもロットを返却することなく，適合品の受入作業を行うので，後工程への供給を継続しなくてはならないような，部品・材料の受入れなどに適用する．不合格になった場合，全数選別になるので，破壊検査には適用できない．不適合品は適合品と交換する．

③　調整型抜取検査

ロットの受渡しが連続して行われる場合に，過去の検査の履歴などの品質情報によって，検査方式を調整する抜取検査である．

検査のきびしさをなみ検査，きつい検査，ゆるい検査の3つの検査に使い分けることができる．この型の抜取検査は，売り手が多数あって，受入れ側が供給者側を選択できる場合の購入検査に適用すると効果的である．品質が良いと推定される供給者に対してはゆるい検査を適用して励みを与え，品質が悪いと推定される供給者にはきつい検査を適用して品質の向上を促すものである．

11.1.3　OC曲線(検査特性曲線)

抜取検査においてはサンプリングによりサンプルに含まれる不適合品の個数がばらつくため，一定の不適合品率のロットでも検査に合格することもあれば，不合格になることもある．

横軸にロットの品質(不適合品率 p や不適合数 λ など)をとり，縦軸にロットの合格する確率 $L(p)$ などをとって，その関係を表わしたグラフを**OC曲線(検査特性曲線)**という．これにより，ロットの不適合品率に対し，どのような確率でロットが合格するのか，また不適合品率の変化で合格の確率がどう変化するのかを知ることができる．

ある不適合品率のロットが合格する確率は，抜取検査方式により，超幾何分布，二項分布，ポアソン分布の理論確率から計算できるが，これを図上から容易に求められるように準備されたのが**累積確率曲線(ソーンダイク－芳賀曲線)**である．

(1)　累積確率曲線(巻末の付図1)の使い方

手順1　$\lambda = n \times p$ を計算する．

手順2　この値を横軸にとり，垂線を立てる．

手順3　この垂線と合格判定個数 $x(c=x)$ の曲線との交点を求める．

手順4　この交点を左方に移動させて，縦軸の値を読む．これが合格す

る確率 $L(p)$ である．

例題 11.1

累積確率曲線を用いてロットの大きさ $N = 1000$，サンプルの大きさ $n = 40$，合格判定個数 $c = 2$ の抜取検査方式で，ロットの不適合品率 5% のときの合格する確率 $L(p)$ を求めよ．

解説

$$\lambda = np = 40 \times 0.05 = 2$$

ゆえに，累積確率曲線より，合格する確率 $L(p)$ は 0.68 である（図 11.1 参照）．

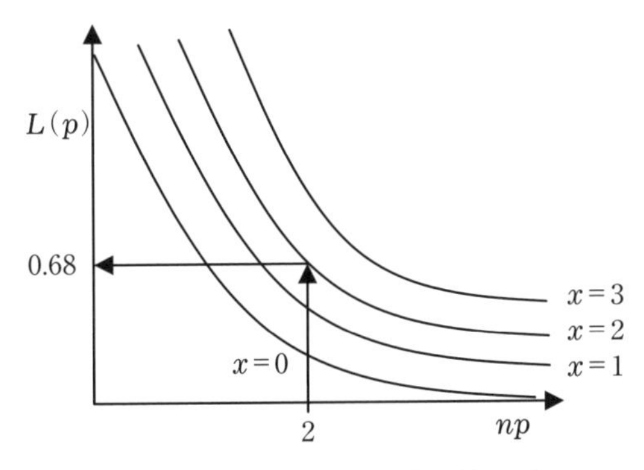

図 11.1　累積確率曲線の使い方

（注）　累積確率曲線を利用せず，二項分布の確率分布から求める場合，

［ロットの合格する確率］＝［サンプル中に不適合品が 0 個の確率］

＋［サンプル中に不適合品が 1 個の確率］

＋［サンプル中に不適合品が 2 個の確率］

$$= \sum_{x=0}^{2} {}_{40}C_x \times 0.05^x \times (1 - 0.05)^{40-x} = 0.13 + 0.27 + 0.28 = 0.68$$

と求めることができる．

(2)　OC 曲線の作り方

例題 11.2

$n = 120$，$c = 1$ の計数 1 回抜取検査の OC 曲線を求めよ．

解説

手順1　横軸の求めたい不適合品率 p を決める．

手順2　$\lambda = n \times p$ を計算する．

手順3　累積確率曲線を用いて，横軸の np と c の値より，縦軸の $L(p)$ の値を求める（表11.1参照）．

手順4　横軸に p，縦軸に $L(p)$ をとって，OC曲線を作図する（図11.2参照）．

表11.1　OC曲線を求めるための計算補助表

ロットの不適合品率 p(%)	np	ロットの合格する確率 $L(p)$
0	0	1
0.1	0.12	0.993
0.3	0.36	0.95
0.5	0.6	0.88
1.0	1.2	0.66
1.5	1.8	0.46
2.0	2.4	0.31
2.5	3.0	0.20
3.0	3.6	0.13
3.5	4.2	0.08
4.0	4.8	0.05

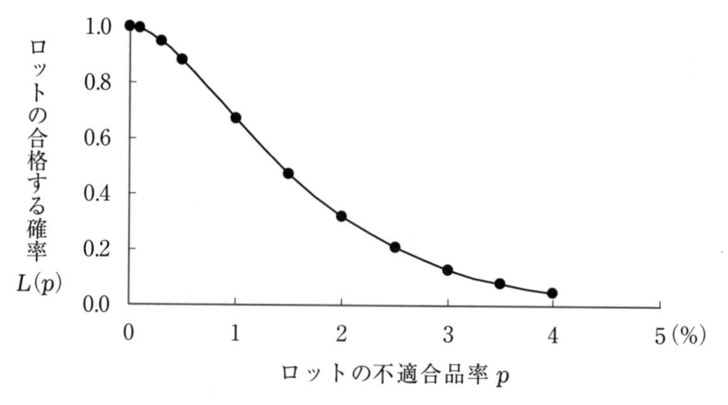

図11.2　OC曲線（$n = 120$，$c = 1$）

(3)　OC 曲線の見方

OC 曲線は，抜取検査のきびしさの程度を表わしている．

①　合格判定個数が一定でサンプルの大きさを変化させた場合

図 11.3 (a) に示すように，合格判定個数 c を一定にしてサンプルの大きさ n を増加させると，OC 曲線は傾斜がきつくなり，合格の確率は小さくなる．

②　サンプルの大きさが一定で合格判定個数を変化させた場合

図 11.3 (b) に示すように，サンプルの大きさ n を一定にして合格判定個数 c を増加させると，OC 曲線の傾斜はほとんど変わらず右にずれていき，合格の確率は大きくなる．

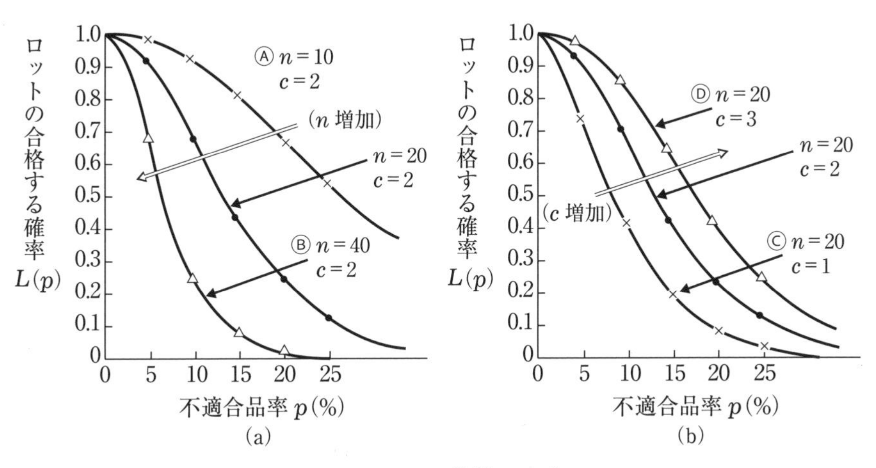

図 11.3　OC 曲線の変化

11.2　計数選別型抜取検査

選別型抜取検査とは，定められた抜取検査で合格となったときはそのまま受け入れるが，不合格となったときは全数選別し，発見された不適合品を適合品と取り替える，あるいは修理することが手順に組み込まれた検査である．なお，破壊検査のように全数選別不可能な場合は適用できない．

11.2.1 計数選別型抜取検査の実施方法

選別型抜取検査には，ロットごとに許容不良率 p_1(LTPD：Lot Tolerance Percent Defective)を定めて，p_1 のような悪い品質のものが合格となるのを小さくする方法と，多数のロットの検査後の**平均出検品質限界**(AOQL：Average Outgoing Quality Limit)を定めて，望ましい一定の値に抑える方法がある．ただし，これらの方法に対応するJIS規格やISO規格は現在制定されていない．

(1) LTPDを保証する選別型抜取検査

ロットごとに品質を保証する検査である．この検査を設計するには，ロットの p_1(LTPD)と消費者危険(β)を定めて，工程平均不良率 $\overline{p}$ のもとにおいて**平均検査量**(I)が最低となる抜取方式を定める．β は通常10%を用いる．

手順1　累積確率曲線(付図1参照)を用いて縦軸に $\beta = 0.10$ をとり，図中の $c = 0, 1, 2, \cdots$ との交点に対する横軸の値 np を求める．

手順2　np の値をLTPDで割り，n を求める．

手順3　n に $\overline{p}$ を掛けて，$n \cdot \overline{p}$ を計算する．

手順4　累積確率曲線の横軸に $n \cdot \overline{p}$ をとり，それに相当する付図1中の曲線 $c = 0, 1, 2, \cdots$ との交点に対する縦軸の値 $L(p) = L(\overline{p})$ を読み取る．

手順5　$1 - L(\overline{p})$ の値を求める．

手順6　$(N-n)\{1-L(\overline{p})\}$ の値を計算する．

手順7　$(N-n)\{1-L(\overline{p})\}$ の値に n を加える．

手順8　手順7で求めた平均検査量(I)がもっとも小さくなる (n, c) の組を求める．これがLTPDを保証する選別型抜取検査の抜取方式となる．

例題 11.3

ロットの大きさ $N=1000$，LTPD=3.0%，$\beta=0.10$，工程平均不良率 $\overline{p}$ = 2.0% において，平均検査量（I）を最小にする抜取方式を求めよ．

解説

本項で解説した手順1～手順8に従って行った計算結果をまとめると，表11.2のようになる．

表 11.2　計算表

c	np	n	$n\overline{p}$	$L(\overline{p})$	$1-L(\overline{p})$	$(N-n)\times\{1-L(\overline{p})\}$	I
0	2.3026	77	1.54	0.22	0.78	719.1	796.9
1	3.8897	130	2.60	0.26	0.74	643.8	773.8
2	5.3223	177	3.54	0.30	0.70	576.1	753.1
3	6.6808	223	4.46	0.34	0.66	512.8	735.8
4	7.9936	267	5.34	0.37	0.63	461.8	728.8
5	9.2747	309	6.18	0.41	0.59	407.7	716.7
6	10.5321	351	7.02	0.43	0.57	369.9	720.9

表11.2より，平均検査量を最小にする抜取方式は，$n=309$，$c=5$ である．

したがって，LTPD = 3.0% で設計した結果，表11.3のような平均不良率2.0%をもつロットを抜取検査した場合，ロット1，ロット3，ロット5，ロット6は β = 10% で合格となるはずである．また，ロット2，ロット4は不合格となるはずなので，全数選別を行い，それぞれのロットの不良率を0%にする．図11.4に概念図を示す．

(2)　AOQL を保証する選別型抜取検査

多数のロットの検査後の平均品質を保証する検査である．この検査を設計するには，ロットの平均出検品質限界 AOQL とロットの大きさ N を定めて，工程平均不良率 $\overline{p}$ のもとにおいて平均検査量（I）が最低となる抜

表 11.3　ロットの不良率

	不良率
ロット 1	1.0%
ロット 2	3.5%
ロット 3	1.0%
ロット 4	4.0%
ロット 5	0.5%
ロット 6	2.0%

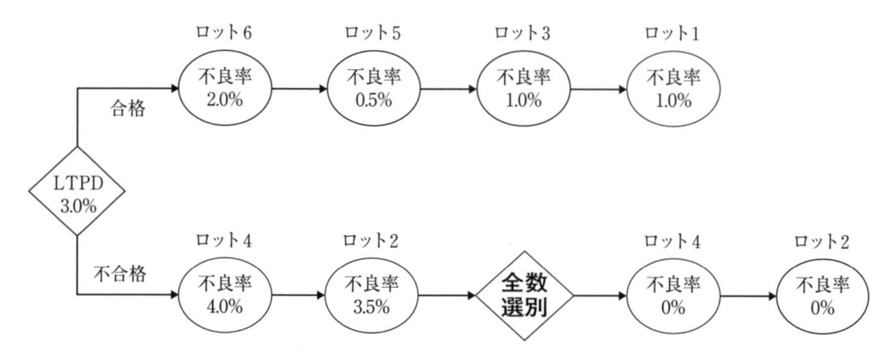

図 11.4　LTPD を保証する選別型抜取検査の概念図

取方式を定める．(設計手順は省略する)

AOQL = 2.0% で設計した結果，表 11.4 のような不良率をもつロットを検査した場合，

- ロット 1 は合格となるはずである．
- ロット 2 は，ロット 1 と合わせると，不良率が$\frac{(1+6)}{2}=\frac{7}{2}=3.5\,(\%)$となり，AOQL = 2.0% を超えるので，不合格となるはずであり，全数選別して不良率を 0% にする．よって，平均不良率は$\frac{(1+0)}{2}=\frac{1}{2}=0.5\,(\%)$となる．
- ロット 3 は，合格となるはずである．

表 11.4　ロットの不良率

	不良率
ロット1	1.0%
ロット2	6.0%
ロット3	1.0%
ロット4	5.0%
ロット5	5.0%
ロット6	2.0%

- ロット4は，ロット1，2，3と合わせると不良率が$\dfrac{(1+0+1+5)}{4}=\dfrac{7}{4}=1.75(\%)$であるので，合格となるはずである．
- ロット5は，合わせると不良率が$\dfrac{(1+0+1+5+5)}{5}=\dfrac{12}{5}=2.4(\%)$であるので，不合格となるはずであり，全数選別して不良率を0%にする．よって，平均不良率は，$\dfrac{(1+0+1+5+0)}{5}=\dfrac{7}{5}=1.4(\%)$となる．
- ロット6は，ロット5の不良率が0%になっているので，合格となるはずである．よって，平均不良率は，$\dfrac{(1+0+1+5+0+2)}{6}=\dfrac{9}{6}=1.33(\%)$となる．

図 11.5 に概念図を示す．

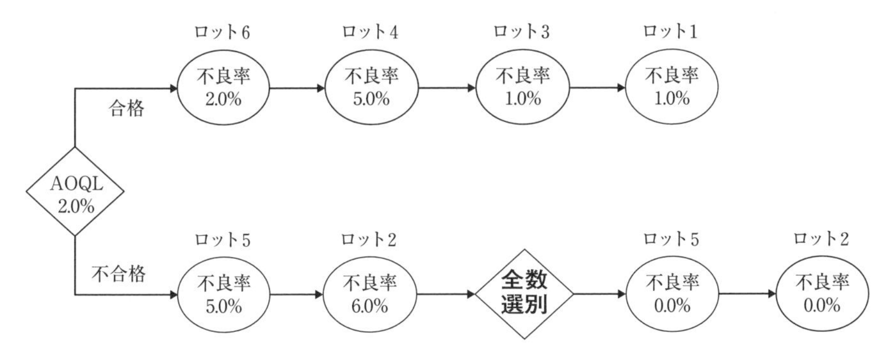

図 11.5　AOQL を保証する選別型抜取検査の概念図

11.2.2　計数選別型1回抜取検査(JIS Z 9006：1956)

JIS Z 9006：1956「計数選別型1回抜取検査」は，計数抜取検査の結果，合格ロットはそのままロットを受け入れ，不合格になった場合は全数検査により選別を行い，不適合品を取り除き，または適合品と取り替え，手直しなどを行って，全数適合品にすることを義務づける規格であった．しかし，2000年にこのJIS規格は廃止となり，国際整合化と規格体系整備の観点からJIS Z 9015-2：1999「計数値検査に対する抜取検査基準—第2部：孤立ロットの検査に対するLQ指標型抜取検査方式」に包含された．JIS Z 9015-2：1999については11.3.2項で述べる．

11.3　調整型抜取検査

なみ，きつい，ゆるいの3種類の抜取検査表を用意して，品質が良いと推定される供給者に対してはゆるい検査を適用して励みを与え，品質が悪いと推定される供給者にはきつい検査を適用して品質の向上を促す，といったやり方で実施される検査を**調整型抜取検査**という．

調整型抜取検査は売り手が多数あって，受入れ側が供給者を選択できる場合の購入検査に適用すると効果的である．

11.3.1　ロットごとの検査に対するAQL指標型抜取検査(JIS Z 9015-1：2006)

計数抜取検査で，品質指標として**AQL**(合格品質限界：Acceptance Quality Limit)を使用して行う抜取検査である．購入者が検査のきびしさを調整して，供給者に対してはロット不合格という経済的，かつ，精神的な圧力を通じて，工程平均の少なくともAQL以下に維持するように誘導し，供給者間で競争することにより，品質向上が期待できる．

(1) JIS Z 9015-1：2006 の特徴

① 長い目で品質を保証する．多数の供給者から連続的，かつ，多量に購入する場合に適しており，長期間で AQL が保証される．

② 不合格ロットの処置方法が決められている．原則としてそのまま供給者に返却する．

③ 1回抜取方式，2回抜取方式，多回抜取方式の3種類の抜取形式がある．

④ ロットの大きさと検査水準からサンプルの大きさが決まる．通常の検査では検査水準Ⅰ，検査水準Ⅱ，検査水準Ⅲの3種類，小サンプル検査ではS－1，S－2，S－3，S－4の4種類がある．

⑤ 不適合品率，不適合数とも使える検査表になっている．

⑥ ロットの大きさが大きくなれば，大きなサンプルをとって判別力をよくする検査表になっており，生産者危険(α)は一定していない．

(2) 検査の手順

手順1　品質判定基準(適合品，不適合品の判定基準)を決める．

手順2　AQL(合格品質限界)を決める．

手順3　ロットの大きさ N を指定する．

手順4　検査基準(Ⅰ，Ⅱ，Ⅲ)を決める．

通常は検査水準Ⅱとする．高価，重要なものはⅢ，安価，簡易な品物はⅠとする．

手順5　ロットサイズと検査水準より，付表6のサンプル(サイズ)文字を決める．

手順6　抜取形式(1回抜取方式，2回抜取方式，多回抜取方式)のいずれを用いるかを決める．

手順7　検査のきびしさ(なみ，きつい，ゆるい)のいずれかを決める．

通常，最初はなみ検査を適用する．

手順8　抜取方式を求める．

サンプル(サイズ)文字，抜取方式，検査のきびしさより，適切な抜取表を選ぶ．選ばれた抜取表から抜取方式を求める．

手順 9　サンプルを抜き取り，試験を行う．

手順 10（ロットに対して）合格・不合格の判定を下す．

サンプル中の不適合品数または不適合数が合格判定数以下であればロットは合格，不合格判定数以上であれば，ロットは不合格である．

手順 11　ロットを処置する．

合格したロットはそのまま受け入れ，不合格ロットはそのまま供給者に返却する．ただし，合格したロットで検査中に検出された不適合品または不適合は修理するか適合品と取り替えるか，取り除いて受け入れる．

手順 12　検査結果を記録する．

検査のきびしさの調整（切替え）のために必要な検査結果を記録する．

例題 11.4

JIS Z 9015-1：2006 を用いて，AQL = 0.65 (%)，ロットの大きさ N = 10000，検査水準Ⅱ，1 回抜取方式，検査のきびしさ「なみ検査」の抜取方式を求めよ．

解説

ロットの大きさ N = 10000，検査水準Ⅱの場合，付表 6 より，サンプル（サイズ）文字は「L」となる．

AQL = 0.65 (%)，「なみ検査」，1 回抜取方式の場合，付表 7「なみ検査の 1 回抜取方式」よりサンプル文字 L の行と AQL = 0.65 (%) の交わる欄から，合格判定個数 $A_c = 3$，不合格判定数 $R_e = 4$ である．

サンプルサイズは L の右隣の $n = 200$ となる．

すなわち，N = 10000 個のロットより 200 個を抜き取って検査を行い，不適合品数が 3 個以下であればそのロットは合格，不適合品数が 4 個以上であればそのロットは不合格，と判定する．

(3)　検査のきびしさの切替えルール

過去の検査の実績により，ゆるい検査⟺なみ検査⟺きつい検査の適用を切り替えるルールが定められている（図 11.6 参照）．

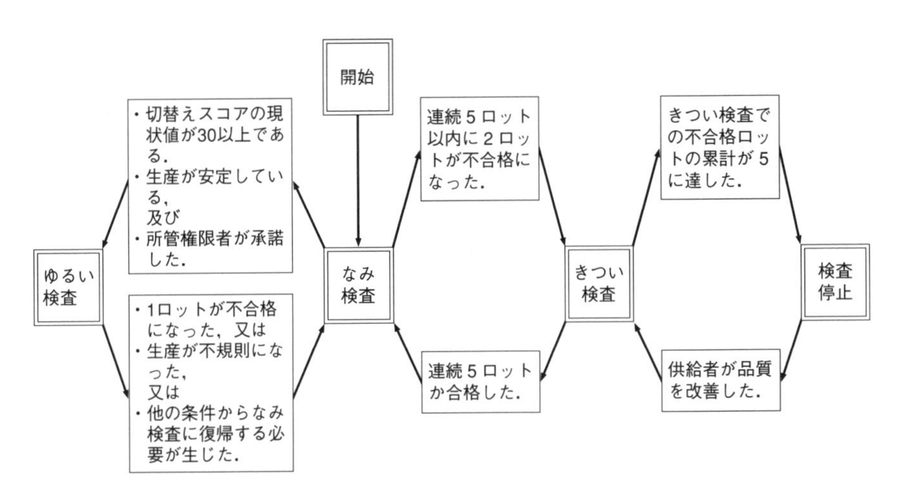

図 11.6　なみ検査，きつい検査，ゆるい検査の切替えルールの概略(JIS Z 9015-1：2006)

通常は検査の開始はなみ検査からスタートする.

①　なみ検査⟶きつい検査

なみ検査で，連続5ロットのうち2ロットが不合格となったときには，次回の検査からきつい検査となる.

②　きつい検査⟶なみ検査

きつい検査で，連続5ロットが合格したときには，次回の検査からなみ検査となる.

③　なみ検査⟶ゆるい検査

なみ検査で連続して合格し，切替えスコアの累計が30点以上となったら，次回の検査からゆるい検査となる.

(注)　切替えスコアは抜取形式(1回，2回，多回)と不適合品数により異なり，なみ検査で合格の場合は3点または2点が加算される．加算中にロットが不合格になった場合，累積スコアはゼロクリアされる.

④　ゆるい検査→なみ検査

ゆるい検査中に，ロット不合格，生産の不規則・停滞が生じた場合は，次回の検査はなみ検査となる.

⑤ 検査の停止

きつい検査での不合格ロットの累積が5ロットとなった場合は，検査を停止する(取引停止または品質が改善されるまで，全数検査などの手段に変更する)．

例題 11.5

表 11.5 は JIS Z 9015-1：2006 を適用中の購入品の管理表である．AQL = 0.4%，検査水準Ⅱ，1 回抜取方式で，検査のきびしさ「なみ検査」でロット 1 からスタートした．

ロット 2 ～ 8 の不適合品数は示してあるが，残りの空欄を埋めよ．

解説

① 「なみ検査」の抜取方式

ロットの大きさ N = 2000，検査水準Ⅱの場合，付表 6 より，サンプル(サイズ)文字は「K」となる．

AQL = 0.4 (%)，「なみ検査」，1 回抜取方式の場合，付表 7「なみ検査の 1 回抜取方式」より，サンプル文字 K の行と AQL = 0.4 (%) の交わる欄から，合格判定数 A_c = 1，不合格判定数 R_e = 2 とわかる．

また，サンプルサイズは n = 125 である．

表 11.5 検査管理表

ロット番号	ロットの大きさ	サンプルの大きさ	不適合品数	検査のきびしさ	合否判定
1	2000	125	2	なみ	不合格
2	2000		2		
3	2000		1		
4	2000		0		
5	2000		1		
6	2000		0		
7	2000		0		
8	2000		1		

② 「なみ検査」での合否判定

不合格判定数 $R_e = 2$ で，ロット 1，ロット 2 とも不適合品数は 2 であるので，不合格である．このことより，「連続 5 ロット中 2 ロットが不合格」の切替えルールが適用され，ロット 3 より「きつい検査」に切り替える．

③ 「きつい検査」の抜取方式

サンプル(サイズ)文字は「K」である．

AQL=0.4(%)，「きつい検査」，1 回抜取方式の場合，付表 8「きつい検査の 1 回抜取方式」より，サンプル文字 K の行と AQL=0.4(%)の交わる欄には矢印↓があるので，その矢印に従って進めると，合格判定数 $A_c = 1$，不合格判定数 $R_e = 2$ である．

また，サンプルサイズは矢印↓の数字があるサンプル文字の行の $n = 200$ となる．

④ 「きつい検査」での合否判定

不合格判定数 $R_e = 2$ で，ロット 3～ロット 7 の不適合品数は 0 または 1 であるので，すべて合格である．このことより，「連続 5 ロットが合格」の切替えルールが適用され，ロット 8 より「なみ検査」に切り替える．

⑤ ロット 8 の合否

不適合品数は 1 であるので，①の「なみ検査」の判定基準に基づき合格である．

以上の結果を表にまとめると表 11.6 となる．

11.3.2 孤立ロットの検査に対する LQ 指標型抜取検査(JIS Z 9015-2：1999)

孤立ロットとは，1 回だけのロットや前回とは母集団の異なるロットをいい，11.3.1 項で述べた JIS Z 9015-1：2006 において，切り替えルールが適用できないような場合に，LQ(限界品質：Limiting Quality)による消費者危険を定めて 1 回抜取方式を行う．

表 11.6　検査管理表

ロット番号	ロットの大きさ	サンプルの大きさ	不適合品数	検査のきびしさ	合否判定
1	2000	125	2	なみ	不合格
2	2000	125	2	なみ	不合格
3	2000	200	1	きつい	合格
4	2000	200	0	きつい	合格
5	2000	200	1	きつい	合格
6	2000	200	0	きつい	合格
7	2000	200	0	きつい	合格
8	2000	125	1	なみ	合格

(1)　JIS Z 9015-2：1999 の特徴

1)　JIS Z 9015-1：2006 の切り替えルールが適用できない場合，例えばロットが孤立状態にあるときに使用する．この規格の主目的は，JIS Z 9015-1：2006 を補うことである．

2)　限界品質(LQ)の標準値を指標とした抜取方式である．LQ における消費者危険は通常は 10% 未満である．AQL (合格品質限界)が生産者に対して，抜取検査でほとんどの場合に合格するような品質水準の目安を与えるのとは異なって，LQ は消費者に合格ロットの真の品質に対して信頼できる目安を与えるわけではない．このため，LQ は望ましい品質の最低 3 倍という現実的な選択をするのがよい．

3)　手順 A (供給者と消費者がともに孤立していることを望んでいる場合)と手順 B (供給者はロットが連続シリーズであることを望んでいるが，消費者は孤立して受け取ることを望んでいる場合)がある．手順 A は，抜取検査の結果に対して超幾何分布に基づいている．

4)　1 回抜取方式の 5 つの基礎的な数値，すなわちロットサイズ，サンプルサイズ，合格判定個数，AQL (または生産者危険品質)および LQ が可能な限り同じ表中に現われるようにする．

(2)　検査の手順

通常用いられる手順 A について，その手順を示す．

手順 1　ロットサイズ N を指定する．

手順 2　LQ(限界品質)(不適合品率，%)を決める．

手順 3　指定されたロットサイズおよび限界品質の値を指標として，付表 10 からサンプルサイズ n および合格判定個数 A_c を求める．

手順 4　サンプルを抜き取り，試験を行う．

手順 5　(ロットに対して)合格・不合格の判定を下す．

サンプル中の不適合品数または不適合数が，合格判定個数以下であればロットは合格，不合格判定個数以上であればロットは不合格である．

(3)　合格および不合格に対応するルール

①　合格

もしサンプル中に見出された不適合品の数が，抜取検査方式で指定された合格判定個数(A_c)以下であれば，ロットは合格とする．

②　不適合品

ロットが合格となった場合でも，検査の途中で見出された不適合品は，サンプルの一部であってもなくても不合格とする．

③　不合格および再提出

もしサンプル中に見出された不適合品の数が合格判定個数(A_c)より大きければ，ロットは不合格とする．不合格ロットは次の条件を満足しない限り，再提出してはならない．

1)　所轄権限者が同意した，および，

2)　ロット中の全アイテムを再点検または再試験し，すべての不適合品が除去されまたは適合品と置換されまたはすべての不適合が修正された．

11.3.3　スキップロット抜取検査(JIS Z 9015-3：2011)

JIS Z 9015-3：2011「計数値検査に対する抜取検査手順―スキップロッ

ト抜取検査手順」は，提出された製品に対する検査の労力の減少が図れる，一般的な計数値スキップ抜取検査手順について規定したものである．

ロットが安定な工程から提出されるのが確実な場合に，(検査を実施する)/(検査をしないで合格とする)の割合を品質の実績に応じて1/2，1/3，1/4，1/5の比率でランダムに決定して実施する検査方式である．

実施するときは，JIS Z 9015-1：2006「計数値検査に対する抜取検査手順—第1部：ロットごとの検査に対するAQL指標型抜取検査方式」のなみ検査を行う．

ゆるい検査を適用して1回ごとのサンプルサイズを小さくするよりも，検査そのものを省略する方が経済的効果が大きい場合に適用するとよい．

11.4　その他の抜取検査

(1)　計量値検査のための逐次抜取方式(不適合品パーセント，標準偏差既知)(JIS Z 9010：1999)

離散的アイテム(個数を数えられるもの)の計量値検査のための逐次抜取方式である．アイテムはランダムに選ばれ，1個ずつ検査する．各アイテムの検査後，累計余裕値を計算し，検査のその段階でロットに判定に十分な情報が得られたかどうかは，余裕値を使用して審査する．

第11章のポイント

(1)　抜取検査

ロットからあらかじめ定められた抜取検査方式に従って，サンプルをいくつか抜き取って試験し，その結果をロット判定基準と比較して，そのロットの合格・不合格を判定する検査である．

(2)　規準型抜取検査

出荷側に対する保護と受取側に対する保護の２つを規定し，両者の要求を満足するように設計された抜取検査である．

出荷側に対してはなるべく合格させたいロットの不良率の上限 p_0 と生産者危険 α を設定し，受取側にはなるべく不合格としたい不良率の下限 p_1 と消費者危険 β を設定し，両方を満たす抜取検査方式を設計する．

(3)　選別型抜取検査

ロットに対して抜取検査を行い，不合格と判定したロットは全数選別する抜取検査である．

不合格ロットの処置まで考慮している．この抜取検査は，不合格の場合でもロットを返却することなく，適合品の受入作業を行うので，後工程への供給を継続しなくてはならないような，部品・材料の受入れなどに適用する．不合格になった場合，全数選別になるので，破壊検査には適用できない．

計数選別型抜取検査には，ロットごとの品質を保証する場合と，多数のロットの検査後の平均品質を保証する場合がある．

(4)　調整型抜取検査

ロットの受渡しが連続して行われる場合に，過去の検査の履歴などの品質情報によって，検査方式を調整する抜取検査である．

検査のきびしさは，なみ検査，きつい検査，ゆるい検査の３つの検査を使い分けることができる．この型の抜取検査は，売り手が多数あって，受入れ側が供給者側を選択できる場合の購入検査に適用すると効果的である．品質が良いと推定される供給者に対してはゆるい検査を適用して励みを与え，品質が悪いと推定される供給者にはきつい検査を適用して品質の向上を促すものである．

(5)　ロットごとの検査に対するAQL指標型抜取検査(JIS Z 9015-1：2006)

計数抜取検査で，品質指標としてAQL(合格品質限界)を使用して行う抜取検査．購入者が検査のきびしさを調整(なみ検査，きつい検査，ゆるい検査)して，供給者に対してはロット不合格という経済的，かつ，精神的な圧力を通じて，工程平均の少なくともAQL以下に維持するように誘導し，供給者間で競争することにより，品質向上が期待できる．

第12章

実験計画法

“実験計画法” とは，「どのように計画的にデータを採取すればよいのか，そして，そのデータをどのように解析すればよいのかについての統計的方法論」のことであるが，実験計画法に従って実験を計画・実施し，得られたデータを分散分析することでデータ解析の情報が得られる．この手法は，新製品開発や工程の改善において極めて有効なものである．

本章では，基本的な一元配置実験，二元配置実験の要点を解説し，直交配列表実験，乱塊法，分割法などの解析手順を中心に述べる．

12.1 分散分析法とは

12.1.1 分散分析における用語

分散分析法において用いられる用語を示す．

(1) 因子

実験を行う際に，多くの要因の中から特性値に影響を与えると考えて取り上げた要因．材料の成分，温度，電流，電圧，機械の種類などで，A，B，C など大文字の記号で表わす．

因子には**母数因子**と**変量因子**がある．母数因子は，要因効果がそれぞれ一定の値で示され，因子の水準を技術的に指定することができる．母数因子はさらに**制御因子**と**標示因子**に分類される．前者は最適条件を選ぶことを目的とするが，後者は最適条件を選ぶことに意味のないものである．

一方，変量因子は，要因効果がある確率分布に従う確率変数と見なされ，分散成分の推定が主目的で，因子の水準を技術的に指定することには意味がない．

(2) 水準

因子の影響の程度を知るため，因子の条件を変えた段階のこと．温度を因子にとった場合は，900℃，920℃，940℃という値のことである．通常，因子と水準は A_1，A_2，A_3，あるいは B_1，B_2，B_3 など，因子の記号に1，2，3などの添字をつけて表わす．

(3)　水準数

水準の数のこと．温度を因子にして，900℃，920℃，940℃の水準を取り上げた場合は，水準数が3となる．

(4)　繰返し

同じ条件で実験を複数回行う場合，「繰返しがある」といい，その回数を繰返し数という．

(5)　主効果

1つの因子の効果のうち，他の因子に影響されない，その因子固有の効果のこと．

(6)　交互作用

2因子以上の水準の組合せで生じる効果のこと．因子 A の効果が他の因子 B の水準によって異なる場合，A と B の2因子交互作用があるという．

(7)　誤差

実験の場の変動のこと．

12.1.2　一元配置実験

“一元配置実験” とは，実験に因子を1つだけ取り上げ，その因子の水準において複数回の繰返しを行う計画である．特性値に対し，特に大きな影響を与えていると思われる1因子の効果を調べたいときなどに適用する．

例題12.1によって一元配置実験の分散分析の手順を示す．

（注）　実際の実験計画法の解析に当たっては，得られたデータをグラフ化し，要因

効果の概略を把握することが重要であるが，本章の例では紙数の制約もあり，いずれもこれを省略している．

例題 12.1

ある製品の特性値の向上を目的に，加工温度Aの影響を調べるため一元配置実験を行い，表12.1のデータを得た．このデータで分散分析を行う．ただし，実験は完全ランダマイズ法で実施した．

表 12.1 データ表（単位：省略）

加工温度	データ		
A_1(600℃)	15	20	20
A_2(650℃)	30	25	30
A_3(700℃)	37	45	55
A_4(750℃)	35	25	40

解説

手順1 データの構造式

A_i水準で行われた第j番目のデータx_{ij}の構造は以下のようになる．

$$x_{ij} = \mu + a_i + \varepsilon_{ij}$$

ただし，

μ：一般平均，a_i：因子Aの主効果$(i=1, 2, \cdots, l ; l=4)$，

ε_{ij}：誤差$(j=1, 2, \cdots, r ; r=3)$，制約式：$\sum_{i=1}^{4} a_i = 0$，$\varepsilon_{ij} \sim N(0, \sigma^2)$

手順2 各水準ごとのデータの和，データの総和，データの総数，データの2乗の総和の計算

計算補助表（表12.2，表12.3参照）を作成する．

各水準ごとのデータの和：$T_{i\cdot} = \sum_j x_{ij}$

データの総和：$T = 377$，　データの総数：$N = 12$

データの2乗の総和：$\sum_i \sum_j x_{ij}^2 = 13319$

表 12.2　計算補助表(1)

加工温度	データ			A_i 水準のデータの和	(A_i 水準のデータの和)^2
A_1(600℃)	15	20	20	55	3025
A_2(650℃)	30	25	30	85	7225
A_3(700℃)	37	45	55	137	18769
A_4(750℃)	35	25	40	100	10000
計				T = 377	39019

表 12.3　計算補助表(2)

加工温度	データの 2 乗			計
A_1(600℃)	225	400	400	1025
A_2(650℃)	900	625	900	2425
A_3(700℃)	1369	2025	3025	6419
A_4(750℃)	1225	625	1600	3450
計				13319

手順 3　平方和の計算

修正項：$CT = \dfrac{(\text{データの総和})^2}{\text{データの総数}} = \dfrac{377^2}{12} = 11844$

総平方和：S_T = (データの 2 乗の総和) − CT = 13319 − 11844 = 1475

因子 A の平方和：$S_A = \sum_i \dfrac{(A_i \text{水準のデータの和})^2}{(A_i \text{水準のデータ数})} - CT$

$$= \frac{39019}{3} - 11844 = 1162$$

誤差平方和：$S_E = S_T - S_A = 1475 - 1162 = 313$

手順 4　自由度の計算

総平方和の自由度：ϕ_T = (データの総数) − 1 = 12 − 1 = 11

因子 A の自由度：ϕ_A = (A の水準数) − 1 = 4 − 1 = 3

誤差の自由度：$\phi_E = \phi_T - \phi_A = 11 - 3 = 8$

(注)　一元配置実験においては，各水準の繰返し数が異なっても，上記の式を用いて各平方和，各自由度を求めることができる．

手順5 分散分析表の作成

手順3，4で求めた各平方和と自由度を表12.4のように記入し，さらに表12.4の手順により，平均平方(分散)Vおよび分散比F_0を求める．

完成した分散分析表を表12.5に示す．

表12.4 分散分析表

要因	平方和S	自由度ϕ	平均平方V	分散比F_0	$E(V)$
A	S_A	ϕ_A	$V_A = S_A/\phi_A$	V_A/V_E	$\sigma^2 + r\sigma_A^2$
E	S_E	ϕ_E	$V_E = S_E/\phi_E$		σ^2
計	S_T	ϕ_T			

表12.5 分散分析表

要因	平方和S	自由度ϕ	平均平方V	分散比F_0	$E(V)$
A	1162	3	387.3	9.91**	$\sigma^2 + 3\sigma_A^2$
E	313	8	39.1		σ^2
計	1475	11			

$F(3,\ 8\ ;\ 0.05) = 4.07$，$F(3,\ 8\ ;\ 0.01) = 7.59$

(注) $E(V)$は，それぞれの平均平方(分散)Vの期待値を表わす．σ^2は誤差の期待値であり，σ_A^2は要因効果a_iと自由度ϕ_Aから$\sigma_A^2 = \sum a_i^2/\phi_A$である．Aのある水準($A_i$)のデータ数が3なので，$\sigma_A^2$の係数は3になる．

$E(V)$は，乱塊法や分割法などで誤差の推定に必要となるので，本章ではすべての分散分析表に記入している．

手順6 判定

分散分析表で求めた分散比F_0をF分布表より求めた棄却限界値と比較し判定する．

すなわち，有意水準αにて

$$R : F_0 \geqq F(\phi_A,\ \phi_E\ ;\ \alpha)$$

が成り立てば，有意水準αで「有意である」と判断し，因子Aは特性値に影響を及ぼしているといえる．有意水準としては$\alpha = 0.05$を用いるが0.01とする場合もある．

$$F_0 = 9.91 \geqq F(\phi_A,\ \phi_E;\ \alpha) = F(3,\ 8;\ 0.01) = 7.59$$

となり，因子 A は有意水準 1% で有意であると判断された．

分散分析表において，有意の場合には F_0 値の右肩に，5% 有意では「*」，1% 有意では「**」をつける習慣がある．また，1% 有意のことを「高度に有意」という場合がある．

12.1.3 二元配置実験

“**二元配置実験**” とは，2 つの因子を取り上げ，因子 A を l 水準，因子 B を m 水準とり，両因子の各水準のすべての組合せ条件において実験を行うものである．各組合せ条件においてそれぞれ 1 回ずつ実験を行う計画は「**繰返しのない二元配置実験**」といい，各組合せ条件において複数回の繰返しを行う計画を「**繰返しのある二元配置実験**」という．

繰返しのない二元配置実験は，2 因子交互作用が誤差と**交絡**し，その効果の検出ができない．したがって，2 因子交互作用が考えられないか，過去の経験などで無視できるという場合のみに用いる．

繰返しのある二元配置実験は，繰返しのない二元配置実験に比べて以下の利点がある．

① 交互作用の効果を求めることができる．

② 誤差項と交互作用を分離できる．

③ 繰返しのデータから，誤差の等分散性のチェックができる．

2 因子交互作用が無視できないと考えられる場合には，繰返しのある二元配置実験を用いなければならない．

例題 12.2 によって，繰返しのある二元配置実験の分散分析の手順を示す．

例題 12.2

母数因子 A(4 水準)，B(3 水準) を取り上げ，繰返し 2 回の実験を行った．

実験は $l \times m \times r\,(4 \times 3 \times 2)$ 回の全実験順序をランダムに行い，表 12.6 のデータが得られた．

特性値の値は大きいほうが望ましいものとする．

表 12.6 データ表(単位：省略)

	B_1	B_2	B_3
A_1	32 40	44 50	36 44
A_2	38 42	48 58	40 48
A_3	18 30	54 56	30 36
A_4	6 14	26 44	22 36

解説

手順1 データの構造式

A_iB_j 水準で行われた第 k 番目のデータ x_{ijk} の構造は以下のようになる.

$$x_{ijk} = \mu + a_i + b_j + (ab)_{ij} + \varepsilon_{ijk}$$

ただし，μ：一般平均，a_i：因子 A の主効果($i=1,\ 2,\ \cdots,\ l$)，b_j：因子 B の主効果($j=1,\ 2,\ \cdots,\ m$)，$(ab)_{ij}$：$A\times B$ の交互作用効果，ε_{ijk}：誤差($k=1,\ 2,\ \cdots,\ n$；$n=2$)

制約式：

$$\sum_{i=1}^{4} a_i=0,\quad \sum_{j=1}^{3} b_j=0,\quad \sum_{i=1}^{4}(ab)_{ij}=\sum_{j=1}^{3}(ab)_{ij}=0,\quad \varepsilon_{ijk}\sim N(0,\ \sigma^2)$$

手順2 計算補助表の作成

表 12.7 ～表 12.9 に計算補助表を示す.

表 12.7 計算補助表(データの 2 乗の表)

	B_1	B_2	B_3	計
A_1	1024 1600	1936 2500	1296 1936	10292
A_2	1444 1764	2304 3364	1600 2304	12780
A_3	324 900	2916 3136	900 1296	9472
A_4	36 196	676 1936	484 1296	4624
計	7288	18768	11112	37168

表 12.8　計算補助表 $T_{ij}.$ 表

	B_1	B_2	B_3	$T_{\cdot j}$	$T_{i\cdot}^2$
A_1	72	94	80	246	60516
A_2	80	106	88	274	75076
A_3	48	110	66	224	50176
A_4	20	70	58	148	21904
$T_{\cdot j}$	220	380	292	892	207672
$T_{\cdot j}^2$	48400	144400	85264	278064	892^2 = 795664

表 12.9　計算補助表 $T_{ij}^2.$ 表

	B_1	B_2	B_3	計
A_1	5184	8836	6400	20420
A_2	6400	11236	7744	25380
A_3	2304	12100	4356	18760
A_4	400	4900	3364	8664
計	14288	37072	21864	73224

手順 3　平方和の計算

修正項：

$$CT = \frac{(\text{データの総和})^2}{(\text{データの総数})} = \frac{T^2}{N} = \frac{892^2}{24} = \frac{795664}{24} = 33153$$

総平方和：

$$S_T = (\text{データの 2 乗の総和}) - CT = \sum_i \sum_j \sum_k x_{ijk}^2 - CT$$

$$= 37168 - 33153 = 4015$$

因子 A の平方和：

$$S_A = \sum_i \frac{(A_i\text{ 水準のデータの和})^2}{(A_i\text{ 水準のデータ数})} - CT = \frac{207672}{3 \times 2} - 33153 = 1459$$

因子 B の平方和：

$$S_B = \sum_j \frac{(B_j\text{ 水準のデータの和})^2}{(B_j\text{ 水準のデータ数})} - CT = \frac{278064}{4 \times 2} - 33153 = 1605$$

級間の平方和：

$$S_{AB}=\sum_i\sum_j\frac{(A_iB_j\text{ 水準のデータの和})^2}{(A_iB_j\text{ 水準のデータ数})}-CT=\frac{73224}{2}-33153$$

$$=3459$$

交互作用の平方和：

$$S_{A\times B}=S_{AB}-S_A-S_B=3459-1459-1605=395$$

誤差平方和：

$$S_E=S_T-S_{AB}=4015-3459=556$$

手順 4　自由度の計算

総平方和の自由度：

$$\phi_T=(\text{データの総数})-1=24-1=23$$

因子 A の自由度：

$$\phi_A=(A\text{ の水準数})-1=4-1=3$$

因子 B の自由度：

$$\phi_B=(B\text{ の水準数})-1=3-1=2$$

交互作用の自由度：

$$\phi_{A\times B}=\phi_A\times\phi_B=3\times2=6$$

誤差の自由度：

$$\phi_E=\phi_T-(\phi_A+\phi_B+\phi_{A\times B})=23-(3+2+6)=12$$

手順 5　分散分析表の作成

手順 3，4 で求めた各平方和と自由度を表 12.10 のように記入し，さらに表 12.10 の手順により，平均平方（分散）V および分散比 F_0 を求める．

表 12.10　分散分析表

要因	平方和 S	自由度 ϕ	平均平方 V	分散比 F_0	$E(V)$
A	S_A	ϕ_A	$V_A=S_A/\phi_A$	V_A/V_E	$\sigma^2+mr\sigma_A^2$
B	S_B	ϕ_B	$V_B=S_B/\phi_B$	V_B/V_E	$\sigma^2+lr\sigma_B^2$
$A\times B$	$S_{A\times B}$	$\phi_{A\times B}$	$V_{A\times B}=S_{A\times B}/\phi_{A\times B}$	$V_{A\times B}/V_E$	$\sigma^2+r\sigma_{A\times B}^2$
E	S_E	ϕ_E	$V_E=S_E/\phi_E$		σ^2
計	S_T	ϕ_T			

完成した分散分析表を表 12.11 に示す.

表 12.11　分散分析表

要因	平方和 S	自由度 ϕ	平均平方 V	分散比 F_0	$E(V)$
A	1459	3	486	10.5**	$\sigma^2+6\sigma_A^2$
B	1605	2	803	17.3**	$\sigma^2+8\sigma_B^2$
$A\times B$	395	6	65.8	1.42	$\sigma^2+2\sigma_{A\times B}^2$
E	556	12	46.3		σ^2
計	4015	23			

$F(3,\ 12\ ;0.05)=3.49$, $F(3,\ 12\ ;0.01)=5.95$

$F(2,\ 12\ ;0.05)=3.89$, $F(2,\ 12\ ;0.01)=6.93$

$F(6,\ 12\ ;0.05)=3.00$, $F(6,\ 12\ ;0.01)=4.82$

手順 6　プーリングについての検討とプーリング後の分散分析表の作成

分散分析表において，交互作用 $A\times B$ が有意でなく，F_0 値も小さく無視できると考えられる場合には，S_E と $S_{A\times B}$ とを**プール**して，

$$S_{E'}=S_E+S_{A\times B}$$

$$\phi_{E'}=\phi_E+\phi_{A\times B}$$

$$V_{E'}=S_{E'}/\phi_{E'}$$

として，$V_{E'}$ を新たに誤差の分散とする.

プーリングの目安は「F_0 値が 2 以下」，または「有意水準 20% 程度で有意でない」とされる場合が多い.

$A\times B$ は有意でなく F_0 値も小さいので誤差にプールし，分散分析表(表 12.12)を作り直す.

表 12.12　分散分析表(プーリング後)

要因	平方和 S	自由度 ϕ	平均平方 V	分散比 F_0	$E(V)$
A	1459	3	486	9.20**	$\sigma^2+6\sigma_A^2$
B	1605	2	803	15.2**	$\sigma^2+8\sigma_B^2$
E'	951	18	52.8		σ^2
計	4015	23			

$F(3,\ 18\ ;0.05)=3.16$, $F(3,\ 18\ ;0.01)=5.09$

$F(2,\ 18\ ;0.05)=3.55$, $F(2,\ 18\ ;0.01)=6.01$

プーリングの結果，因子 A および因子 B は有意水準 1% で有意となった．

手順７　最適条件における母平均の推定

(1)　交互作用を無視した場合

プーリング後のデータの構造式は交互作用 $A \times B$ を無視するので，

$$x_{ijk} = \mu + a_i + b_j + \varepsilon_{ijk}$$

となる．

特性値が大きくなるのは，表 12.8 より，A は A_2 水準，B は B_2 水準である．

最適条件での点推定値：

$$\hat{\mu}(A_2B_2) = \widehat{\mu + a_2 + b_2} = \widehat{\mu + a_2} + \widehat{\mu + b_2} - \hat{\mu}$$

$$= \bar{x}_{2\cdot\cdot} + \bar{x}_{\cdot 2\cdot} - \bar{\bar{x}} = \frac{274}{6} + \frac{380}{8} - \frac{892}{24} = 56.0$$

区間推定（信頼率：95%）：

有効繰返し数（有効反復数）n_e を，点推定に用いられる係数の和（**伊奈の式**）から求めると，

$$\frac{1}{n_e} = \frac{1}{6} + \frac{1}{8} - \frac{1}{24} = \frac{1}{4}$$

となり，

$$\hat{\mu}(A_2B_2) \pm t(\phi_{E'},\ \alpha)\sqrt{\frac{V_{E'}}{n_e}} = 56.0 \pm t(18,\ 0.05)\sqrt{\frac{52.8}{4}}$$

$$= 56.0 \pm 7.6 = 48.4,\ 63.6$$

となる．

有効繰返し数は次の**田口の式**によっても求めることができ，同じ値となる．

$$\frac{1}{n_e} = \frac{1 + (\text{点推定に用いた要因の自由度の和})}{\text{総データ数}} = \frac{1 + (3 + 2)}{24} = \frac{1}{4}$$

(2)　交互作用を無視しない場合

交互作用を無視しない場合の推定は以下のように行う．本例では，交互

作用は有意ではなく小さいので無視したが，ここでは，交互作用を無視しないとした場合の手順を示す．

交互作用を無視しないので，データの構造式は，

$$x_{ijk} = \mu + a_i + b_j + (ab)_{ij} + \varepsilon_{ijk}$$

となる．

表12.8のA_iB_j水準の組合せの中でもっとも値の大きなA_3B_2水準が最適条件になる．A_3B_2水準のデータの和は110である．

最適条件での点推定値：

$$\hat{\mu}(A_3B_2) = \bar{x}_{32\cdot} = \frac{110}{2} = 55.0$$

区間推定(信頼率：95%)：

$\bar{x}_{32\cdot}$はr個の平均値なので，

$$\frac{1}{r} = \frac{1}{2}$$

$$\hat{\mu}(A_3B_2) \pm t(\phi_E,\ \alpha)\sqrt{\frac{V_E}{r}} = 55.0 \pm t(12,\ 0.05)\sqrt{\frac{46.3}{2}}$$

$$= 55.0 \pm 10.5 = 44.5,\ 65.5$$

となる．

この場合，プーリングを行わないので誤差の自由度と誤差の分散は，表12.11のプーリング前の分散分析表の値を用いる．

12.1.4 多元配置実験

特性値に影響のある3つの因子を取り上げ，因子Aをl水準，因子Bをm水準，因子Cをn水準とり，3因子の各水準のすべての組合せ条件において実験を行う．実験はすべての組合せをランダムな順序で実施する．このような実験を**三元配置実験**と呼ぶ．

三元配置実験では，$A \times B$，$A \times C$，$B \times C$の2因子交互作用を検定することができ，さらに各水準組合せにおいて繰返しを行うと，$A \times B \times C$の3因子交互作用も検定することができる．

また，三元配置実験以上の多因子を扱う実験を多元配置実験と呼ぶ．
例題 12.3 によって繰返しのない三元配置実験の解析手順を示す．

例題 12.3

P 社では構造用樹脂を製造している．今回，重要特性である強度を向上させるため三元配置実験を行った．実験は，原料メーカーを 3 水準(A_1～A_3)，添加成分の量を 2 水準(B_1，B_2)，加熱温度を 2 水準(C_1，C_2)としランダムな順序で実験を行い，強度を測定した．データを表 12.13 に示す．

表 12.13　データ表(数値変換し単位省略)

A	B	C_1	C_2	$T_{ij\cdot}$	$T_{i\cdot\cdot}$
A_1	B_1	5	7	12	29
	B_2	9	8	17	
A_2	B_1	1	3	4	9
	B_2	3	2	5	
A_3	B_1	7	7	14	33
	B_2	9	10	19	

解説

手順 1　データの構造式

$$x_{ijk} = \mu + a_i + b_j + c_k + (ab)_{ij} + (ac)_{ik} + (bc)_{jk} + \varepsilon_{ijk}$$

$$\sum_{i=1}^{3} a_i = 0,\ \sum_{j=1}^{2} b_j = 0,\ \sum_{k=1}^{2} c_k = 0,\ \sum_{i=1}^{3} (ab)_{ij} = \sum_{j=1}^{2} (ab)_{ij} = 0,$$

$$\sum_{i=1}^{3} (ac)_{ik} = \sum_{k=1}^{2} (ac)_{ik} = 0,\ \sum_{j=1}^{2} (bc)_{jk} = \sum_{k=1}^{2} (bc)_{jk} = 0$$

$$\varepsilon_{ijk} \sim N(0,\ \sigma^2)$$

手順 2　平方和と自由度の計算

計算補助表(表 12.14，表 12.15 参照)を作成する．

$$CT = \frac{(\text{データの総和})^2}{(\text{データの総数})} = \frac{71^2}{12} = 420.083$$

$$S_T = (\text{データの 2 乗の総和}) - CT = 521 - 420.083 = 100.917$$

表 12.14　AC 二元表（$T_{i\cdot k}$ 表）

	C_1	C_2	$T_{i\cdot\cdot}$
A_1	14	15	29
A_2	4	5	9
A_3	16	17	33
$T_{\cdot\cdot k}$	34	37	71

表 12.15　BC 二元表（$T_{\cdot jk}$ 表）

	C_1	C_2	$T_{\cdot j\cdot}$
B_1	13	17	30
B_2	21	20	41
$T_{\cdot\cdot k}$	34	37	71

$$S_A = \sum_i \frac{(A_i \text{水準のデータの和})^2}{(A_i \text{水準のデータ数})} - CT = \frac{2011}{4} - 420.083$$

$$= 82.667$$

同様に，$S_B = 10.084$，$S_C = 0.750$ と計算できる．

$$S_{AB} = \sum_i \sum_j \frac{(A_i B_j \text{水準のデータの和})^2}{(A_i B_j \text{水準のデータ数})} - CT = \frac{1031}{2} - 420.083$$

$$= 95.417$$

$$S_{A\times B} = S_{AB} - S_A - S_B = 95.417 - 82.667 - 10.084 = 2.666$$

同様に，$S_{A\times C} = 0$，$S_{B\times C} = 2.083$ と計算できる．

$$S_E = S_T - S_A - S_B - S_C - S_{A\times B} - S_{A\times C} - S_{B\times C}$$

$$= 100.917 - 82.667 - 10.084 - 0.750 - 2.666 - 0 - 2.083$$

$$= 2.667$$

$$\phi_T = (\text{データの総数}) - 1 = 12 - 1 = 11$$

$$\phi_A = (A \text{の水準数}) - 1 = 3 - 1 = 2$$

$$\phi_B = (B \text{の水準数}) - 1 = 2 - 1 = 1$$

$$\phi_C = (C \text{の水準数}) - 1 = 2 - 1 = 1$$

$$\phi_{A\times B} = \phi_A \times \phi_B = 2 \times 1 = 2$$
$$\phi_{A\times C} = \phi_A \times \phi_C = 2 \times 1 = 2$$
$$\phi_{B\times C} = \phi_B \times \phi_C = 1 \times 1 = 1$$
$$\phi_E = \phi_T - \phi_A - \phi_B - \phi_C - \phi_{A\times B} - \phi_{A\times C} - \phi_{B\times C}$$
$$= 11 - 2 - 1 - 1 - 2 - 2 - 1 = 2$$

手順3 分散分析表の作成

分散分析表(1)(表12.16参照)を作成する.

表12.16 分散分析表(1)

要因	平方和 S	自由度 ϕ	平均平方 V	分散比 F_0	$E(V)$
A	82.67	2	41.34	30.9*	$\sigma^2 + 4\sigma_A^2$
B	10.08	1	10.08	7.52	$\sigma^2 + 6\sigma_A^2$
C	0.75	1	0.75	0.56	$\sigma^2 + 6\sigma_C^2$
$A\times B$	2.67	2	1.34	1.00	$\sigma^2 + 2\sigma_{A\times B}^2$
$A\times C$	0.00	2	0.00	0.00	$\sigma^2 + 2\sigma_{A\times C}^2$
$B\times C$	2.08	1	2.08	1.55	$\sigma^2 + 3\sigma_{B\times C}^2$
E	2.67	2	1.34		σ^2
計	100.92	11			

$F(2, 2; 0.05) = 19.0$, $F(2, 2; 0.01) = 99.0$
$F(1, 2; 0.05) = 18.5$, $F(1, 2; 0.01) = 98.5$

分散分析の結果,主効果Aが有意となった.交互作用はいずれも有意でなくF_0値も小さいので誤差にプールし分散分析表(2)(表12.17参照)を作成する.Cは主効果なのでプールしない.

分散分析の結果,主効果AとBが有意となった.Cは主効果なので無視しないものとする.

手順4 分散分析後のデータの構造式

分散分析後のデータの構造式は以下のように考える.

$$x_{ijk} = \mu + a_i + b_j + c_k + \varepsilon_{ijk}$$
$$\sum_{i=1}^{3} a_i = 0,\quad \sum_{j=1}^{2} b_j = 0,\quad \sum_{k=1}^{2} c_k = 0$$

表 12.17　分散分析表(2)

要因	平方和 S	自由度 ϕ	平均平方 V	分散比 F_0	$E(V)$
A	82.67	2	41.34	39.0**	$\sigma^2+4\sigma_A^2$
B	10.08	1	10.08	9.51*	$\sigma^2+6\sigma_B^2$
C	0.75	1	0.75	0.71	$\sigma^2+6\sigma_C^2$
E'	7.42	7	1.06		σ^2
計	100.92	11			

$F(2,\ 7;0.05)=4.74$, $F(2,\ 7;0.01)=9.55$

$F(1,\ 7;0.05)=5.59$, $F(1,\ 7;0.01)=12.2$

$$\varepsilon_{ijk} \sim N(0,\ \sigma^2)$$

手順5　最適条件の決定

データの構造式から A，B，C それぞれについて合計の値が大きい水準が最適となるので，最適条件は $A_3B_2C_2$ となる．

手順6　最適条件における母平均の推定

最適条件での点推定値：

$$\hat{\mu}(A_3B_2C_2)=\widehat{\mu+a_3+b_2+c_2}=\widehat{\mu+a_3}+\widehat{\mu+b_2}+\widehat{\mu+c_2}+-2\hat{\mu}$$

$$=\frac{T_{3\cdot\cdot}}{4}+\frac{T_{\cdot2\cdot}}{6}+\frac{T_{\cdot\cdot2}}{6}-2\times\frac{T}{12}=\frac{33}{4}+\frac{41}{6}+\frac{37}{6}-2\times\frac{71}{12}$$

$$=9.42$$

信頼率$(1-\alpha)$での区間推定：

有効繰返し数(有効反復数) n_e を，点推定に用いられる係数の和(**伊奈の式**)から求めると，

$$\frac{1}{n_e}=\frac{1}{4}+\frac{1}{6}+\frac{1}{6}-2\times\frac{1}{12}=\frac{5}{12}$$

となり，

$$\hat{\mu}(A_3B_2C_2)\pm t(\phi_{E'},\ \alpha)\sqrt{\frac{V_{E'}}{n_e}}=9.42\pm t(7,\ 0.05)\sqrt{\frac{5\times1.06}{12}}$$

$$=9.42\pm2.365\times0.665$$

$$=7.85,\ 10.99$$

となる．

有効繰返し数は次の**田口の式**によっても求めることができ，同じ値となる．

$$\frac{1}{n_e}=\frac{1+(\text{点推定に用いた要因の自由度の和})}{\text{総データ数}}=\frac{1+(2+1+1)}{12}$$

$$=\frac{5}{12}$$

12.2 2水準系直交配列表実験

問題解決の初期段階などでは多くの因子を同時に取り上げ，検討をする場合が多い．しかしながら，取り上げる因子が増え，さらに水準数が増えると総実験回数は急激に増大する．このような場合に少ない実験回数で多くの要因効果を検討することができる**直交配列表実験**がよく使われる．

直交配列表実験には，

- 多くの因子を取り上げながら実験回数が少なくてすむ
- 取り上げた因子の主効果と交互作用を検定できる
- 交互作用は事前の情報から「取り上げるもの」と「無視するもの」に分けておく必要がある

などの特徴がある．

直交配列表には，2水準の因子を扱う2水準系直交配列表と3水準の因子を扱う3水準系直交配列表がある．ここでは，2水準系直交配列表を用いた実験について解説する．

12.2.1 2水準系直交配列表の成り立ち

2水準系直交配列表には，$L_4(2^3)$，$L_8(2^7)$，$L_{16}(2^{15})$，$L_{32}(2^{31})$など，いくつかの種類がある．

例えば，$L_8(2^7)$（表 12.18）では，8 は行の数で実験回数であり，2 は 2 水準系を示し，7 は列の数で誤差を含む要因の最大数である．成分の記号は，交互作用の現われる列を求めるためなどに必要となる．

2 水準系直交配列表の性格と要因の割り付け方は，次のとおりである．

① 各列に因子の名前（A，B などの記号）を割り付ける．

② 因子を割り付けることで実験を実施する各因子の水準組合せがわかる（表中の 1，2 は水準番号を表わす）．

③ 因子が割り付けられておらず，また取り上げた交互作用が現われない列は**誤差列**とする．

④ 各列の平方和を求める．各列の平方和を列平方和という．

平方和の計算は，以下のように一元配置実験や二元配置実験と同様にできる．

$$第[k]列の平方和\ S_{[k]}=\sum_{i=1}^{2}\frac{(第[k]列の第\,i\,水準のデータ和)^2}{(第[k]列の第\,i\,水準のデータ数)}-CT$$

$$ただし，CT=\frac{(データの総和)^2}{(データの総数)}$$

2 水準系の場合は，より簡便に下記の式でも求めることができる．

$$S_{[k]}=\frac{\{第([k]列の第1水準のデータ和)-(第[k]列の第2水準のデータ和)\}^2}{総データ数}$$

$$=\frac{(T_{[k]1}-T_{[k]2})^2}{N}$$

各列の自由度，列自由度 $\phi_{[k]}$ は，2 水準なので 1 である．

$$\phi_{[k]}=2-1=1$$

⑤ 因子の主効果の平方和と自由度は，その因子を割り付けた列の平方和と自由度になる．

⑥ 交互作用の平方和と自由度は，その交互作用が現われる列の平方和と自由度になる．

⑦ 誤差平方和 S_E は誤差列の平方和の和で，誤差自由度 ϕ_E は誤差列の自由度の和となる．

⑧ 総平方和 S_T はすべての列の平方和の合計に等しい．総自由度 ϕ_T は

すべての列の自由度の合計に等しい．

12.2.2 交互作用の扱い

主効果のみを取り上げ，交互作用をまったく考慮しない場合には，取り上げた因子を任意の列に割り付ければよい．

交互作用を考慮する場合には，下記の点に注意する必要がある．

① 考慮する交互作用は2因子交互作用のみとする．

② 取り上げる交互作用を事前に決めておく．

③ 2因子交互作用は，次のルールに従い1つの列に現われる．

> 因子YとZを割り付けた列のそれぞれの成分記号がp，qであるとき，成分記号が$p \times q$となる列に交互作用Y×Zが現われる．ただし，$a^2 = b^2 = c^2 = \cdots = 1$とする．

④ 交互作用の自由度は，それぞれ1×1＝1である．

⑤ 交互作用が現われた列には他の主効果を割り付けない（交絡しない）ように全体の割り付け方を工夫する．

12.2.3 割り付け

直交配列表に因子を割り付ける際には，主効果と交互作用が交絡しないように試行錯誤しながら割り付けを行うこともできるが，より簡便で確実な方法として**線点図**を用いる方法がある．

線点図は，因子（主効果）を点で表わし，2点を結んだ線分が交互作用を表わす図で，各数字は列番号を示す．各種の線点図が用意されている（図12.1参照）．

線点図を用いた割り付けは以下のように行う．

① 各種の線点図の中から取り上げた因子（主効果）と交互作用が表現できる線点図を選ぶ．

② 交互作用に関係する因子を割り付ける列番号とそれらの交互作用が現われる列番号を見い出す.

③ 交互作用に関係しない因子は空いた列に割り付ける.

④ 因子を割り付けていない列と交互作用が現われない列は，すべて誤差列となる.

12.2.4 2水準系直交配列表を用いた解析

例題 12.4 によって，$L_8(2^7)$ 直交配列表を用いた解析の手順を示す.

(a) L_8 の線点図

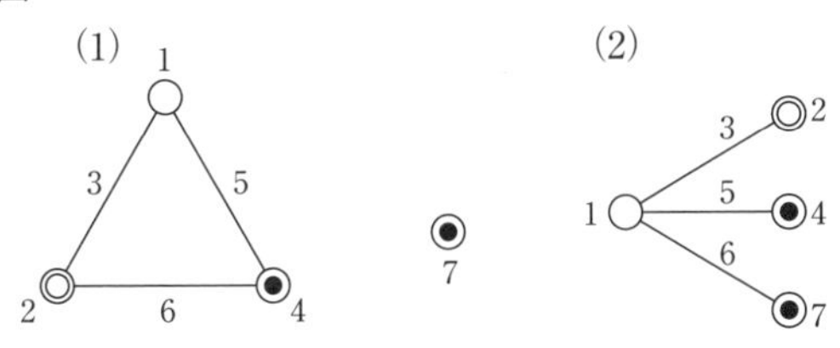

(b) L_{16} の線点図

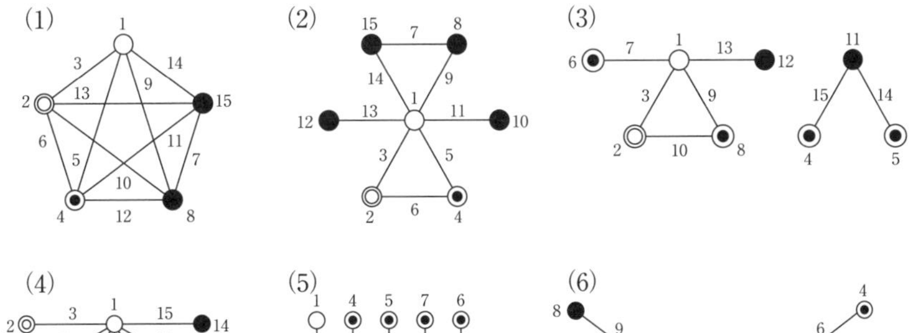

図 12.1 線点図の例

例題 12.4

L_8 直交配列表を用い，2 水準のいずれも母数因子 A，B，C，D を割り付けて実験を行った．交互作用としては $B \times C$ を検出したい．実験はランダムな順序で行い，表 12.18 の結果を得た．なお，特性値は大きいほど望ましい．

表 12.18　割り付けとデータ（単位：省略）

割り付け	A	D	$B \times C$	C	誤差 E	誤差 E	B	データ	
列　番	[1]	[2]	[3]	[4]	[5]	[6]	[7]	x	x^2
1	1	1	1	1	1	1	1	10	100
2	1	1	1	2	2	2	2	5	25
3	1	2	2	1	1	2	2	13	169
4	1	2	2	2	2	1	1	11	121
5	2	1	2	1	2	1	2	0	0
6	2	1	2	2	1	2	1	4	16
7	2	2	1	1	2	2	1	6	36
8	2	2	1	2	1	1	2	8	64
成分	a	b	a b	c	a c	b c	a b c	$\sum x = 57$	$\sum x^2 = 531$

解説

手順 1　因子の割り付け

因子 A，B，C，D をそれぞれ第[1]列，第[7]列，第[4]列，第[2]列に割り付ける．

交互作用 $B \times C$ は，B を割り付けた第[7]列の成分 abc と C を割り付けた第[4]列の成分 c から，

$$abc \times c = abc^2 = ab$$

となり，成分が ab である第[3]列に現われることがわかる．

手順 2　データの構造式

$$x = \mu + a + b + c + d + (bc) + \varepsilon$$

添字，制約式は省略している．

手順 3　計算補助表の作成

表 12.19 に計算補助表を示す．

手順4　平方和と自由度の計算

$$CT = \frac{T^2}{N} = \frac{57^2}{8} = 406.125$$

$$S_T = \sum_{i=1}^{8} x_i^2 - CT = 531 - 406.125 = 124.875$$

となり，表 12.19 の各列の平方和の合計に一致する．

$$S_T = \sum_{k=1}^{7} S_{[k]} = 124.875$$

表 12.19　計算補助表

割り付け	A		D		$B \times C$		C	
列　番	[1]		[2]		[3]		[4]	
水　準	1	2	1	2	1	2	1	2
データ	10 5 13 11	0 4 6 8	10 5 0 4	13 11 6 8	10 5 6 8	13 11 0 4	10 13 0 6	5 11 4 8
$T_{[k]1}$，$T_{[k]2}$	39	18	19	38	29	28	29	28
$\overline{x}_{[k]1}$，$\overline{x}_{[k]2}$	9.75	4.50	4.75	9.50	7.25	7.00	7.25	7.00
$T_{[k]} = T_{[k]1} + T_{[k]2}$	57		57		57		57	
$T_{[k]1} - T_{[k]2}$	21		−19		1		1	
$S_{[k]} = (T_{[k]1} - T_{[k]2})^2/8$	55.125		45.125		0.125		0.125	

割り付け	誤差 E		誤差 E		B	
列　番	[5]		[6]		[7]	
水　準	1	2	1	2	1	2
データ	10 13 4 8	5 11 0 6	10 11 0 8	5 13 4 6	10 11 4 6	5 13 0 8
$T_{[k]1}$，$T_{[k]2}$	35	22	29	28	31	26
$\overline{x}_{[k]1}$，$\overline{x}_{[k]2}$	8.75	5.50	7.25	7.00	7.75	6.50
$T_{[k]} = T_{[k]1} + T_{[k]2}$	57		57		57	
$T_{[k]1} - T_{[k]2}$	13		1		5	
$S_{[k]} = (T_{[k]1} - T_{[k]2})^2/8$	21.125		0.125		3.125	

総自由度は7である($\phi_T = N - 1 = 8 - 1 = 7$).

各要因効果の平方和は，その要因を割り付けた列の平方和に等しい．各列の自由度は1である．

誤差平方和と自由度は要因効果の割り付けられていない列の平方和と自由度の合計になる．

$$S_E = S_{[5]} + S_{[6]} = 21.125 + 0.125 = 21.250$$

$$\phi_E = \phi_{[5]} + \phi_{[6]}$$
$$= 1 + 1 = 2$$

手順5 分散分析表の作成

求めた平方和と自由度から分散分析表(1)を作成する(表12.20参照)．

分散分析の結果，B，C，$B \times C$は有意でなくF_0値も小さいので，誤差にプールし，分散分析表(2)(表12.21参照)を作成する．

プーリングに関しては，二元配置の手順と同様の基準で行う．また，直交配列表実験は多くの要因の中から効果のある要因を探索するという目的で実施されることが多いので，主効果についてもプーリングを行う．

表12.20 分散分析表(1)

要因	平方和S	自由度ϕ	平均平方V	分散比F_0	$E(V)$
A	55.125	1	55.125	5.19	$\sigma^2 + 4\sigma_A^2$
B	3.125	1	3.125	0.294	$\sigma^2 + 4\sigma_B^2$
C	0.125	1	0.125	0.012	$\sigma^2 + 4\sigma_C^2$
D	45.125	1	45.125	4.25	$\sigma^2 + 4\sigma_D^2$
$B \times C$	0.125	1	0.125	0.012	$\sigma^2 + 2\sigma_{B \times C}^2$
E	21.250	2	10.625		σ^2
計	124.875	7			

$F(1, 2; 0.05) = 18.5$，$F(1, 2; 0.01) = 98.5$

表 12.21 分散分析表(2)

要因	平方和 S	自由度 ϕ	平均平方 V	分散比 F_0	$E(V)$
A	55.125	1	55.125	11.2*	$\sigma^2+4\sigma_A^2$
D	45.125	1	45.125	9.16*	$\sigma^2+4\sigma_D^2$
E'	24.625	5	4.925		σ^2
計	124.875	7			

$F(1,\ 5\ ;0.05)=6.61$，$F(1,\ 5\ ;0.01)=16.3$

その結果，主効果 A，D が有意となった．

手順 6 分散分析後のデータの構造式

分散分析の結果，データの構造式は，

$$x=\mu+a+d+\varepsilon$$

と考える．

手順 7 最適条件における母平均の推定

最適水準は，表 12.19 より，A については A_1 水準，D については D_2 水準となる．

最適条件での点推定値：

$$\hat{\mu}(A_1D_2)=\widehat{\mu+a_1+d_2}=\widehat{\mu+a_1}+\widehat{\mu+d_2}-\hat{\mu}$$

$$=\bar{x}_{A_1}+\bar{x}_{D_2}-\bar{\bar{x}}=\frac{T_{A_1}}{4}+\frac{T_{D_2}}{4}-\frac{T}{8}=\frac{39}{4}+\frac{38}{4}-\frac{57}{8}$$

$$=12.125$$

区間推定(信頼率：95%)：

有効繰返し数(有効反復数) n_e を，点推定に用いられる係数の和(**伊奈の式**)から求めると，

$$\frac{1}{n_e}=\frac{1}{4}+\frac{1}{4}-\frac{1}{8}=\frac{3}{8}$$

となり，

$$\hat{\mu}(A_1D_2)\pm t(\phi_{E'},\ \alpha)\sqrt{\frac{V_{E'}}{n_e}}=12.125\pm t(5,\ 0.05)\sqrt{\frac{3\times4.925}{8}}$$

$$=12.125\pm3.494=8.631,\ 15.619$$

となる．

有効繰返し数は次の**田口の式**によっても求めることができ，同じ値となる．

$$\frac{1}{n_e}=\frac{1+(\text{点推定に用いた要因の自由度の和})}{\text{総データ数}}=\frac{1+(1+1)}{8}=\frac{3}{8}$$

12.3　3水準系直交配列表実験

3水準の因子を扱うのが3水準系直交配列表実験である．

考え方や解析方法は2水準系とほぼ同様であるが，3水準因子の主効果の自由度は2であるので，1つの列の自由度が2である点と，また交互作用の自由度が $2\times2=4$ となる点が大きく異なる．このため，交互作用は2つの列に現われることに注意が必要である．

12.3.1　3水準系直交配列表の成り立ち

3水準系直交配列表には，$L_9(3^4)$，$L_{27}(3^{13})$，$L_{81}(3^{40})$ などいくつかの種類がある（$L_9(3^4)$ 直交配列表を付図2に示す）．

例えば，$L_{27}(3^{13})$ では，27は行の数で実験回数であり，3は3水準系を示し，13は列の数である．成分の記号は，交互作用の現われる列を求めるためなどに必要となる．

3水準系直交配列表の性格と要因の割り付け方は，次のとおりである．

① 各列に因子の名前（A，B などの記号）を割り付ける．

② 因子を割り付けることで実験を実施する各因子の水準組合せがわかる（表中の1，2，3は水準番号を表わす）．

③ 因子が割り付けられず，また，取り上げた交互作用が現われない列は誤差列となる．

④ 実験を行い，データが得られたら，各列の平方和を求める．各列の

平方和を列平方和という．

平方和の計算はこれまでと同様にできる．

$$第[k]列の平方和\ S_{[k]} = \sum_{i=1}^{3} \frac{(第\,i\,水準のデータ和)^2}{第\,i\,水準のデータ数} - CT$$

$$ただし，CT = \frac{(データの総和)^2}{総データ数}$$

各列の自由度，列自由度 $\phi_{[k]}$ は3水準なので2である．

$\phi_{[k]} = 3 - 1 = 2$

⑤　因子の主効果の平方和と自由度は，その因子を割り付けた列の平方和と自由度になる．

⑥　2因子交互作用の平方和と自由度は，その交互作用が現われる2つの列の平方和と自由度の和になる．したがって，2因子交互作用の自由度は4となる．

⑦　誤差平方和 S_E は誤差列の平方和の和で，誤差自由度 ϕ_E は誤差列の自由度の和となる．

⑧　総平方和 S_T はすべての列の平方和の合計に等しい．総自由度 ϕ_T はすべての列の自由度の合計に等しい．

12.3.2　交互作用の扱いと割り付け

主効果のみを取り上げ，交互作用をまったく考慮しない場合には，取り上げた因子を任意の列に割り付ければよい．

交互作用を考慮する場合には下記の点に注意する必要がある．

①　考慮する交互作用は2因子交互作用のみとする．

②　取り上げる交互作用を事前に決めておく．

③　2因子交互作用は次のルールに従い2つの列に現われる．

> 因子YとZを割り付けた列のそれぞれの成分記号がp, qであるとき，成分記号が$p \times q$および$p \times q^2$である2つの列に交互作用Y×Zが現われる．ただし，$a^3 = b^3 = c^3 = \cdots = 1$とする．この手順で該当する列が見つからない場合には，得られた成分を2乗した$(pq)^2$または$(pq^2)^2$を考える．

④　3水準系直交配列表においても線点図が用意されているので，使用する直交配列表に応じた線点図を用い，割り付けを行うことができる．$L_9(3^4)$直交配列表を付図2に示す．

12.3.3　3水準系直交配列表を用いた解析

例題12.5によって$L_{27}(3^{13})$直交配列表を用いた解析の手順を示す．

例題 12.5

L_{27}直交配列表を用い，3水準のいずれも母数因子A, B, C, Dを表12.22のように割り付けて実験を行った．交互作用としては$A \times B$, $B \times C$, $B \times D$を検出したい．実験は，27回の実験順序をランダムに行い，表12.22のデータを得た．

解説

手順1　因子の割り付け

因子A, B, C, Dをそれぞれ第[1]列，第[2]列，第[5]列，第[13]列に割り付ける．

交互作用の現われる列を求める．

交互作用$A \times B$：	$a \times b = ab$	第[3]列
	$a \times b^2 = ab^2$	第[4]列
交互作用$B \times C$：	$b \times c = bc$	第[8]列
	$b \times c^2 = bc^2$	第[11]列

表 12.22　割り付けとデータ（単位：省略）

割り付け	A	B	$A\times B$	$A\times B$	C	誤差E	$B\times D$	$B\times C$	誤差E	$B\times D$	$B\times C$	誤差E	D	データ	
列　番	[1]	[2]	[3]	[4]	[5]	[6]	[7]	[8]	[9]	[10]	[11]	[12]	[13]	x	x^2
1	1	1	1	1	1	1	1	1	1	1	1	1	1	22	484
2	1	1	1	1	2	2	2	2	2	2	2	2	2	13	169
3	1	1	1	1	3	3	3	3	3	3	3	3	3	22	484
4	1	2	2	2	1	1	1	2	2	2	3	3	3	7	49
5	1	2	2	2	2	2	2	3	3	3	1	1	1	18	324
6	1	2	2	2	3	3	3	1	1	1	2	2	2	20	400
7	1	3	3	3	1	1	1	3	3	3	2	2	2	18	324
8	1	3	3	3	2	2	2	1	1	1	3	3	3	11	121
9	1	3	3	3	3	3	3	2	2	2	1	1	1	8	64
10	2	1	2	3	1	2	3	1	2	3	1	2	3	26	676
11	2	1	2	3	2	3	1	2	3	1	2	3	1	22	484
12	2	1	2	3	3	1	2	3	1	2	3	1	2	5	25
13	2	2	3	1	1	2	3	2	3	1	3	1	2	22	484
14	2	2	3	1	2	3	1	3	1	2	1	2	3	15	225
15	2	2	3	1	3	1	2	1	2	3	2	3	1	24	576
16	2	3	1	2	1	2	3	3	1	2	2	3	1	18	324
17	2	3	1	2	2	3	1	1	2	3	3	1	2	17	289
18	2	3	1	2	3	1	2	2	3	1	1	2	3	15	225
19	3	1	3	2	1	3	2	1	3	2	1	3	2	7	49
20	3	1	3	2	2	1	3	2	1	3	2	1	3	6	36
21	3	1	3	2	3	2	1	3	2	1	3	2	1	9	81
22	3	2	1	3	1	3	2	2	1	3	3	2	1	16	256
23	3	2	1	3	2	1	3	3	2	1	1	3	2	25	625
24	3	2	1	3	3	2	1	1	3	2	2	1	3	21	441
25	3	3	2	1	1	3	2	3	2	1	2	1	3	15	225
26	3	3	2	1	2	1	3	1	3	2	3	2	1	23	529
27	3	3	2	1	3	2	1	2	1	3	1	3	2	26	676
成分	a	b	a b	a b^2	c	a c	a c^2	b c	a b c	a b^2 c^2	b c^2	a b^2 c	a b c^2	$\sum x$ $=451$	$\sum x^2$ $=8645$

交互作用 $B \times D$： $b \times abc^2 = ab^2c^2$ 第[10]列

$b^2 \times abc^2 = ab^3c^2 = ac^2$ 第[7]列

残りの第[6]列，第[9]列，第[12]列は誤差列となる．

手順 2 データの構造式

$$x = \mu + a + b + c + d + (ab) + (bc) + (bd) + \varepsilon$$

添字，制約式は省略している．

手順 3 計算補助表の作成

表 12.23 に計算補助表を示す．

手順 4 平方和と自由度の計算

各列の平方和から，以下の各要因効果の平方和を求める．

$$S_A = S_{[1]} = 35.63,\ S_B = S_{[2]} = 72.07,\ S_C = S_{[5]} = 0.07$$
$$S_D = S_{[13]} = 28.07$$
$$S_{A\times B} = S_{[3]} + S_{[4]} = 156.07 + 235.19 = 391.26$$
$$S_{B\times C} = S_{[8]} + S_{[11]} = 76.74 + 57.41 = 134.15$$
$$S_{B\times D} = S_{[7]} + S_{[10]} = 124.96 + 193.19 = 318.15$$
$$S_E = S_{[6]} + S_{[9]} + S_{[12]} = 31.63 + 53.41 + 47.19 = 132.23$$

となる．また自由度は，

$$\phi_A = \phi_{[1]} = 3-1=2,\ \phi_B = \phi_{[2]} = 3-1=2,\ \phi_C = \phi_{[5]} = 3-1=2$$
$$\phi_D = \phi_{[13]} = 3-1=2$$
$$\phi_{A\times B} = \phi_{[3]} + \phi_{[4]} = \phi_A \times \phi_B = 2\times 2 = 4$$
$$\phi_{B\times C} = \phi_{[8]} + \phi_{[11]} = \phi_B \times \phi_C = 2\times 2 = 4$$
$$\phi_{B\times D} = \phi_{[7]} + \phi_{[10]} = \phi_B \times \phi_D = 2\times 2 = 4$$
$$\phi_E = \phi_{[6]} + \phi_{[9]} + \phi_{[12]}$$
$$= \phi_T - \phi_A - \phi_B - \phi_C - \phi_D - \phi_{A\times B} - \phi_{B\times C} - \phi_{B\times D}$$
$$= 26-2-2-2-2-4-4-4=6$$

となる．

手順 5 分散分析表の作成

求めた平方和と自由度から，表 12.24 の手順で分散分析表を作成する．

完成した分散分析表(1)を表 12.25 に示す．

表 12.23　計算補助表

割り付け	A			B			$A\times B$			$A\times B$			C			誤差 E			$B\times D$			$B\times C$			誤差 E			$B\times D$			$B\times C$			誤差 E			D		
列番	[1]			[2]			[3]			[4]			[5]			[6]			[7]			[8]			[9]			[10]			[11]			[12]			[13]		
水準	1	2	3	1	2	3	1	2	3	1	2	3	1	2	3	1	2	3	1	2	3	1	2	3	1	2	3	1	2	3	1	2	3	1	2	3	1	2	3
データ	22	26	7	22	7	18	22	7	18	22	7	18	22	13	22	22	13	22	22	13	22	22	13	22	22	13	22	22	13	22	22	13	22	22	13	22	22	13	22
	13	22	6	13	18	11	13	18	11	13	18	11	7	18	20	7	18	20	7	18	20	20	7	18	20	7	18	20	7	18	18	20	7	18	20	7	18	20	7
	22	5	9	22	20	8	22	20	8	22	20	8	18	11	8	18	11	8	18	11	8	11	8	18	11	8	18	11	8	18	8	18	11	8	18	11	8	18	11
	7	22	16	26	22	18	18	26	22	22	18	26	26	22	5	5	26	22	22	5	26	26	22	5	5	26	22	22	5	26	26	22	5	5	26	22	22	5	26
	18	15	25	22	15	17	17	22	15	15	17	22	22	15	24	24	22	15	15	24	22	24	22	15	15	24	22	22	15	24	15	24	22	22	15	24	24	22	15
	20	24	21	5	24	15	15	5	24	24	15	5	18	17	15	15	18	17	17	15	18	17	15	18	18	17	15	15	18	17	15	18	17	17	15	18	18	17	15
	18	18	15	7	16	15	16	15	7	15	7	16	7	6	9	6	9	7	9	7	6	7	6	9	6	9	7	9	7	6	7	6	9	6	9	7	9	7	6
	11	17	23	6	25	23	25	23	6	23	6	25	16	25	21	25	21	16	21	16	25	21	16	25	16	25	21	25	21	16	25	21	16	21	16	25	16	25	21
	8	15	26	9	21	26	21	26	9	26	9	21	15	23	26	23	26	15	26	15	23	23	26	15	26	15	23	15	23	26	26	15	23	15	23	26	23	26	15
$T_{[k]1}, T_{[k]2}, T_{[k]3}$	139	164	148	132	168	151	169	162	120	182	117	152	151	150	150	145	164	142	157	124	170	171	135	145	139	144	168	161	117	173	162	157	132	134	155	162	160	153	138
$\bar{x}_{[k]1}, \bar{x}_{[k]2}, \bar{x}_{[k]3}$	15.4	18.2	16.4	14.7	18.7	16.8	18.8	18.0	13.3	20.2	13.0	16.9	16.8	16.7	16.7	16.1	18.2	15.8	17.4	13.8	18.9	19.0	15.0	16.1	15.4	16.0	18.7	17.9	13.0	19.2	18.0	17.4	14.7	14.9	17.2	18.0	17.8	17.0	15.3
$T=T_{[k]1}+T_{[k]2}+T_{[k]3}$	451			451			451			451			451			451			451			451			451			451			451			451			451		
$CT=T^2/27$	7533.37			7533.37			7533.37			7533.37			7533.37			7533.37			7533.37			7533.37			7533.37			7533.37			7533.37			7533.37			7533.37		
$S_{[k]}=T_{[k]1}^2/9+T_{[k]2}^2/9+T_{[k]3}^2/9-CT$	35.63			72.07			156.07			235.19			0.07			31.63			124.96			76.74			53.41			193.19			57.41			47.19			28.07		

表 12.24 分散分析表

要因	平方和 S	自由度 ϕ	平均平方 V	分散比 F_0	$E(V)$
A	S_A	2	$V_A = S_A / 2$	V_A / V_E	$\sigma^2 + 9\sigma_A^2$
B	S_B	2	$V_B = S_B / 2$	V_B / V_E	$\sigma^2 + 9\sigma_B^2$
C	S_C	2	$V_C = S_C / 2$	V_C / V_E	$\sigma^2 + 9\sigma_C^2$
D	S_D	2	$V_D = S_D / 2$	V_D / V_E	$\sigma^2 + 9\sigma_D^2$
$A\times B$	$S_{A\times B}$	4	$V_{A\times B} = S_{A\times B} / 4$	$V_{A\times B} / V_E$	$\sigma^2 + 3\sigma_{A\times B}^2$
$B\times C$	$S_{B\times C}$	4	$V_{B\times C} = S_{B\times C} / 4$	$V_{B\times C} / V_E$	$\sigma^2 + 3\sigma_{B\times C}^2$
$B\times D$	$S_{B\times D}$	4	$V_{B\times D} = S_{B\times D} / 4$	$V_{B\times D} / V_E$	$\sigma^2 + 3\sigma_{B\times D}^2$
E	S_E	6	$V_E = S_E / 6$		σ^2
計	S_T	26			

表 12.25 分散分析表(1)

要因	平方和 S	自由度 ϕ	平均平方 V	分散比 F_0	$E(V)$
A	35.63	2	17.82	0.81	$\sigma^2 + 9\sigma_A^2$
B	72.07	2	36.03	1.63	$\sigma^2 + 9\sigma_B^2$
C	0.07	2	0.03	0.001	$\sigma^2 + 9\sigma_C^2$
D	28.07	2	14.03	0.64	$\sigma^2 + 9\sigma_D^2$
$A\times B$	391.26	4	97.82	4.44	$\sigma^2 + 3\sigma_{A\times B}^2$
$B\times C$	134.15	4	33.54	1.52	$\sigma^2 + 3\sigma_{B\times C}^2$
$B\times D$	318.15	4	79.54	3.61	$\sigma^2 + 3\sigma_{B\times D}^2$
E	132.23	6	22.04		σ^2
計	1111.63	26			

$F(2,\ 6\ ;\ 0.05) = 5.14$，$F(2,\ 6\ ;\ 0.01) = 10.9$
$F(4,\ 6\ ;\ 0.05) = 4.53$，$F(4,\ 6\ ;\ 0.01) = 9.15$

分散分析の結果，有意な要因はなかった．交互作用 $A\times B$，$B\times D$ は有意でないが，F_0 値が小さくないのでプールしない．主効果 A，B，D は有意でなく，F_0 値も小さいが，交互作用 $A\times B$，$B\times D$ をプールしないのでプールしない．主効果 C と交互作用 $B\times C$ は有意でなく，F_0 値も小さいので，誤差にプールして分散分析表(2)（表 12.26 参照）を作成する．

表 12.26　分散分析表(2)

要因	平方和 S	自由度 ϕ	平均平方 V	分散比 F_0	$E(V)$
A	35.63	2	17.82	0.80	$\sigma^2+9\sigma_A^2$
B	72.07	2	36.03	1.62	$\sigma^2+9\sigma_B^2$
D	28.07	2	14.03	0.63	$\sigma^2+9\sigma_D^2$
$A\times B$	391.26	4	97.82	4.41*	$\sigma^2+3\sigma_{A\times B}^2$
$B\times D$	318.15	4	79.54	3.58*	$\sigma^2+3\sigma_{B\times D}^2$
E'	266.45	12	22.20		σ^2
計	1111.63	26			

$F(2,\ 12\ ;0.05)=3.89$，$F(2,\ 12\ ;0.01)=6.93$

$F(4,\ 12\ ;0.05)=3.26$，$F(4,\ 12\ ;0.01)=5.41$

分散分析の結果，交互作用 $A\times B$，$B\times D$ が有意となった．（以下省略）

12.4　多水準法・擬水準法

直交配列表を用いた実験を行う際に，すべての因子を2水準または3水準に統一することが困難な場合や不都合な場合がある．このような場合に，他の多くの因子とは異なる水準数の因子を取り上げて実験を行う方法がある．

具体的には，2水準系直交配列表に4水準の因子を含めて実験を行う**多水準法**，2水準系直交配列表に3水準の因子を含めたり，3水準系直交配列表に2水準の因子を含めて実験を行う**擬水準法**がある．

考え方や解析方法はいままでのものと大きな違いはないが，平方和，自由度の求め方に注意を要する．

12.4.1　2水準系直交配列表を用いた多水準法の割り付け

2水準系直交配列表に4水準の因子を割り付けることがポイントである．4水準の因子の自由度は3なので，4水準の因子を割り付けるには3つの列が必要であるが，任意に3つの列を選んでよいのではなく「互いに主効果と交互作用の関係にある3つの列」を選ぶ必要がある．このような3つの列は，線点図において「2つの点とそれを結ぶ線分に対応する列」で求めることや成分記号から確認することができる．

2水準系直交配列表を用いた多水準法の取扱い方は，次のようになる．

① 4水準の因子は「互いに主効果と交互作用の関係にある3つの列」に割り付ける．

② 4水準の因子の水準設定は，割り付けた列のうち任意の2列において必ず水準番号が(1，1)，(1，2)，(2，1)，(2，2)の4通りの組合せとなるので，これに対応して4つの水準を定める．

③ 4水準の因子の平方和は，割り付けた3つの列の列平方和の合計に等しい．また，自由度も列自由度の和である3となる．

④ 4水準の因子と2水準の因子との交互作用は，4水準因子を割り付けた3つの列と2水準因子を割り付けた列から，2水準系直交配列表の2因子交互作用の現われ方のルールに従い3つの列に現われる．

⑤ 4水準の因子と2水準の因子との交互作用の平方和は，現われた3つの列の列平方和の合計に等しい．また，自由度も列自由度の和である3となる．

12.4.2　2水準系直交配列表を用いた多水準法の解析

例題12.6によって L_{16} 直交配列表を用いた多水準法の解析の手順を示す．

例題 12.6

L_{16} 直交配列表を用い，いずれも母数因子の A，B，C，D を割り付けて実験を行った．ただし因子 A は4水準とし，他の因子はいずれも2水準とした．交互作用としては $A \times B$，$A \times C$，$B \times C$ を検出したい．

解説

手順1　因子の割り付け

因子 A は4水準因子なので,「互いに主効果と交互作用の関係にある3つの列」である第[1]列, 第[2]列, 第[3]列に割り付け, 2水準因子の B, C, D をそれぞれ第[4]列, 第[8]列, 第[14]列に割り付ける(表12.27参照).
また, 因子 A の水準設定は表12.28のようになる.

表12.27　割り付け

割り付け	A	A	A	B	$A \times B$	$A \times B$	$A \times B$	C	$A \times C$	$A \times C$	$A \times C$	$B \times C$	誤差E	D	誤差E
列　番	[1]	[2]	[3]	[4]	[5]	[6]	[7]	[8]	[9]	[10]	[11]	[12]	[13]	[14]	[15]
1	1	1	1	1	1	1	1	1	1	1	1	1	1	1	1
2	1	1	1	1	1	1	1	2	2	2	2	2	2	2	2
3	1	1	1	2	2	2	2	1	1	1	1	2	2	2	2
4	1	1	1	2	2	2	2	2	2	2	2	1	1	1	1
5	1	2	2	1	1	2	2	1	1	2	2	1	1	2	2
6	1	2	2	1	1	2	2	2	2	1	1	2	2	1	1
7	1	2	2	2	2	1	1	1	1	2	2	2	2	1	1
8	1	2	2	2	2	1	1	2	2	1	1	1	1	2	2
9	2	1	2	1	2	1	2	1	2	1	2	1	2	1	2
10	2	1	2	1	2	1	2	2	1	2	1	2	1	2	1
11	2	1	2	2	1	2	1	1	2	1	2	2	1	2	1
12	2	1	2	2	1	2	1	2	1	2	1	1	2	1	2
13	2	2	1	1	2	2	1	1	2	2	1	1	2	2	1
14	2	2	1	1	2	2	1	2	1	1	2	2	1	1	2
15	2	2	1	2	1	1	2	1	2	2	1	2	1	1	2
16	2	2	1	2	1	1	2	2	1	1	2	1	2	2	1
成　分	a		a		a		a		a		a		a		a
		b	b			b	b			b	b			b	b
				c	c	c	c					c	c	c	c
								d	d	d	d	d	d	d	d

表12.28　4水準因子 A の水準の設定

第[1]列	第[2]列	因子Aの水準
1	1	A_1
1	2	A_2
2	1	A_3
2	2	A_4

続いて，交互作用の現われる列を求める．

交互作用 $A \times B$：$a \times c = ac$　第[5]列
$b \times c = bc$　第[6]列
$ab \times c = abc$　第[7]列
交互作用 $A \times C$：$a \times d = ad$　第[9]列
$b \times d = bd$　第[10]列
$ab \times d = abd$　第[11]列
交互作用 $B \times C$：$c \times d = cd$　第[12]列

残りの第[13]列，第[15]列は誤差列となる(表 12.27)．

手順2　データの構造式

$$x = \mu + a + b + c + d + (ab) + (ac) + (bc) + \varepsilon$$

添字，制約式は省略している．

手順3　計算補助表の作成

(省略)

手順4　平方和と自由度の計算

各要因効果の平方和は，これまでと同様に要因を割り付けた列の平方和になる．誤差平方和は要因の割り付けられていない列の平方和の合計である．

$$S_A = S_{[1]} + S_{[2]} + S_{[3]},\quad S_B = S_{[4]},\quad S_C = S_{[8]},\quad S_D = S_{[14]}$$
$$S_{A \times B} = S_{[5]} + S_{[6]} + S_{[7]},\quad S_{A \times C} = S_{[9]} + S_{[10]} + S_{[11]},$$
$$S_{B \times C} = S_{[12]}$$
$$S_E = S_{[13]} + S_{[15]}$$

自由度についても同様に計算できる．

手順5　分散分析表の作成

求めた平方和と自由度から分散分析表を作成する(表 12.29 参照)．

$E(V)$の欄において，要因 A は A_i 水準のデータ数が 4 であるので，σ_A^2 の係数は 4 となる．また，要因 $A \times B$ は A_iB_j 水準のデータ数が 2 であるので，$\sigma_{A \times B}^2$ の係数は 2 となる．他の要因についても同様に計算できる．

これまでと同様の基準で主効果，交互作用のプールも行う．(以下省略)

表 12.29　分散分析表

要因	平方和 S	自由度 ϕ	平均平方 V	分散比 F_0	$E(V)$
A	S_A	3	$V_A = S_A/3$	V_A/V_E	$\sigma^2+4\sigma_A^2$
B	S_B	1	$V_B = S_B$	V_B/V_E	$\sigma^2+8\sigma_B^2$
C	S_C	1	$V_C = S_C$	V_C/V_E	$\sigma^2+8\sigma_C^2$
D	S_D	1	$V_D = S_D$	V_D/V_E	$\sigma^2+8\sigma_D^2$
$A\times B$	$S_{A\times B}$	3	$V_{A\times B} = S_{A\times B}/3$	$V_{A\times B}/V_E$	$\sigma^2+2\sigma_{A\times B}^2$
$A\times C$	$S_{A\times C}$	3	$V_{A\times C} = S_{A\times C}/3$	$V_{A\times C}/V_E$	$\sigma^2+2\sigma_{A\times C}^2$
$B\times C$	$S_{B\times C}$	1	$V_{B\times C} = S_{B\times C}$	$V_{B\times C}/V_E$	$\sigma^2+4\sigma_{B\times C}^2$
E	S_E	2	$V_E = S_E/2$		σ^2
計	S_T	15			

12.4.3　2水準系直交配列表を用いた擬水準法の割り付け

2水準系直交配列表に3水準の因子を割り付けることもできる．そのために，まず多水準法を用いて形式的な4水準の因子を割り付ける．次に，この4つの水準のうちの任意の2つの水準を3水準因子の一つの水準と見なすことで，3水準の因子を割り付けることができる．形式的な因子のうち一つの水準は，他の水準と重複していることになる．このような水準を**擬水準**という．重複させる水準は，他の2つの水準に比べて実験回数が2倍になるので，技術的に重要な水準や実験を行うことが容易な水準とするとよい．

2水準系直交配列表を用いた擬水準法の取扱い方は，以下のようになる．

① 3水準の因子Aは，まず形式的な4水準の因子Pを「互いに主効果と交互作用の関係にある3つの列」に割り付ける．この際，4つの水準のうちの任意の2つの水準を3水準因子の一つの水準とする．

② 3水準の因子の平方和S_Aは，下記の式により求める．

$$S_A = \sum_{i=1}^{3} \frac{(A_i \text{水準のデータ和})^2}{A_i \text{水準のデータ数}} - CT$$

重複させた水準では，データ数が他の水準の2倍になることに注意する．

自由度は$\phi_A = 3 - 1 = 2$となる．

③　形式的な4水準の因子Pの平方和S_PとS_Aには，$S_P \geqq S_A$の関係があり，$(S_P - S_A)$は誤差平方和の一部になる．

この自由度は$\phi_P - \phi_A = 3 - 2 = 1$となる．

④　3水準の因子Aと2水準の因子Bとの交互作用は，4水準因子PとBの交互作用列(3列)の一部となって現われる．

⑤　3水準の因子と2水準因子の交互作用の平方和$S_{A \times B}$は，下記の式により求める．

$$S_{AB} = \sum_{i=1}^{3} \sum_{j=1}^{2} \frac{(A_iB_j\text{水準のデータ和})^2}{A_iB_j\text{水準のデータ数}} - CT$$

$$S_{A \times B} = S_{AB} - S_A - S_B$$

重複させた水準ではデータ数が他の水準の2倍になることに注意する．

自由度は$\phi_{A \times B} = \phi_A \times \phi_B = 2 \times 1 = 2$となる．

⑥　4水準の因子Pと2水準因子の交互作用の平方和$S_{P \times B}$と$S_{A \times B}$には，$S_{P \times B} \geqq S_{A \times B}$の関係があり，$(S_{P \times B} - S_{A \times B})$は誤差平方和の一部になる．この自由度は$\phi_{P \times B} - \phi_{A \times B} = 3 - 2 = 1$となる．

⑦　誤差平方和は，どの要因も割り付けられていない列の平方和と上述の$(S_P - S_A)$，$(S_{P \times B} - S_{A \times B})$などの合計となる．誤差自由度も同様に求める．

12.4.4　2水準系直交配列表を用いた擬水準法の解析

例題12.7によってL_{16}直交配列表を用いた擬水準法の解析の手順を示す．

例題 12.7

L_{16}直交配列表を用い，いずれも母数因子のA，B，C，Dを割り付けて実験を行った．ただし，因子Aは3水準とし，他の因子はいずれも2水準とした．交互作用としては$A \times B$，$B \times C$を検出したい．実験は，16回

表 12.30　割り付けとデータ(単位：省略)

割り付け	P	P	P	B	$P\times B$	$P\times B$	$P\times B$	C	誤差E	誤差E	誤差E	$B\times C$	誤差E	D	誤差E	データ	
列　番	[1]	[2]	[3]	[4]	[5]	[6]	[7]	[8]	[9]	[10]	[11]	[12]	[13]	[14]	[15]	x	x^2
1	1	1	1	1	1	1	1	1	1	1	1	1	1	1	1	18	324
2	1	1	1	1	1	1	1	2	2	2	2	2	2	2	2	16	256
3	1	1	1	2	2	2	2	1	1	1	1	2	2	2	2	3	9
4	1	1	1	2	2	2	2	2	2	2	2	1	1	1	1	4	16
5	1	2	2	1	1	2	2	1	1	2	2	1	1	2	2	17	289
6	1	2	2	1	1	2	2	2	2	1	1	2	2	1	1	12	144
7	1	2	2	2	2	1	1	1	1	2	2	2	2	1	1	6	36
8	1	2	2	2	2	1	1	2	2	1	1	1	1	2	2	3	9
9	2	1	2	1	2	1	2	1	2	1	2	1	2	1	2	13	169
10	2	1	2	1	2	1	2	2	1	2	1	2	1	2	1	22	484
11	2	1	2	2	1	2	1	1	2	1	2	2	1	2	1	13	169
12	2	1	2	2	1	2	1	2	1	2	1	1	2	1	2	2	4
13	2	2	1	1	2	2	1	1	2	2	1	1	2	2	1	21	441
14	2	2	1	1	2	2	1	2	1	1	2	2	1	1	2	11	121
15	2	2	1	2	1	1	2	1	2	2	1	2	1	1	2	12	144
16	2	2	1	2	1	1	2	2	1	1	2	1	2	2	1	23	529
成　分	a		a		a		a		a		a		a		a		
		b	b			b	b			b	b			b	b	$\Sigma x=$	$\Sigma x^2=$
				c	c	c	c					c	c	c	c	196	3144
								d	d	d	d	d	d	d	d		

の実験順序を完全ランダマイズし，表 12.30 のデータを得た．

解説

手順 1　因子の割り付け

因子 A は 3 水準因子なので，まず形式的に 4 水準因子 P を「互いに主効果と交互作用の関係にある 3 つの列」である第[1]列，第[2]列，第[3]列に割り付け，任意の 2 つの水準を重複させて 3 水準とする．2 水準因子の B，C，D は，それぞれ第[4]列，第[8]列，第[14]列に割り付ける．ま

表 12.31　3 水準因子 A の水準の設定

第[1]列	第[2]列	形式的な 4 水準因子 P の水準	因子Aの水準
1	1	P_1	A_1
1	2	P_2	A_1
2	1	P_3	A_2
2	2	P_4	A_3

た，因子 A は，A_1 水準が技術的に重要であるので，水準の設定を表 12.31 のようにする．

続いて交互作用の現われる列を求める．

交互作用 $P \times B$：$a \times c = ac$　第[5]列

$b \times c = bc$　第[6]列

$ab \times c = abc$　第[7]列

交互作用 $B \times C$：$c \times d = cd$　第[12]列

手順 2　データの構造式

$$x = \mu + a + b + c + d + (ab) + (bc) + \varepsilon$$

添字，制約式は省略している．

手順 3　計算補助表の作成

計算補助表を表 12.32 に示す．

手順 4　平方和と自由度の計算

各列の平方和から以下の各要因効果の平方和を求める．

$$S_P = S_{[1]} + S_{[2]} + S_{[3]} = 90.25 + 12.25 + 25.00 = 127.50$$

$$S_B = S_{[4]} = 256.00,\quad S_C = S_{[8]} = 6.25,\quad S_D = S_{[14]} = 100.00$$

$$S_{P\times B} = S_{[5]} + S_{[6]} + S_{[7]} = 56.25 + 56.25 + 16.00 = 128.50$$

$$S_{B\times C} = S_{[12]} = 2.25$$

次に，表 12.33 より，

$$S_A = \sum_{i=1}^{3} \frac{(A_i \text{水準のデータ和})^2}{A_i \text{水準のデータ数}} - CT = \frac{79^2}{8} + \frac{50^2}{4} + \frac{67^2}{4} - \frac{196^2}{16}$$

$$= 126.38$$

表 12.32 計算補助表

割り付け	P		P		P		B		$P\times B$		$P\times B$		$P\times B$		C		誤差E		誤差E		誤差E		$B\times C$		誤差E		D		誤差E	
列番	[1]		[2]		[3]		[4]		[5]		[6]		[7]		[8]		[9]		[10]		[11]		[12]		[13]		[14]		[15]	
水準	1	2	1	2	1	2	1	2	1	2	1	2	1	2	1	2	1	2	1	2	1	2	1	2	1	2	1	2	1	2
データ	18	13	18	17	18	17	18	3	18	3	18	3	18	3	18	16	18	16	18	16	18	16	18	16	18	16	18	16	18	16
	16	22	16	12	16	12	16	4	16	4	16	4	16	4	3	4	3	4	3	4	3	4	4	3	4	3	4	3	4	3
	3	13	3	6	3	6	17	6	17	6	6	17	6	17	17	12	17	12	12	17	12	17	17	12	17	12	12	17	12	17
	4	2	4	3	4	3	12	3	12	3	3	12	3	12	6	3	6	3	3	6	3	6	3	6	3	6	6	3	6	3
	17	21	13	21	21	13	13	13	13	13	13	13	13	13	13	22	22	13	13	22	22	13	13	22	22	13	13	22	22	13
	12	11	22	11	11	22	22	2	2	22	22	2	2	22	13	2	2	13	13	2	2	13	2	13	13	2	2	13	13	2
	6	12	13	12	12	13	21	12	12	21	12	21	21	12	21	11	11	21	11	21	21	11	21	11	11	21	11	21	21	11
	3	23	2	23	23	2	11	23	23	11	23	11	11	23	12	23	23	12	23	12	12	23	23	12	12	23	12	23	23	12
$T_{[k]1}, T_{[k]2}$	79	117	91	105	108	88	130	66	113	83	113	83	90	106	103	93	102	94	96	100	93	103	101	95	100	96	78	118	119	77
$\overline{x}_{[k]1}, \overline{x}_{[k]2}$	9.875	14.625	11.375	13.125	13.500	11.000	16.250	8.250	14.125	10.375	14.125	10.375	11.250	13.250	12.875	11.625	12.750	11.750	12.000	12.500	11.625	12.875	12.625	11.875	12.500	12.000	9.750	14.750	14.875	9.625
$T=T_{[k]1}+T_{[k]2}$	196		196		196		196		196		196		196		196		196		196		196		196		196		196		196	
$T_{[k]1}-T_{[k]2}$	−38		−14		20		64		30		30		−16		10		8		−4		−10		6		4		−40		42	
$S_{[k]}=(T_{[k]1}-T_{[k]2})^2/16$	90.25		12.25		25.00		256.00		56.25		56.25		16.00		6.25		4.00		1.00		6.25		2.25		1.00		100.00		110.25	

表 12.33 A と B の 2 元表

	B_1	B_2	A_i 水準のデータ和 A_i 水準の平均
A_1	$T_{A_1B_1}=18+16+17+12=63$ $\overline{x}_{A_1B_1}=15.75$	$T_{A_1B_2}=3+4+6+3=16$ $\overline{x}_{A_1B_2}=4.00$	$T_{A_1}=63+16=79$ $\overline{x}_{A_1}=9.875$
A_2	$T_{A_2B_1}=13+22=35$ $\overline{x}_{A_2B_1}=17.50$	$T_{A_2B_2}=13+2=15$ $\overline{x}_{A_2B_2}=7.50$	$T_{A_2}=35+15=50$ $\overline{x}_{A_2}=12.50$
A_3	$T_{A_3B_1}=21+11=32$ $\overline{x}_{A_3B_1}=16.00$	$T_{A_3B_2}=12+23=35$ $\overline{x}_{A_3B_2}=17.50$	$T_{A_3}=32+35=67$ $\overline{x}_{A_3}=16.75$

$$S_{AB}=\sum_{i=1}^{3}\sum_{j=1}^{2}\frac{(A_iB_j\text{ 水準のデータ和})^2}{A_iB_j\text{ 水準のデータ数}}-CT$$

$$=\frac{63^2}{4}+\frac{16^2}{4}+\frac{35^2}{2}+\frac{15^2}{2}+\frac{32^2}{2}+\frac{35^2}{2}-\frac{196^2}{16}=504.75$$

$$S_{A\times B}=S_{AB}-S_A-S_B=504.75-126.38-256.00=122.37$$

$$S_E=S_{[9]}+S_{[10]}+S_{[11]}+S_{[13]}+S_{[15]}+(S_P-S_A)+(S_{P\times B}-S_{A\times B})$$

$$=4.00+1.00+6.25+1.00+110.25+(127.50-126.38)$$

$$+(128.50-122.37)=129.75$$

となる．また自由度は，

$$\phi_A=3-1=2$$

$$\phi_B=\phi_{[4]}=2-1=1,\quad \phi_C=\phi_{[8]}=2-1=1,\quad \phi_D=\phi_{[14]}=2-1=1$$

$$\phi_{A\times B}=\phi_A\times\phi_B=2\times 1=2,\quad \phi_{B\times C}=\phi_{[12]}=\phi_B\times\phi_C=1\times 1=1$$

$$\phi_E=\phi_T-\phi_A-\phi_B-\phi_C-\phi_D-\phi_{A\times B}-\phi_{B\times C}$$

$$=15-2-1-1-1-2-1=7$$

となる．

手順 5　分散分析表の作成

求めた平方和と自由度から，表 12.34 の手順で分散分析表を作成する．

完成した分散分析表(1)を表 12.35 に示す．

分散分析の結果，主効果 B は高度に有意となった．主効果 A，D と交互作用 $A\times B$ は有意ではないが，F_0 値が小さくないので無視しない．また，主効果 C と交互作用 $B\times C$ は有意ではなく F_0 値も小さいので，誤差 E に

表 12.34　分散分析表

要因	平方和 S	自由度 ϕ	平均平方 V	分散比 F_0	$E(V)$
A	S_A	2	$V_A = S_A / 2$	V_A / V_E	(注 1)
B	S_B	1	$V_B = S_B$	V_B / V_E	$\sigma^2 + 8\sigma_B^2$
C	S_C	1	$V_C = S_C$	V_C / V_E	$\sigma^2 + 8\sigma_C^2$
D	S_D	1	$V_D = S_D$	V_D / V_E	$\sigma^2 + 8\sigma_D^2$
$A \times B$	$S_{A\times B}$	2	$V_{A\times B} = S_{A\times B} / 2$	$V_{A\times B} / V_E$	(注 2)
$B \times C$	$S_{B\times C}$	1	$V_{B\times C} = S_{B\times C}$	$V_{B\times C} / V_E$	$\sigma^2 + 4\sigma_{B\times C}^2$
E	S_E	7	$V_E = S_E / 7$		σ^2
計	S_T	15			

要因 A と要因 $A \times B$ の $E(V)$ は，実験回数が水準によって異なるので複雑な形となる．

注 1：$\sigma^2 + \dfrac{8a_1^2 + 4a_2^2 + 4a_3^2}{2}$

　　ただし，a_i はデータの構造式において主効果 A の効果を表わす a_i である．

注 2：$\sigma^2 + \dfrac{4(ab)_{11}^2 + 4(ab)_{12}^2 + 2(ab)_{21}^2 + 2(ab)_{22}^2 + 2(ab)_{31}^2 + 2(ab)_{32}^2}{2}$

　　ただし，$(ab)_{ij}$ はデータの構造式において交互作用 $A \times B$ の効果を表わす $(ab)_{ij}$ である．

表 12.35　分散分析表(1)

要因	平方和 S	自由度 ϕ	平均平方 V	分散比 F_0	$E(V)$
A	126.38	2	63.19	3.40	(注 1)
B	256.00	1	256.00	13.81**	$\sigma^2 + 8\sigma_B^2$
C	6.25	1	6.25	0.34	$\sigma^2 + 8\sigma_C^2$
D	100.00	1	100.00	5.39	$\sigma^2 + 8\sigma_D^2$
$A \times B$	122.37	2	61.18	3.30	(注 2)
$B \times C$	2.25	1	2.25	0.12	$\sigma^2 + 4\sigma_{B\times C}^2$
E	129.75	7	18.54		σ^2
計	743.00	15			

$F(1,\ 7\ ;\ 0.05) = 5.59$，$F(1,\ 7\ ;\ 0.01) = 12.2$

$F(2,\ 7\ ;\ 0.05) = 4.74$，$F(2,\ 7\ ;\ 0.01) = 9.55$

プールし，分散分析表(2)（表 12.36 参照）を作成する．

表 12.36　分散分析表(2)

要因	平方和 S	自由度 ϕ	平均平方 V	分散比 F_0	$E(V)$
A	126.38	2	63.19	4.11	(注 1)
B	256.00	1	256.00	16.67**	$\sigma^2+8\sigma_B^2$
D	100.00	1	100.00	6.51*	$\sigma^2+8\sigma_D^2$
$A\times B$	122.37	2	61.18	3.98	(注 2)
E'	138.25	9	15.36		σ^2
計	743.00	15			

$F(1,\ 9\ ;\ 0.05) = 5.12$，$F(1,\ 9\ ;\ 0.01) = 10.6$

$F(2,\ 9\ ;\ 0.05) = 4.26$，$F(2,\ 9\ ;\ 0.01) = 8.02$

分散分析の結果，主効果 B は高度に有意となり，主効果 D は有意となった．(以下省略)

12.4.5　3 水準系直交配列表を用いた擬水準法の割り付け

3 水準系直交配列表に 2 水準の因子を割り付けることもできる．そのために，形式的な 3 水準の因子を 3 水準系直交配列表に通常どおり割り付ける．次に，この 3 つの水準のうちの任意の 2 つの水準を 2 水準因子の 1 つの水準と見なすことで，2 水準の因子を割り付けることができる．形式的な因子のうち 1 つの水準は，他の水準と重複していることになる．このような水準を擬水準という．重複させる水準は，他の水準に比べて実験回数が 2 倍になるので，技術的に重要な水準や実験を行うことが容易な水準とするとよい．

3 水準系直交配列表を用いた擬水準法の取扱い方は，以下のようになる．

① 2 水準の因子 A は，まず形式的な 3 水準の因子 P を通常どおり 1 つの列に割り付ける．この際，3 つの水準のうちの任意の 2 つの水準を 2 水準因子の 1 つの水準とする．

② 2 水準の因子の平方和は，下記の式により求める．

$$S_A = \sum_{i=1}^{2} \frac{(A_i\text{ 水準のデータ和})^2}{A_i\text{ 水準のデータ数}} - CT$$

重複させた水準ではデータ数が他の水準の2倍になることに注意する．

自由度は$\phi_A=2-1=1$となる．

③　形式的な3水準の因子Pの平方和S_PとS_Aには，$S_P \geqq S_A$の関係があり，$(S_P - S_A)$は誤差平方和の一部になる．

この自由度は$(\phi_P - \phi_A)=2-1=1$となる．

④　2水準の因子Aと3水準の因子Bとの交互作用は，3水準因子PとBの交互作用列（2列）の一部となって現われる．

⑤　2水準の因子と3水準因子の交互作用の平方和$S_{A\times B}$は，下記の式により求める．

$$S_{AB} = \sum_{i=1}^{2}\sum_{j=1}^{3}\frac{(A_iB_j\text{ 水準のデータ和})^2}{A_iB_j\text{ 水準のデータ数}} - CT$$

$$S_{A\times B} = S_{AB} - S_A - S_B$$

重複させた水準ではデータ数が他の水準の2倍になることに注意する．

自由度は$\phi_{A\times B}=\phi_A\times\phi_B=1\times2=2$となる．

⑥　3水準の因子Pと2水準因子の交互作用の平方和$S_{P\times B}$と$S_{A\times B}$には，$S_{P\times B}\geqq S_{A\times B}$の関係があり，$(S_{P\times B}-S_{A\times B})$は誤差平方和の一部になる．この自由度は$(\phi_{P\times B}-\phi_{A\times B})=4-2=2$となる．

⑦　誤差平方和は，どの要因も割り付けられていない列の平方和と上述の$(S_P - S_A)$，$(S_{P\times B}-S_{A\times B})$などの合計となる．誤差自由度も同様に求める．

12.4.6　3水準系直交配列表を用いた擬水準法の解析

例題12.8によって，L_{27}直交配列表を用いた擬水準法の解析の手順を示す．

例題 12.8

L_{27}直交配列表を用い，いずれも母数因子A，B，C，Dを割り付けて実験を行った．ただし，因子Aは2水準とし，他の因子はいずれも3水準とした．交互作用としては$A \times B$，$B \times C$を検出したい．

解説

手順1　因子の割り付け

因子Aは2水準因子なので，まず形式的に3水準因子Pを第[1]列に割り付け(表12.37参照)，任意の2つの水準を重複させて2水準とする．3水準因子のB，C，Dは，それぞれ第[2]列，第[5]列，第[13]列に割り付ける．因子Aが，A_1水準が技術的に重要であるので，A_1を重複させ水準の設定を表12.38のようにする．

交互作用の現われる列を求める(表12.37)．

$$\text{交互作用 } P \times B：a \times b = ab \quad 第[3]列$$
$$a \times b^2 = ab^2 \quad 第[4]列$$
$$\text{交互作用 } B \times C：b \times c = bc \quad 第[8]列$$
$$b \times c^2 = bc^2 \quad 第[11]列$$

手順2　データの構造式

$$x = \mu + a + b + c + d + (ab) + (bc) + \varepsilon$$

添字，制約式は省略している．

手順3　計算補助表の作成

(省略)

手順4　平方和と自由度の計算

各列の平方和から以下の各要因効果の平方和を求める．

$$S_P = S_{[1]},\ S_B = S_{[2]},\ S_C = S_{[5]},\ S_D = S_{[13]}$$
$$S_{P \times B} = S_{[3]} + S_{[4]},\ S_{B \times C} = S_{[8]} + S_{[11]}$$

次に，

$$S_A = \sum_{i=1}^{2} \frac{(A_i \text{ 水準のデータ和})^2}{A_i \text{ 水準のデータ数}} - CT$$

$$S_{AB} = \sum_{i=1}^{2} \sum_{j=1}^{3} \frac{(A_iB_j \text{ 水準のデータ和})^2}{A_iB_j \text{ 水準のデータ数}} - CT$$

$$S_{A \times B} = S_{AB} - S_A - S_B$$
$$S_E = S_{[6]} + S_{[7]} + S_{[9]} + S_{[10]} + S_{[12]} + (S_P - S_A) + (S_{P \times B} - S_{A \times B})$$

表 12.37　割り付け

割り付け	P	B	$P \times B$	$P \times B$	C	誤差 E	誤差 E	$B \times C$	誤差 E	誤差 E	$B \times C$	誤差 E	D
列　番	[1]	[2]	[3]	[4]	[5]	[6]	[7]	[8]	[9]	[10]	[11]	[12]	[13]
1	1	1	1	1	1	1	1	1	1	1	1	1	1
2	1	1	1	1	2	2	2	2	2	2	2	2	2
3	1	1	1	1	3	3	3	3	3	3	3	3	3
4	1	2	2	2	1	1	1	2	2	2	3	3	3
5	1	2	2	2	2	2	2	3	3	3	1	1	1
6	1	2	2	2	3	3	3	1	1	1	2	2	2
7	1	3	3	3	1	1	1	3	3	3	2	2	2
8	1	3	3	3	2	2	2	1	1	1	3	3	3
9	1	3	3	3	3	3	3	2	2	2	1	1	1
10	2	1	2	3	1	2	3	1	2	3	1	2	3
11	2	1	2	3	2	3	1	2	3	1	2	3	1
12	2	1	2	3	3	1	2	3	1	2	3	1	2
13	2	2	3	1	1	2	3	2	3	1	3	1	2
14	2	2	3	1	2	3	1	3	1	2	1	2	3
15	2	2	3	1	3	1	2	1	2	3	2	3	1
16	2	3	1	2	1	2	3	3	1	2	2	3	1
17	2	3	1	2	2	3	1	1	2	3	3	1	2
18	2	3	1	2	3	1	2	2	3	1	1	2	3
19	3	1	3	2	1	3	2	1	3	2	1	3	2
20	3	1	3	2	2	1	3	2	1	3	2	1	3
21	3	1	3	2	3	2	1	3	2	1	3	2	1
22	3	2	1	3	1	3	2	2	1	3	3	2	1
23	3	2	1	3	2	1	3	3	2	1	1	3	2
24	3	2	1	3	3	2	1	1	3	2	2	1	3
25	3	3	2	1	1	3	2	3	2	1	2	1	3
26	3	3	2	1	2	1	3	1	3	2	3	2	1
27	3	3	2	1	3	2	1	2	1	3	1	3	2
成　分	a		a	a		a	a		a	a		a	a
		b	b	b^2				b	b	b^2	b	b^2	b
					c	c	c^2	c	c	c^2	c^2	c	c^2

表 12.38　2 水準因子 A の水準の設定

第[1]列	因子 A の水準
1	A_1
2	A_2
3	A_1

となる．また自由度は，

$$\phi_A = 2 - 1 = 1$$

$$\phi_B = \phi_{[2]} = 3 - 1 = 2,\quad \phi_C = \phi_{[5]} = 3 - 1 = 2,\quad \phi_D = \phi_{[13]} = 3 - 1 = 2$$

$$\phi_{A\times B} = \phi_A \times \phi_B = 1 \times 2 = 2$$

$$\phi_{B\times C} = \phi_{[8]} + \phi_{[11]} = \phi_B \times \phi_C = 2 \times 2 = 4$$

$$\phi_E = \phi_T - \phi_A - \phi_B - \phi_C - \phi_D - \phi_{A\times B} - \phi_{B\times C}$$
$$= 26 - 1 - 2 - 2 - 2 - 2 - 4 = 13$$

となる．

手順5　分散分析表の作成

求めた平方和と自由度から分散分析表(表12.39参照)を作成する．

表12.39　分散分析表

要因	平方和 S	自由度 ϕ	平均平方 V	分散比 F_0	$E(V)$
A	S_A	1	$V_A = S_A$	V_A / V_E	(注1)
B	S_B	2	$V_B = S_B / 2$	V_B / V_E	$\sigma^2 + 9\sigma_B^2$
C	S_C	2	$V_C = S_C / 2$	V_C / V_E	$\sigma^2 + 9\sigma_C^2$
D	S_D	2	$V_D = S_D / 2$	V_D / V_E	$\sigma^2 + 9\sigma_D^2$
$A\times B$	$S_{A\times B}$	2	$V_{A\times B} = S_{A\times B} / 2$	$V_{A\times B} / V_E$	(注2)
$B\times C$	$S_{B\times C}$	4	$V_{B\times C} = S_{B\times C} / 4$	$V_{B\times C} / V_E$	$\sigma^2 + 3\sigma_{B\times C}^2$
E	S_E	13	$V_E = S_E / 13$		σ^2
計	S_T	26			

要因Aと要因$A\times B$の$E(V)$は，実験回数が水準によって異なるので複雑な形となる．

(注1)　$\sigma^2 + \dfrac{18a_1^2 + 9a_2^2}{1}$

ただし，a_iはデータの構造式において主効果Aの効果を表わすa_iである．

(注2)　$\sigma^2 + \dfrac{6(ab)_{11}^2 + 6(ab)_{12}^2 + 6(ab)_{13}^2 + 3(ab)_{21}^2 + 3(ab)_{22}^2 + 3(ab)_{23}^2}{2}$

ただし，$(ab)_{ij}$はデータの構造式において交互作用$A\times B$の効果を表わす$(ab)_{ij}$である．

これまでと同様の基準で主効果，交互作用のプールも行う．(以下省略)

12.5 乱塊法

取り上げた因子の一部に**ブロック因子**と呼ばれる変量因子を導入し，それぞれのブロック内で母数因子(制御因子)のすべての水準を一通り実験し，複数のブロックにわたってこれを反復するという実験を行うことがある．このような実験を“**乱塊法**”という．

ブロック因子は，日，原料ロット，土壌など再現性のない要因であり，最適水準を求めることには意味がない．乱塊法では，ブロック因子の要因効果を検定でき，さらにブロック間変動を推定することができる．

12.5.1 乱塊法の解析

例題 12.9 によって乱塊法の 1 因子実験の解析手順を示す．

例題 12.9

母数因子 A (4 水準) を取り上げて実験を行うことになった．周囲の温度や湿度などの影響が考えられるため，実験日をブロック因子としてランダムに選んだ 3 日間に実験を行った．すなわち 1 日に $A_1 \sim A_4$ 水準の実験をランダムな順序で行い，これを 3 日間にわたり反復し計 12 回実施した．実験により得られたデータを表 12.40 に示す．なお，特性値の値は大きいほうがよいものとする．

表 12.40　データ表(単位：省略)

	R_1	R_2	R_3	$T_{i\cdot}$
A_1	5	1	4	10
A_2	7	3	6	16
A_3	12	11	14	37
A_4	8	7	11	26
$T_{\cdot j}$	32	22	35	89

解説

手順1 データの構造式

$$x_{ij} = \mu + a_i + r_j + \varepsilon_{ij}$$

$\sum_{i=1}^{4} a_i = 0$, ブロック因子 R は変量因子なので, $r_j \sim N(0,\ \sigma_R^2)$,

$\varepsilon_{ij} \sim N(0,\ \sigma^2)$

手順2 平方和と自由度の計算

$$CT = \frac{(\text{データの総和})^2}{(\text{データの総数})} = \frac{89^2}{12} = 660.08$$

$$S_T = (\text{データの2乗の総和}) - CT = 831 - 660.08 = 170.92$$

$$S_A = \sum_i \frac{(A_i\text{水準のデータの和})^2}{(A_i\text{水準のデータ数})} - CT = \frac{2401}{3} - 660.08 = 140.25$$

$$S_R = \sum_j \frac{(R_j\text{水準のデータの和})^2}{(R_j\text{水準のデータ数})} - CT = \frac{2733}{4} - 660.08 = 23.17$$

$$S_E = S_T - (S_A + S_R) = 170.92 - (140.25 + 23.17) = 7.50$$

$$\phi_T = (\text{データの総数}) - 1 = 12 - 1 = 11$$

$$\phi_A = (A\text{の水準数}) - 1 = 4 - 1 = 3$$

$$\phi_R = (R\text{の水準数}) - 1 = 3 - 1 = 2$$

$$\phi_E = \phi_T - (\phi_A + \phi_R) = 11 - (3 + 2) = 6$$

以上のように, 平方和と自由度は, 繰返しのない二元配置実験の場合と同様に求めることができる.

手順3 分散分析表の作成

分散分析表(表12.41参照)を作成する.

表12.41 分散分析表

要因	平方和 S	自由度 ϕ	平均平方 V	分散比 F_0	$E(V)$
A	140.25	3	46.75	37.4**	$\sigma^2 + 3\sigma_A^2$
R	23.17	2	11.58	9.26*	$\sigma^2 + 4\sigma_R^2$
E	7.50	6	1.25		σ^2
計	170.92	11			

$F(2,\ 6\ ;\ 0.05) = 5.14$, $F(2,\ 6\ ;\ 0.01) = 10.9$
$F(3,\ 6\ ;\ 0.05) = 4.76$, $F(3,\ 6\ ;\ 0.01) = 9.78$

因子 A は有意水準1%で有意，ブロック因子 R は有意水準5%で有意であると判断された．

手順4 分散分析後のデータの構造式

分散分析後のデータの構造式は，手順1の構造式と同様に以下のように考える．

$$x_{ij} = \mu + a_i + r_j + \varepsilon_{ij}$$

$$\sum_{i=1}^{4} a_i = 0,\ r_j \sim N(0,\ \sigma_R^2),\ \ \varepsilon_{ij} \sim N(0,\ \sigma^2)$$

手順5 ブロック間変動(日間変動) σ_R^2 の推定

分散分析表の R と E の $E(V)$ の欄に着目して，

$$\hat{\sigma}_R^2 = \frac{V_R - V_E}{4} = \frac{11.58 - 1.25}{4} = 2.58$$

となる．

手順6 最適条件の決定

因子 R はブロック因子であるので，最適水準を求めることには意味がない．したがって，母数因子の A についてのみ最適条件を求めると，表12.40より A_3 水準となる．

手順7 最適条件における母平均の推定

点推定：

$$\hat{\mu}(A_3) = \bar{x}_{3\cdot} = \frac{T_{3\cdot}}{3} = \frac{37}{3} = 12.3$$

信頼率 $(1-\alpha)$ での区間推定：

ブロックの数が3であるので，$V(\hat{\mu}(A_3))$ は以下のようになる．

$$V(\hat{\mu}(A_3)) = \frac{\sigma_R^2 + \sigma^2}{3}$$

分散分析表の $E(V)$ の式から，

$$\hat{V}(\hat{\mu}(A_3)) = \frac{1}{3} \times \frac{(V_R - V_E)}{4} + \frac{1}{3}V_E = \frac{V_R}{12} + \frac{V_E}{4} = \frac{11.58}{12} + \frac{1.25}{4} = 1.28$$

2つ以上の分散を合成した分散の自由度を**等価自由度** ϕ^* といい，以下の**サタースウェイト**(Satterthwaite)**の方法**で求める．

$$\frac{\left(\sum c_i V_i\right)^2}{\phi^*} = \sum \frac{(c_i V_i)^2}{\phi_i}$$

ただし，c_i は定数．

よって，

$$\frac{\left(\frac{1}{12} V_R + \frac{1}{4} V_E\right)^2}{\phi^*} = \frac{\left(\frac{1}{12} V_R\right)^2}{\phi_R} + \frac{\left(\frac{1}{4} V_E\right)^2}{\phi_E}$$

$$\phi^* = \frac{\left(\frac{1}{12} V_R + \frac{1}{4} V_E\right)^2}{\frac{\left(\frac{1}{12} V_R\right)^2}{\phi_R} + \frac{\left(\frac{1}{4} V_E\right)^2}{\phi_E}} = \frac{\left(\frac{1}{12} \times 11.58 + \frac{1}{4} \times 1.25\right)^2}{\frac{\left(\frac{1}{12} \times 11.58\right)^2}{2} + \frac{\left(\frac{1}{4} \times 1.25\right)^2}{6}} = 3.4$$

t 分布表の値から，線形補間法により，

$$\begin{aligned} t(3.4,\ 0.05) &= (1-0.4) \times t(3,\ 0.05) + 0.4 \times t(4,\ 0.05) \\ &= 0.6 \times 3.182 + 0.4 \times 2.776 = 3.020 \end{aligned}$$

これらから，

$$\begin{aligned} \hat{\mu}(A_3) \pm t(\phi^*,\ 0.05)\sqrt{\hat{V}(\hat{\mu}(A_3))} &= 12.3 \pm 3.020\sqrt{1.28} \\ &= 12.3 \pm 3.4 = 8.9,\ 15.7 \end{aligned}$$

となる．

12.6　分割法

複数の工程にわたって実験を行う場合，二元配置実験，多元配置実験などのランダムな順序で実験を行うことを前提とする方法では不都合な場合がある．ランダム化実験では，実験のたびに最初の工程から最後の工程までを繰り返す必要があるので，最初の工程が大がかりなバッチ処理で次の工程が簡便な加工工程であったとしても，実験のたびに水準を変えたバッチ処理から始めなくてはならないという問題がある．このような場合に，

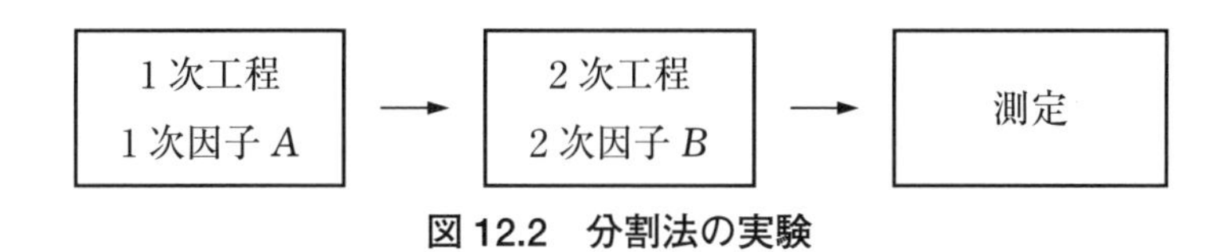

図 12.2　分割法の実験

最初の工程のバッチ処理におけるすべての水準についてランダムな順序で一通り実験を行い，続いて最初の工程で得られた半製品を分割し，次の加工工程をランダムな順序で実施すれば，経済的であるし効率的である．このような，1次製品を作成したのち次工程でさらに実験を行う実験方法を **"分割法"** という(図 12.2 参照)．分割法を用いると，水準変更が容易ではない因子の水準変更回数を減らすことができ，また1次製品のムダを削減できる．一方，各工程でランダマイズを行うたびに誤差が生じ，解析が煩雑になることや，1次誤差の自由度が小さいため，1次因子の効果の検出力が小さくなるという欠点もある．

12.6.1　分割法のポイント

分割法の実施・解析にあたっては，以下の項目などについて注意を要する．

① 水準の変更が容易ではない因子を **1次因子**とし，水準変更が比較的容易な因子を **2次因子**とする．さらに3次因子，4次因子…と考えることもできる．

② 3次因子までを考慮した分割法を **2段分割法**，4次因子までなら **3段分割法**と呼ぶ．

③ 1次因子の水準を設定する際に **1次誤差**が生じ，これは2次因子の水準を変更しても共通の誤差として残ると考える．

④ 2次因子の水準を設定する際には **2次誤差**が生じる．このように，分割法では分割のたびに誤差が生じ複数の誤差が現われる．

⑤ 1次誤差が共通な水準組合せの単位を **1次単位**といい，2次誤差が共通の水準組合せの単位を **2次単位**という．3次以降も同様である．

⑥　1次誤差の自由度が小さくなるので，1次因子の効果の検出力が小さくなる．

12.6.2 分割法の解析

例題12.10によって分割法の解析手順を示す．

例題 12.10

金属材料の特性を向上させる目的で，熱処理温度 A(4水準)と熱処理後の加工率 B(3水準)を取り上げて実験を行った．

実験はまず A_1 から A_4 の水準をランダムな順序で熱処理を実施した．各水準で熱処理された半製品を3つに分割し，それぞれ B_1 から B_3 の水準をランダムな順序で加工を行い，特性値を測定した．さらに以上の実験を反復 R(2回)した(実験順序は改めてランダムに定める)．実験により得られたデータを表12.42に示す．なお，特性値は小さいほどよい．

本実験は A を1次因子，B を2次因子とする反復2回の分割法である．AB の二元表(表12.43参照)を作成する．

解説

手順1　データの構造式

$$x_{ijk} = \mu + r_k + a_i + \varepsilon_{(1)ik} + b_j + (ab)_{ij} + \varepsilon_{(2)ijk}$$

$$\sum_{i=1}^{4} a_i = 0,\ \sum_{j=1}^{3} b_j = 0,\ \sum_{i=1}^{4} (ab)_{ij} = 0,\ \sum_{j=1}^{3} (ab)_{ij} = 0$$

$$r_k \sim N(0,\ \sigma_R^2),\ \varepsilon_{(1)ik} \sim N(0,\ \sigma_{(1)}^2),\ \varepsilon_{(2)ijk} \sim N(0,\ \sigma_{(2)}^2)$$

反復は，乱塊法におけるブロック因子と同様である．

$\varepsilon_{(1)}$ は1次単位に伴う誤差で1次誤差，$\varepsilon_{(2)}$ は2次単位に伴う誤差で2次誤差と呼ばれる．

手順2　平方和と自由度の計算

各要因の次数については以下のようなルールがある．

①　反復 R は形式的に0次要因と考える．

表 12.42　データ表(単位：省略)

		B_1	B_2	B_3	$T_{i\cdot k}$	$T_{\cdot\cdot k}$
R_1	A_1	28	18	33	79	232
	A_2	15	9	21	45	
	A_3	16	7	23	46	
	A_4	22	14	26	62	
R_2	A_1	23	18	38	79	255
	A_2	20	15	27	62	
	A_3	12	8	24	44	
	A_4	25	16	29	70	

表 12.43　AB の二元表

	B_1	B_2	B_3	$T_{i\cdot\cdot}$
A_1	51	36	71	158
A_2	35	24	48	107
A_3	28	15	47	90
A_4	47	30	55	132
$T_{\cdot j\cdot}$	161	105	221	487

② 1次因子の主効果は1次要因，2次因子の主効果は2次要因，以下同様とする．

③ 同じ次数の因子間の交互作用はその次数の要因に，異なる次数の因子間の交互作用は高い次数の要因となる．すなわち，

(0次因子)×(1次因子)＝1次要因

(1次因子)×(1次因子)＝1次要因

(1次因子)×(2次因子)＝2次要因

(2次因子)×(2次因子)＝2次要因

(0次因子)×(1次因子)×(2次因子)＝2次要因

などとなる．

したがって本例の場合，R は形式的に0次要因，A と $A \times R$(1次誤差と交絡)が1次要因，B，$A \times B$，$B \times R$，$A \times B \times R$(2次誤差と交絡)が2次要因になる．

$$CT = \frac{(\text{データの総和})^2}{(\text{データの総数})} = \frac{487^2}{24} = 9882.04$$

$$S_T = (\text{データの 2 乗の総和}) - CT = 11291 - 9882.04 = 1408.96$$

$$S_R = \sum_k \frac{(R_k \text{ 水準のデータの和})^2}{(R_k \text{ 水準のデータ数})} - CT = \frac{118849}{12} - 9882.04 = 22.04$$

$$S_A = \sum_i \frac{(A_i \text{ 水準のデータの和})^2}{(A_i \text{ 水準のデータ数})} - CT = \frac{61937}{6} - 9882.04 = 440.79$$

$$S_B = \sum_j \frac{(B_j \text{ 水準のデータの和})^2}{(B_j \text{ 水準のデータ数})} - CT = \frac{85787}{8} - 9882.04 = 841.34$$

$$S_{AB} = \sum_i \sum_j \frac{(A_iB_j \text{ 水準のデータの和})^2}{(A_iB_j \text{ 水準のデータ数})} - CT = \frac{22395}{2} - 9882.04$$
$$= 1315.46$$

$$S_{A\times B} = S_{AB} - S_A - S_B = 1315.46 - 440.79 - 841.34 = 33.33$$

$$S_{AR} = \sum_i \sum_k \frac{(A_iR_k \text{ 水準のデータの和})^2}{(A_iR_k \text{ 水準のデータ数})} - CT = \frac{31147}{3} - 9882.04$$
$$= 500.29$$

$$S_{E_{(1)}} = S_{A\times R} = S_{AR} - S_A - S_R = 500.29 - 440.79 - 22.04 = 37.46$$

$$S_{E_{(2)}} = S_{B\times R} + S_{A\times B\times R} = S_T - S_R - S_A - S_{E_{(1)}} - S_B - S_{A\times B}$$
$$= 1408.96 - 22.04 - 440.79 - 37.46 - 841.34 - 33.33 = 34.00$$

$$\phi_T = (\text{データの総数}) - 1 = 24 - 1 = 23$$

$$\phi_R = (R \text{ の水準数}) - 1 = 2 - 1 = 1$$

$$\phi_A = (A \text{ の水準数}) - 1 = 4 - 1 = 3$$

$$\phi_B = (B \text{ の水準数}) - 1 = 3 - 1 = 2$$

$$\phi_{A\times B} = \phi_A \times \phi_B = 3 \times 2 = 6$$

$$\phi_{E_{(1)}} = \phi_{A\times R} = \phi_A \times \phi_R = 3 \times 1 = 3$$

$$\phi_{E_{(2)}} = \phi_T - (\phi_R + \phi_A + \phi_{E_{(1)}} + \phi_B + \phi_{A\times B})$$
$$= 23 - (1+3+3+2+6) = 8$$

手順 3　分散分析表の作成

分散分析表(1)(表 12.44 参照)を作成する．

$E(V)$の書き方には以下のようなルールがある．

表 12.44　分散分析表(1)

要因	平方和 S	自由度 ϕ	平均平方 V	分散比 F_0	$E(V)$
R	22.04	1	22.04	1.76	$\sigma_{(2)}^2+3\sigma_{(1)}^2+12\sigma_R^2$
A	440.79	3	146.9	11.8*	$\sigma_{(2)}^2+3\sigma_{(1)}^2+6\sigma_A^2$
$E_{(1)}$	37.46	3	12.49	2.94	$\sigma_{(2)}^2+3\sigma_{(1)}^2$
B	841.34	2	420.7	99.0**	$\sigma_{(2)}^2+8\sigma_B^2$
$A\times B$	33.33	6	5.555	1.31	$\sigma_{(2)}^2+2\sigma_{A\times B}^2$
$E_{(2)}$	34.00	8	4.250		$\sigma_{(2)}^2$
計	1408.96	23			

$F(1,\ 3;0.05)=10.1$，$F(1,\ 3;0.01)=34.1$
$F(3,\ 3;0.05)=9.28$，$F(3,\ 3;0.01)=29.5$
$F(2,\ 8;0.05)=4.46$，$F(2,\ 8;0.01)=8.65$
$F(3,\ 8;0.05)=4.07$，$F(3,\ 8;0.01)=7.59$
$F(6,\ 8;0.05)=3.58$，$F(6,\ 8;0.01)=6.37$

- 2 次誤差 $\sigma_{(2)}^2$ はすべての要因の $E(V)$ に入り，その係数は 1 である．
- 1 次誤差 $\sigma_{(1)}^2$ は反復 R とすべての 1 次要因，1 次誤差に入り，その係数は 1 次単位のデータ数に等しい．
- その他の係数はこれまでと同様に求める．

以上の $E(V)$ の構造から，反復と 1 次要因は 1 次誤差を用いて検定し，1 次誤差および 2 次要因は 2 次誤差を用いて検定する必要がある．また，検定の結果，要因効果を無視する場合には，その検定に用いた誤差へプールする．

分散分析の結果，主効果 A と B が有意となった．反復 R および交互作用 $A\times B$ は有意でなく，F_0 値も小さいので，それぞれ 1 次誤差，2 次誤差にプールし，分散分析表(2)（表 12.45 参照）を作成する．

分散分析の結果，主効果 A と B が有意となった．1 次誤差は F_0 の値が 2 を越えているので，無視しないものとする．

手順 4　分散分析後のデータの構造式

分散分析後のデータの構造式は以下のように考える．

$$x_{ijk}=\mu+a_i+\varepsilon_{(1)ik}+b_j+\varepsilon_{(2)ijk}$$

表 12.45　分散分析表(2)

要因	平方和 S	自由度 ϕ	平均平方 V	分散比 F_0	$E(V)$
A	440.79	3	146.9	9.87*	$\sigma_{(2)}^2+3\sigma_{(1)}^2+6\sigma_A^2$
$E'_{(1)}$	59.50	4	14.89	3.10	$\sigma_{(2)}^2+3\sigma_{(1)}^2$
B	841.34	2	420.7	87.5**	$\sigma_{(2)}^2+8\sigma_B^2$
$E'_{(2)}$	67.33	14	4.81		$\sigma_{(2)}^2$
計		23			

$F(3,\ 4\ ;0.05)=6.59$，$F(3,\ 4\ ;0.01)=16.7$
$F(4,\ 14\ ;0.05)=3.11$，$F(4,\ 14\ ;0.01)=5.04$
$F(2,\ 14\ ;0.05)=3.74$，$F(2,\ 14\ ;0.01)=6.51$

$$\sum_{i=1}^{4} a_i=0,\ \sum_{j=1}^{3} b_j=0,\quad \varepsilon_{(1)ik}\sim N(0,\ \sigma_{(1)}^2),\quad \varepsilon_{(2)ijk}\sim N(0,\ \sigma_{(2)}^2)$$

手順5　最適条件の決定

データの構造式および表 12.43 より，最適条件は A_3B_2 となる.

手順6　最適条件における母平均の推定

最適条件での点推定値：

$$\hat{\mu}(A_3B_2)=\widehat{\mu+a_3+b_2}=\widehat{\mu+a_3}+\widehat{\mu+b_2}-\hat{\mu}$$

$$=\bar{x}_{3\cdot\cdot}+\bar{x}_{\cdot2\cdot}-\bar{\bar{x}}=\frac{90}{6}+\frac{105}{8}-\frac{487}{24}=7.83$$

信頼率$(1-\alpha)$での区間推定：

分割法における有効繰返し数(有効反復数)n_e は，1次要因，2次要因ごとに以下の**田口の式**から求める.

$$\frac{1}{n_{e(1)}}=\frac{\text{点推定に用いた1次要因の自由度の和}+1}{\text{総データ数}}=\frac{3+1}{24}$$

$$\frac{1}{n_{e(2)}}=\frac{\text{点推定に用いた2次要因の自由度の和}}{\text{総データ数}}=\frac{2}{24}$$

$$\hat{V}(\hat{\mu}(A_3B_2))=\frac{V_{E'_{(1)}}}{n_{e(1)}}+\frac{V_{E'_{(2)}}}{n_{e(2)}}=\frac{3+1}{24}V_{E'_{(1)}}+\frac{2}{24}V_{E'_{(2)}}$$

$$=\frac{1}{6}\times 14.89+\frac{1}{12}\times 4.81=2.88$$

サタースウェイト(Satterthwaite)の方法で等価自由度ϕ^*を求める．

$$\phi^*=\frac{\left(\frac{1}{6}V_{E'_{(1)}}+\frac{1}{12}V_{E'_{(2)}}\right)^2}{\frac{\left(\frac{1}{6}V_{E'_{(1)}}\right)^2}{\phi_{E'_{(1)}}}+\frac{\left(\frac{1}{12}V_{E'_{(2)}}\right)^2}{\phi_{E'_{(2)}}}}=\frac{\left(\frac{1}{6}\times 14.89+\frac{1}{12}\times 4.81\right)^2}{\frac{\left(\frac{1}{6}\times 14.89\right)^2}{4}+\frac{\left(\frac{1}{12}\times 4.81\right)^2}{14}}=5.4$$

t分布表の値から，線形補間法により，

$$t(5.4,\ 0.05)=(1-0.4)\times t(5,\ 0.05)+0.4\times t(6,\ 0.05)$$
$$=0.6\times 2.571+0.4\times 2.447=2.521$$

これらから，

$$\hat{\mu}(A_3B_2)\pm t(\phi^*,\ 0.05)\sqrt{\hat{V}(\hat{\mu}(A_3B_2))}=7.83\pm 2.521\sqrt{2.88}$$
$$=7.83\pm 4.28=3.6,\ 12.1$$

となる．

参考：A(2水準)とB(3水準)を1次因子とし，C(2水準)を2次因子として，反復R(2回)の分割法における分散分析表は表12.46のようになる．

表12.46　分散分析表

要因	平方和S	自由度ϕ	平均平方V	分散比F_0	$E(V)$
R	S_R	1	$V_A=S_R$	$V_R/V_{E_{(1)}}$	$\sigma_{(2)}^2+2\sigma_{(1)}^2+12\sigma_R^2$
A	S_A	1	$V_A=S_A$	$V_A/V_{E_{(1)}}$	$\sigma_{(2)}^2+2\sigma_{(1)}^2+12\sigma_A^2$
B	S_B	2	$V_B=S_B/2$	$V_B/V_{E_{(1)}}$	$\sigma_{(2)}^2+2\sigma_{(1)}^2+8\sigma_B^2$
$A\times B$	$S_{A\times B}$	2	$V_{A\times B}=S_{A\times B}/2$	$V_{A\times B}/V_{E_{(1)}}$	$\sigma_{(2)}^2+2\sigma_{(1)}^2+4\sigma_{A\times B}^2$
$E_{(1)}$	$S_{E_{(1)}}$	5	$V_{E_{(1)}}=S_{E_{(1)}}/5$	$V_{E_{(1)}}/V_{E_{(2)}}$	$\sigma_{(2)}^2+2\sigma_{(1)}^2$
C	S_C	1	$V_C=S_C$	$V_C/V_{E_{(2)}}$	$\sigma_{(2)}^2+12\sigma_C^2$
$A\times C$	$S_{A\times C}$	1	$V_{A\times C}=S_{A\times C}$	$V_{A\times C}/V_{E_{(2)}}$	$\sigma_{(2)}^2+6\sigma_{A\times C}^2$
$B\times C$	$S_{B\times C}$	2	$V_{B\times C}=S_{B\times C}/2$	$V_{B\times C}/V_{E_{(2)}}$	$\sigma_{(2)}^2+4\sigma_{B\times C}^2$
$A\times B\times C$	$S_{A\times B\times C}$	2	$V_{A\times B\times C}=S_{A\times B\times C}/2$	$V_{A\times B\times C}/V_{E_{(2)}}$	$\sigma_{(2)}^2+2\sigma_{A\times B\times C}^2$
$E_{(2)}$	$S_{E_{(2)}}$	6	$V_{E_{(2)}}=S_{E_{(2)}}/6$		$\sigma_{(2)}^2$
計	S_T	23			

この場合も，反復と1次要因は1次誤差を用いて検定し，1次誤差および2次要因は2次誤差を用いて検定する．

12.7　枝分かれ実験

枝分かれ実験は，各種分散成分の推定を目的とする実験計画法である．

誤差はいろいろな段階で分割することができる．例えば，複数のロットから2個ずつサンプリングし，それぞれのサンプルを2回ずつ測定すれば，ロット間の誤差，サンプル間の誤差，測定誤差をそれぞれ求めることができる．

12.7.1　枝分かれ実験の解析

例題12.11によって，枝分かれ実験の解析手順を示す．

例題 12.11

Q社では1バッチを1ロットとする生産方式で，工業用薬品を製造している．この製品は不純物Cの含有量が重要特性であり，今回，そのばらつき状況を把握するため枝分かれ実験を行った．実験は，ランダムに選んだ$l = 3$ロット($L_1 \sim L_3$)から，それぞれランダムに$m = 2$個のサンプル(S_1，S_2)採取し，それぞれのサンプルを$n = 2$回ずつ不純物Cの含有率を測定(M_1，M_2)した．得られたデータ(表12.47参照)から，ロット間変動，サンプリング誤差，測定誤差を推定する．

解説

手順1　データの構造式

$$x_{ijk} = \mu + \alpha_i + \beta_{ij} + \varepsilon_{ijk}$$

α_i：ロット間変動

表 12.47　データ表（単位：省略）

ロット	サンプル	M_1	M_2	$T_{ij\cdot}$	$T_{i\cdot\cdot}$
L_1	S_1	5	7	12	29
	S_2	9	8	17	
L_2	S_1	1	3	4	9
	S_2	3	2	5	
L_3	S_1	7	7	14	33
	S_2	9	10	19	

β_{ij}：サンプリング誤差

ε_{ijk}：測定誤差

$V(\alpha_i) = \sigma_L^2$

$V(\beta_{ij}) = \sigma_S^2$

$V(\varepsilon_{ijk}) = \sigma_M^2$

手順 2　平方和と自由度の計算

$$\sum_i\sum_j\sum_k x_{ijk}^2 = 521,\ \sum_i\sum_j T_{ij\cdot}^2 = 1031,\ \sum_i T_{i\cdot\cdot}^2 = 2011,\ T = 71$$

$$S_T = \sum_i\sum_j\sum_k x_{ijk}^2 - \frac{T^2}{lmn} = 521 - \frac{71^2}{3\times 2\times 2} = 100.92$$

$$S_L = \frac{\sum_i T_{i\cdot\cdot}^2}{mn} - \frac{T^2}{lmn} = \frac{2011}{2\times 2} - \frac{71^2}{3\times 2\times 2} = 82.67$$

$$S_S = \frac{\sum_i\sum_j T_{ij\cdot}^2}{n} - \frac{\sum_i T_{i\cdot\cdot}^2}{mn} = \frac{1031}{2} - \frac{2011}{2\times 2} = 12.75$$

$$S_M = \sum_i\sum_j\sum_k x_{ijk}^2 - \frac{\sum_i\sum_j T_{ij\cdot}^2}{n} = 521 - \frac{1031}{2} = 5.50$$

$\phi_T = lmn - 1 = 3 \times 2 \times 2 - 1 = 11$

$\phi_L = l - 1 = 3 - 1 = 2$

$\phi_S = l(m-1) = 3 \times 1 = 3$

$\phi_M = lm(n-1) = 3 \times 2 \times 1 = 6$

手順3　分散分析表の作成

分散分析表(表12.48参照)を作成する．

表12.48　分散分析表

要因	平方和 S	自由度 ϕ	平均平方 V	分散比 F_0	$E(V)$
L	82.67	2	41.34	$V_L/V_S = 9.73^*$	$\sigma_M^2+2\sigma_S^2+4\sigma_L^2$
S	12.75	3	4.25	$V_S/V_M = 4.63$	$\sigma_M^2+2\sigma_S^2$
M	5.50	6	0.917		σ_M^2
計	100.92	11			

$F(2,\ 3\ ;0.05) = 9.55$，$F(2,\ 3\ ;0.01) = 30.8$

$F(3,\ 6\ ;0.05) = 4.76$，$F(3,\ 6\ ;0.01) = 9.78$

ロット間変動 L は，有意水準5%で有意となった．

手順4　分散成分の推定

各分散成分は分散(平均平方)とその期待値から，

$$V_L = \hat{\sigma}_M^2 + n\hat{\sigma}_S^2 + nm\hat{\sigma}_L^2 = \hat{\sigma}_M^2 + 2\hat{\sigma}_S^2 + 4\hat{\sigma}_L^2$$

$$V_S = \hat{\sigma}_M^2 + n\hat{\sigma}_S^2 = \hat{\sigma}_M^2 + 2\hat{\sigma}_S^2$$

$$V_M = \hat{\sigma}_M^2$$

となる．これを解いて，

$$\hat{\sigma}_L^2 = \frac{V_L - V_S}{mn} = \frac{41.34 - 4.25}{4} = 9.273 = (3.05)^2$$

$$\hat{\sigma}_S^2 = \frac{V_S - V_M}{n} = \frac{4.25 - 0.917}{2} = 1.667 = (1.29)^2$$

$$\hat{\sigma}_M^2 = V_M = 0.917 = (0.958)^2$$

となる．

参考：本例のデータは例題12.3と同じものである．三元配置実験として平方和を求めた例題12.3と比較すると，$S_L = S_A$，$S_S = S_B + S_{A\times B}$，$S_M = S_C + S_{A\times C} + S_{B\times C} + S_E$，$\phi_L = \phi_A$，$\phi_S = \phi_B + \phi_{A\times B}$，$\phi_M = \phi_C + \phi_{A\times C} + \phi_{B\times C} + \phi_E$ の関係になっていることがわかる．

12.8　直交配列表を用いた分割法

直交配列表実験においても分割法の適用が可能である．直交配列表を用いた分割法では**群**を利用する．群とは，次のように構成されている．

1群：成分が a の列
2群：成分の最後の文字が b の列
3群：成分の最後の文字が c の列
4群：成分の最後の文字が d の列
(以下同様)

この群を利用し，1次因子，2次因子などを割り付ける．また，交互作用がどの次数の要因になるかが12.6節の場合と異なる．さらに，3水準系直交配列表を用いる場合には交互作用が2つの列に現われるが，2つの列が異なる群に現われて次数の異なる要因になることがある．

以上の点以外は，12.2節，12.3節，12.6節と同様に考えればよい．

12.8.1　2水準系直交配列表を用いた分割法のポイント

2水準系直交配列表を用いた分割法の実施・解析にあたっては，以下の項目などについて注意を要する．

① 1次因子は1群から連続したいくつかの群に割り付ける．これらの群に属する列を1次単位の列という．

② 2次因子は，1次単位の群に続く連続するいくつかの群に割り付ける．3次因子がある場合も同様に行う．これらの群に属する列を2次単位の列，3次単位の列などという．

③ 交互作用が現われる列には次のルールがある．

- 異なった群に割り付けられた2列間の交互作用は，高い方の次数の群に現われる．
- 同じ群に割り付けられた2列間の交互作用は，より低い次数の群に現われる．

④ 1次因子を割り付けた群の空き列が1次誤差となり，2次因子を割り付けた群の空き列が2次誤差となる．3次因子以上についても同様である．

⑤ 各要因の平方和と自由度の計算は12.2節と同様に行う．

⑥ 分散分析表の作成や検定の要領は12.6節と同様である．

12.8.2 2水準系直交配列表を用いた分割法の解析

例題12.12によって，2水準系直交配列表を用いた分割法の解析手順を示す．

例題12.12

化学製品の不純物量低減のため，因子A，B，C，Dを取り上げ，L_{16}直交配列表を用いた実験を行った．いずれの因子も2水準の母数因子である．交互作用としては，$A \times B$，$A \times C$，$A \times D$，$B \times C$，$B \times D$，$C \times D$が考えられる．

因子A，Bは，バッチ式の溶解処理の要因であり，因子C，Dは次工程の精製処理の要因であるため，因子A，Bを1次因子，因子C，Dを2次因子とした分割法とした．また，実験回数の制約から1日に8回の実験しかできないため，反復Rを入れて2日間にわたって行った．

解説

手順1 因子の割り付けと実験順序

1次単位の列を(1群＋2群＋3群)とし，2次単位の列を4群とする．よって，反復Rを第[1]列に，1次因子Aを第[2]列に，1次因子Bを第[4]列に，2次因子Cを第[8]列に，2次因子Dを第[15]列に，それぞれ割り付けた．

交互作用の現われる列を求める．

$A \times B$： $b \times c = bc$ 　　第[6]列

$A \times C$： $b \times d = bd$ 　　第[10]列

$A \times D$：　$b \times abcd = acd$　　　第[13]列

$B \times C$：　$c \times d = cd$　　　第[12]列

$B \times D$：　$c \times abcd = abd$　　　第[11]列

$C \times D$：　$d \times abcd = abc$　　　第[7]列

$C \times D$ は1次単位の列に現われるので，1次要因として取り扱うことに注意する．

1次単位の残りの列である第[3]列と第[5]列が1次誤差列となる．また，2次単位の残りの列である第[9]列と第[14]列が2次誤差列となる．

最終的な割り付けを表12.49に示す．

実験順序は以下のように行った．

① 反復 R を割り付けた第1列のブロックに従って，№1～№8と№9～№16の2つのブロックの順序をランダムに決める．

② 1次因子 A と B の組合せの順序をランダムに決め，溶解処理を行う．得られた半製品を二分する．

③ A，B の水準組合せで得られた半製品に対し，精製処理を行う順序をランダムに決め，所定の C，D の水準で精製を行い，不純物量を測定する．二分したもう一方の半製品についても精製処理を行う．残りの半製品についても同様に行う．

④ ②，③を反復する．実験順序は再度ランダムな順序を設定する．

実施した実験順序を表12.49に示す．

手順2　データの構造式

$$x = \mu + r + a + b + (ab) + (cd) + \varepsilon_{(1)} + c + d + (ac) + (ad) + (bc) + (bd) + \varepsilon_{(2)}$$

$$r \sim N(0,\ \sigma_R^2),\quad \varepsilon_{(1)} \sim N(0,\ \sigma_{(1)}^2),\quad \varepsilon_{(2)} \sim N(0,\ \sigma_{(2)}^2)$$

手順3　計算補助表の作成

(省略)

手順4　平方和と自由度の計算

各列の平方和から以下の平方和を求める．

これまでと同様に，各要因効果の平方和は，その要因を割り付けた列の平方和に等しい．

表 12.49 割り付け

割り付け	R	A	$E_{(1)}$	B	$E_{(1)}$	$A\times B$	$C\times D$	C	$E_{(2)}$	$A\times C$	$B\times D$	$B\times C$	$A\times D$	$E_{(2)}$	D	実験順序
No.	[1]	[2]	[3]	[4]	[5]	[6]	[7]	[8]	[9]	[10]	[11]	[12]	[13]	[14]	[15]	
1	1	1	1	1	1	1	1	1	1	1	1	1	1	1	1	14
2	1	1	1	1	1	1	1	2	2	2	2	2	2	2	2	13
3	1	1	1	2	2	2	2	1	1	1	1	2	2	2	2	9
4	1	1	1	2	2	2	2	2	2	2	2	1	1	1	1	10
5	1	2	2	1	1	2	2	1	1	2	2	1	1	2	2	16
6	1	2	2	1	1	2	2	2	2	1	1	2	2	1	1	15
7	1	2	2	2	2	1	1	1	1	2	2	2	2	1	1	12
8	1	2	2	2	2	1	1	2	2	1	1	1	1	2	2	11
9	2	1	2	1	2	1	2	1	2	1	2	1	2	1	2	1
10	2	1	2	1	2	1	2	2	1	2	1	2	1	2	1	2
11	2	1	2	2	1	2	1	1	2	1	2	2	1	2	1	7
12	2	1	2	2	1	2	1	2	1	2	1	1	2	1	2	8
13	2	2	1	1	2	2	1	1	2	2	1	1	2	2	1	3
14	2	2	1	1	2	2	1	2	1	1	2	2	1	1	2	4
15	2	2	1	2	1	1	2	1	2	2	1	2	1	1	2	6
16	2	2	1	2	1	1	2	2	1	1	2	1	2	2	1	5
成分	a	b	a b	c	a c	b c	a b c	d	a d	b d	a b d	c d	a c d	b c d	a b c d	
群	1群	2群		3群				4群								
単位	1次単位							2次単位								

1次誤差と2次誤差の平方和は,

$$S_{E_{(1)}}=S_{[3]}+S_{[5]},\quad S_{E_{(2)}}=S_{[9]}+S_{[14]}$$

となる. また自由度は,

$$\phi_{E_{(1)}}=\phi_{[3]}+\phi_{[5]}=1+1=2,\quad \phi_{E_{(2)}}=\phi_{[9]}+\phi_{[14]}=1+1=2$$

となる.

手順5 分散分析表(表12.50参照)の作成

表 12.50　分散分析表

要因	平方和 S	自由度 ϕ	平均平方 V	分散比 F_0	$E(V)$
R	S_R	1	$V_A=S_R$	$V_R/V_{E_{(1)}}$	$\sigma_{(2)}^2+2\sigma_{(1)}^2+8\sigma_R^2$
A	S_A	1	$V_A=S_A$	$V_A/V_{E_{(1)}}$	$\sigma_{(2)}^2+2\sigma_{(1)}^2+8\sigma_A^2$
B	S_B	1	$V_B=S_B$	$V_B/V_{E_{(1)}}$	$\sigma_{(2)}^2+2\sigma_{(1)}^2+8\sigma_B^2$
$A\times B$	$S_{A\times B}$	1	$V_{A\times B}=S_{A\times B}$	$V_{A\times B}/V_{E_{(1)}}$	$\sigma_{(2)}^2+2\sigma_{(1)}^2+4\sigma_{A\times B}^2$
$C\times D$	$S_{C\times D}$	1	$V_{C\times D}=S_{C\times D}$	$V_{C\times D}/V_{E_{(1)}}$	$\sigma_{(2)}^2+2\sigma_{(1)}^2+4\sigma_{C\times D}^2$
$E_{(1)}$	$S_{E_{(1)}}$	2	$V_{E_{(1)}}=S_{E_{(1)}}/2$	$V_{E_{(1)}}/V_{E_{(2)}}$	$\sigma_{(2)}^2+2\sigma_{(1)}^2$
C	S_C	1	$V_C=S_C$	$V_C/V_{E_{(2)}}$	$\sigma_{(2)}^2+8\sigma_C^2$
D	S_D	1	$V_D=S_D$	$V_D/V_{E_{(2)}}$	$\sigma_{(2)}^2+8\sigma_D^2$
$A\times C$	$S_{A\times C}$	1	$V_{A\times C}=S_{A\times C}$	$V_{A\times C}/V_{E_{(2)}}$	$\sigma_{(2)}^2+4\sigma_{A\times C}^2$
$A\times D$	$S_{A\times D}$	1	$V_{A\times D}=S_{A\times D}$	$V_{A\times D}/V_{E_{(2)}}$	$\sigma_{(2)}^2+4\sigma_{A\times D}^2$
$B\times C$	$S_{B\times C}$	1	$V_{B\times C}=S_{B\times C}$	$V_{B\times C}/V_{E_{(2)}}$	$\sigma_{(2)}^2+4\sigma_{B\times C}^2$
$B\times D$	$S_{B\times D}$	1	$V_{B\times D}=S_{B\times D}$	$V_{B\times D}/V_{E_{(2)}}$	$\sigma_{(2)}^2+4\sigma_{B\times D}^2$
$E_{(2)}$	$S_{E_{(2)}}$	2	$V_{E_{(2)}}=S_{E_{(2)}}/2$		$\sigma_{(2)}^2$
計	S_T	15			

これまでと同様に，R と 1 次要因は 1 次誤差で，2 次要因は 2 次誤差で検定する．またプーリングを行う場合にはそれぞれの誤差にプールする．(以下省略)

12.8.3　3 水準系直交配列表を用いた分割法のポイント

3 水準系直交配列表を用いた分割法の実施・解析は，2 水準系の場合と同様に行える．

ただし，3 水準系の場合には交互作用が 2 つの列にまたがって現われるので，1 次要因と 2 次要因に分かれる場合があることに注意を要する．3 水準系直交配列表の列も群に分けられており，L_{27} 直交配列表の場合には 3 群まである．

交互作用が現われる列には次のルールがある．

- 異なった群に割り付けられた 2 列間の交互作用は，高い方の次数の群に現われる．

- 同じ群に割り付けられた2列間の交互作用は，1列が同じ群に，他の1列がそれより低い次数の群に現われる．

3水準系直交配列表を用いた分割法においても，1次要因は1次誤差を用いて検定し，1次誤差および2次要因は2次誤差を用いて検定する．同じ交互作用が1次要因と2次要因に分かれた場合も同様である．この場合，一方でも有意であれば，その交互作用は効果があると考える．

12.9 応答曲面法

これまで述べた実験計画法では，要因が温度や添加量といった連続的な値をとる計量値であっても，実験を行う際には水準を設定し，不連続な計数値的な因子として取り扱ってきた．さらに，最適な水準の組合せを求め，母平均の推定などを行ってきた．

しかしながら，実際の要因は連続的な値をとるため，最適な水準の組合せが最適条件となるとは限らない．

“**応答曲面法**”は，応答変数yと連続量である説明変数xの関係を曲面として定め，連続量としての最適水準を求める手法である．

応答曲面法では，p個の説明変数x_1，x_2，…，x_pと応答変数yの関係を，以下のようなモデルで考える．

$$y = f(x_1,\ x_2,\ \cdots,\ x_p) + \varepsilon \quad ただし，\ \varepsilon \sim N(0,\ \sigma^2)$$

関数$E(y) = f(x_1,\ x_2,\ \cdots,\ x_p)$を**応答関数**という．関数形$f$は任意であるが，1次または2次の多項式を用いることが多い．また，応答変数と説明変数との関係を幾何学的に示したものが応答曲面である．

応答関数が説明変数の1次の多項式のときは，

$$E(y) = \beta_0 + \sum_{i=1}^{p} \beta_i x_i$$

となる．これはβに関する線形関数なので，回帰分析と同様に最小2乗法を用いてβ_iを推定することができる．

応答曲面法では経験則に基づくモデルを設定し，実験計画に従ってデータを収集し解析を行う．この実験計画を“**応答曲面計画**”という．実験が効率的に行える計画法として，中心複合計画，ボックス・ベーンケン計画などがある．

12.10 直交多項式

12.10.1 直交多項式とは

一元配置実験などで，取り上げた因子が計量因子で，各水準の間隔が等しく，各水準の繰返し数が等しいとき，その因子の変動を**直交多項式**を使って分解し解析することができる．

直交多項式を用いることで，y の変動に x の p 次多項式，

$$y = b_0 + b_1 x + b_2 x^2 + \cdots + b_p x^p$$

を当てはめる(曲線回帰)ことを，容易に手計算にて行うことができる．

さらに，次数 k の直交多項式に対して平方和 $S_{(k)}$ を求めることができる．$S_{(k)}$ は k 次の多項式の変動の大きさを表す．

12.10.2 直交多項式分解

一元配置実験における直交多項式分解を示す．多項式が直交するとは，積和がゼロになることで，このとき説明変数も独立になる．

l：水準数　　c：水準の間隔　　r：繰返し数

$T_{i\cdot}$：各水準のデータの和

$W_i^{(k)}$，$(\lambda^2 S)_k$，$(\lambda S)_k$：直交多項式の係数表の値

とすると，直交多項式の一般式($k = 3$ 次まで)は，

$$y = \beta_0 + \beta_1(x - \overline{x}) + \beta_2\left\{(x - \overline{x})^2 - \frac{l^2 - 1}{12} \cdot c^2\right\}$$

$$+\beta_3\left\{(x-\bar{x})^3-\frac{3l^3-7}{20}\cdot(x-\bar{x})\cdot c^2\right\}$$

である．このとき，$\sum_{i=1}^{n} i^m$ や $\sum_{i=1}^{n}(i-\bar{i})^m$ の公式から，直交多項式は以下のようになる．

$$W_i^{(1)}=\lambda_1(i-\bar{i}),\ W_i^{(2)}=\lambda_2\left[(i-\bar{i})^2-\frac{l^2-1}{12}\right],$$

$$W_i^{(3)}=\lambda_3\left[(i-\bar{i})^3-\frac{3l^3-7}{20}(i-\bar{i})\right]$$

つまり，$i-\bar{i}=\dfrac{x-\bar{x}}{c}$ と考えれば，本質的に同じ説明変数である．

例えば，$l=3$ のとき，$\lambda_1=1$ では，$W_i^{(1)}=i-2=-1,\ 0,\ 1$ となる．また，$\lambda_2=3$ では，$W_i^{(2)}=3\left[(i-2)^2-\dfrac{(3^2-1)}{12}\right]=1,\ -2,\ 1$ となる．また，これらの積和はゼロで直交している．

一般的には，表12.51の直交多項式係数表を用いて，係数，

$$\hat{\beta}_0=\frac{\sum_i T_{i\cdot}}{lr}$$

$$\hat{\beta}_k=\frac{\sum_i W_i^{(k)}T_{i\cdot}}{(\lambda S)_k\cdot r\cdot c^k}$$

を推定できる．

さらに，k 次の多項式の変動の大きさ $S_{(k)}$ を，

$$S_{(k)}=\frac{\left(\sum_i W_i^{(k)}T_{i\cdot}\right)^2}{(\lambda^2 S)_k\cdot r}$$

と求めることができる．

表 12.51　直交多項式係数表

水準数ℓ	2	3		4			5				6					7				
次数(k)	(1)	(1)	(2)	(1)	(2)	(3)	(1)	(2)	(3)	(4)	(1)	(2)	(3)	(4)	(5)	(1)	(2)	(3)	(4)	(5)
W_1	−1	−1	1	−3	1	−1	−2	2	−1	1	−5	5	−5	1	−1	−3	5	−1	3	−1
W_2	1	0	−2	−1	−1	3	−1	−1	2	−4	−3	−1	7	−3	5	−2	0	1	−7	4
W_3		1	1	1	−1	−3	0	−2	0	6	−1	−4	4	2	−10	−1	−3	1	1	−5
W_4				3	1	1	1	−1	−2	−4	1	−4	−4	2	10	0	−4	0	6	0
W_5							2	2	1	1	3	−1	−7	−3	−5	1	−3	−1	1	5
W_6											5	5	5	1	1	2	0	−1	−7	−4
W_7																3	5	1	3	1
$(\lambda^2 S)_k$	2	2	6	20	4	20	10	14	10	70	70	84	180	28	252	28	84	6	154	84
$(\lambda S)_k$	1	2	2	10	4	6	10	14	12	24	35	56	108	48	120	28	84	36	264	240
$(S)_k$	$\frac{1}{2}$	2	$\frac{2}{3}$	5	4	$\frac{9}{5}$	10	14	$\frac{72}{5}$	$\frac{288}{35}$	$\frac{35}{2}$	$\frac{112}{3}$	$\frac{324}{5}$	$\frac{576}{7}$	$\frac{400}{7}$	28	84	216	$\frac{3168}{7}$	$\frac{4800}{7}$
λ_k	2	1	3	2	1	$\frac{10}{3}$	1	1	$\frac{5}{6}$	$\frac{35}{12}$	2	$\frac{3}{2}$	$\frac{5}{3}$	$\frac{7}{12}$	$\frac{21}{10}$	1	1	$\frac{1}{6}$	$\frac{7}{12}$	$\frac{7}{20}$

これから分散分析表(表 12.52 参照)を作成する．

分散分析の結果，残りの項が有意でなければ3次以上の分解は不要なので，残りを誤差項にプールすればよい．有意であれば，さらに3次，4次と分解すればよく，この場合，1次の項，2次の項の計算結果はそのまま使える．これは直交多項式分解の大きな利点である．なお，$k = l-1$ 次までの分解ができる．

分散分析の結果から回帰式は2次の当てはめがよいということになれば，

表 12.52　分散分析表

要因	平方和 S	自由度 ϕ	平均平方 V	分散比 F_0
A	S_A	$l-1$	$V_A = S_A/(l-1)$	V_A/V_E
1次	$S_{(1)}$	1	$V_{(1)} = S_{(1)}$	$V_{(1)}/V_E$
2次	$S_{(2)}$	1	$V_{(2)} = S_{(2)}$	$V_{(2)}/V_E$
残り	$S_A - S_{(1)} - S_{(2)}$	$l-3$	$V_{(残)} = (S_A - S_{(1)} - S_{(2)})/(l-3)$	$V_{(残)}/V_E$
E	S_E	$lr-l$	$V_E = S_E/(lr-l)$	
計	S_T	$lr-1$		

得られた係数を用い2次までの推定式を求める.

$$\hat{y} = \hat{\beta}_0 + \hat{\beta}_1(x-\overline{x}) + \hat{\beta}_2\left\{(x-\overline{x})^2 - \frac{l^2-1}{12}\cdot c^2\right\}$$

得られた回帰式を，xについて微分し0とおけば，特性yを最適にするxの値を求めることもできる.

12.10.3　直交多項式のポイント

① 直交多項式を利用することで，手計算でも曲線回帰の計算ができる.

② 直交多項式は，各水準の繰返し数が一定で，水準の間隔が一定である場合に適用できる．この条件が満足されない場合は，重回帰分析を行う.

③ 直交多項式分解において，さらに高次の多項式の当てはめを行うときには，今までに計算された回帰係数や平方和をすべてそのまま使うことができ，新たに高次の多項式の回帰係数と平方和を追加すればよい.

④ 二元配置実験の場合にも直交多項式分解を適用できる.

第12章のポイント

(1) 二元配置実験・多元配置実験

取り上げた因子の数が2つの場合を二元配置実験という．因子と水準の組合せごとに実験が繰り返されたものを，繰返しのある二元配置実験といい，交互作用の効果を見ることができる．さらに3因子以上を扱う実験を多元配置実験という．

(2) 直交配列表実験

問題解決の初期段階などでは，少ない実験回数で多くの要因効果を検討することができる直交配列表実験が使われる．

直交配列表実験には，

- 多くの因子を取り上げながら実験回数が少なくてすむ
- 取り上げた因子の主効果と交互作用を検定できる
- 交互作用は事前の情報から「取り上げるもの」と「無視するもの」に分けておく必要がある

などの特徴がある．直交配列表には，2水準の因子を扱う2水準系直交配列表と，3水準の因子を扱う3水準系直交配列表がある．

(3) 直交配列表を用いた多水準法と擬水準法

直交配列表実験を行う際に，すべての因子を2水準または3水準に統一することができない場合に，特定の因子を他の因子とは異なる水準数で実験を行うことができる．

2水準系直交配列表に4水準の因子を含めて実験を行う多水準法，2水準系直交配列表に3水準の因子を含めたり，3水準系直交配列表に2水準の因子を含めて実験を行う擬水準法がある．

(4) 乱塊法

因子の一部にブロック因子と呼ばれる**変量因子**を導入し，それぞれのブロック内での実験を複数のブロックにわたって反復するという実験を行うことがある．このような実験を**乱塊法**という．乱塊法では，ブロック因子の要因効果を検定し，ブロック間変動を推定する．

(5) 分割法

複数の工程にわたって実験を行う場合，工程ごとに実験を分割して行う実験方法を分割法という．分割した工程ごとに実験誤差が生じ，複数の誤差が現われる．

(6) 枝分かれ実験

枝分かれ実験は，各種分散成分の推定を目的とする実験計画法である．さまざまな段階で，発生するロット間誤差，サンプリング誤差，測定誤差などを推定することができる．

(7) 直交配列表を用いた分割法

直交配列表実験においても分割法の適用が可能である．直交配列表を用いた分割法では群を利用し，1次因子，2次因子などを割り付ける．交互作用がどの次数の要因になるかに注意する．

(8) 応答曲面法

応答曲面法は応答変数 y と連続量である説明変数 x の関係を曲面として定め，連続量としての最適水準を求める手法である．

(9) 直交多項式

直交多項式は，各水準の繰返し数が一定で，水準の間隔が一定である場合に適用でき，手計算でも曲線回帰の計算ができる．

第13章

ノンパラメトリック法・感性品質と官能評価手法

13.1　ノンパラメトリック法

多くの統計的手法は，母集団の特性が特定の分布，特に正規分布に従うことが仮定できる場面で適用するものであった．これらの手法は，母数(パラメータ)に関して統計的な推測を行うもので，**パラメトリック法**と呼ばれる．

これに対し，母集団の分布が特定できない場合に用いる統計的手法があり，これを**ノンパラメトリック法**という．

ノンパラメトリック法には以下の特徴がある．

①　分類データや順位データしか得ることのできない場合にも適用できる

数値化が困難であるが，分類や順位づけは可能な場合に有効である．

②　特定の分布を仮定する必要がない

パラメトリック法では，通常正規分布を仮定するが，正規性が確認できない場合や正規性が否定された場合でも，ノンパラメトリック法は適用が可能である．

③　外れ値の影響を受けにくい

ノンパラメトリック法では，順位などに基づいて統計的推測を行う．そのためデータに外れ値が含まれていても，それらの影響を受けにくい．この性質を外れ値に対して頑健性(ロバストネス)があるという．

13.1.1　主なノンパラメトリック法

主なノンパラメトリック法を以下にまとめる．

(1)　2つの母集団に関する推測(対応のないデータの場合)

パラメトリック法と同様に，母平均に関する検定と母分散に関する検定に関するノンパラメトリック法である．順位データを用いて分布の中心やばらつきの大きさを評価し検定を行う(表13.1参照)．

表 13.1　2つの母集団に関する推測(対応のないデータの場合)

手法名	仮　説	検定統計量
ウィルコクソン検定	2つの母集団の分布の中心位置について, H_0：2つの母集団の分布の中心位置は等しい	データ数が少ないほうのデータの順位和 W
ムッド検定	2つの母集団の分布のばらつき（σ_A, σ_B）について, H_0：$\sigma_A = \sigma_B$	$M=\sum_{i=1}^{m}\left\{R_i-\frac{(N+1)}{2}\right\}^2$ R_i：サンプルの大きさの小さいほうの順位データ N：総データ数

(2)　1つの母集団に関する推測

パラメトリック法と同様に，1つの母平均に関するノンパラメトリック法である(表 13.2 参照)．順位データを用いない符号検定もある．

表 13.2　1つの母集団に関する推測

手法名	仮　説	検定統計量
ウィルコクソンの符号付き順位検定	1つの母集団の分布の中心位置θについて, H_0：$\theta = \theta_0$（基準値） 本手法を用いて対応のある2つのデータの中心位置の差の検定も行える.	$WS=\sum_{i=1}^{m}R_i$ R_i：θ_0より大きなデータの順位
符号検定	対応のあるデータの差の符号情報のみを利用して，中心位置の差の検出を行う.	$n_{(+)}$と$n_{(-)}$の小さいほう $n_{(+)}$：差が正の数 $n_{(-)}$：差が負の数

(3)　相関分析法

二次元正規分布を仮定しない場合に用いられる相関分析法である(表 13.3 参照)．

表 13.3　相関分析法

手法名	内　容
スピアマンの順位相関係数	順位データの試料相関係数 r_S を用いて，2変数に相関関係があるかどうかを検定する．
ケンドールの順位相関係数	$(X_i - X_j)(Y_i - Y_j)$ の符号が一致する数と一致しない数を用いて，2変数に相関関係があるどうかを検定する．
符号検定	メディアン線で区分されたⅠ～Ⅳ象限内にある点の数を数え，$n_{(+)}$ = Ⅰ+Ⅲの数と $n_{(-)}$ = Ⅱ+Ⅳの数の小さいほうを符号検定表の有意点と比較し判定する．

(4)　分散分析法

順位データの平方和を用いて分散分析を行うことができる(表 13.4 参照)．

表 13.4　分散分析法

手法名	内　容
クラスカル・ウォリス検定	一元配置実験に対応するノンパラメトリック法．
フリードマン検定	二元配置実験，乱塊法に対応するノンパラメトリック法．
ケンドールの一致係数	審査員が審査対象に与えた順位に一致性があるかどうかを判定するのに用いる．

13.1.2　ノンパラメトリック法の解析

ノンパラメトリック法の解析の一例として，例題 13.1 にウィルコクソン検定の解析手順を示す．

例題 13.1

ある化成品の電気抵抗値は，左に裾を引いたひずんだ分布となっている．

今回この製品の抵抗値を小さくする対策を行い，以下のデータを得た．このデータを用いてウィルコクソン検定を行う．

従来法：20，35，110，120，150，170

対策法：15，40，80，90，115，125，140

解説

手順1　仮説の設定

帰無仮説 H_0：従来法と対策法に違いはない

対立仮説 H_1：対策法が従来法より低い値をとる

手順2　有意水準の設定

$\alpha = 0.05$

手順3　順位を求める

13個のデータに対して値の小さいほうから順位をつける（表13.5参照）．

表13.5　順位データ

製造法	順位データ							計
従来法	2	3	7	9	12	13		W = 46
対策法	1	4	5	6	8	10	11	W′ = 45

（注）　W + W′ = 91

手順4　統計量Wを求める

データ数の少ないほうのサンプルの大きさを m とする．

$m = 6$（従来法のデータ数），$n = 7$（対策法のデータ数）

データ数の少ないほう（従来法）のデータの順位和から，

W = 46

となる．

手順5　判定と結論

片側検定であるので，Wの値が大きすぎるときに有意と判定する．付表11の「ウィルコクソン検定の有意点」より，$(m, n) = (6, 7)$ に対する上側の有意点は $w_u(0.05) = 55$ であるので，

$$W = 46 < w_u(0.05) = 55$$

となり，有意水準5%で有意ではない．すなわち，対策法が従来法より低い値をとるとはいえない．

13.2 感性品質と官能評価手法

13.2.1 感性品質

“**感性品質**”とは，人間の感覚だけでなく，人間の情緒や感情，気持ちや気分，好感度，選好，快適性，使いやすさ，生活の豊かさなどの「感じ方」をも含んだ品質のことをいう．

生産現場における官能評価では，感情や感性が加わっては正しい判断はできない．しかし，顧客が新製品をどう評価するかは，顧客の感性そのものの判断といえる．

人の行動は，感情に影響を受けるだけでなく，理屈や損得勘定といった理性的な側面に基づく場合も多い．感性と理性は対極にあるといえる．

最近の新しい商品は，感性に訴えるものが多くなってきている．品質管理の分野でも，科学的な計測や試験に加え，官能評価や感性評価が重要な位置を占める時代になってきている．

13.2.2 官能評価手法

(1) 官能評価とは

官能評価に関する用語として，JIS Z 8144：2004では，表13.6のように定義している．

表 13.6　官能評価の用語

用　語	定　義
官能特性	人の感覚器官が感知できる属性
官能評価分析	官能特性を人の感覚器官によって調べることの総称
官能評価	官能評価分析に基づく評価
官能試験	官能評価分析に基づく検査・試験

すなわち，官能評価(分析)とは，「**官能特性**を人の感覚器官である五官によって調べ評価すること」である．ここで，**五官**とは，五感を感じる五つの器官(**目**，**耳**，**鼻**，**舌**，**皮膚**)をいい，**五感**とは，**視覚**，**聴覚**，**きゅう(嗅)覚**，**味覚**，**触覚**のことをいう．

(2)　官能評価の特徴

官能評価の特徴は，下記のようなものがある．

- ばらつきが大きく，結果が安定しない
- 検査のたびに，結果が大きく変わる
- 官能試験に参加する評価者(パネリストという．集団の場合はパネルと呼ぶ)の評価能力が極めて重要であり，訓練が必要である

(3)　官能評価におけるデータ

官能評価における特性値は，数値によるもののほか，言語，図や写真，検査見本などによって表現される．

このうち，数値データは，分類データや順位データなどが多く用いられ，これらの解析にはノンパラメトリック法が適用されることが多い．

(4)　官能評価の試験方法

官能評価では，特殊な試験方法が用いられることが多い．JIS Z 9080：2004 に記載されている試験方法を表 13.7 に示す．

表 13.7　官能評価の試験方法

タイプ	概　略
感度試験	評価者の選抜および訓練によく用いられる． 次の３つのタイプがある． • 評価者のいき(閾)値を確かめるための試験 • 腐敗検知試験のように，ある濃度の物質とそれ以外の低濃度の物質が共存する場合と共存しない場合の試験 • 下降系列または上昇系列を用いた希釈法
識別試験法	２つの試料に差があるかどうかを決定するために用いられる． • ２点試験法 • ３点試験法 • １対２点試験法 • ２対５点試験法 • Ａ非Ａ試験法 がある．
尺度およびカテゴリーを用いる試験方法	差の順番もしくは大きさ，または試料が該当するカテゴリーもしくは分類を評価するのに用いる． • 順位法 • 分類 • 格付け法 • 採点法 • 等級付け がある．
分析形試験法または記述的試験法	１つ以上の官能特性について定性的，かつ，定量的に特徴をとらえるために，１つ以上の試料に適用する． • 簡単な記述的試験法 • 定量的記述試験法およびプロファイル法 がある．

第13章のポイント

(1)　ノンパラメトリック法

ノンパラメトリック法は，母集団の分布が特定できない場合に用いる統計手法であり，以下の特徴がある．

- 分類データや順位データしか得ることのできない場合にも適用できる．
- 特定の分布を仮定する必要がない．
- 外れ値の影響を受けにくい．

(2)　感性品質

感性品質とは，人間の感覚だけでなく，人間の情緒や感情，気持ちや気分，好感度，選好，快適性，使いやすさ，生活の豊かさなどの「感じ方」をも含んだ品質のことをいう．

(3)　官能評価分析

官能評価(分析)とは，「官能特性を人の感覚器官である五官によって調べ評価すること」である．ここで，五官とは，五感を感じる五つの器官(目，耳，鼻，舌，皮膚)をいい，五感とは，視覚，聴覚，きゅう(嗅)覚，味覚，触覚のことをいう．

第14章

相関分析・回帰分析

14.1　相関分析・回帰分析とは

(1)　相関分析と回帰分析

複数の変数に関する分析方法としては相関分析と回帰分析がある．“**相関分析**”が，2つの連続量の関係性を見るのに対して，“**回帰分析**”では目的となる変数があり，これをいくつかの変数で説明する．相関分析の基本は“**散布図**”である．外れ値の有無や曲線関係の有無など，散布図でしか見つけられない情報を得ることが大切である．直線関係の強さは相関係数で調べる．2つの離散量の関係性は**分割表**で調べることができる．

(2)　単回帰分析と重回帰分析

回帰分析とは，ある変量によって，他のある変量の予測や制御を行うことを目的とする代表的な手法である．ここで，「予測や制御の対象となる変量」を“**目的変数**”といい，記号 y で表わす．また，「予測や制御に用いる変量」を“**説明変数**”といい，その個数が p 個の場合，記号 x_1，x_2，…，x_p で表わす．また，これらの変量に対して，どのような関数を想定して予測や制御を行うかも大切である．関数の選択として，まず，説明変数に関するもっとも単純な次の構造式を仮定する．

$$y = \beta_0 + \beta_1 x_1 + \beta_2 x_2 + \cdots + \beta_p x_p + \varepsilon \tag{14.1}$$

ただし，誤差 ε は正規分布 $N(0,\ \sigma^2)$ に従うとする．この構造式は，目的変数である y が，説明変数 x_1，x_2，…，x_p の一次式に誤差 ε を伴って測定されると考えている．ここで，β_0，β_1，…，β_p は“**回帰母数**”と呼ばれ，特に β_1，…，β_p は“**偏回帰係数**”と呼ばれる．また，「説明変数が1つの場合の回帰分析」は“**単回帰分析**”(14.3節)，2つ以上の場合は“**重回帰分析**”(14.4節)と呼んで区別される．

また，(14.1)式で $x_1 = x$，$x_2 = x^2$，…，$x_p = x^p$，とおくと，

$$y = \beta_0 + \beta_1 x + \beta_2 x^2 + \cdots + \beta_p x^p + \varepsilon \tag{14.2}$$

のように，p 次式も線形モデルによって扱うことができる．

(3)　データの診断(回帰診断)

回帰分析では，想定したモデルが正しいかどうかを検証することができる．これを回帰診断という．14.5 節では，回帰分析を実際のデータに適用する際に考慮すべきこととして，説明変数の関数の選択や，分析に用いる種々のモデルの選択などの回帰診断の考え方について紹介する．

14.2　相関分析

2 つの変数の相関関係を把握するには，標本相関係数を求める．この結果を用いれば，無相関の検定は，t 表を使って実施できる．特定の相関係数との一致性の検定や区間推定は，z 変換を用いて行うことができる．

14.2.1　標本相関係数

標本相関係数 r は，2 次元のデータから次の計算式を用いて，平方和 S_{xx}，S_{yy} と偏差積和 S_{xy} を求めることで得られる．

$$x \text{ の平方和}：S_{xx} = \sum_{i=1}^{n} (x_i - \overline{x})^2 = \sum_{i=1}^{n} x_i^2 - \frac{1}{n}\left(\sum_{i=1}^{n} x_i\right)^2$$

$$y \text{ の平方和}：S_{yy} = \sum_{i=1}^{n} (y_i - \overline{y})^2 = \sum_{i=1}^{n} y_i^2 - \frac{1}{n}\left(\sum_{i=1}^{n} y_i\right)^2$$

$$x \text{ と } y \text{ の偏差積和}：S_{xy} = \sum_{i=1}^{n} (x_i - \overline{x})(y_i - \overline{y})$$

$$= \sum_{i=1}^{n} x_i y_i - \frac{1}{n}\left(\sum_{i=1}^{n} x_i\right)\left(\sum_{i=1}^{n} y_i\right)$$

$$\text{標本相関係数}：r = \frac{S_{xy}}{\sqrt{S_{xx} S_{yy}}}$$

標本相関係数は単位がなく，-1 から 1 までの値をとる．1 に近い場合は右上がりの直線状に分布しており，強い正の相関関係があるという．逆

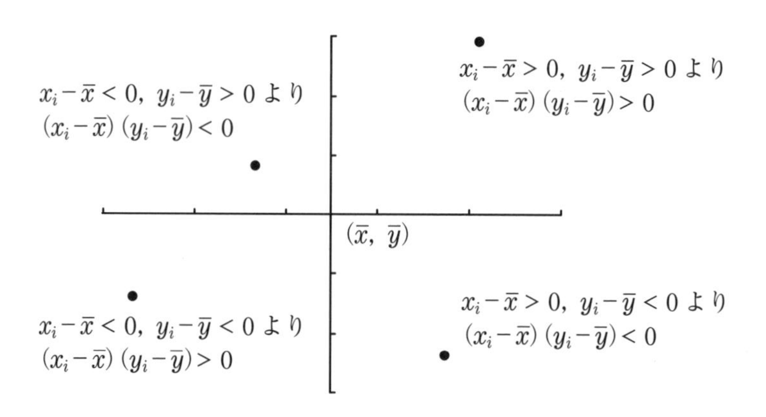

図 14.1　4つに分割された領域における偏差の積

に，-1 に近い場合は右下がりの直線状に分布しており，強い負の相関関係があるという．

標本相関係数の符号は，分子の偏差積和の符号で決まる．これは，x と y の平均値で4つに分割された領域で，右上や左下にデータが多いとプラスになり，逆に右下や左上にデータが多いとマイナスになる傾向がある（図 14.1 参照）．しかし，偏差積和では，データの単位によって数値が変化するので，各々の変数の標準偏差で割って標本相関係数を求める．したがって，標本相関係数は無単位の数になる．

例題 14.1

品質特性 y と製造条件 x との関係を調査するために実験を行い，表 14.1 のデータを得た．この30組のデータについて，散布図を描き考察せよ．また，平方和，偏差積和，標本相関係数を求めよ．

解説

散布図より，とくに外れ値もなく，製造条件と品質特性には「正の相関」があると思われる（図 14.2 参照）．x の平方和，y の平方和，偏差積和，標本相関係数は，以下のように求められる．

表 14.1　データ表

No.	製造条件 x	品質特性 y	No.	製造条件 x	品質特性 y	No.	製造条件 x	品質特性 y
1	78.7	68	11	75.0	48	21	72.5	60
2	70.8	33	12	75.6	59	22	74.8	49
3	77.1	45	13	75.2	65	23	72.1	41
4	74.4	36	14	79.0	60	24	73.8	63
5	71.9	45	15	75.3	60	25	73.9	38
6	73.2	37	16	74.2	41	26	78.4	72
7	76.1	49	17	71.4	46	27	77.0	67
8	74.1	45	18	73.4	53	28	77.5	63
9	73.1	49	19	76.5	67	29	77.3	71
10	75.1	74	20	72.8	45	30	75.7	54

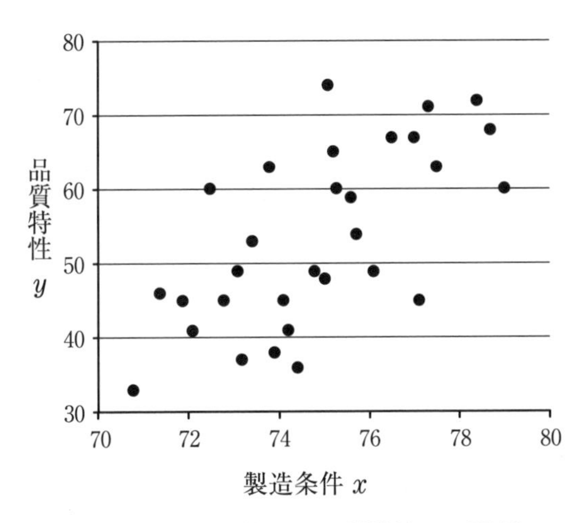

図 14.2　製造条件 x と品質特性 y の関係

$$S_{xx} = \sum_{i=1}^{n} (x_i - \overline{x})^2 = \sum_{i=1}^{n} x_i^2 - \frac{1}{n}\left(\sum_{i=1}^{n} x_i\right)^2$$

$$= (78.7^2 + 70.8^2 + \cdots + 75.7^2) - \frac{(78.7 + 70.8 + \cdots + 75.7)^2}{30} = 138.71$$

$$S_{yy} = \sum_{i=1}^{n} (y_i - \overline{y})^2 = \sum_{i=1}^{n} y_i^2 - \frac{1}{n}\left(\sum_{i=1}^{n} y_i\right)^2$$

$$= (68^2 + 33^2 + \cdots + 54^2) - \frac{(68 + 33 + \cdots + 54)^2}{30} = 4101.37$$

$$S_{xy} = \sum_{i=1}^{n} (x_i - \overline{x})(y_i - \overline{y}) = \sum_{i=1}^{n} x_i y_i - \frac{1}{n}\left(\sum_{i=1}^{n} x_i\right)\left(\sum_{i=1}^{n} y_i\right)$$

$$= (78.7 \times 68 + 70.8 \times 33 + \cdots + 75.7 \times 54)$$

$$- \frac{(78.7 + 70.8 + \cdots + 75.7)(68 + 33 + \cdots + 54)}{30} = 492.58$$

$$r = \frac{S_{xy}}{\sqrt{S_{xx}\, S_{yy}}} = \frac{492.58}{\sqrt{138.71 \times 4101.37}} = 0.653$$

14.2.2 無相関の検定

一般的に，データ数が少ないとき，統計量の信頼性は低い．「母相関係数ρが0かどうかの検定」を“**無相関の検定**”というが，この場合もデータが何組あるかが重要である．まず，(標本)相関係数から次の値を求める．

$$t_0 = \frac{r\sqrt{n-2}}{\sqrt{1-r^2}}$$

帰無仮説H_0：$\rho=0$の下で，このt_0は，自由度$\phi=n-2$のt分布に従うことを利用すると検定が実施できる．具体的には，データの組数nと，有意水準αが与えられると，両側検定の場合，t分布表から両側100α%点$t(n-2,\ \alpha)$の値を読み取り，統計量t_0の絶対値がこの値を上回ると有意である，すなわち$\rho \neq 0$と判定される．

例題 14.2

表14.1のデータで，無相関の検定を行え．

解説

$$t_0 = \frac{r\sqrt{n-2}}{\sqrt{1-r^2}} = \frac{0.653 \times \sqrt{30-2}}{\sqrt{1-0.653^2}} = 4.563 > t(30-2,\ 0.05) = 2.048$$

となり，有意水準5%で有意であり，無相関ではないことがわかる．

14.2.3 z 変換

標本相関係数 r は，一般的には左右非対称の分布になる．このままでは，検定や推定を行うのは難しい．そこで，次の z 変換が考えられた．

$$z = \frac{1}{2}\ln\frac{1+r}{1-r} = \tanh^{-1} r$$

この変換を行うと，z は，期待値が $\tanh^{-1}\rho + \frac{\rho}{2(n-1)}$，分散が母相関係数 ρ によらず $\frac{1}{n-3}$ という一定値の正規分布で近似できる(図 14.3 参照)．分散が一定になることで，次項以降で述べるように，比較的容易に検定や推定ができる．

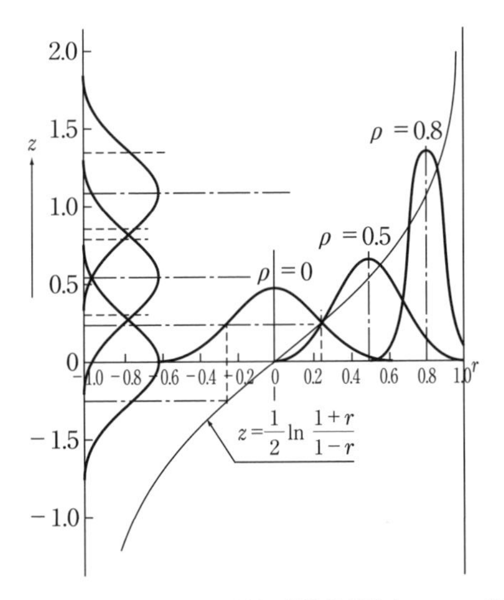

出典：日科技連 QCリサーチ・グループ編，『統計理論』，JUSE 出版社，1959 年

図 14.3　z 変換による正規分布への近似(n = 20 の場合)

14.2.4 母相関係数の一般的な値との検定

例えば，工程改善後の相関係数 ρ が，従来の相関係数 ρ_0 に一致するかどうかを調べたいときの手順は以下のようになる．

手順1 帰無仮説 H_0：$\rho=\rho_0$，対立仮説 H_1：$\rho\neq\rho_0$

手順2 有意水準を α とする．

手順3 n 組のデータから，(標本)相関係数 r とその z 変換値 $z=\tanh^{-1}r$ を求める．

手順4 検定統計量 $u_0=\sqrt{n-3}\left\{z-\left(\tanh^{-1}\rho_0+\dfrac{\rho_0}{2(n-1)}\right)\right\}$ を計算する．

手順5 $|u_0|\geqq u(\alpha)$ のときに有意となる．

例題 14.3

従来の相関係数が0.4だとして，工程改善後のデータが表14.1で与えられたとすると，従来の相関係数より大きくなったかどうかの検定を行え．

解説

H_0：$\rho=0.4$ と H_1：$\rho>0.4$ の検定となる．有意水準を5%とするとき，

$$z=\tanh^{-1}r=\tanh^{-1}0.653=0.781$$

となる．よって，

$$u_0=\sqrt{n-3}\left\{z-\left(\tanh^{-1}\rho_0+\frac{\rho_0}{2(n-1)}\right)\right\}$$

$$=\sqrt{30-3}\left\{0.781-\left(\tanh^{-1}0.4+\frac{0.4}{2(30-1)}\right)\right\}=1.821$$

これは $u(2\alpha)=u(0.10)=1.645$ より大きいので，有意水準5%で従来の相関係数より大きくなったといえる．

14.2.5 母相関係数の区間推定

区間推定を行う際には，z の期待値の第2項は第1項に比べて小さいと

考えて，期待値がその $\tanh^{-1}\rho$，分散が $\dfrac{1}{n-3}$ である正規分布で近似する 95% 信頼区間を求める手順は以下のようになる．

手順 1　n 組のデータから，標本相関係数 r を求める．

手順 2　標本相関係数 r の z 変換値 z を求める．

$$z = \frac{1}{2}\ln\frac{1+r}{1-r} = \tanh^{-1} r$$

手順 3　z 変換値の 95% 信頼区間の上限 z_U と下限 z_L を求める．

$$z\text{ 変換値の上限：}z_U = z + \frac{1.960}{\sqrt{n-3}}$$

$$z\text{ 変換値の下限：}z_L = z - \frac{1.960}{\sqrt{n-3}}$$

手順 4　母相関係数 ρ の 95%信頼区間の上限 ρ_U と下限 ρ_L を求める．

$$\rho_U = \frac{\exp(2z_U)-1}{\exp(2z_U)+1} = \tanh(z_U)$$

$$\rho_L = \frac{\exp(2z_L)-1}{\exp(2z_L)+1} = \tanh(z_L)$$

（注）　この方法で求めた信頼限界は，図 14.3 からわかるように，分散が同じ値なので，うまく推定できる．

例題 14.4

表 14.1 のデータでの母相関係数の 95% 区間推定を行え．

解説

$$z = \tanh^{-1} r = \tanh^{-1} 0.653 = 0.781$$

より，

$$z_U,\ z_L = z \pm \frac{1.960}{\sqrt{n-3}} = 0.781 \pm \frac{1.960}{\sqrt{30-3}} = 0.781 \pm 0.377 = 0.404,\ 1.158$$

となる．よって，母相関係数の区間推定は，

$$\rho_U = \tanh(z_U) = \tanh(1.158) = 0.820$$

$$\rho_L = \tanh(z_L) = \tanh(0.404) = 0.383$$

と求められる．

14.3　単回帰分析

2つの連続的な値をとる変量に対して，片方の変量でもう一方を「予測」したり「制御」したりすることを目的とする手法を“**単回帰分析**”と呼ぶ．一方，離散的な値(回数や個数などのとびとびの値)や分類値(品種や号機別などの分類された値)をとる2つの変量に対しては「分割表」(9.3.6項参照)という手法がある．説明変数が連続的な値で，目的変数が離散的な値をとる場合には，「判別分析」(15.2節参照)という手法がある．

14.3.1　データと種々の統計量

2次元のデータとして，(x_1, y_1)，(x_2, y_2)，…，(x_n, y_n)が得られたとする．このとき，以下の5つの統計量(平均と平方和・偏差積和)を求める．一般的に回帰分析における回帰母数の検定や推定は，これら5つの統計量のみから，すべて行われる．ここで，散布図におけるプロットの偏りなどは計算結果からは判別できないので，直接，図から読み取る必要があることに注意する必要がある．

$$x\text{の平均：}\overline{x} = \frac{1}{n}\sum_{i=1}^{n} x_i,\quad y\text{の平均：}\overline{y} = \frac{1}{n}\sum_{i=1}^{n} y_i$$

$$x\text{の平方和：}S_{xx} = \sum_{i=1}^{n}(x_i - \overline{x})^2$$

$$y\text{の平方和：}S_{yy} = \sum_{i=1}^{n}(y_i - \overline{y})^2$$

$$x\text{と}y\text{の偏差積和：}S_{xy} = \sum_{i=1}^{n}(x_i - \overline{x})(y_i - \overline{y}) \qquad (14.3)$$

14.3.2 単回帰分析でのデータの構造式

単回帰分析では，目的変数 y と説明変数 x について n 回測定を行い，得られたデータ $(x_i,\ y_i)$，$i = 1, 2, \cdots, n$ に対して，次の構造式を仮定する．

$$y_i = \beta_0 + \beta_1 x_i + \varepsilon_i \quad ただし，\ \varepsilon_i \sim N(0,\ \sigma^2) \tag{14.4}$$

14.3.3 最小 2 乗法

回帰分析において重要なことは，y の予測値が実測値 y_i に近いことである．そこで，このズレの 2 乗和を最小にする考え方が“**最小 2 乗法**”であり，具体的には，直線 $y = a + bx$ を想定して，実測値と予測値のズレの平方和を $Q(a,\ b)$ とおき，これを最小にする a，b を求める．

$$\begin{aligned} Q(a,\ b) &= \sum_{i=1}^{n} \{y_i - (a + bx_i)\}^2 \\ &= \sum_{i=1}^{n} \{(y_i - \overline{y}) - b(x_i - \overline{x}) + (\overline{y} - a - b\overline{x})\}^2 \\ &= S_{xx}\left(b - \frac{S_{xy}}{S_{xx}}\right)^2 + n(\overline{y} - a - b\overline{x})^2 + S_{yy} - \frac{S_{xy}{}^2}{S_{xx}} \end{aligned}$$

この式から，$b = \dfrac{S_{xy}}{S_{xx}}$ かつ $\overline{y} - a - b\overline{x} = 0$ のとき，$Q(a,\ b)$ は最小になるとわかる．この最小値を達成する a，b の式を，回帰母数 β_0，β_1 の最小 2 乗推定量

$$\hat{\beta}_0 = \overline{y} - \hat{\beta}_1 \overline{x} = \overline{y} - \frac{S_{xy}}{S_{xx}} \overline{x}$$

$$\hat{\beta}_1 = \frac{S_{xy}}{S_{xx}}$$

という．

このとき，得られる“**回帰式**”は次のようになる．

$$y = \hat{\beta}_0 + \hat{\beta}_1 x = (\overline{y} - \hat{\beta}_1 \overline{x}) + \hat{\beta}_1 x = \overline{y} + \hat{\beta}_1 (x - \overline{x})$$

つまり，この回帰式は，必ず $(\overline{x},\ \overline{y})$ を通る直線である．また，説明変

数が $x=x_i$ のときの“**予測値**”は，

$$\hat{y}_i=\hat{\beta}_0+\hat{\beta}_1 x_i=\overline{y}+\hat{\beta}_1(x_i-\overline{x})$$

で与えられる．また，「実測値 y_i と予測値 $\hat{y}_i$ との差」を“**残差**”，

$$e_i = y_i - \hat{y}_i$$

という．

14.3.4 平方和の分解

回帰分析とは，目的変数の変動を，予測式でどの程度説明できているかがポイントである．データの変動 $y_i-\overline{y}$ を，回帰による変動 $\hat{y}_i-\overline{y}$ と残差変動 $y_i-\hat{y}_i$ に分解すると，これら3つの平方和は，次の式で求められる．

$$\text{総平方和}：S_T=\sum_{i=1}^{n}(y_i-\overline{y})^2=S_{yy}$$

$$\text{回帰平方和}：S_R=\sum_{i=1}^{n}(\hat{y}_i-\overline{y})^2=\sum_{i=1}^{n}\left[\left\{\overline{y}+\hat{\beta}_1(x_i-\overline{x})\right\}-\overline{y}\right]^2$$

$$=\hat{\beta}_1^{\,2}S_{xx}=\frac{S_{xy}^{\;2}}{S_{xx}}$$

$$\text{残差平方和}：S_e=\sum_{i=1}^{n}(y_i-\hat{y}_i)^2=\sum_{i=1}^{n}\left[y_i-\left\{\overline{y}+\hat{\beta}_1(x_i-\overline{x})\right\}\right]^2$$

$$=\sum\left\{(y_i-\overline{y})-\hat{\beta}_1(x_i-\overline{x})\right\}^2$$

$$=S_{yy}-2\hat{\beta}_1S_{xy}+\hat{\beta}_1^2S_{xx}$$

$$=S_{yy}-\frac{S_{xy}^{\;2}}{S_{xx}}$$

よって，これらには，$S_T(S_{yy})=S_R+S_e$ の関係がある．これを“**平方和の分解**”という．図14.4に平方和の分解をグラフで示す．

「総平方和のうちの回帰平方和の割合」を“**寄与率**”R^2 と呼ぶ．これは，平方和の分解から必ず0から1の範囲の値をとり，回帰式にどの程度の意味があるかを表わす尺度でもある．また，

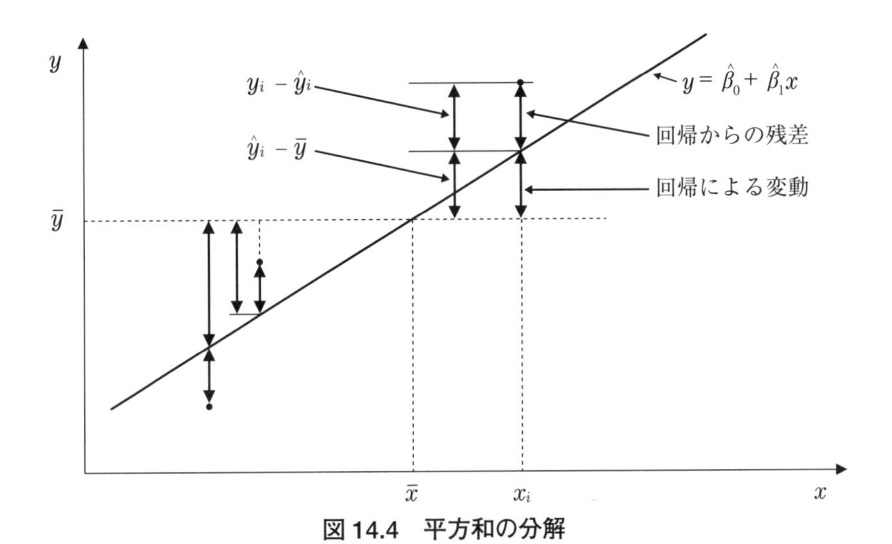

図 14.4　平方和の分解

$$\text{寄与率：} R^2 = \frac{S_R}{S_T} = \frac{S_{xy}^{\ 2}}{S_{xx}} \Big/ S_{yy} = r^2$$

と計算でき，x と y の相関係数 r の 2 乗にも一致している．

14.3.5 回帰母数の推定

回帰母数 β_0，β_1 の推定量は，いずれも正規分布の定数倍の和であるから，正規分布の再生性より，以下の正規分布に従うことがわかる．

$$\hat{\beta}_0 = \bar{y} - \hat{\beta}_1 \bar{x} = \bar{y} - \frac{S_{xy}}{S_{xx}} \bar{x} \sim N\left(\beta_0,\ \left(\frac{1}{n} + \frac{\bar{x}^2}{S_{xx}}\right) \sigma^2\right)$$

$$\hat{\beta}_1 = \frac{S_{xy}}{S_{xx}} \sim N\left(\beta_1,\ \frac{\sigma^2}{S_{xx}}\right)$$

偏回帰係数 β_1 に対して標準化すると，次の式 u が標準正規分布 $N(0,\ 1^2)$ に従う．

$$u = \frac{\hat{\beta}_1 - \beta_1}{\sqrt{\sigma^2 / S_{xx}}} \sim N(0,\ 1^2)$$

この分母の誤差分散 σ^2 に，その推定量として $V_e = S_e / \phi_e = S_e / (n-2)$

を代入すれば，次の式 t が自由度 $\phi_e = n-2$ の t 分布に従う．

$$t = \frac{\hat{\beta}_1 - \beta_1}{\sqrt{V_e / S_{xx}}} \sim t(n-2) \tag{14.5}$$

これを利用すれば，偏回帰係数の検定や推定ができる．

14.3.6 回帰に意味があるかどうかの検定

回帰に意味があるかどうか，ということは，具体的には偏回帰係数（傾き）が $\beta_1=0$ かどうかの検定である．(14.5)式を用いて，以下の手順で検定が可能である．

手順1　帰無仮説 H_0：$\beta_1=0$，対立仮説 H_1：$\beta_1 \neq 0$

手順2　有意水準を α とする．

手順3　n 組のデータから，S_{xx}，S_{yy}，S_{xy} や $\hat{\beta}_1=S_{xy}/S_{xx}$，$S_e=S_{yy}-S_{xy}^2/S_{xx}$，$V_e=S_e/(n-2)$ を求める．

手順4　検定統計量 $t_0 = \dfrac{\hat{\beta}_1}{\sqrt{V_e / S_{xx}}}$ を計算する．

手順5　$|t_0| \geqq t(n-2,\ \alpha)$ のときに有意と判定する．

14.3.7 回帰直線の傾きが従来と異なるかどうかの検定

回帰直線の傾きが従来の傾き β_{10} と異なるかどうかを調べるには，改善後の偏回帰係数 β_1 が β_{10} かどうかの検定を行えばよい．よって，前項の手順1と手順4だけを以下のように変更すれば分析できる．

手順1　帰無仮説 H_0：$\beta_1=\beta_{10}$，対立仮説 H_1：$\beta_1 \neq \beta_{10}$

手順4　検定統計量 $t_0 = \dfrac{\hat{\beta}_1 - \beta_{10}}{\sqrt{V_e / S_{xx}}}$ を計算する．

14.3.8 偏回帰係数の区間推定

区間推定も，14.3.5項の(14.5)式から導かれる．以下に，$100(1-\alpha)\%$

信頼区間を求める手順について述べる．

手順1　n 組のデータから，S_{xx}，S_{yy}，S_{xy} や $\hat{\beta}_1 = S_{xy}/S_{xx}$，
$S_e = S_{yy} - S_{xy}^2/S_{xx}$，$V_e = S_e/(n-2)$ を求める．

手順2　母偏回帰係数 β_1 の $100(1-\alpha)$% 信頼区間の上限 β_{1U} と下限 β_{1L} を求める．

$$\beta_{1U} = \hat{\beta}_1 + t(n-2, \alpha)\sqrt{V_e/S_{xx}}$$
$$\beta_{1L} = \hat{\beta}_1 - t(n-2, \alpha)\sqrt{V_e/S_{xx}}$$

例題 14.5

製品の品質特性 y と処理前の品質特性 x との関係を調べるために，表14.1 の 30 組のデータが得られたとする．以下の解析を行う．

解説

(1)　平方和と回帰母数の計算

表 14.1 の合計より，$\sum x_i = 2245.9$，$\sum y_i = 1603$ であるから，$\bar{x} = 74.863$，$\bar{y} = 53.433$ である．

また例題 14.1 より，$S_{xx} = 138.71$，$S_{yy} = 4101.4$，$S_{xy} = 492.58$ である．これらを用いて，以下の計算を行う．

$$S_R = \frac{S_{xy}^2}{S_{xx}} = \frac{492.58^2}{138.71} = 1749.2$$

$$S_e = S_{yy} - S_R = 4101.4 - 1749.2 = 2352.2$$

$$\hat{\beta}_1 = \frac{S_{xy}}{S_{xx}} = \frac{492.58}{138.71} = 3.5511$$

$$\hat{\beta}_0 = \bar{y} - \hat{\beta}_1 \bar{x} = 53.433 - 3.5511 \times 74.863 = -212.413$$

(2)　回帰式の推定

$$\hat{\mu} = -212.413 + 3.5511x$$
$$= 53.433 + 3.5511(x - 74.863)$$

(3)　分散分析表(表 14.2 参照)

表 14.2　分散分析表

要因	S	ϕ	V	F_0
回帰	1749.2	1	1749.2	20.8**
残差	2352.2	28	84.007	
計	4101.4	29		

(4)　寄与率

$$\frac{S_R}{S_T}=\frac{1749.2}{4101.4}=0.426$$

(5)　回帰母数の検定と推定

①　β_1 が従来の回帰式での傾き 4.5 と異なるかどうかを検定し，信頼率 95% で区間推定する．

H_0：$\beta_1=\beta_{10}(=4.5)$

H_1：$\beta_1\neq\beta_{10}$

$\alpha=0.05$

検定統計量：

$$t_0=\frac{\hat{\beta}_1-\beta_{10}}{\sqrt{\dfrac{V_e}{S_{xx}}}}=\frac{3.5511-4.5}{\sqrt{\dfrac{84.007}{138.71}}}=-1.219$$

$$|t_0|=1.219<t(28,\ 0.05)=2.048$$

となり，従来の回帰係数と異なるとはいえない．

信頼率 95% の信頼区間は

$$\hat{\beta}_1\pm t(28,\ 0.05)\sqrt{\frac{V_e}{S_{xx}}}=3.5511\pm2.048\times\sqrt{\frac{84.007}{138.71}}=3.5511\pm1.5938$$

$$=1.957,\ 5.145$$

となる．

②　$x=\overline{x}=74.863$ における切片 β_0' が 50 かどうかを検定し，信頼率 95% で区間推定する．

H_0：$\beta_0' = \beta_{00}'(= 50)$

H_1：$\beta_0' \neq \beta_{00}'$

$\alpha = 0.05$

検定統計量：

$$t_0 = \frac{\hat{\beta}_0' - \beta_{00}'}{\sqrt{\dfrac{V_e}{n}}} = \frac{53.433 - 50}{\sqrt{\dfrac{84.007}{30}}} = 2.052$$

$$|t_0| = 2.052 > t(28,\ 0.05) = 2.048$$

となり，50と異なるといえる．

信頼率95%の信頼区間は

$$\hat{\beta}_0' \pm t(28,\ 0.05)\sqrt{\frac{V_e}{n}} = 53.433 \pm 2.048 \times \sqrt{\frac{84.007}{30}} = 50.01,\ 56.86$$

となる．

(6)　母回帰の区間推定

①　$x = 72.0,\ 75.0,\ 78.0$ における母回帰の95%信頼区間を求める．

$$\hat{\eta}_{x_i} = \hat{\beta}_0' + \hat{\beta}_1(x_i - \bar{x}) = 53.433 + 3.5511(x_i - 74.863)$$

$$\hat{V}(\hat{\eta}_{x_i}) = \left(\frac{1}{n} + \frac{(x_i - \bar{x})^2}{S_{xx}}\right)V_e = \left(\frac{1}{30} + \frac{(x_i - 74.863)^2}{138.71}\right) \times 84.007$$

$x = x_i$ における母回帰の信頼率95%の信頼区間は

$$\hat{\eta}_{x_i} \pm t(28,\ 0.05)\sqrt{\hat{V}(\hat{\eta}_{x_i})}$$

となり，表14.3を得る．

表14.3　点推定値と信頼限界

x	72.0	75.0	78.0
点推定値	43.27	53.92	64.57
信頼上限	48.97	57.35	70.63
信頼下限	37.56	50.49	58.51

② $x = 75.0$ のときの将来実現する目的変数の値を予測する．

$$\hat{\beta}_0' + \hat{\beta}_1(75.0-\overline{x}) \pm t(28,\ 0.05)\sqrt{\left(1+\frac{1}{n}+\frac{(x_i-\overline{x})^2}{S_{xx}}\right)V_e}$$

$$=53.433+3.5511(75.0-74.863)$$

$$\pm 2.048\sqrt{\left(1+\frac{1}{30}+\frac{(75.0-74.863)^2}{138.71}\right)\times 84.007}$$

$$= 53.920 \pm 19.083 = 34.84,\ 73.00$$

14.3.9 繰返しのある単回帰分析

単回帰分析において，同じ説明変数の値で複数のデータをとれる場合がある．例えば，説明変数が設定温度で目的変数が収率の場合，設定温度は通常いくつかの水準で実験される．このような実験は，説明変数と目的変数の関係を「単回帰分析」で把握することができるだけでなく，設定温度を要因だと考えた「一元配置実験」として実験誤差を把握することもできる．これを **“繰返しのある単回帰分析”** と呼ぶ．

繰り返しのある単回帰分析は，説明変数 $x = x_i$ のときに目的変数が n 回観測されているデータを分析することである．このデータを y_{ij} とおく．このときデータの構造式は，以下のとおりである．

$$y_{ij} = \beta_0 + \beta_1(x_i - \overline{x}) + \gamma_i + \varepsilon_{ij},\quad i = 1,\ \cdots,\ l,\ j = 1,\ \cdots,\ n$$

ここで，γ_i は高次回帰と呼ばれ，2次以上の影響を表わす．

高次回帰は，水準間が等間隔であれば，直交多項式の2次以上の項に相当する．まず，総平方和が，以下のように3つの平方和に分解される．

$$S_T = \sum_{i=1}^{l}\sum_{j=1}^{n}(y_{ij}-\overline{\overline{y}})^2 = \sum_{i=1}^{l}\sum_{j=1}^{n}[(y_{ij}-\overline{y}_{i\cdot}) - (\overline{y}_{i\cdot}-\overline{\overline{y}})]^2$$

$$= \sum_{i=1}^{l}\sum_{j=1}^{n}(y_{ij}-\overline{y}_{i\cdot})^2 + n\sum_{i=1}^{l}[(\overline{y}_i-\hat{y}_{i\cdot}) + (\hat{y}_{i\cdot}-\overline{\overline{y}})]^2$$

$$= \sum_{i=1}^{l}\sum_{j=1}^{n}(y_{ij}-\overline{y}_{i\cdot})^2 + n\sum_{i=1}^{l}(\overline{y}_{i\cdot}-\hat{y}_i)^2 + n\sum_{i=1}^{l}(\hat{y}_i-\overline{\overline{y}})^2$$

ここで，最初の項は一元配置実験の誤差平方和，

$$S_E = \sum_{i=1}^{l}\sum_{j=1}^{n}(y_{ij} - \overline{y}_{i\cdot})^2$$

である．3番目の項は単回帰分析における回帰平方和，

$$S_R = n\sum_{i=1}^{l}(\hat{y}_i - \overline{\overline{y}})^2$$

である．2番目の項は，当てはまりの悪さ(lack of fit)の平方和といわれ，高次回帰の平方和に相当する．$S_T = S_A + S_E = S_R + S_e$ に注目すると，

$$S_{lof} = S_A - S_R = S_e - S_E = n\sum_{i=1}^{l}(\overline{y}_{i\cdot} - \hat{y}_i)^2$$

と考えられる．このことから，自由度も求められる．

$$\phi_{lof} = l-2,\ \ \phi_R = 1,\ \ \phi_A = l-1,\ \ \phi_E = l(n-1),\ \ \phi_T = ln-1$$

これらを分散分析表にまとめると，表14.4のようになる．

表14.4　分散分析表

要　因	S	ϕ	V	F_0
直線回帰 R	S_R	ϕ_R	$V_R = S_R/\phi_R$	V_R/V_E
当てはまりの悪さ lof	S_{lof}	ϕ_{lof}	$V_{lof} = S_{lof}/\phi_{lof}$	V_{lof}/V_E
級間 A	S_A	ϕ_A	$V_A = S_A/\phi_A$	V_A/V_E
誤差 E	S_E	ϕ_E	$V_E = S_E/\phi_E$	
計	S_T	ϕ_T		

この分析では，まず始めに温度Aが要因として効果があるかどうかを確かめる．もし，有意でなければ分析を終了する．

有意であれば，次に当てはまりの悪さ(高次回帰)の有意性を調べる．このとき，有意水準は5%とせず重回帰分析での変数選択(モデル選択)に併せて，F値が2より大きければ一元配置実験の結果を最終結果とする．

F値が2以下ならば，当てはまりの悪さを誤差にプーリングして，通常の単回帰分析の結果を最終結論とする．このとき，目的変数と説明変数の関係は「直線関係にある」という．

なお，計算例を例題14.6に示す．

例題 14.6

品質特性 y と製造条件 x の関係を調査するため実験を行い表 14.5 のデータを得た．表 14.6 と表 14.7 の補助表を用いて，以下の解析を行う．

表 14.5　データ表

x	0	1	2	3
y	3.3 2.8 3.7 4.0	4.5 3.9 3.2 3.5	4.8 4.2 5.5 4.9	4.9 5.7 5.0 4.3

ここで，$X_i = x_i$，$Y_{ij} = (y_{ij} - 4) \times 10$ とおく．

表 14.6　補助表(1)

X_i	0	1	2	3	計
n_i	4	4	4	4	16
n_iX_i	0	4	8	12	24
Y_{ij}	−7 −12 −3 0	5 −1 −8 −5	8 2 15 9	9 17 10 3	
$T_{i\cdot}$	−22	−9	34	39	42
$T_{i\cdot}^2$	484	81	1156	1521	3242
$X_iT_{i\cdot}$	0	−9	68	117	176
$T_{i\cdot}^2/n_i$	121.00	20.25	289.00	380.25	810.50

表 14.7　補助表(2)

X_i^2	0	1	4	9	計：14
n_i	4	4	4	4	
$n_iX_i^2$	0	4	16	36	計：56
Y_{ij}^2	49 144 9 0	25 1 64 25	64 4 225 81	81 289 100 9	
$\sum Y_{ij}^2$	202	115	374	479	計：1170

解説

(1)　平方和の計算

$$S_{xx} = \sum n_i X_i^2 - \left(\sum n_i X_i\right)^2 / N = 56 - \frac{24^2}{16} = 20.0$$

$$S_{yy} = \left(\sum\sum Y_{ij}^2 - CT\right) / 10^2 = (1170 - 42^2/16)/10^2 = 10.598$$

$$S_{xy} = \left(\sum X_i T_{i.} - \left(\sum n_i X_i\right)\frac{T}{N}\right) / 10 = (176 - 24 \times \frac{42}{16})/10 = 11.3$$

$$\overline{x} = \sum n_i X_i / N = 24/16 = 1.5$$

$$\overline{y} = y_0 + \frac{\sum\sum Y_{ij}}{N} \times \frac{1}{10} = 4 + \frac{42}{16} \times \frac{1}{10} = 4.262$$

$$CT = \frac{T^2}{N} = \frac{42^2}{16} = 110.25$$

$$S_T = S_{yy} = 10.598$$

$$S_A = \left(\sum T_{i.}^2 / n_i - CT\right) / 10^2 = (810.50 - 110.25)/10^2 = 7.002$$

$$S_E = S_{yy} - S_A = 10.598 - 7.002 = 3.596$$

$$S_R = \frac{S_{xy}^2}{S_{xx}} = \frac{11.3^2}{20.0} = 6.384$$

当てはまりの悪さ：

$$S_{lof} = S_A - S_R = 7.002 - 6.384 = 0.618$$

(2)　自由度の計算

$$\phi_T = N - 1 = 16 - 1 = 15$$

$$\phi_A = 4 - 1 = 3$$

$$\phi_E = \phi_T - \phi_A = 15 - 3 = 12$$

$$\phi_R = 1$$

$$\phi_{lof} = \phi_A - \phi_R = 3 - 1 = 2$$

(3)　分散分析表（表 14.8 参照）

表 14.8　分散分析表(1)

要因	S	ϕ	V	F_0
直線回帰R	6.384	1	6.384	
当てはまりの悪さlof	0.618	2	0.309	1.03
級間	7.002	3	2.334	7.78**
級内	3.596	12	0.300	
計	10.598	15		

級間変動は高度に有意である．当てはまりの悪さ(高次回帰)は有意でなく，F_0 値 1.03 も 2 以下と小さいので，級内変動とプールする(表 14.9 参照)．

表 14.9　分散分析表(2)

要因	S	ϕ	V	F_0
直線回帰	6.384	1	6.384	21.2**
残差	4.214	14	0.301	
計	10.598	15		

(4)　回帰母数の推定値の計算

$$\hat{\beta}_1 = \frac{S_{xy}}{S_{xx}} = \frac{11.3}{20.0} = 0.565$$

$$\hat{\beta}_0 = \bar{y} - \hat{\beta}_1 \bar{x} = 4.262 - 0.565 \times 1.5 = 3.415$$

(5)　母回帰式の推定

$$\hat{\mu} = 3.415 + 0.565x$$

14.4　重回帰分析

目的となる変数があり，説明変数が 2 つ以上の場合には，重回帰分析が適用される．ただし，最初に設定した説明変数をすべて用いるのがよいかどうかは議論の対象である．そこで，説明変数間の関係を見たり，管理に有効な変数のみを選んだり，常に，今採用されているモデルが適切かどうかを判断することが大切となる．本節ではまず，すべての説明変数を用いた重回帰分析の手順を紹介し，実際のデータに適用する際の注意点は，14.5 節で述べる．

14.4.1 データの構造式と種々の統計量

本項では，目的変数が 1 つで説明変数が p 個に対する n 組のデータ $(x_{1i}, x_{2i}, \cdots, x_{pi}; y_i)$，$i = 1, 2, \cdots, n$ の測定値を対象とし，これらに次の構造式を仮定する．

$$y_i = \beta_0 + \beta_1 x_{1i} + \beta_2 x_{2i} + \cdots + \beta_p x_{pi} + \varepsilon_i \tag{14.6}$$

ただし，$\varepsilon_i \sim N(0, \sigma^2)$ で独立とする．ここで，以下の統計量(平均と平方和・偏差積和)を求める．一般的に回帰分析における回帰母数の検定や推定は，これらの統計量のみから実施される．ただし，$j = 1, 2, \cdots, p$；$k = 1, 2, \cdots, p$ とする．

$$x_j \text{ の平均}：\overline{x}_j = \frac{1}{n}\sum_{i=1}^{n} x_{ji}, \quad y \text{ の平均}：\overline{y} = \frac{1}{n}\sum_{i=1}^{n} y_i$$

$$x_j \text{ と } x_k \text{ との偏差積和・平方和}：S_{jk} = \sum_{i=1}^{n} (x_{ji} - \overline{x}_j)(x_{ki} - \overline{x}_k)$$

$$x_j \text{ と } y \text{ の偏差積和}：S_{jy} = \sum_{i=1}^{n} (x_{ji} - \overline{x}_j)(y_i - \overline{y})$$

$$y \text{ の平方和}：S_{yy} = \sum_{i=1}^{n} (y_i - \overline{y})^2$$

14.4.2 最小 2 乗法

説明変数が複数になっても，よい推定値を求める考え方は変わらない．すなわち，y の予測値と実測値 y_i のズレの 2 乗和を最小にする“**最小 2 乗法**”を用いる．以下では，説明変数が 2 個 (x_1, x_2) の場合について解説する．

まず直線 $y = a + bx_1 + cx_2$ を想定して，実測値と予測値のズレの平方和を $Q(a,\ b,\ c)$ とおき，これを最小にする $a,\ b,\ c$ を求める．

$$
\begin{aligned}
Q(a,\ b,\ c) &= \sum_{i=1}^{n} \{y_i - (a + bx_{1i} + cx_{2i})\}^2 \\
&= \sum_{i=1}^{n} \{(y_i - \overline{y}) - b(x_{1i} - \overline{x}_1) - c(x_{2i} - \overline{x}_2) + (\overline{y} - a - b\overline{x}_1 - c\overline{x}_2)\}^2 \\
&= S_{11}b^2 + 2S_{12}bc + S_{22}c^2 - 2S_{1y}b - 2S_{2y}c + S_{yy} \\
&\quad + n(\overline{y} - a - b\overline{x}_1 - c\overline{x}_2)^2
\end{aligned}
$$

この式から，$Q(a,b,c)$ は a に関して $a = \overline{y} - b\overline{x}_1 - c\overline{x}_2$ のとき最小になる．

そこで，

$$
Q(\overline{y} - b\overline{x}_1 - c\overline{x}_2,\ b,\ c) = S_{11}b^2 + S_{22}c^2 - 2bS_{1y} - 2cS_{2y} + 2bcS_{12} + S_{yy}
$$

を新たに $Q^*(b,\ c)$ とおいて，$b,\ c$ に関してこれを最小化する値を求める．2変数関数の最小化であるから偏微分を行って，次の連立方程式が得られる．

$$
\begin{cases}
\dfrac{\partial}{\partial b} Q^*(b,\ c) = 2(S_{11}b + S_{12}c - S_{1y}) = 0 \\[2ex]
\dfrac{\partial}{\partial b} Q^*(b,\ c) = 2(S_{21}b + S_{22}c - S_{2y}) = 0
\end{cases}
\tag{14.7}
$$

これを，**“正規方程式”** と呼ぶ．ここで，行列を用いて表現すると，

$$
\begin{pmatrix} S_{11} & S_{12} \\ S_{21} & S_{22} \end{pmatrix} \begin{pmatrix} b \\ c \end{pmatrix} = \begin{pmatrix} S_{1y} \\ S_{2y} \end{pmatrix}
$$

となる．これも正規方程式と呼ばれる．さらに，

$$
S = \begin{pmatrix} S_{11} & S_{12} \\ S_{21} & S_{22} \end{pmatrix},\quad S^{-1} = \begin{pmatrix} S^{11} & S^{12} \\ S^{21} & S^{22} \end{pmatrix}
$$

とおくと，$\Delta = S_{11}S_{22} - S_{12}^2$，$S^{11} = S_{22}/\Delta$，$S^{12} = -S_{12}/\Delta$，$S^{22} = S_{11}/\Delta$ と求められる．この正規方程式の解である，

$$
\hat{\beta}_0 = \overline{y} - \hat{\beta}_1\overline{x}_1 - \hat{\beta}_2\overline{x}_2,\quad \hat{\beta}_1 = S^{11}S_{1y} + S^{12}S_{2y},\quad \hat{\beta}_2 = S^{21}S_{1y} + S^{22}S_{2y}
$$

が **“最小2乗解”** であり，このとき次の回帰式が得られる．

$$y=\hat{\beta}_0+\hat{\beta}_1 x_1+\hat{\beta}_2 x_2=\overline{y}+\hat{\beta}_1(x_1-\overline{x}_1)+\hat{\beta}_2(x_2-\overline{x}_2) \tag{14.8}$$

この回帰式は，必ず$(\overline{x}_1,\ \overline{x}_2,\ \overline{y})$を通る．また説明変数が$(x_1,\ x_2)=(x_{1i},\ x_{2i})$のときの予測値は，

$$\hat{y}_i=\hat{\beta}_0+\hat{\beta}_1 x_{1i}+\hat{\beta}_2 x_{2i}=\overline{y}+\hat{\beta}_1(x_{1i}-\overline{x}_1)+\hat{\beta}_2(x_{2i}-\overline{x}_2) \tag{14.9}$$

で与えられる．また，「実測値y_iと予測値$\hat{y}_i$との差」を“**残差**”$e_i=y_i-\hat{y}_i$という．

14.4.3 平方和の分解

重回帰分析における3つの平方和は，以下の式で定義される．

$$\text{総平方和}：S_T=\sum_{i=1}^{n}(y_i-\overline{y})^2(=S_{yy})$$

$$\text{回帰平方和}：S_R=\sum_{i=1}^{n}(\hat{y}_i-\overline{y})^2 \tag{14.10}$$

$$\text{残差平方和}：S_e=\sum_{i=1}^{n}(y_i-\hat{y}_i)^2$$

この3つの平方和は，正規方程式より

$$S_T=S_R+S_e$$

が成り立つことが示される．これを“**平方和の分解**”と呼ぶ．まず，データの変動$y_i-\overline{y}$を，回帰による変動$\hat{y}_i-\overline{y}$と残差変動$e_i=y_i-\hat{y}_i$の和だと考えて，その2乗を3つの項に分解する．

$$S_T=\sum_{i=1}^{n}(y_i-\overline{y})^2=\sum_{i=1}^{n}\{(y_i-\hat{y}_i)+(\hat{y}_i-\overline{y})\}^2$$

$$=S_e+S_R+2\sum_{i=1}^{n}e_i(\hat{y}_i-\overline{y}) \tag{14.11}$$

ここで，(14.9)式より，

$$\hat{y}_i-\overline{y}=\hat{\beta}_1(x_{1i}-\overline{x}_1)+\hat{\beta}_2(x_{2i}-\overline{x}_2) \tag{14.12}$$

と考えられるので，(14.11)式の最後の項は，「予測値と残差は無相関(無相関とは，相関係数がゼロのこと)」であるという性質からゼロとなる．これは，「各説明変数と残差も無相関」であること，すなわち，

$$\sum_{i=1}^{n} e_i(x_{1i}-\overline{x}_1) = 0,\ \sum_{i=1}^{n} e_i(x_{2i}-\overline{x}_2) = 0 \qquad (14.13)$$

の2つの性質を用いて(14.12)式から導くことができる．したがって，平方和の分解は常に成り立つ．この説明変数と残差が無相関である性質は，正規方程式を変形するとわかる．(14.13)式の1つ目の式で，これを示す．

$$\begin{aligned}\sum_{i=1}^{n} e_i(x_{1i}-\overline{x}_1) &= \sum_{i=1}^{n} (x_{1i}-\overline{x}_1)\{(y_i-\overline{y}) - \hat{\beta}_1(x_{1i}-\overline{x}_1) - \hat{\beta}_2(x_{2i}-\overline{x}_2)\} \\ &= S_{1y} - \hat{\beta}_1 S_{11} - \hat{\beta}_2 S_{12} = 0\end{aligned}$$

また，回帰平方和 S_R は，(14.10)式，(14.12)式より，以下のように求められる．

$$\begin{aligned}S_R &= \sum_{i=1}^{n} (\hat{y}_i-\overline{y})^2 = \sum_{i=1}^{n} \{\hat{\beta}_1(x_{1i}-\overline{x}_1) + \hat{\beta}_2(x_{2i}-\overline{x}_2)\}^2 \\ &= \hat{\beta}_1^2 S_{11} + \hat{\beta}_2^2 S_{22} + 2\hat{\beta}_1\hat{\beta}_2 S_{12} \\ &= \hat{\beta}_1(\hat{\beta}_1 S_{11} + \hat{\beta}_2 S_{12}) + \hat{\beta}_2(\hat{\beta}_1 S_{12} + \hat{\beta}_2 S_{22}) \\ &= \hat{\beta}_1 S_{1y} + \hat{\beta}_2 S_{2y}\end{aligned}$$

14.4.4 寄与率

平方和の分解が成り立つことで，得られた回帰式が，どの程度の意味を持つのかを表わす尺度として，「目的変数 y の総変動 S_T のうちの，回帰による変動(回帰変動) S_R の割合」を **“寄与率”** R^2 と呼ぶ．これが高いほど，回帰式に意味があると判断される．

$$\text{寄与率}：R^2 = \frac{S_R}{S_T}$$

この値は，得られた回帰式で，全体の目的変数の変動の何％を説明できるかという，非常に重要な尺度である．しかし，重回帰分析では，説明変数を追加すると寄与率が単調に増加することから，万能の尺度ではない．

補足：重相関係数と寄与率の関係

「実測値 y_i と予測値 $\hat{y}_i$ の相関係数 $r(y,\ \hat{y})$」は，以下のように計算できる．まず(14.10)式より，$\overline{\hat{y}} = \sum \hat{y}_i / n = \overline{y}$ だから，

$$S_{\hat{y}\hat{y}} = S_R$$

$$S_{y\hat{y}} = \sum (y_i - \overline{y}) \{\hat{\beta}_1 (x_{i1} - \overline{x}_1) + \hat{\beta}_2 (x_{i2} - \overline{x}_2)\} = \hat{\beta}_1 S_{1y} + \hat{\beta}_2 S_{2y}$$

$$= S_R$$

である．$S_{yy} = S_T$ と併せて考えると，

$$r(y,\ \hat{y}) = \frac{S_{y\hat{y}}}{\sqrt{S_{yy} S_{\hat{y}\hat{y}}}} = \frac{S_R}{\sqrt{S_T S_R}} = \sqrt{\frac{S_R}{S_T}}$$

となる．重回帰分析ではこれを **“重相関係数”** といい，R で表わす．よって寄与率は R^2 と書いても何の問題もない．

14.4.5 回帰母数の推定値の分布

ここからは，説明変数の数は，一般の p に戻す．まず，回帰母数 β_j，β_k の推定量の分布は，

$$\hat{\beta}_j \sim N(\beta_j,\ S^{jj} \sigma^2),\ Cov(\hat{\beta}_j,\ \hat{\beta}_k) = S^{jk} \sigma^2$$

であることが知られている．また，β_0 の推定量の分布を求めるには，$\overline{y}$ についての以下のことからわかる．

$$Cov(\overline{y},\ \hat{\beta}_j) = 0,\ Var(\overline{y}) = \sigma^2/n$$

いずれの推定量も正規分布の定数倍の和であるから，正規分布の再生性より，結論が得られる．これらの結果から，各母数に対する検定や区間推定が可能となる．

14.4.6 ゼロ仮説の検定

回帰に意味があるかどうか，つまり，p 個の説明変数に何らかの意味があるかどうかを調べたいとき，p 個の偏回帰係数(傾き)が同時にゼロかどうかを以下の手順で検定できる．

手順1　帰無仮説 H_0：$\beta_1 = \cdots = \beta_p = 0$

対立仮説 H_1：β_1，…，β_p は同時に 0 ではない．

手順2 有意水準を α とする．

手順3 最小 2 乗法を用いて正規方程式を求め，以下の平方和を求める．

総平方和：$S_T = S_{yy}$

回帰平方和：$S_R = \hat{\beta}_1 S_{1y} + \cdots + \hat{\beta}_p S_{py}$

残差平方和：$S_e = S_T - S_R$

手順4 自由度を求める．

総自由度：$\phi_T = n-1$

回帰自由度：$\phi_R = p$

残差自由度：$\phi_e = \phi_T - \phi_R = n-p-1$

手順5 平均平方を求める．

回帰の平均平方：$V_R = S_R/\phi_R$

残差の平均平方：$V_e = S_e/\phi_e$

手順6 検定統計量 $F_0 = V_R/V_e$ を計算する．

手順7 $F_0 \geqq F(p,\ n-p-1;\ \alpha)$ のときに有意となる．

14.4.7 各偏回帰係数に意味があるかどうかの検定

例えば，他の説明変数 x_1，…，x_{p-1} に意味がある前提で，ある説明変数 x_p に意味があるかどうかを調べたいとき，偏回帰係数(傾き) $\beta_p = 0$ かどうかの検定を以下の手順で行う．

手順1 帰無仮説 H_0：$\beta_p = 0$，対立仮説 H_1：$\beta_p \neq 0$

手順2 有意水準を α とする．

手順3 すべての説明変数を用いて S^{pp} と $\hat{\beta}_p$ を求める．

手順4 すべての説明変数を用いたモデルで，V_e を求める．

手順5 検定統計量 $F_0 = \dfrac{(\hat{\beta}_p)^2/S^{pp}}{V_e}$ を計算する．

手順6 $F_0 \geqq F(1,\ n-p-1;\ \alpha)$ のときに有意となる．

例題 14.7

製品の品質特性 y と製造条件 x_1，x_2 との関係を調べるために表 14.10 に示す 30 組のデータを採取した．以下の解析を行う．

解説

(1)　統計量の計算

平均値：

$$\bar{x}_1 = 19.81,\ \bar{x}_2 = 7.45,\ \bar{y} = 16.60$$

偏差平方和と偏差積和：

$$S_{1y} = -392.6613,\ S_{2y} = 233.2150,\ S_{yy} = 943.8697$$

説明変数間の平方和・積和行列：

$$S = \begin{pmatrix} S_{11} & S_{12} \\ S_{21} & S_{22} \end{pmatrix} = \begin{pmatrix} 371.1547 & 12.16000 \\ 12.16000 & 206.8150 \end{pmatrix}$$

行列 S の逆行列：

$$S^{-1} = \begin{pmatrix} S^{11} & S^{12} \\ S^{21} & S^{22} \end{pmatrix} = \begin{pmatrix} 0.00269949 & -0.00015872 \\ -0.00015872 & 0.00484457 \end{pmatrix}$$

(2)　相関係数の計算と考察

①　相関係数の計算

$$r_{x_1x_2} = \frac{S_{12}}{\sqrt{S_{11}S_{22}}} = \frac{12.16000}{\sqrt{371.1547 \times 206.8150}} = 0.044$$

$$r_{x_1y} = \frac{S_{1y}}{\sqrt{S_{11}S_{yy}}} = \frac{-392.6613}{\sqrt{371.1547 \times 943.8697}} = -0.663$$

$$r_{x_2y} = \frac{S_{2y}}{\sqrt{S_{22}S_{yy}}} = \frac{233.2150}{\sqrt{206.8150 \times 943.8697}} = 0.528$$

②　相関関係についての考察

x_1 と x_2 の間には，明確な相関関係は認められず，特に飛び離れた点は見られない（散布図は省略）．このことから，多重共線性（14.5.3 項参照）に配慮する必要はなさそうである．

表 14.10　データ表

No.	x_1	x_2	y
1	21.0	8.2	17.8
2	28.2	9.1	12.2
3	14.5	7.5	19.2
4	15.5	8.0	24.5
5	19.6	6.7	13.5
6	18.4	7.6	14.6
7	18.6	8.1	20.8
8	16.5	1.0	13.5
9	24.3	11.0	16.3
10	15.9	9.6	25.1
11	15.6	6.1	21.6
12	20.9	7.4	12.2
13	19.4	6.3	16.7
14	22.9	10.3	17.4
15	12.8	7.1	24.7
16	22.9	4.3	10.8
17	22.0	6.3	16.0
18	22.3	9.9	12.4
19	19.9	11.5	19.3
20	21.1	7.7	15.0
21	19.9	6.9	21.6
22	26.0	3.7	5.1
23	22.0	4.4	1.5
24	20.6	10.0	17.2
25	16.1	6.8	19.9
26	22.1	12.0	20.9
27	19.4	8.0	17.1
28	21.5	1.0	7.9
29	20.7	7.3	18.0
30	13.8	9.7	25.3

(3)　回帰母数の推定

$$\begin{pmatrix}\hat{\beta}_1\\ \hat{\beta}_2\end{pmatrix}=\begin{pmatrix}S_{11} & S_{12}\\ S_{21} & S_{22}\end{pmatrix}^{-1}\begin{pmatrix}S_{1y}\\ S_{2y}\end{pmatrix}=\begin{pmatrix}S^{11} & S^{12}\\ S^{21} & S^{22}\end{pmatrix}\begin{pmatrix}S_{1y}\\ S_{2y}\end{pmatrix}$$

$$=\begin{pmatrix}0.00269949 & -0.00015872\\ -0.00015872 & 0.00484457\end{pmatrix}\begin{pmatrix}-392.6613\\ 233.2150\end{pmatrix}$$

$$=\begin{pmatrix}0.00269949\times(-392.6613)+(-0.00015872)\times 233.2150\\ (-0.00015872)\times(-392.6613)+0.00484457\times 233.2150\end{pmatrix}$$

$$=\begin{pmatrix}-1.0970\\ 1.1921\end{pmatrix}$$

$$\hat{\beta}_0=\overline{y}-\hat{\beta}_1\overline{x}_1-\hat{\beta}_2\overline{x}_2$$

$$=16.60-(-1.0970)\times 19.81-1.1921\times 7.45=29.4504$$

と推定される．したがって，重回帰式は，

$$\hat{\mu}=29.4504-1.0970x_1+1.1921x_2$$

となる．

(4)　分散分析と寄与率，自由度調整済寄与率の計算

①　分散分析表の作成

平方和の計算：

$$S_T=S_{yy}=943.87$$

$$S_R=\hat{\beta}_1S_{1y}+\hat{\beta}_2S_{2y}$$

$$=(-1.0970)\times(-392.6613)+1.1921\times 233.2150=708.77$$

$$S_e=S_{yy}-S_R=943.87-708.77=235.10$$

自由度の計算：

$$\phi_T=n-1=30-1=29$$

$$\phi_R=2$$

$$\phi_e=\phi_T-\phi_R=29-2=27$$

これらをまとめて分散分析表(表 14.11 参照)を作成する．

表 14.11 より，回帰による変動 S_R は高度に有意であり，回帰に意味があるといえる．

表 14.11 分散分析表

要因	S	ϕ	V	F_0	$E(V)$
回帰 R	708.77	2	354.4	40.7**	$\sigma_e^2+\frac{1}{2}\sum\{\beta_1(x_{i1}-\bar{x}_1)+\beta_2(x_{i2}-\bar{x}_2)\}^2$
残差 e	235.10	27	8.707		σ_e^2
計	943.87	29			

$F(2,\ 27\ ;0.05)=3.35$，$F(2,\ 27\ ;0.01)=5.49$

② 寄与率，自由度調整済寄与率の計算

$$R^2=\frac{S_R}{S_T}=\frac{708.77}{943.87}=0.751$$

$$R^{*2}=1-\frac{S_e/(n-2-1)}{S_T/(n-1)}=1-\frac{235.10/27}{943.87/29}=0.732$$

(5) 偏回帰係数 β_1 に関する検定

ここでは，説明変数 x_2 の影響があるとき，x_1 の影響があるのかどうかを調べる．

① 仮説と有意水準

帰無仮説　$H_0：\beta_1=0$

対立仮説　$H_1：\beta_1\neq 0$

有意水準　$\alpha=0.20$

② 検定統計量と棄却域

検定統計量　$t_0=\dfrac{\hat{\beta}_1}{\sqrt{S^{11}V_e}}$

棄却域　$R：|t_0|\geqq t(\phi_e,\ 0.20)=t(27,\ 0.20)=1.314$

③ 検定統計量の計算と判定

$$t_0=\frac{\hat{\beta}_1}{\sqrt{S^{11}V_e}}=\frac{-1.0970}{\sqrt{0.00269949\times 8.707}}=-7.155$$

$$|t_0|=7.155>t(27,0.20)=1.314$$

となり，有意水準 20% で帰無仮説は棄却される．すなわち，$\beta_1\neq 0$ であると判断し，回帰式に x_1 を含めることにする．

補足：説明変数 x_2 に関係なく，x_1 の影響があるのかどうかを調べたいときは，単回帰分析(14.3 節)を用いるとよい．

(6)　偏回帰係数 β_2 に関する検定

①　仮説と有意水準

帰無仮説　$H_0：\beta_2=0$

対立仮説　$H_1：\beta_2\neq 0$

有意水準　$\alpha = 0.20$

②　検定統計量と棄却域

検定統計量　$t_0 = \dfrac{\hat{\beta}_2}{\sqrt{S^{22}V_e}}$

棄却域　$R：|t_0| \geqq t(\phi_e,\ 0.20) = t(27,\ 0.20) = 1.314$

③　検定統計量の計算と判定

$$t_0 = \frac{\hat{\beta}_2}{\sqrt{S^{22}V_e}} = \frac{1.1921}{\sqrt{0.00484457 \times 8.707}} = 5.804$$

$$|t_0| = 5.804 > t(27, 0.20) = 1.314$$

となり，有意水準 20% で帰無仮説は棄却される．すなわち，$\beta_2\neq 0$ であると判断し，回帰式に x_2 を含めることにする．

(7)　$x_{01} = 20.0$，$x_{02} = 8.0$ での予測

①　予測値

$$\hat{y}_0 = \hat{\beta}_0 + \hat{\beta}_1 x_{01} + \hat{\beta}_2 x_{02}$$
$$= 29.4504 + (-1.0970) \times 20.0 + 1.1921 \times 8.0 = 17.04$$

②　予測区間

マハラノビス距離の 2 乗を D_0^2 とする．

$$\frac{D_0^2}{n-1} = (x_{01}-\bar{x}_1)^2 S^{11} + 2(x_{01}-\bar{x}_1)(x_{02}-\bar{x}_2)S^{12} + (x_{02}-\bar{x}_2)^2 S^{22}$$
$$= (20.0-19.81)^2 \times 0.00269949 + 2(20.0-19.81)(8.0-7.45)$$
$$\times(-0.00015872) + (8.0-7.45)^2 \times 0.00484457$$

$$= 0.001530$$

$$\hat{y}_0 \pm t(\phi_e,\ 0.05)\sqrt{\left(1+\frac{1}{n}+\frac{D_0^2}{n-1}\right)V_e}$$

$$= 17.04 \pm 2.052\sqrt{\left(1+\frac{1}{30}+0.001530\right)\times 8.707}$$

$$= 17.04 \pm 6.160$$

$$= 10.88,\ 23.20$$

14.5 回帰モデルと回帰診断

実際のデータに回帰分析を適用する際に，まず考えるべきことは，

① 個々の変数に対して変数変換を施すかどうか

② どの説明変数を解析に用いるか(“**回帰モデル**”の選択)

の2点である．これらの作業は，“**回帰診断**”とも呼ばれる．

例えば，目的変数が比率データであれば，ロジット変換を施すことが一般的である．同様に，ポアソン分布に従うデータであれば，対数変換が用いられる．次項では，目的変数がどういう場合に，どういう変換を実施すべきかについて述べる．

14.5.1 目的変数に関する変数変換

例えば，目的変数が比率のデータであったら，必ず［0，1］の範囲に収まるという制約がある．これを無視して，単純な回帰分析を行うと，目的変数が負になったり，1を超えたりという矛盾した結論が出てくる可能性がある．そこで，目的変数に関する変数変換が行われる．

正規分布や二項分布，ポアソン分布など，有名な分布は，ほとんどが次の式で表現できる．これは非常に広い分布の族であり，指数族と呼ばれる．

$$f(x,\ \theta) = [\exp\{c(\theta)T(x) + d(\theta) + S(x)\}]I_A(x)$$

ここで母数が1つの場合，$c(\theta) = \eta$ とおくと，$T(x)$ が η に対する“**十分統計量**”(注)となり，その期待値と分散が簡単に求められる．このように，η を母数だと考えることを“**自然な母数表示**”という．二項分布の場合はロジット変換が，またポアソン分布の場合は対数変換が，それぞれ導かれる．これらは回帰分析では，非常によく用いられる．

実際には，これらの変換の妥当性は，14.5.3 項の手法を用いて実データでの適合性で評価されることが多い．次に説明変数の変換について考える．

（注）　十分統計量とは，「この統計量の条件付分布が母数を含まないこと」で定義される．この統計量は，母数に関する情報をすべて持っている．例えば，二項分布では合計回数が十分統計量である．

14.5.2 説明変数に関する変数変換

ここまで，説明変数は，連続量であることを前提として話を進めてきた．というのは，例えば，説明変数が1つで分類値の場合，われわれは，一元配置実験(12.1 節)という手法を用いて分析を行える．また，説明変数が複数の場合でも，それらのすべてが分類値であれば，分散分析法(12.1 節参照)で解析できる．

では，連続値をとる説明変数と，分類値をとる説明変数が含まれる場合は，どうすればよいだろうか？　この場合は，次のようにダミー変数を用いて，重回帰分析の手法で分析することができる．ダミー変数 Z とは，例えば男女という分類値の場合，

$$Z = \begin{cases} 0 & \text{男} \\ 1 & \text{女} \end{cases} \tag{14.14}$$

のように設定する変数である．3つ以上の水準をとる場合でも，(水準数 − 1) 個のダミー変数を設定すれば分析が可能である(数量化Ⅰ類ともいわれる．15.5 節参照)．

このダミー変数は，非常に適用範囲が広く，成長曲線を推定する際に，ロジット曲線を当てはめるのと同等の分析として，ロジット値を計算して(14.1)式で単回帰分析を行う場合に必須の“**折れ線回帰分析**”を実現する

ためにも用いられる．折れ線回帰分析とは，説明変数の値が，ある値までの傾きと，それ以降の傾きが異なる分析方法で，説明変数にダミー変数をかけて新たな説明変数を作ることで分析できる．なぜ折れ線回帰分析が必須であるかというと，最初のいくつかのデータが0である場合，そのまま直線を当てはめると，本来の傾きより緩やかに推定することになるからである．

また，ダミー変数は，男女で異なる回帰直線に従う場合，これらを同一のモデルに埋め込むことで，男女差の有意差検定を行うことができる．例えば，男女の切片は同じであるが，傾きが異なるかどうかを調べたいときは，男女を表わす(14.14)式のダミー変数 Z を x にかけた項を追加して次の回帰モデルで分析すると，この変数 Zx の係数 $\beta_2 = (\beta_1^F - \beta_1^M)$ が0と異なるなら，傾きに男女差があることになる．

$$y = \beta_0 + \beta_1^M x + (\beta_1^F - \beta_1^M) Zx + \varepsilon$$

同様に，男女で切片が異なるかどうかは，項 Z を追加することで調べることができる．

以上のように目的変数と説明変数の変換については，様々な選択肢がある．それでは，これらの中から，最も適した変換は，どうやって見つけたらよいだろうか．次項では，具体的にモデルを選択するための基準について述べる．

14.5.3 説明変数の選択基準

ここでは，まず与えられたモデルを選択するための基準について，3つの尺度を紹介する．

(1) 赤池の情報量規(基)準 AIC(Akaike's Information Criterion)

赤池の情報量規(基)準(AIC)とは，非常に汎用性が高く，よく使われている尺度で，次の式で求められる．これが小さいモデルは，回帰モデルとして望ましいと考えられる．

$$AIC = n \log S_e + 2p$$

式の上からは，残差平方和だけでなく，説明変数を増やすとペナルティを与える形となっており，バランスのよい尺度である．ただし，このAICには2つの弱点がある．1つは，データ数が多くなると，細かいモデルが採用されやすくなる傾向がある．もう1つは，変数変換によって単位が変わるとS_eの値が全く変わってしまい，比較に意味がなくなるので変数変換の可否判断には使えない．このように，単位が変わると影響を受ける統計量は，**“尺度依存性がある”**といわれ，適用する際に注意を要する．

(2)　寄与率

目的変数の総変動における回帰モデルによる変動の割合であり，解釈が容易である．

$$寄与率：R^2 = \frac{S_R}{S_T}$$

これが大きいモデルは回帰モデルとして望ましいことになる．ただし，2点を通る直線が必ず存在する．一般的に，説明変数を増やせば，必ず寄与率は大きくなることがわかっているため，説明変数の数が揃っているモデル同士の比較にしか用いることができない．

(3)　自由度調整済寄与率

前項の寄与率は，意味が明確な尺度であるが，自由度が増加すると単調に大きくなるという欠点がある．そこで，自由度1当たりの増加の有無を調べる尺度として，自由度調整済寄与率があり，次の式で与えられる．

$$自由度調整済寄与率：R^{*2} = 1 - \frac{V_e}{V_T}$$

この尺度は，AICに似て，種々のモデルの比較検討に広く用いることができる．なお，選択するモデルが確定したら，その説明度合は，元の寄与率で把握するべきである．

以上で，モデル選択の基準となる尺度の紹介は終わる．ただし，説明変数の数が大きくなると，すべての組合せについて，上記の尺度を計算するのは効率が悪い．そこで，次の4つの変数選択方法が提案されているが，変数増加法と変数減少法は実用的に用いられることはない．次項で，逐次変数選択の方法を紹介する．

(4) 逐次変数選択

上記の基準を念頭に，変数選択においてすべての組合せを調べることももちろん可能である．これを“**総当たり法**”と呼んでいる．次に考えられることは，最初は何も採用しないモデルからスタートし，もっとも残差平方和が減少する(寄与率が高くなる)説明変数を，順に採用していく方法が考えられる．これを“**変数増加法**”という．これとはまったく逆に，すべての説明変数を採用したモデルからスタートし，最も残差平方和が小さいままで変化幅が小さいモデルを選択する方法も考えられる．これを“**変数減少法**”という．ただし，これら2つの方法は，実用的には採用されない．

なぜ，採用されないかの理由を説明する．変数増加法において，仮にX_1，X_2，X_3の順に3つの説明変数が採用されたとする．しかし，本当のところは，X_2，X_3だけが目的変数Yの説明に有効であり，$X_1 = X_2X_3$であったことでX_1がもっとも影響が大きいと誤解されたに過ぎないとする．この場合は，X_2，X_3だけで管理することが望ましい．一般的にいって，2つ以上の説明変数が取り込まれた場合，それ以前に採用されていた説明変数が不要になることがある．

そこで考え出されたのが，“**変数増減法**”と“**変数減増法**”の2つである．変数を増加(あるいは減少)させながら，不要(あるいは必要)になった変数がないかどうかをチェックする方法である．逐次変数選択といえば，このどちらかを選択することになる．回帰分析は，最終的な解析方法ではなく，説明変数を探索的に探す側面があり，変数減増法なら変数の取りこぼしがないので，適するモデルに到達する可能性が高いと考えられる．

(5) 予測と制御の違い

回帰分析の目的が予測の場合と制御の場合で，変数選択に制約がかかる場合がある．予測の場合であれば，説明変数として値が測定できれば十分である．例えば天気予報では，近接する地域の直前の情報は活用することが許される．すなわち，“**標示因子**”(測定はできるが，設定ができない因子．曜日や大気温など)であっても説明変数として採用が可能である．

これに対して，目的が制御の場合，もし採用された説明変数のすべてが標示因子であれば，どんなに高い寄与率が保証されていても，結果を制御することは難しい．そこで，必ず設定が可能である“母数因子”の存在が重要となってくる．また，説明変数間の相関関係が強く，個別に変更が難しい状況もある．これを“**多重共線性**”があるという．

多重共線性のあるデータで回帰分析を行うと，

① 回帰式全体としては統計的に有意であるが，どの変数についてもその有意性を見る t 統計量の値が小さい

② 技術的考察からは有力な変数についての回帰係数が有意でなかったり，正負の符号が逆だったり，絶対値が常識を超えて大きくなったりする

③ 観測値のわずかな変化や，一部の観測値の除去やあるいは一部の説明変数の追加除去により，回帰係数の推定値が大きく変化する

④ 推定された回帰式を予測に用いた場合，解析したデータと少し変わった相関構造を持つデータに対しては全然役に立たない

というようなことが起こる．

この場合でも，予測が目的であれば，大きな問題にはならない．しかし，制御が目的であれば，非常に大きな困難が発生していると判断し，説明変数の合併や削除など，モデルを再構築する必要がある．

なお，多重共線性の発見には，説明変数間の相関係数行列を見て，絶対値が1に近い相関係数を見ているだけでは不十分である．なぜなら，14.5.4 項に示すように，2つでは独立に見えても3つとしては独立でない例がある．このような場合にはトレランスが有効である．

“**トレランス**”とは，ある説明変数を残りの説明変数で回帰したときの「1－寄与率」のことで，これが小さいほど，多重共線性が起こっていることを意味する．例えば，「1－寄与率」が 0.05 以下であれば多重共線性が起こっていると判断する目安がある．

(6) 回帰診断

以上のような観点から，最適と思われるモデルを選んで分析した結果，十分高い寄与率のモデルが得られなかったとする．この場合，いつも測定されていない説明変数を追加する必要があるかというと，必ずしもそうではない．例えば，ある説明変数と残差を“散布図”に描いて，放物線状に分布していたとすれば，その説明変数の2次項をモデルに追加することで，寄与率が改善される可能性がある．残差は，モデル改善の方向性を示唆してくれる重要な情報源である．このような作業すべてを，“**回帰診断**”と呼んで，単に解析して終わりにせず，よりよいモデルを構築する努力を惜しまないように推奨している．

(7) 残差の検討

残差の検討は，以下のような順序で行われる．

① 残差のヒストグラム

② 残差の時系列プロット(ダービンワトソン比)

③ 残差と説明変数の散布図

まず，残差のヒストグラムで外れ値や歪みがあれば，その元のデータに戻って原因を考えることで，新たな要因が見つかるかもしれない．

次に，時系列プロットに異常が見られたら，測定順の影響があることを示唆している．例えば，1日で測定されたデータの場合，室温が時間の経過とともに変化していて，目的変数に影響を及ぼしていることが考えられる．隣の測定値との相関係数に相当する統計量として，“**ダービンワトソン比**”がある．

$$\text{ダービンワトソン比}: d = \frac{1}{S_e}\sum_{i=1}^{n-1}(e_{i+1} - e_i)^2$$

この量は，$0 \leqq d \leqq 4$ であり，残差において隣の値と組にした$(n-1)$組のデータ$(e_i,\ e_{i+1})$，$i=1,\ \cdots,\ n-1$ の相関係数を r_A とすると，

$$r_A = \frac{\sum_{i=1}^{n-1} e_i e_{i+1}}{\sqrt{\left(\sum_{i=1}^{n-1} e_i^2\right)\left(\sum_{i=1}^{n-1} e_{i+1}^2\right)}}$$

である．n が大きいときは，近似的に $d \approx 2(1-r_A)$ が成り立つ．つまり，ダービンワトソン比は，隣り合った残差の関係を見る尺度で，おおむね2のときが無相関に対応している．

最後に，残差と説明変数との散布図の見方について例示する．例えば湾曲傾向が見られた場合は，説明変数の2次式（重回帰分析で対応できる）を構造式に採用することが考えられる．

(8)　テコ比の活用（実験の水準組合せの問題）

最後に，実験の設定条件についての反省の機会を与えてくれる尺度を紹介する．例えば，他のデータと大きく違う条件で1回だけ測定したとする．この条件での結果は，全体の解析結果に，他のデータより大きく影響を与える．このように，あるデータが，最終結果にどの程度影響を与えるかが，アンバランスであると問題である．予測値 $\hat{y}_i$ を実測値 y_1，…，y_n の一次式 $\hat{y}_i = h_{i1}y_1 + \cdots + h_{in}y_n$ で表現したときの係数，

$$h_{ii} = 1/n + \sum\sum (x_{ji}-\overline{x}_j)(x_{ki}-\overline{x}_k)S^{jk}$$

を**テコ比**といい，このときの残差 e_i の分散は，

$$V(e_i) = (1-h_{ii})\sigma^2$$

となるので，残差分析からは異常は見つからないことが知られている．すべての h_{ii} は $1/n$ 以上1以下であり，これらの和は，$\sum_{i=1}^{n} h_{ii} = p + 1/n$ であるから，平均の2倍以上である，

$$h_{ii} \geqq 2(p+1)$$

という基準や，0.5以上は避けるなどの基準が複数ある．いずれにせよ，テコ比が大きい結果には不安定さがあることを認識しておくべきである．

14.5.4　独立性と無相関の違い

最後に，多重共線性を見つける際に利用されるトレランスの必要性を知るために，独立性と無相関の違いについて示す．

2つの連続確率変数 X, Y に対して，次の式を満たす関数 $f(x, y)$ を **“同時密度関数”** という．

$$\Pr\{a < X \leqq b,\ \ c < Y \leqq d\} = \int_a^b \int_c^d f(x,\ y)\,dxdy$$

これら X, Y が **“独立”** であるとは，次の式が成り立つことである．

$$f(x,\ y) = f_1(x) f_2(y)$$

ここで $f_1(x)$，$f_2(y)$ とは，X, Y の **“周辺密度関数”** で

$$\int_{-\infty}^{\infty} f(x,\ y)\,dy = f_1(x),\ \ \int_{-\infty}^{\infty} f(x,\ y)\,dx = f_2(y)$$

で求められる．

離散確率変数 X, Y に対しても，次の式が成り立てば独立となる．

$$P\{X=i, Y=j\} = P\{X=i\}P\{Y=j\}$$

独立であれば，必ず **“無相関”**（母相関係数がゼロ）となる．しかし，表14.12の場合は，無相関ではあるが，独立ではない例である．

また，3つの確率変数の独立性とは，次の式が成り立つことである．

$$P\{X=i, Y=j, Z=k\} = P\{X=i\}P\{Y=j\}P\{Z=k\}$$

このとき，各2つずつの独立性は導かれる．しかし，表14.13に示すように，各2つずつが独立であっても，3つが独立ではない例がある．したがって，2つずつの相関係数をすべて調べても，3つ以上の変数に関する多重共線性が隠れていて見つからない可能性がある．このようなとき，トレランスが必要となる．

表 14.12　独立ではないが無相関の例

X＼Y	−1	0	1	計
−1	0	1/2	0	1/2
1	1/4	0	1/4	1/2
計	1/4	1/2	1/4	1

表 14.13　3 次元では独立でない例

X	Y	Z	確率
1	1	0	1/4
1	0	1	1/4
0	1	1	1/4
0	0	0	1/4

第14章のポイント

(1)　相関分析と回帰分析

相関分析は「2つの変数の関係を見る」ことが目的である．これに対して，回帰分析は，「目的変数と説明変数があって，説明変数の値から目的変数の値を，“**予測**”したり，“**制御**”したりする」ことが目的である．

(2)　単回帰分析と重回帰分析

回帰分析には，説明変数が1つの場合の“**単回帰分析**”と，2つ以上の場合の“**重回帰分析**”がある．このとき，目的変数の変換，説明変数の変換，説明変数の選択の3つが柱となる．

単回帰分析には「繰返しのある場合の単回帰分析」があり，直線を当てはめてよいかのどうかの統計的検定ができる．

(3)　最小2乗法と正規方程式

回帰分析で，モデル式がうまく当てはまっているとは，予測値と実測値のズレの2乗和が最小となることを意味する．これを実現するための“**最小2乗法**”が用いられる．また，係数の推定量を求めるための方程式を，“**正規方程式**”という．

(4)　平方和の分解と寄与率

回帰分析では，目的変数の総変動を，“**回帰による変動**”と“**残差変動**”に分解することができる．総変動のうちの回帰による変動の割合を“**寄与率**”といい，これが高いほどよく当てはまっているモデルである．

(5)　モデル選択の基準

“AIC”は，汎用性が高く，よく使われている尺度である．寄与率と自由度調整済寄与率には，尺度不変性があるので，変数変換を行うべきかどうかの判断に使える．ただし，寄与率は説明変数が増加すると単調に大きくなるので，“**自由度調整済寄与率**”を用いて回帰モデルを選択し，選択後の評価には元の寄与率を用いるのがよい．

(6)　目的変数の変換

回帰分析では“**ロジット変換**”と“**対数変換**”がよく用いられる．

(7)　説明変数の変換

目的変数と同様に，ロジット変数や対数変換が用いられる．説明変数が分類値であっても，“**ダミー変数**”を用いることで回帰分析が適用可能である．また，ダミー変数は，群間の比較にも活用できる．

(8)　多重共線性

説明変数間の相関係数が強く，回帰係数の推定や回帰式の予測に悪い影響が現われることを“**多重共線性**”が起こっているという．その場合は，説明変数の合併や削除など，モデルを再構築する必要がある．

(9)　回帰診断

標示因子は，予測においては使えるが，制御には不向きである．解析に用いる変数の選択には，“**逐次変数選択**”が有効である．また，“**テコ比**”のような実験条件の確認のための尺度も参考にして，より安定した制御を目指すことが大切である．

第15章

多変量解析法

15.1　多変量解析法の適用場面

現状を把握し，改善の手がかりを手に入れるためには，多くのデータをとる必要がある．多項目の測定を行うと，多次元のデータが得られる．この多次元のデータを分析する手法の総称を，“**多変量解析**”という．

最初に，多変量解析の手法について，その種類と適用する場面を紹介する．次に，これらの手法の適用上の注意点について述べる．個別の手法については，もっとも一般的な手法である“**回帰分析**”は，第14章で詳細に紹介しているため，ここでは“**主成分分析**”“**判別分析**”“**クラスター分析**”および“**数量化理論**”の概要を紹介する．

私たちが多次元のデータを用いて分析しようと考える対象は，多くの場合，予測であったり制御であったりと，目的に当たる変数があることが多い．このような場合は，この目的変数を，残りの変数によって説明することが分析の中心の課題となり，**回帰分析**の問題となる．例えば，収率や，製品強度などを目的変数とし，原料中の成分比率や種々の製造条件などが説明変数となることがある．

ちなみに，多数の項目について測定したデータであっても，とくに目的となる変数がない場合もある．このような場合，もっとも有力な分析方法は，多数の変数の一次式で合成変数を作成したり，これらの変数間の相関関係を調査したりすることであろう．これは，**主成分分析**の問題となる．例えば，5教科(英数国理社)の学力試験結果をまとめると，5次元のデータが総合的な学力を表わす第1主成分と，文系・理系の違いを表わす第2主成分の2つに集約される．

あるいは，最初から，2群のデータに分類されている場合もある．ある特定の疾患についての診断を行う場合，あらかじめ，患者であるとわかっている人のデータと健康であるとわかっている人のデータ(これを，“**参照標本**”と呼ぶ)が必要である．これらの情報を用いて，新たに診断を受ける人のデータを正しく判定することが目的となる．これは，**判別分析**の問題となる．

また，多数の項目について，変数の分類を行いたい場合もあろう．この場合は，**クラスター分析**の問題となる．例えば，新車の諸元表として，エンジン排気量，車長，車高，ホイールベース長，最小回転半径などのデータが示されている．これらのデータから，現在，発売されている車には，どのような特徴(大型車，中型車，小型車，ワゴン車など)があるのかを分類したい場合に適用できる．

最後に，**数量化理論**についても紹介する．数量化理論は，扱う変量が分類値(カテゴリカルデータ)の場合の対応方法の総称で，ダミー変数を用いて回帰分析や判別分析などを行うことに相当する手法である．

多変量解析の手法のデータ形式を表15.1に，各手法の適用場面の違いをまとめると表15.2となる．

多変量解析の手法の多くは，似た結果をもたらす項目を多数測定することによって，結果がその影響を受ける．一般的に統計解析は，客観性を持

表 15.1　多変量解析に用いるデータ形式

	説明変数						目的変数
サンプル No.	x_1	x_2	$\cdots$	x_j	$\cdots$	x_p	y
1	x_{11}	x_{12}	$\cdots$	x_{1j}	$\cdots$	x_{1p}	y_1
$\vdots$	$\vdots$	$\vdots$	$\ddots$	$\vdots$	$\ddots$	$\vdots$	$\vdots$
i	x_{i1}	x_{i2}	$\cdots$	x_{ij}	$\cdots$	x_{ip}	y_i
$\vdots$	$\vdots$	$\vdots$	$\ddots$	$\vdots$	$\ddots$	$\vdots$	$\vdots$
n	x_{n1}	x_{n2}	$\cdots$	x_{nj}	$\cdots$	x_{np}	y_n

表 15.2　多変量解析の各手法の違い

手法	説明変数 x	目的変数 y
回帰分析	量的変数	量的変数
判別分析	量的変数	質的変数
主成分分析	量的変数	なし
クラスター分析	量的変数・質的変数	なし
数量化Ⅰ類	質的変数	量的変数
数量化Ⅱ類	質的変数	質的変数
数量化Ⅲ類	質的変数	なし

(注)　連続的な値をとる変数を量的変数，離散的な値をとる変数を質的変数という．

つことが重要視されるが，特定の日や特定のラインのデータを多く採取した場合は，これらをまとめた結果に大きな影響を与える．多変量解析における変数の設定においても，同じことが起こる．すなわち，似た変数が多く測定された場合，この情報の影響を強く受けた結果が得られる．

したがって，多変量解析における変数を選択する際には，何らかの客観的な基準が必要となる．しかし，実際にはデータを入手し分析することが実務家に委ねられていることが多い．そこで，せっかくの多変量解析の手法が，恣意的な結論を導き出す道具になり下がらないように，適切な変数の選択が必要となる．

また，解析を行うときはいきなり手法を適用して解析を進めるのではなく，データに関する予備知識を入手してから行うのがよい．具体的には，各変数の分布や各変数間の相関関係を調べ，**多変量連関図**(散布図行列ともいう)を作成して情報をインプットしておくべきである．上記のように似た変数(相関の高い変数)が多く測定されている場合は，そのうちの代表的な変数だけを解析に用いるのも一つの方法である．

クラスター分析や主成分分析は，似た変数を増やすと結果が変わる傾向がある．そこで，実際に入手したデータの性質を踏まえて，寄与率や結果の現実的な解釈ができるかどうかなどを参考に，分析結果を丁寧に読み解くことで，できる限り恣意性を排除し，客観的な結果の解釈を試みることが望まれる．

このような状況に関して，回帰分析における変数選択は，似た変数のうちで目的変数を説明するのに有益なものを残してくれる．判別分析でもこれを準用することができるので，これら2つの手法は，容易に客観性の高い結論を導き出すことができる．

最初に与えられたデータを適切に取捨選択し，分析に適した必要最小限の変数に限られたデータに対して適用することで，多変量解析は，大きな威力を発揮する．

このように，各々の手法の特徴を知り，適切に組み合わせることも含めて，適用の場面に応じて，各々の手法を使いこなすことが重要である．

15.2 判別分析

15.2.1 判別分析とは

判別分析とは，健康診断のように「健康か患者か」を判断したいとき，その疾患に関する患者におけるデータと，健康者のデータを用いてそれぞれの母集団を設定し，今回の来院者(新しいサンプル)はどちらの母集団に属するのかの判定を行う手法である．

その他では次のような場面に適用される．

① 製造工程で作られた製品のデータから良品・不良品(適合品・不適合品)の判定．

② 試作品のデータから工程で加工できるかできないかの判断．

③ 経営指標のデータから企業の経営状態(良・否)の判断．

④ 申込み者のデータからクレジットカード発行可否の判断．

また，判別分析は，3つ以上の母集団を想定して，これらのうちのどの母集団からのデータであるかを判定する状況に適用することもできる．

ある発掘された土器の製造された年代を調査する場合を考える．この土器の製造時期は，紀元前なのか，千年程度前なのか，それとも現代に製造された「精巧な模造品」なのかを判別するには，複数の尺度が有効かもしれない．

年代予測でよく用いられるのは，放射性物質の同位体の比率で判定する方法であるが，現代に製造された模造品には，これでは見分けられない工夫がされている可能性もある．そこで，これを見破るには，模造品を作った人との知恵比べとなり，まったく新しい尺度を考えて比較検討し，どうも古いものではなさそうだとの証拠を探すことになる．

このように，判別分析は，判定方法の良し悪し以前に，模造品に関する情報に相当する判定に用いるデータや，そもそも，どんな項目を測定するかが大事なポイントである．正しい判定に用いることのできる測定項目を見つけ出す努力が重要である．

15.2.2 判別分析の実施例

表15.3に示すのは，ある化学製品の反応工程でのデータである．説明変数が主原料(%)，反応温度(℃)，減圧度(%)，副原料(%)の4つで，目的変数が適合・不適合の質的変数である．これらのデータの判別分析を行う．

手順1　変数の選択

説明変数4つと目的変数を選択すると表15.4になる．

手順2　判別に利用する変数の選択(変数1つ)

F比のもっとも大きい「反応温度」を選択すると表15.5になる．

「反応温度」のみを用いたときの判別関数は，

$$Z = -38.276 + 0.506 \times 「反応温度」$$

である．なお，参照標本での誤答はロット17個中3個である．

表15.3　化学製品の反応データ

ロット	主原料	反応温度	減圧度	副原料	判定
1	11.58	66.83	29.52	1.96	不適合
2	16.00	78.76	33.31	1.97	適合
3	13.83	77.45	30.87	1.99	適合
4	12.36	68.65	30.06	1.99	不適合
5	14.96	77.08	32.21	1.96	適合
6	17.56	80.05	35.01	1.97	不適合
7	11.88	68.65	29.58	2.07	不適合
8	17.35	81.27	34.55	2.00	適合
9	12.17	71.27	29.75	2.09	不適合
10	16.97	80.21	34.08	1.96	適合
11	15.11	75.80	32.64	1.95	不適合
12	16.53	79.78	33.65	1.93	適合
13	15.50	76.45	32.91	1.95	適合
14	12.70	70.41	30.22	2.00	不適合
15	14.45	76.38	31.83	1.95	不適合
16	13.24	73.42	30.52	2.00	不適合
17	14.06	75.40	31.43	1.96	不適合

表 15.4　F 比

	D^2	D^2 の差	誤判別率	F 比	判別係数
定数					
主原料	2.13	2.13	23.3	8.79	
反応温度	3.05	3.05	19.1	12.55	
減圧度	1.70	1.70	25.7	6.99	
副原料	0.48	0.48	36.5	1.96	

D^2：２群のマハラノビス距離の２乗
誤判別率：対応する変数を判別関数に取り入れた後の推定誤判別率
F 比：変数を判別関数に取り入れる有意性を判定するための分散比
判別係数：判別関数の係数

表 15.5　変数の選択(1)

	D^2	D'^2	D''^2
マハラノビス距離	3.05	2.63	2.30
誤判別率(%)	19.1	20.9	22.4

	D^2	D^2 の差	誤判別率	F 比	判別係数
定数					−38.276
主原料	3.17	0.12	18.7	0.25	
反応温度	0.00	−3.05	50.0	12.55	0.506
減圧度	3.28	0.23	18.3	0.48	
副原料	3.05	0.01	19.1	0.01	

手順３　判別に利用する変数の選択(変数は複数)

F 比による変数の増減を検討し(F_{IN} = F_{OUT} = 2.0)，もっとも誤判別率が小さくなる変数の組合せを検討した結果，「主原料」と「減圧度」を選択した表 15.6 が得られた．

表 15.6　変数の選択(2)

	D^2	D'^2	D''^2
マハラノビス距離	4.40	3.39	2.69
誤判別率(%)	14.7	17.9	20.6

	D^2	D^2の差	誤判別率	F比	判別係数
定数					160.64
主原料	1.70	−2.70	25.7	7.08	10.121
反応温度	4.64	0.25	14.1	0.40	
減圧度	2.13	−2.26	23.3	5.48	−9.647
副原料	4.43	0.04	14.6	0.06	

このとき判別関数は，

$$Z = 160.64 + 10.121 \times 「主原料」 - 9.647 \times 「減圧度」$$

である．なお，参照標本での誤答はロット 17 個中 2 個である．

15.2.3　判別分析の解析手順

(1)　判別分析の解析の流れ

手順1　母集団 A と母集団 B に分け，それぞれの母集団における変数の確率分布を母平均が異なる正規分布と想定する．

手順2　変数の値からそれぞれの母集団への距離として**マハラノビスの距離**の 2 乗を求める．マハラノビスの距離の 2 乗値の小さいほうの母集団へ判別する．

手順3　**誤判別の確率**を求め，得られた判別方式の精度を評価する．

手順4　変数選択を行い，有用な変数を選択する．

手順5　得られた判別方式を利用して，どちらの母集団に属するか不明なサンプルの判別を行う．

(2)　判別方式の良さの評価

判別方式の良さの概要を評価するには，参照標本における誤判別率を用いればよい．等分散の場合は，線形判別関数を用いて判別し，その結果から表 15.7 の誤判別表を作成する．

表 15.7　誤判別表（度数表）

判別結果＼実際	母集団 A	母集団 B	計
母集団 A	n_{11}	n_{12}	$n_{11}+n_{12}$
母集団 B	n_{21}	n_{22}	$n_{21}+n_{22}$
計	$n_{11}+n_{21}$	$n_{12}+n_{22}$	n

表 15.7 より，実際は母集団 A なのに母集団 B と判定している個数 n_{21} と，母集団 B なのに母集団 A と判定している個数 n_{12} の合計が誤判別数である．

したがって，誤判別の割合の推定値は，

$$\text{誤判別率} = \frac{n_{12}+n_{21}}{n} \times 100 \quad (\%)$$

と参照標本のデータから計算で求めることができる．

x が母集団 A，$N(\mu_A,\ \sigma^2)$ に属するサンプルなのに，母集団 B，$N(\mu_B,\ \sigma^2)$ に属すると誤判別する真の確率は，$z = x - \dfrac{\mu_A + \mu_B}{2}$，$\delta = \mu_A - \mu_B > 0$ とおくとき，

$$Pr\ \{z<0\} = Pr\left\{x < \frac{\mu_A+\mu_B}{2}\right\} = Pr\left\{\frac{x-\mu_A}{\sigma} < -\frac{\mu_A-\mu_B}{2\sigma}\right\}$$

$$= Pr\left\{\frac{z-\delta^2/(2\sigma^2)}{\delta/\sigma} \leqq \frac{-\delta^2/(2\sigma^2)}{\delta/\sigma}\right\}$$

$$= Pr\left(u < -\frac{\delta}{2\sigma}\right) = Pr\left(u > \frac{\delta}{2\sigma}\right)$$

と表わされる．なお，逆向きでも同様の結果を得る．

(3)　線形判別方式とは

線形判別方式とは，フィッシャー（R. A. Fisher）により，

$$z = w_1x_1 + w_2x_2 + \cdots + w_px_p$$

というような合成変数を考え，これを用いて判別する方法として提案された．重み w を用いて z を求めることは，z という軸を新たに考え，この上にデータを射影してスコア z を求めることと同じである．

図 15.1 より，(Ⅰ)に比べて(Ⅱ)のほうが 2 つの群(A，B)をうまく分離できていることがわかる．

これをデータで表現するには，各群内のスコアの変動(群内変動)と群間のスコアの変動(群間変動)を考え，この比(群間変動 / 群内変動)を最大になるように重み w を決定すればよい．すなわち，群内変動を小さくすると同時に群間変動を大きくするようにスコアを定めていく．

(4)　線形判別関数の導出(1 次元の場合)

A，B それぞれの群から m，n 個の 1 次元データ x_1，x_2，…，x_m と y_1，y_2，…，y_n が参照標本として得られている場合，各々の群は正規分布に従う母集団で等分散であり，$N(\mu_A,\ \sigma^2)$，$N(\mu_B,\ \sigma^2)$ に従っているとする．

ここで，どちらの群かわからないデータ x が得られたとき，どちらに属するかを判定する目的でマハラノビスの距離の 2 乗 D^2 を次のように定義する．

$$D_A^2 = \frac{(x - \mu_A)^2}{\sigma^2},\ \ D_B^2 = \frac{(x - \mu_B)^2}{\sigma^2}$$

ここで，正規分布 $N(\mu,\ \sigma^2)$ の確率密度関数とマハラノビスの距離の

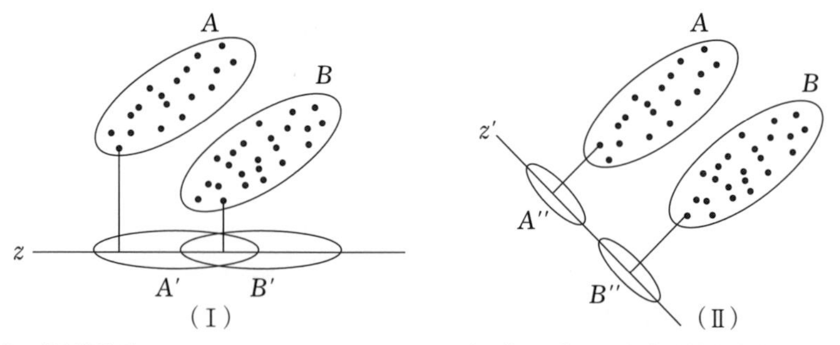

出典：『品質管理セミナー・ベーシックコーステキスト』，第 25 章，日本科学技術連盟，2016 年

図 15.1　線形判別分析のイメージ

2乗 D^2 には次の対応関係がある．

$$f(x)=\frac{1}{\sqrt{2\pi\sigma^2}}\exp\left\{-\frac{(x-\mu)^2}{2\sigma^2}\right\}=\frac{1}{\sqrt{2\pi\sigma^2}}\exp\left\{-\frac{D^2}{2}\right\}$$

仮説検定の理論によると，2つの誤りをもっとも低くするには，密度関数の大小で判定するとよいことが知られている．

そこで，判別方式の判定はマハラノビスの距離を用いて次のように定めるとよいことがわかる．

$D_A^2 \leqq D_B^2$　⇔　母集団 A に属する

$D_A^2 > D_B^2$　⇔　母集団 B に属する

この様子を図15.2に示す．また，

$$D_B^2-D_A^2=\frac{(x^2-2\mu_B x+\mu_B^2)-(x^2-2\mu_A x+\mu_A^2)}{\sigma^2}$$

$$=\frac{2(\mu_A-\mu_B)}{\sigma^2}\left(x-\frac{\mu_A+\mu_B}{2}\right)$$

が成り立つ．これを2で割った，

$$z=\frac{D_B^2-D_A^2}{2}=\frac{\mu_A-\mu_B}{\sigma^2}(x-\bar{\mu}),\ ただし\ \bar{\mu}=(\mu_A+\mu_B)/2$$

を**線形判別関数**という．

以上より等分散の場合には，z の式中の μ_A，μ_B に $\bar{x}$，$\bar{y}$ を代入して，

$z \geqq 0$　⇔　$D_A^2 \leqq D_B^2$　⇔　母集団 A に属する

$z < 0$　⇔　$D_A^2 > D_B^2$　⇔　母集団 B に属する

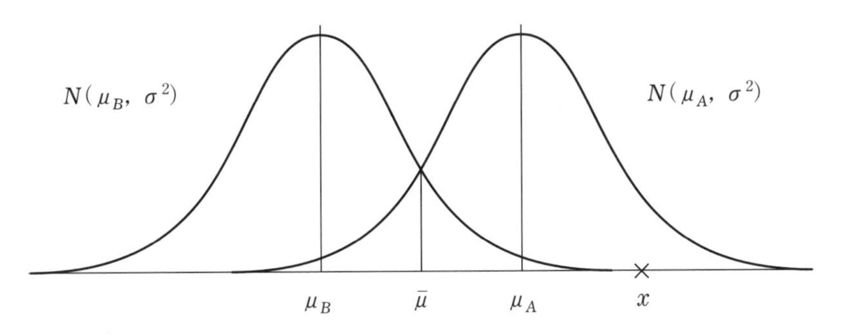

図15.2　変数が1個の場合の判別

と判定される．

分散が等分散でない場合は，母分散σ_A^2，σ_B^2に標本分散V_A，V_Bを代入して求めたD_A^2, D_B^2の値から，$D_B^2 - D_A^2$の大小で判断することが一般的に行われている．

補足：判別分析の応用

2群の判別分析の場合，2つの誤判別の確率を小さくしたい．等分散でない場合は，より正確には密度関数の比で判定すると最適である．これは，マハラノビスの距離のみから求めたものと異なっており，分散比が大きくなるに従って違いも大きくなる．

さらに，2つの誤判別による被害金額が評価できるとすると，一般的にいって，2つの被害金額は大きく異なることが多い．そこで，被害金額の評価値に誤判別の確率を掛けて，被害金額の期待値を求め，これを最小にする判別方式を導くことができる．なお，この方式は，2つの被害金額の比がわかれば利用できる．

15.2.4　判別分析と MT システム

2つの群があり，これらのいずれかからとられたデータを判定する判別分析は，通常の仮説検定の枠組みに似ている．仮説検定は，2つの仮説として帰無仮説と対立仮説を考え，帰無仮説が正しいときに対立仮説が正しいと判断する誤りを第1種の誤り，逆に対立仮説が正しいときに帰無仮説が正しいと判断する誤りを第2種の誤りという．判別分析にもこのような判断の誤りは起こる．

では，仮説検定と，判別分析のもっとも異なる点はどこであろうか．通常，判別分析では，健康診断の例でいうと，健康者群と患者群を各々1つずつ想定する．これに対して仮説検定の対立仮説は，両側検定の場合は帰無仮説以外のすべてになり，片側検定の場合でも帰無仮説からのズレの方向を表現することが多い．この意味では，判別分析のほうが仮説検定より，仮定が厳しいといえる．

タグチメソッドの**MT システム**（マハラノビス・タグチ・システム）には，単位空間（基本空間）という考え方がある．健康診断の例では，健康者は，比較的小さなばらつきで，単一の集団を構成していることが多いが，患者群は，個々の患者の重症度や年齢，性別などで，非常に大きくばらつくこ

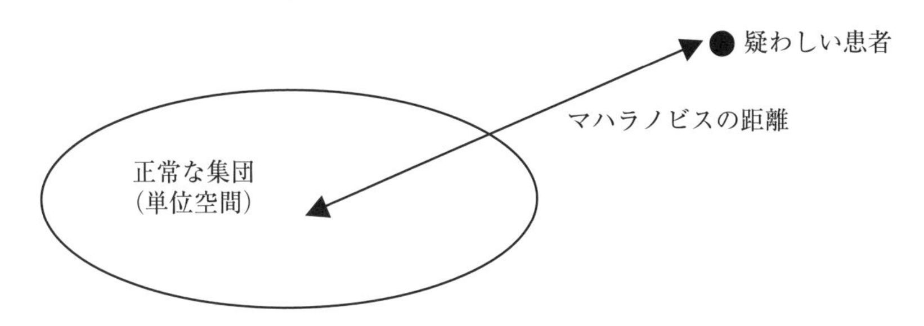

図 15.3　単位空間による異常の判定

とが多い．基本空間とは，このような場合に，患者群のデータのばらつきに捉われることなく，健康者群のみで判定を行い，異常と判定された人は精密検査を行って，より詳細な分析を行うという考え方である．判別分析が適用できるのは，患者群のデータの振る舞いを調査したときに，これが単一の母集団として見なせる場合に限られる．

ＭＴシステムでは，例えば，300 人の正常な人の健康診断の検査データより基本空間を形成する．肝臓病が疑わしい患者に対して，基本空間でのデータから求めておいた相関係数行列の逆行列を使用して，多次元空間のマハラノビス距離を計算する．基本空間における正常な人の集団と，この患者の距離が近ければよいが，大きければかなり肝臓病が疑わしい結果となる(図 15.3 参照)．

15.3　主成分分析

15.3.1　主成分分析とは

主成分分析は多くの特性(変数)を少数個の変数に集約する手法であり，測定項目間の差を把握することができる．データ形式は表 15.1 の目的変数のない場合である．第7章で述べた新 QC 七つ道具では“**マトリックス・データ解析法**”といわれる．

適用される場面は様々であるが，次のような場合に使われる．

① 材料設計と特性の関係の整理
② 複雑な要因の絡み合う工程の解析
③ 多量のデータからなる不良要因の解析
④ 市場調査データからの要求品質の把握
⑤ 官能特性の分類体系化
⑥ 複雑な品質評価
⑦ 曲面応答データの解析

主成分分析を2次元の世界で考えてみる．表15.8の各車種A～Fを「車のスタイル」と「性能」で評価を行い，2次元でプロットした図が図15.4である．ここで，スタイルの軸（x軸）と性能の軸（y軸）で2次元的に評価を行うのではなく，主な成分として第1主成分の軸（方向）を考えた場合は図15.4の点線の軸となる．すなわち，最も情報が多く集まっている線を第1主成分軸と考えると，「車のよさ」を総合的に表わす軸と解釈できる．これに直交する軸が第2主成分軸となる．

以上の説明は2次元で考えたものであるが，一般の多変量のデータの場合は，n次元の点として打点されることになる．例えば，15.1節で述べた5教科（英数国理社）の学力試験結果のデータの場合は5次元の世界で各人のデータが打点される．そのデータを5次元のあらゆる角度から眺めてみ

表15.8　車の評価

車種	スタイル	性能
A	1	1
B	−2	−1
C	3	2
D	3	1
E	−1	−1
F	−3	−2

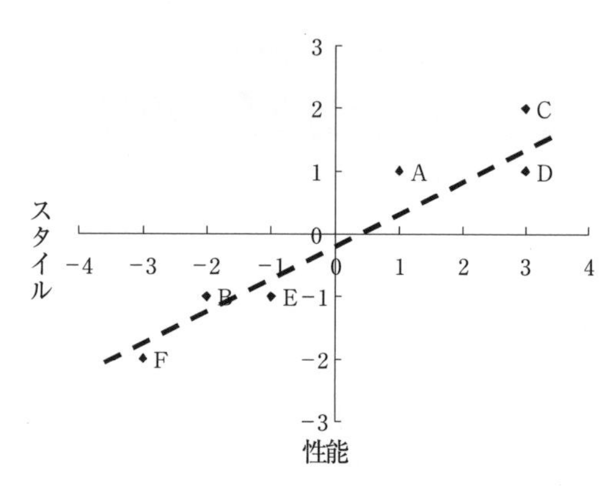

図15.4　各車種の散布図

て，最も情報が多く集まっている方向が第1主成分となる．そして，それに直交して最も情報の集まっている方向が第2主成分となる．

このようにして解析した結果を，第1主成分軸を横軸に，第2主成分軸を縦軸にとって，2次元の世界で打点すると，単に英語と数学の2次元で打点した図よりは，はるかに情報が集約された図となる．

また，主成分分析の解析においては，第1主成分軸や第2主成分軸がどういう意味，どういう特徴をもつ主成分なのか，打点された各変数(**因子負荷量**のグラフ)や各サンプル(**主成分得点**のグラフ)の位置などにより，今まで培ってきた固有技術も含めて考察していくことが重要である．

なお，「マトリックス・データ解析法」は，主成分分析の第1主成分と第2主成分をグラフ化したものである．詳細は，第7章「新QC七つ道具」の7.4節「マトリックス・データ解析法」を参照のこと．

15.3.2　主成分分析の解析手順

(1)　主成分分析の数学的な取り扱い

15.3.1項では主成分分析の概念を紹介したが，本項ではそれを数学的に取り扱う方法について述べる．データ形式として表15.1の説明変数がp個ある場合，p個の変数x_1，x_2，…，x_pで

$$z = w_1x_1 + w_2x_2 + \cdots + w_px_p$$

というような合成変数(主成分)を作成する．このとき重みwは，主成分の方向を表わすので長さは1という次の制約がある．

$$w_1^2 + w_2^2 + \cdots + w_p^2 = 1$$

この制約の下で，分散

$$V(z) = V(w_1x_1 + w_2x_2 + \cdots + w_px_p)$$

を最大にする重みを決定する．

このzを第1主成分という．また，これと無相関(直交)かつ同様の制約の中で重みが最大となるzを第2主成分という．

この主成分を求める作業は，数学的には分散共分散行列Sの固有値および固有ベクトルを求める作業であることが知られている．この場合，第

i 主成分の分散は**固有値** λ_i で，その重みは**固有ベクトル**である．

ただし，身長と体重のように，そもそも単位が違う変数同士の場合は，どの単位を選ぶかが結果に影響するので，分析に入る前に各変数を規準化する以外に合理的な方法はあり得ない．このような場合は，相関係数行列 R の固有値と固有ベクトルを求めることになる．以下，本節では，最もよく用いられる相関係数行列を用いた分析を中心に解説する．

(2) 主成分分析で利用する用語

① 規準化：各特性ごとに平均値を引き，標準偏差で割ること
② 相関係数：2つの特性値間の関係の強さを示したもの
③ **主成分**：元のデータを少数個の代表特性で表わしたもの
④ **固有値**：その代表特性(例えば第1主成分)が元の特性データ全体の変動をどの程度代表しているかを表わす数値
⑤ **寄与率**：全体の変動を100%として固有値を%表示したもの
⑥ 固有ベクトル：各主成分において各評価特性がどの程度影響を及ぼすか，重みの値
⑦ **因子負荷量**：(固有ベクトル)×(各主成分の固有値の平方根)
　元の変数と主成分との相関係数
⑧ **主成分得点**：$\sum_j$ (固有ベクトル)$_j$ ×(規準化された第 j 特性値データ)
　主成分を新しい座標軸とするときのデータの値

例えば，変数が5つの場合は第1主成分～第5主成分まで求めることができる．この5つの主成分の固有値を加えると，相関係数行列の分析の場合は5となる．

各主成分の固有値の比率を**寄与率**という．変数が5つの場合での解析で第1主成分の固有値が3となった場合，第1主成分の寄与率は60%である．すなわち，60%の情報が第1主成分に集約されていることになる．

また，第1主成分の寄与率が60%で第2主成分の寄与率が20%の場合，累積寄与率は80%であるという．このとき，第1主成分と第2主成分で散布図を作成すれば，80%の情報が集まったグラフとなる．

因子負荷量または固有ベクトルの値から，各主成分軸での各変数(特性)の位置づけを求め，主成分得点の値から各主成分軸でのサンプルの位置づけを求める．そして，因子負荷量，主成分得点について，それぞれを散布図に描き，各主成分のもつ意味，各サンプルの関係を調べる．このとき，打点された位置関係から各主成分軸のもっている意味，情報を考察する．このとき過去の経験や固有技術的な能力を活用し，極力，客観的な結論となるように心がけることが大切である．

(3)　主成分分析における主成分の求め方

相関係数行列 R の第1固有値(最大固有値) λ_1 に対応する固有ベクトルから第1主成分 z_1 を求める．次に，R の第2固有値 λ_2 に対応する固有ベクトルから第2主成分 z_2 を求める．同様にして第 k 主成分が求められる $(k = 3, 4, \cdots, p)$．

これらの各段階で，それぞれの主成分の寄与率および累積寄与率を求める．どこまで主成分を求めるかについては，「寄与率が $1/p$ 以上(固有値が1以上)」ないしは「累積寄与率が80%を超える」を目安として行えばよい．

(4)　主成分分析の実施手順のまとめ

手順1　問題に関する特性値(評価項目)とサンプル(対象)を決める．

手順2　データを採取し，マトリックス形に整理する．

手順3　相関行列から相関関係を把握する(平均値，標準偏差，相関係数)．

手順4　相関係数行列より，固有値・寄与率，固有ベクトル，因子負荷量，主成分得点を求める．

手順5　因子負荷量から各特性値の散布図を作成し，各主成分の意味(総合特性の意味)を考察する．

手順6　主成分得点から各サンプルの散布図を作成し，サンプルの特徴づけを行う．

実用的には，手計算では無理なので，統計的手法のソフトウェアなどを用いる．

15.3.3 主成分分析の実施例

表15.9に示すのは，5教科(英数国理社)の試験を30人に対して行った結果である．これらのデータに対して主成分分析を行う．

表15.9 データ表

No.	英	数	国	理	社	No.	英	数	国	理	社
1	74	90	74	95	73	16	64	41	66	44	58
2	79	100	74	89	82	17	57	65	69	59	56
3	74	68	70	60	77	18	78	79	73	97	85
4	70	66	64	74	62	19	56	43	62	56	62
5	53	49	54	41	51	20	96	92	79	93	78
6	63	43	55	51	61	21	71	53	67	48	65
7	64	42	71	56	59	22	91	74	80	86	92
8	48	36	61	47	51	23	59	42	63	58	52
9	64	88	69	91	73	24	58	42	62	48	53
10	77	78	72	72	82	25	72	95	75	98	66
11	79	76	74	77	64	26	90	98	76	84	82
12	86	89	75	78	78	27	84	77	87	79	82
13	46	30	61	51	63	28	58	41	65	45	67
14	90	78	71	83	76	29	63	46	58	55	65
15	67	45	61	51	67	30	79	71	76	69	83

表15.10 相関係数行列

	英	数	国	理	社
英	1.000	0.791	0.800	0.733	0.818
数	0.791	1.000	0.758	0.910	0.717
国	0.800	0.758	1.000	0.747	0.754
理	0.733	0.910	0.747	1.000	0.706
社	0.818	0.717	0.754	0.706	1.000

解説

試験の点数のように単位が揃っている場合は，分散共分散行列から分析するか，相関係数行列から分析するか，２つの選択肢がある．素点を重視し，分散共分散行列から分析することもできるが，ここでは，科目間のばらつきを考慮して相関係数行列から計算する．

表 15.10 の相関係数行列の対角成分はすべて１であるので，これらの合計は $p = 5$（特性数の和が 5）となる．これが，５つの主成分の固有値の和

表 15.11　固有値

	固有値	寄与率	累積寄与率
第 1 主成分	4.094	81.9%	81.9%
第 2 主成分	0.407	8.1%	90.0%
第 3 主成分	0.240	4.8%	94.8%
第 4 主成分	0.179	3.6%	98.4%
第 5 主成分	0.080	1.6%	100.0%

表 15.12　固有ベクトル

科目	第 1 主成分	第 2 主成分
英	0.452	0.340
数	0.457	−0.490
国	0.443	0.218
理	0.448	−0.570
社	0.436	0.523

表 15.13　因子負荷量

科目	第 1 主成分	第 2 主成分
英	0.916	0.217
数	0.924	−0.310
国	0.897	0.139
理	0.906	−0.370
社	0.881	0.334

に一致している．そこで，各々の主成分の**寄与率**は，個々の固有値の大きさを $p=5$ で割って計算される（表 15.11 参照）．

$$\frac{\lambda_1}{p}=\frac{4.094}{5}=0.819,\quad \frac{\lambda_2}{p}=\frac{0.407}{5}=0.081,\quad \frac{\lambda_3}{p}=\frac{0.240}{5}=0.048,$$

$$\frac{\lambda_4}{p}=\frac{0.179}{5}=0.036,\quad \frac{\lambda_5}{p}=\frac{0.080}{5}=0.016$$

また，**累積寄与率**は，固有値の大きい第 1 主成分から加えて計算する．例えば，最初の 2 つ（第 1 主成分と第 2 主成分）の固有値までの累積寄与率は，

$$\text{累積寄与率：}\frac{\lambda_1+\lambda_2}{p}=\frac{4.094+0.407}{5}=0.900$$

となる．これは，この 2 つの主成分で，データのばらつきの約 90% を説明できるという意味である．多くの場合，累積寄与率が 80% 程度になるまでの主成分には，解釈を試みることが行われている．ただし，今回のように第 1 主成分の寄与率が単独で高い場合には，次の主成分まで解釈を試みることが行われている．

表 15.12 によれば，第 1 主成分は 5 つの係数（これが，各々の科目との相関を意味する）がすべて「正」であるため，「学力」という因子を表わす（正方向に学力が高く，負方向に学力が低い）と考えられる．次に，第 2 主成分は，数学と理科に関しては負，英語と国語と社会に関しては正，となっている．これから，第 2 主成分は「文系理系度」を表わしている（正方向は文系に強く，負方向は理系に強い）と考えられる．

なお，表 15.13 の**因子負荷量**（主成分負荷量）は，次の式で計算される．第 1 主成分の英語に関する因子負荷量は，

$$\begin{aligned}(\text{因子負荷量})_{\text{英語}}&=(\text{固有ベクトル})_{\text{英語}}\times\sqrt{(\text{第 1 主成分の固有値})}\\&=0.452\times\sqrt{4.094}=0.916\end{aligned}$$

これは，第 1 主成分と英語の相関係数を意味している．さらに，第 1 主成分の英語の寄与度が 0.452 であるのに加えて，第 1 主成分のばらつきである $\lambda_1=4.094$ を考慮することで，英語の成績に対する第 1 主成分の寄与度合いを表現しているとも考えられる．

15.4　クラスター分析

15.4.1　クラスター分析とは

クラスター分析とは，複数の個体に対して，複数の変量に関する測定を行った結果を用いて，似たものを集めて集落(クラスター)を構成することを目的とする手法である．多くの場合，個体を分類するために用いられるが，変量の分類に用いることもできる．

個体を分類する場合，各個体間の距離などで“**類似度**”が定められる．しかし，これだけでは，最終的なクラスターを構成することはできない．1個以上の点を持つ2つのクラスター同士の類似度も定めることが必要となる．この類似度を用いて，

①　似たもの同士(個体＝サンプル)をグルーピングできないか

②　あるグループについてどのような特徴をもったサンプルが集まるかを検討していく．

クラスター分析では，最終的にいくつのクラスターにまとめるかについて，事前に個数を定めるのが難しいことがある．

そこで，横軸に個体を，縦軸には類似度をとって，どの類似度になったら，どの個体(クラスター)とどの個体(クラスター)が合併されるか，を描いた図がある．これを**樹形図(デンドログラム)**と呼ぶ．この樹形図から，比較的安定している分類を選択することも行われる．

図15.5にクラスター分析のイメージを示すが，デンドログラムは縦軸に距離(または類似度)をとり，横軸に対象(サンプル)を等間隔に並べ，対象またはクラスターを統合時の距離の高さで結んだものである．

したがって，高さの低いグループが早く統合したグループといえる．また，任意の距離で水平に切断すると，その時点でのいくつかのグループに分けることができる．

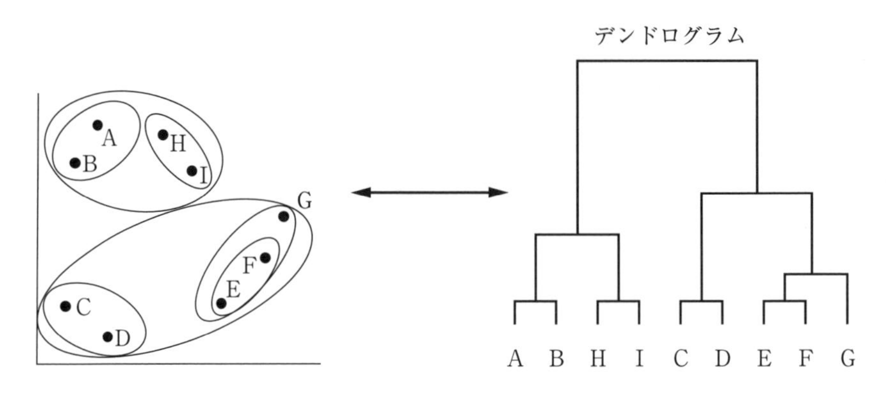

出典：『品質管理セミナー・ベーシックコーステキスト』，第25章，日本科学技術連盟，2016年

図 15.5　クラスター分析のイメージ

15.4.2　クラスター分析の実施例

表 15.3 のデータの説明変数 4 つを用いてクラスター分析を実施した．

手順 1　デンドログラム

4 つの変数を選択し，クラスター化法として「ウォード法」，類似度としては(標準化した変数における)「平方ユークリッド距離」を選択して実施すると，図 15.6 のデンドログラムが OUTPUT される．

(注)　ウォード法：新たに統合されるクラスター内の平方和の総和をもっとも小さくするという基準でクラスターを形成していく方法である．

縦軸(結合レベル)は非類似度の平方根目盛で表示されている，2.067 に引かれた破線(切断レベル)の下にある 5 つのグループがクラスタリングの結果である．

また，ロット 11 とロット 13 の高さがもっとも低く，最初に統合されたグループであることがわかる．

サンプル(ロット)とクラスター選択の経緯(クラスター凝集経過)を表 15.14 に示す．

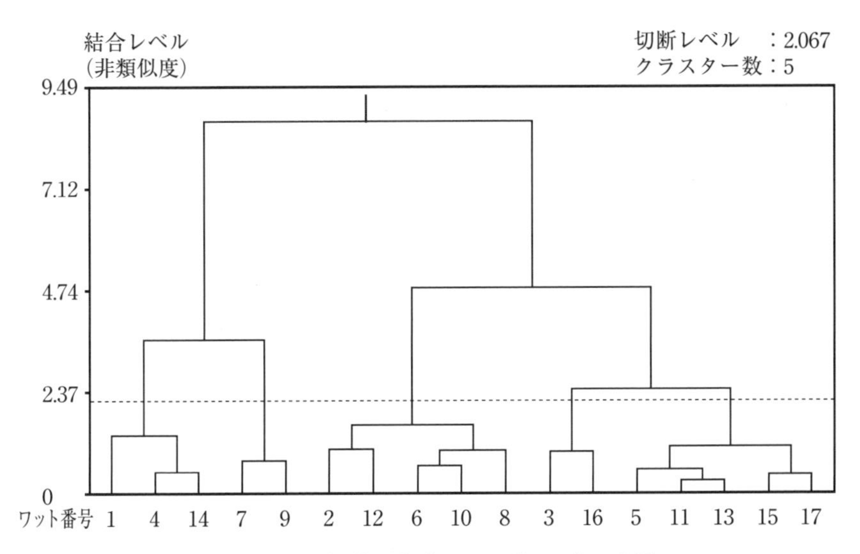

図 15.6　解析結果(デンドログラム)の表示

表 15.14　クラスター凝集経過

クラスター番号	クラスター数	結合クラスター P	Q	クラスター内対象数	結合レベル	クラスター内平方和	全クラスター平方和
1	16	ロット11	ロット13	2	0.082	0.041	0.041
2	15	ロット15	ロット17	2	0.190	0.095	0.136
3	14	ロット4	ロット14	2	0.244	0.122	0.258
4	13	ロット5	クラスター1	3	0.303	0.192	0.409
5	12	ロット6	ロット10	2	0.407	0.203	0.613
6	11	ロット7	ロット9	2	0.589	0.295	0.907
7	10	ロット3	ロット16	2	0.973	0.487	1.394
8	9	クラスター5	ロット8	3	1.004	0.705	1.896
9	8	ロット2	ロット12	2	1.056	0.528	2.423
10	7	クラスター4	クラスター2	5	1.238	0.906	3.042
11	6	ロット1	クラスター3	3	1.853	1.049	3.969
12	5	クラスター9	クラスター8	5	2.609	2.537	5.273
13	4	クラスター7	クラスター10	7	5.940	4.362	8.243
14	3	クラスター11	クラスター6	5	12.868	7.777	14.677
15	2	クラスター12	クラスター13	12	23.090	18.445	26.222
16	1	クラスター14	クラスター15	17	75.556	64.000	64.000

表 15.15 規準化されたデータ

	ロット 11	ロット 13
主原料	0.316	0.514
反応温度	0.139	0.283
減圧度	0.411	0.559
副原料	−0.766	−0.766

参考：考え方としては，表 15.3 のデータをすべて規準化して，どのロット同士が同じようなデータとなっているかを調べていけばよい．

ロット 11 とロット 13 の類似度について，それらのデータだけをまとめたものが表 15.15 である．

このときロット 11 とロット 13 の間の**ユークリッド距離の 2 乗**を求めると，

$$\sum(x_{11i}-x_{13i})^2=(0.316-0.514)^2+(0.139-0.283)^2+(0.411-0.559)^2+(-0.766+0.766)^2=0.082$$

となり，表 15.14 では「結合レベル」の値として表示される．

この値は他のどのロット同士の組合せの距離よりも小さい(2 番目に小さいのは，ロット 15 とロット 17 間のユークリッド距離の 2 乗で，その値は 0.190)．

15.4.3 クラスター分析の解析の流れ

手順 1 個々の対象間の距離，および個々の対象とクラスターの距離，およびクラスター同士の距離を求める．

手順 2 これらのうち，距離が最小となるものを統合して，新たなクラスターとする．

手順 3 手順 1，2 を，すべてのクラスターが統合されるまで繰り返す．

手順 4 クラスターの統合過程を示すデンドログラム(樹形図)を描き，適当な距離で切断することにより，最終的にいくつかのクラスターに分ける．

手順 5 各クラスターに含まれる対象を調べ，クラスターの特徴を把握する．

15.4.4 類似度のいろいろ

(1) 個体同士の類似度

n 個の個体に対して m 個の変量を測定する場合，i 番目の個体の値が $x_i = (x_{1i}, \cdots, x_{mi})^T$ であるとする．このとき，個体同士の類似度は，以下の距離などで与えられる．

1)　ユークリッド距離

$$d_{ii'} = \sqrt{\sum_{j=1}^{m} (x_{ji} - x_{ji'})^2} = ||x_i - x_{i'}||$$

2)　マハラノビス距離

$$d_{ii'} = \sqrt{\sum_{j=1}^{m} \sum_{k=1}^{m} s^{jk} (x_{ji} - x_{ji'})(x_{ki} - x_{ki'})} = \sqrt{(x_i - x_{i'})^T S^{-1} (x_i - x_{i'})}$$

ただし，$S = (S_{ij})$ は変量間の分散行列，$S^{-1} = (S_{ij})$ とする．

3)　一致係数や類似比

変量の測定値が，0，1で得られる場合，下記の一致係数なども考えられる．

$$一致係数：\frac{(0,\ 0),\ (1,\ 1)となる変量数}{全変量数}$$

$$類似比：\frac{(1,\ 1)となる変量数}{(0,\ 0)以外の変量数}$$

これらの尺度のうち，ユークリッド距離は，もっとも普通の距離である．しかし，変量間の単位が異なる場合などは，尺度依存性があり，規準化して分析する必要がある．その意味では，マハラノビスの距離には，尺度依存性がないので，単位が異なる場合でも適用が可能となる．ただし，クラスター分析は，類似の変量を追加すると，結果は多い変量の影響を受けるので，分析に用いる変量の選択は，十分な吟味が必要である．

また，変量が0，1の2値データの場合，主なものとしては，相関係数と同等の“一致係数”と，(0，0)データを除き，いずれかの変量が反応した場合における一致性を表わす“類似比”の2つが候補として考えられる．

(2)　クラスター間の類似度

2つのクラスター s，t があり，各データ $(x_{s1}, \cdots, x_{sm})$，$(x_{t1}, \cdots, x_{tn})$ が属しているとする．これら2つのクラスターの類似度を考える際に，2つの個体間の類似度 $d_{ij} = d(x_{si}, x_{tj})$ が与えられているとして，以下の4つの方法を紹介する．

1)　最短距離法

$$d_{st} = \min_{1 \leqq i \leqq m,\, 1 \leqq j \leqq n} d_{ij}$$

2)　最長距離法

$$d_{st} = \max_{1 \leqq i \leqq m,\, 1 \leqq j \leqq n} d_{ij}$$

3)　群平均法

$$d_{st} = \frac{1}{mn} \sum_{i=1}^{m} \sum_{j=1}^{n} d_{ij}$$

4)　ウォード法

各クラスター内の類似度(距離など)の平方和が最小となる分け方を採用する考え方である．2つのクラスターに対するユークリッド距離の場合であれば，次のように表現される．

$$\bar{x}_{s\cdot} = (1/m) \sum_{i=1}^{m} x_{si} \ , \ S_s = \sum_{i=1}^{m} (x_{si} - \bar{x}_{s\cdot})^2$$

$$\bar{x}_{t\cdot} = (1/n) \sum_{j=1}^{n} x_{tj} \ , \ S_t = \sum_{j=1}^{n} (x_{tj} - \bar{x}_{t\cdot})^2$$

$S = S_s + S_t$ として，S を最小とするように結合する．

最短距離法は，1つの大きなクラスターができる傾向にある．最長距離法は，逆に大きなクラスターができにくい傾向がある．群平均法は，類似度(距離)の平均の解釈が難しい．もっとも一般的に用いられるのが，**ウォード法**である．ウォード法は，距離の平方和に基準をとっているので，一元配置分散分析における平方和の分解の性質より，分類結果の解釈が容易である．

15.5　数量化理論

回帰分析，主成分分析は，いずれも取り扱う変数が連続量(量的変数)であることを前提としていた．しかし，判別分析の目的変数のように，現実には分類値に対して，同様の分析を行いたい状況も起こりうる．このような状況に対する対応方法として，“**数量化理論**”がある．

15.5.1項では外的変数がある場合を，15.5.2項では外的変数がない場合の概要について述べる．外的変数がある場合とは，回帰分析や判別分析のように，目的となる変数があり，これを予測したり判定したりすることが分析の目的である場合をいう．これに対して，主成分分析やクラスター分析のように，複数の変数が互いに対等に存在するだけの場合は，外的変数がない場合という．

15.5.1　外的変数がある場合の数量化(数量化Ⅰ類，数量化Ⅱ類)

回帰分析を行いたい状況で，説明変数が分類値(カテゴリカルデータ)である場合も起こる．このような場合は，分類(カテゴリー)の数から1を引いた個数のダミー変数(0，1の値をとる変数)を考えて，これを説明変数に加えることで解決できる．このような分析方法を，**数量化Ⅰ類**と呼ぶ．すなわち，目的変数が質的変数のときに重回帰分析と同様の目的で解析を行いたいときに用いられるのが，数量化Ⅰ類である．

次に，判別分析を行いたい状況で，判別に用いる説明変数が分類値である場合，各項目における分類の個数のダミー変数を設定し，判別分析を行うことができる．このような分析方法を，**数量化Ⅱ類**と呼ぶ．すなわち，判別分析は目的変数のみが質的変数であったが，説明変数も質的変数である場合に，同様の目的で解析を行いたい場合に用いられるのが数量化Ⅱ類である．

これらの分析は，回帰分析と判別分析の計算式をダミー変数に対して適用するだけであるので，式の明示は省略する．

15.5.2 外的変数がない場合の数量化（数量化Ⅲ類，数量化Ⅳ類）

回帰分析や判別分析を適用する場面は，何か予想したり判定したりという目的がある．一方，主成分分析やクラスター分析の適用を考える場面では，単に変数が量的変数で複数あって，これらの情報をまとめたい場合の手法である．このような状況で，扱っているデータが分類値(質的変数)であるときに，数量化Ⅲ類，Ⅳ類が適用できる．

このうちの**数量化Ⅳ類**は，質的変数に関するクラスター分析であり，類似度を定義して用いることで実行できる．ただし，類似度を単調変換しても結果に影響が出るため，類似度の選択が難しいという問題がある．

また，**数量化Ⅲ類**とは，各個体において，どのカテゴリーに属するかを(0，1)データとしたときに，これらの個体，カテゴリーを数値で置き換えて，もっとも相関係数が高くなるように設定する，という考え方から導かれる．主成分分析の合成変数の分散の最大化のアイデアに似た方法で，やはり固有値問題を解くことに帰着される．ここで，この数量化Ⅲ類は，個体の側にまで，自由度を持たせて最大化する考え方であり，計量値に対する手法の中には対応するものがない．例えば，主成分分析は，合成変数を作成して分散の最大化を行う考え方であった．

第15章のポイント

(1)　回帰分析（第14章参照）

目的となる変数があり，これを予測したり制御したりするために，複数の説明変数を用いて分析する手法．目的変数も説明変数も，連続量であることが前提である．逐次変数選択を適切に利用することで，高い客観性を持つ分析が可能となる．

(2)　判別分析

設定された2群の母集団がある前提で，新たな個体（サンプル）を，そのどちらの群から得られたかを判定する手法．等分散の場合は，線形判別関数が導かれる．回帰分析の変数選択を併用することで，高い客観性が得られる．

(3)　主成分分析

複数の変数から，その相関性を利用して少数の合成変数（主成分）を作ることによって，情報の集約・縮約を行う手法．主成分の持つ意味，特徴をよく把握して解析を行う．最初の変数群に偏りがあると，結果も影響を受けるので，最初に変数を吟味してからスタートする．

(4)　クラスター分析

各個体に対して多項目の測定を行い，個体間に類似度を定義することで，似たもの同士を集め，クラスターを構成する手法．群内変動の最小化を行う，ウォード法が一般的に利用される．選んだ変数群に偏りがあると，結果に影響を受けるので，最初に変数を吟味してからスタートする．

(5)　数量化理論

分類値に対して多変量解析の手法を適用する際の総称．数量化Ⅰ類は0，1データ（質的変数）の回帰分析，数量化Ⅱ類は判別分析，数量化Ⅲ類は，個体と変量の両方を数量化する手法である．数量化Ⅳ類はクラスター分析といえる．

第16章

信頼性工学

16.1 耐久性，保全性，設計信頼性

16.1.1 信頼性工学とは

“**信頼性工学**”とは，アイテムやシステムの信頼性に関する技術（工学）である．ここでいう“**信頼性**”とは，一般的に「アイテムが与えられた条件で規定の期間中，要求された機能を果たすことができる性質」と定義されている．

近年では，修理時間や稼働時間も考慮に入れた“**ディペンダビリティ**”という用語が，信頼性の意味で広く用いられている．

信頼性データの解析手法としては，実際の寿命データをワイブル確率紙にプロットして分析するワイブル分析などがある．また，高い信頼性を実現するための評価手法として，設計の不具合および潜在的な欠点を見い出すために実施するFMEA（故障モードと影響解析：Failure Mode and Effects Analysis）と，発生が好ましくない事象について，発生経路，発生原因および発生確率を故障（フォールト）の木を用いて解析するFTA（故障の木解析：Fault Tree Analysis）などがある．

16.1.2 未然防止と再発防止

トラブルが発生したとき，適切な応急処置をとることは当然であるが，今後の品質保証を考えたとき，未然防止や再発防止が重要である．“**未然防止**”とは，「実施に伴って発生すると考えられる（潜在的な）問題をあらかじめ計画段階で洗い出し，実際に発生しないようにそれに対する修正や対応を講じておくこと」であり，実際のトラブルの発生自体を未然に防ごうという考え方である．

これに対して，“**再発防止**”とは，「すでに発生した（顕在化した）問題の原因，またはその原因の影響を除去して，再発しないようにする処置」であり，是正処置も含んだ考え方である．

16.1.3 耐久性，保全性，設計信頼性

信頼性の要素には，壊れにくさを示す**耐久性**，直しやすさを示す**保全性**，**設計信頼性**などがある．

(1) 耐久性

丈夫で長持ちするという性質が耐久性であるが，機能が一定水準以下になる状態である故障を明確に定義することにより，耐久性の定量的評価が可能となる．

1) 故障までの時間の長短に関する特性値

故障までの時間 T の長短により耐久性の有無を判別する尺度として，以下のものがある．

① 信頼度

信頼度は，一定時間 (t_0) 以上故障なしに正常に機能を果たす確率である．

信頼度は時間 t とともに減少していくので，信頼度関数と呼ばれる．信頼度 $R(t)$ は，故障までの時間の密度関数を $f(t)$ とすると，

$$R(t) = Pr(T > t) = \int_t^{\infty} f(x)\,dx$$

となる．また，以下の関数 $F(t)$ を不信頼度関数という．

$$F(t) = Pr(T \leqq t) = 1 - R(t)$$

② MTTF（Mean Time To Failure：平均故障時間）

故障までの時間の平均を**平均故障時間“MTTF”**という．

$$\mathrm{MTTF} = E(T) = \int_0^{\infty} tf(t)\,dt$$

例題 16.1

5個のアイテムの故障時間が，以下で与えられているとき，MTTF の推定値を求めよ．

データ：120，150，300，310，320　(時間)

解説

$$\mathrm{MTTF} = \frac{120+150+300+310+320}{5} = \frac{1200}{5} = 240 \quad (\text{時間})$$

と推定される．

③ B_{10} ライフ

信頼性評価を顧客への保証として重視する立場で考えると，平均ではなく個々の製品の寿命を保証する限界値保証が重要になる．“**B_{10} ライフ**”は，ばらつきも考慮した限界値保証の立場で考えられている尺度で，全体の10% が故障するまでの時間を示す．

$$\int_0^{\mathrm{B}_{10}\text{ライフ}} f(t)\,dt = 0.10$$

となり，信頼度との関係でいうと，信頼度が90% になる時間が B_{10} ライフである．

2) 一定時間内の故障数の多少に関する尺度

故障した場合に修理を考える修理系と考えない非修理系で，尺度の定義が異なる．

① 故障率(修理系の場合)

故障した場合に修理を行う修理系については，時間$(0,\ t)$の故障数を$N(t)$とおくと，確率変数になるので，単位時間当たりの故障発生確率$\lambda(t)$を考えて，これを“**故障率**”という．

$$\lambda(t) = \lim_{\Delta t \to 0} \frac{1}{\Delta t} Pr\{N(t+\Delta t) - N(t) \geqq 1\}$$

故障率は，

$$\text{故障率} = \frac{\text{一定時間内の故障回数}}{\text{一定時間}}$$

と考えることができ，時間の単位の逆数を次元とする尺度になる．

② MTBF(Mean Time Between Failures：平均故障間隔)

故障率が時間によって変化しない定数であるときには，故障率の逆数を**平均故障間隔“MTBF”**という．

$$\mathrm{MTBF}=\frac{1}{\lambda}=\frac{1}{\text{故障率}}$$

MTBF は，

$$\mathrm{MTBF}=\frac{\text{一定時間}}{\text{一定時間内の故障回数}}$$

と解釈することができ，修理後，次の故障が発生するまでの時間（故障間隔）の平均を表わす．

例題 16.2

ある1つのシステムにおいて，以下の時刻に故障が起こった．ただし，修理にかかる時間は除いてある．このとき，MTBF の推定値を求めよ．

データ：100，125，250，300　（時間）

解説

総稼動時間は 300 時間であり，その間に 4 回の故障が起こったと考えて，

$$\mathrm{MTBF}=\frac{300}{4}=75.0 \quad （時間）$$

と推定される．

③　故障率（非修理系の場合）

故障しても修理を考えない非修理系では，修理系の場合の「一定時間内の故障回数」を「一定時間内のサンプル 1 個当たりの故障数」とすることで故障率を定義できる．

$$\text{故障率}=\frac{\text{一定時間内のサンプル1個当たりの故障数}}{\text{一定時間}}$$

(2)　保全性

保全については図 16.1 のように分類することができ，故障や事故を未然に防止する予防保全と，故障が起きても修復しやすく，日常の整備が容易であるという事後保全に分けて，保全性を考えることができる．

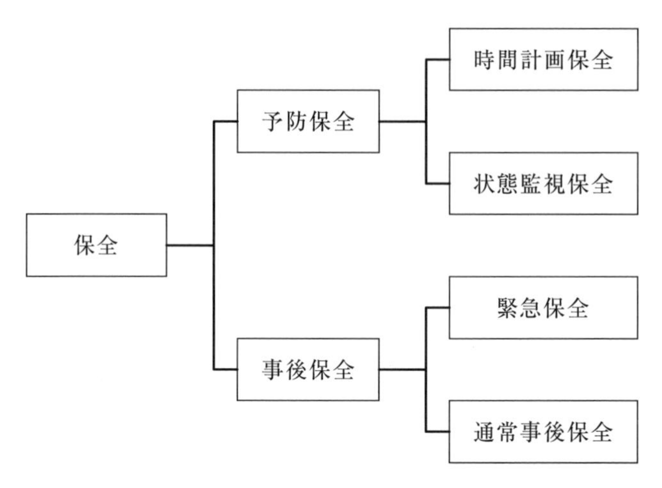

図 16.1　保全の分類

1)　修復の容易さに関する特性値

故障発生後の修復に必要な時間によって修復の容易さの尺度を表わす．

①　保全度

保全度は一定時間 t 内に修復が完了する確率である．修復時間を確率変数 X，その密度関数を $g(t)$ とすれば，時間 t における保全度 $M(t)$ は，

$$M(t) = Pr(X \leqq t) = \int_0^t g(x)\,dx$$

となる．

②　MTTR(Mean Time To Repair：平均修復時間)

修復時間の平均を**平均修復時間“MTTR”**といい，耐久性における MTTF に対応する尺度である．

$$\mathrm{MTTR} = E(X) = \int_0^\infty t g(t)\,dt$$

2)　故障の未然防止の容易さに関する性質

故障の未然防止には，点検や交換の周期を最適な値に定め故障発生の前にこれを予防したり，故障発生を予知する予知保全や状態監視保全の計画と遂行が重要である．

これらの目的のためには保全要員の教育・訓練とともに，保全性を考慮した保全性設計が重要である．

(3)　設計信頼性

“**設計信頼性**”とは，工学分野において，システム・装置または部品が使用開始から寿命を迎えるまでの期間を通して，あらかじめ期待した機能を果たせるように，すなわち故障や性能の劣化が発生しないように考慮して設計することである．

与えられた条件で規定の期間中，必要とされる機能を果たすためには設計信頼性が問われる．設計信頼性においては，過去の失敗事例，成功事例を十分に研究解析して，新設計に織り込む必要がある．

設計信頼性の確保は，一般に次の手順で実施する．

①　必要とされる信頼性を満足するための設計仕様を決め，信頼度配分を行い，信頼性ブロック図を作る．

②　信頼度予測，最悪条件解析，FMEA を行い，要求された機能を満たしているかどうかを確認する．

③　設計審査，信頼性試験，故障解析を行い，解析結果が正しいことを検証する．

なお，設計信頼性の手法である“故障モードと影響解析(FMEA)”と“故障の木解析(FTA)”については第2章を参照のこと．

16.1.4　故障率曲線と故障のパターン

故障率を時間 t の関数と考えたとき，これを故障率関数といい，グラフに表わしたものを“**故障率曲線**”という．故障率曲線は，時間 t の経過とともに変化するパターンによって以下の3つに分類して考えることができる(図 16.2 参照)．

①　初期故障型(DFR 型：Decreasing Failure Rate 型)

故障率が減少する時期をいい，開発の初期段階での故障に対して個別の対策が効果的である期間．

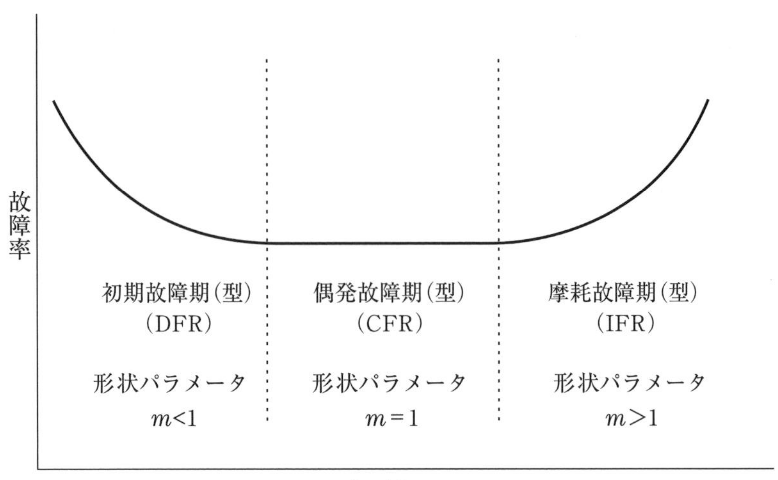

図 16.2　故障率曲線

②　偶発故障型(CFR 型：Constant Failure Rate 型)

故障率が安定する時期をいい，対策が一段落している期間.

③　摩耗故障型(IFR 型：Increasing Failure Rate 型)

疲労・劣化などの原因によって故障率が増加する期間.

故障率曲線は「浴槽の形」に似ていることから“**バスタブ曲線**”と呼ばれる.

16.1.5 アベイラビリティ

故障した場合に修理を考える修理系では，耐久性と保全性を同時に考慮して総合的に評価する尺度として“**アベイラビリティ**”が用いられる.

アベイラビリティは，時間全体をアップタイム(動作時間)とダウンタイム(修理時間)に分けたとき，時間全体に占めるアップタイムの比率である.

$$\text{アベイラビリティ} = \frac{\text{アップタイム(U)}}{\text{アップタイム(U)} + \text{ダウンタイム(D)}}$$

また，アップタイムを耐久性の尺度である MTBF，ダウンタイムを保

全性の尺度であるMTTRに置き換えると，

$$アベイラビリティ = \frac{\mathrm{MTBF}}{\mathrm{MTBF} + \mathrm{MTTR}}$$

となる．

アベイラビリティは，耐久性と保全性の一方または両方の改善によって向上させることができる．したがって，どのような対策を講じるかは総合的な判断が必要である．

例題 16.3

MTBF = 350（時間），MTTR = 50（時間）のとき，アベイラビリティの推定値を求めよ．

解説

$$アベイラビリティ = \frac{350}{350 + 50} = 0.875$$

となる．

16.1.6 信頼性モデル

システムの信頼性を評価する際に，個々の要素における信頼度と全体の信頼度の関係を調べておくことが重要である．このような要素間の機能的な関係を表わした図を，“**信頼性ブロック図**”という．もっとも基本的な3つの要素に関する“**直列系**”と“**並列系**”のシステムを図16.3に示す．

直列系はどの1つの要素が故障してもシステムの故障に結びつくのに対し，並列系ではすべての要素が故障したときのみシステムの故障となる．直列系ではないシステムの総称を“**冗長系**”といい，並列系はその基本である．

(1) 直列系の信頼度

直列系では，すべての構成要素が機能を果たす必要があるので，システ

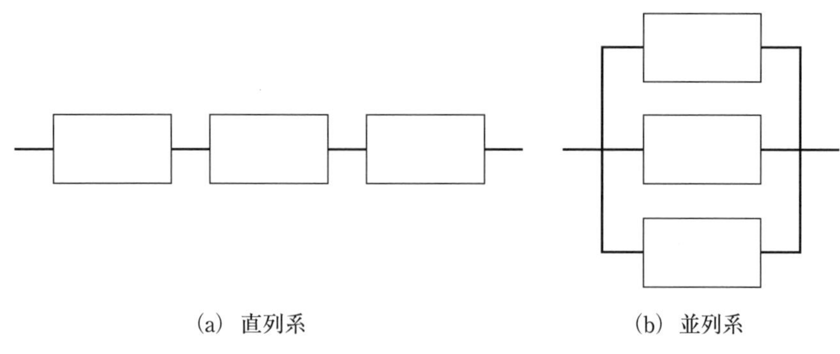

(a) 直列系　　(b) 並列系

図 16.3　信頼性ブロック図

ムの信頼度は，各構成要素の信頼度 R_i の積として，

R = 規定時点における直列系の信頼度

$= R_1 \times R_2 \times \cdots \times R_n$

となる．

(2)　並列系の信頼度

並列系では，少なくとも１つの構成要素が機能を果たしていればシステムの機能を果たすことが可能である．言い換えれば，すべての要素が故障している場合に限りシステムの故障となる．したがって，システムの不信頼度は，各構成要素の不信頼度 F_i の積として，

F = 規定時点における並列系の不信頼度

$= F_1 \times F_2 \times \cdots \times F_n$

となる．また信頼度は，

R = 規定時点における並列系の信頼度

$= 1 - F$

$= 1 - F_1 \times F_2 \times \cdots \times F_n$

$= 1 - (1 - R_1) \times (1 - R_2) \times \cdots \times (1 - R_n)$

となる．

例題 16.4

図 16.4 のそれぞれの場合のシステムの信頼度を求めよ．各要素の信頼度は 0.95 とする．

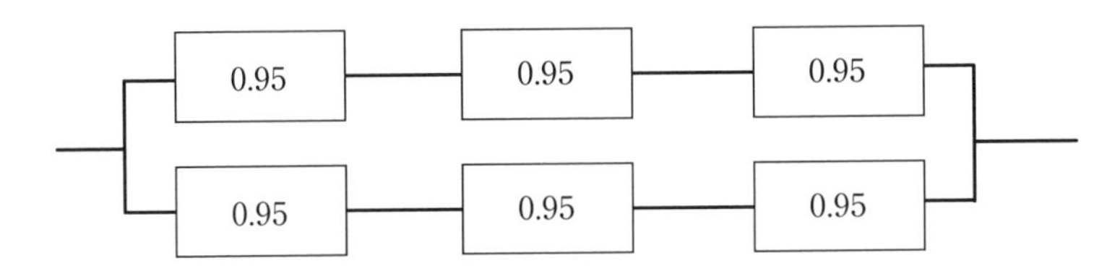

(a) 直列系を並列に結合

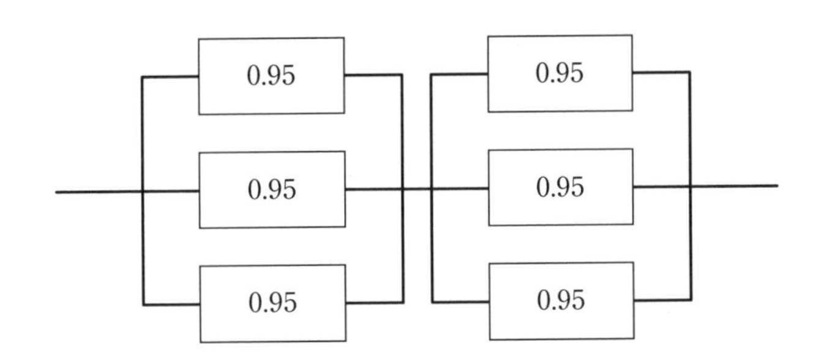

(b) 並列系を直列に結合

図 16.4　信頼性ブロック図

解説

(a)　直列系を並列に結合したシステムの信頼度

$$R = 1 - (1 - 0.95^3)^2 = 0.9797$$

(b)　並列系を直列に結合したシステムの信頼度

$$R = \{1 - (1 - 0.95)^3\}^2 = 0.9998$$

16.2 信頼性データ解析

信頼性データを統計的手法により解析し，信頼度，MTTF，B_{10} ライフ，故障率，MTBF などの信頼性の特性値の情報を得るには，パラメータを仮定しないノンパラメトリック法と，パラメータを仮定するパラメトリック法がある．本節ではパラメトリック法の中で，信頼性データの解析で重要な寿命分布であるワイブル分布と指数分布について述べる．

16.2.1 ワイブル分布

(1) ワイブル分布のパラメータ

ワイブル分布には，以下の3つのパラメータが用いられる．

位置パラメータ：$\gamma\ (\geqq 0)$

形状パラメータ：$m\ (> 0)$

尺度パラメータ：$\eta\ (> 0)$

1) 位置パラメータ

故障が発生する可能性がある最小時間を表わすパラメータである．γ 以前には故障発生の可能性はなく，γ 以降に故障は発生する．

2) 形状パラメータ

形状に関連する情報を与えるパラメータである．例えば m の値が変化すると，信頼度，確率密度関数，故障率のグラフは形状が変化する．特に，$m=1$ を境にして故障率が時間の減少関数から増加関数に転じることは重要な性質である．m の大小によって，16.1.4 項に示した初期故障型，偶発故障型，摩耗故障型のいずれの段階であるかを判定することができる．すなわち，$m < 1$ なら初期故障型であり，$m = 1$ なら偶発故障型，$m > 1$ なら摩耗故障型であると判定する(図 16.2 参照)．

3) 尺度パラメータ

ワイブル分布の MTTF(μ)と分散(σ^2)は $\gamma = 0$ とすると，

$$\mu\,(\mathrm{MTTF}) \propto \eta$$

$$\sigma^2(\text{分散}) \propto \eta^2$$

となる．これからワイブル分布では，平均と分散が互いに独立ではなく，MTTF が大きくなると分散も大きくなることがわかる．

(2)　ワイブル分布の信頼性特性値

前述のパラメータによって，信頼性特性値は以下のように与えられる．ただし $\gamma = 0$ とする．

1)　不信頼度：$F(t)$

$$F(t) = 1 - \exp\left\{-\left(\frac{t}{\eta}\right)^m\right\}$$

2)　信頼度：$R(t) = 1 - F(t)$

$$R(t) = \exp\left\{-\left(\frac{t}{\eta}\right)^m\right\}$$

3)　密度関数：$f(t)$

$$f(t) = \frac{m}{\eta}\left(\frac{t}{\eta}\right)^{m-1} \exp\left\{-\left(\frac{t}{\eta}\right)^m\right\}$$

(3)　ワイブル確率紙の構成

信頼度の式 $1 - F(t) = \exp\{-(t/\eta)^m\}$ から，両辺の対数をとると，$\ln(1 - F(t)) = -(t/\eta)^m$ で，$\ln\left(\frac{1}{1-F(t)}\right) = \left(\frac{t}{\eta}\right)^m$ となる．さらに両辺の対数をとると，$\ln\ln\left(\frac{1}{1-F(t)}\right) = m\ln t - m\ln\eta$ が導かれる．ここで，

$$X = \ln t,\quad Y = \ln\ln\left(\frac{1}{1-F(t)}\right)$$

とおくと，$Y = mX - m\ln\eta$ の線形の関係になる．

本式から，形状パラメータ m は直線の傾きであり，尺度パラメータ η は $Y = 0$ となるときの時間 t の値となる．これらを使って m や η の推定を行えるようにしたものがワイブル確率紙である．ワイブル確率紙の構成は以下のようになっている．

ワイブル確率紙の上側の横軸を$X(\ln t)$軸として下側の横軸に対応するtの値を目盛る．右側の縦軸は$Y\left(\ln\ln\left(\dfrac{1}{1-F(t)}\right)\right)$軸として，左側の縦軸には対応する不信頼度$F(t)$の値を目盛る．これによって，

$$F(t)=1-\exp\left\{-\left(\frac{t}{\eta}\right)^m\right\}$$

の関係を満たすtと$F(t)$の関係を直線として図示できる．

この直線の傾きから形状パラメータmを求める．

また，$Y=0$とすると，$0=m\ln t-m\ln\eta$から$t=\eta$となり，尺度パラメータηが求まる．

(4) ワイブル確率紙による解析

ワイブル確率紙を使った具体的な解析手順を示す．

手順1 得られたn個の寿命データt_1，…，t_nを，小さいものから順に並べ，$t_{(1)}\leqq\cdots\leqq t_{(n)}$と表わす．

手順2 i番目の故障データの累積頻度$F(t_{(i)})$を，平均ランク法またはメジアンランク法により求める．

1) 平均ランク法

$$F(t_{(i)})=\frac{i}{n+1}\times 100 \quad (\%)$$

2) メジアンランク法

メジアンランク表か，次の近似式で求める．

$$F(t_{(i)})=\frac{i-0.3}{n+0.4}\times 100 \quad (\%)$$

手順3 n個の点$(t_{(i)},\ F(t_{(i)}))$，$i=1$，…，nを，ワイブル確率紙に打点する．

手順4 打点されたn個の点に直線を当てはめる．

手順5 当てはめた直線に平行で「mの推定点」を通る直線を引き，これが$X=0$と交わるY軸の値の絶対値を読み取ってmの推定値とする．

手順6　当てはめた直線と Y=0 の交点の X 軸の値を読み取って η の推定値とする．

手順7　MTTF は，μ/η 尺の目盛りを読み取り，手順6で求めた η の推定値に乗ずる．

例題 16.5

ある部品の寿命を検討するため，15個のサンプルをランダムに抜取して試験をしたところ，表16.1に示す時間で故障した．このデータに対して，ワイブル確率紙を用いて MTTF を求めよ．

表 16.1　寿命データ(単位：hr)と累積頻度(メジアンランク%)

No.	1	2	3	4	5	6	7	8	9	10	11	12	13	14	15
$t(hr)$	3	7	10	18	21	27	32	39	48	65	68	83	97	115	160
$F(t)$ (%)	4.5	11.0	17.5	24.0	30.5	37.0	43.5	50.0	56.5	63.0	69.5	76.0	82.5	89.0	95.5

解説

これらをワイブル確率紙に打点し，直線を当てはめる．この直線に平行で「m の推定点」を通る直線を引き，$X=0$ と交わる Y 軸の値の絶対値を読み取ると，$\hat{m}=1.03$ と推定できる．また，当てはめた直線と Y=0 の交点の X 軸の値を読み取ると $\hat{\eta}=57$(時間)と推定できる．MTTF は，μ/η 尺の目盛り 0.99 を読み取り，$57\times 0.99=56.4\rightarrow 56$(時間)と推定できる(図16.5参照)．

16.2.2　中途打切りデータ

すべてのアイテムが故障するまで寿命試験を行うには，最後の故障が発生するまでの観測が必要であり，観測に必要な時間は，試験の都度，変動してしまう．このような時間の壁を考慮して，すべてのアイテムの寿命値を観測し終わる前に試験の打切りが行われることが多い．このようにして得られたデータを**中途打切りデータ**と呼ぶ．中途打切りデータには，ある

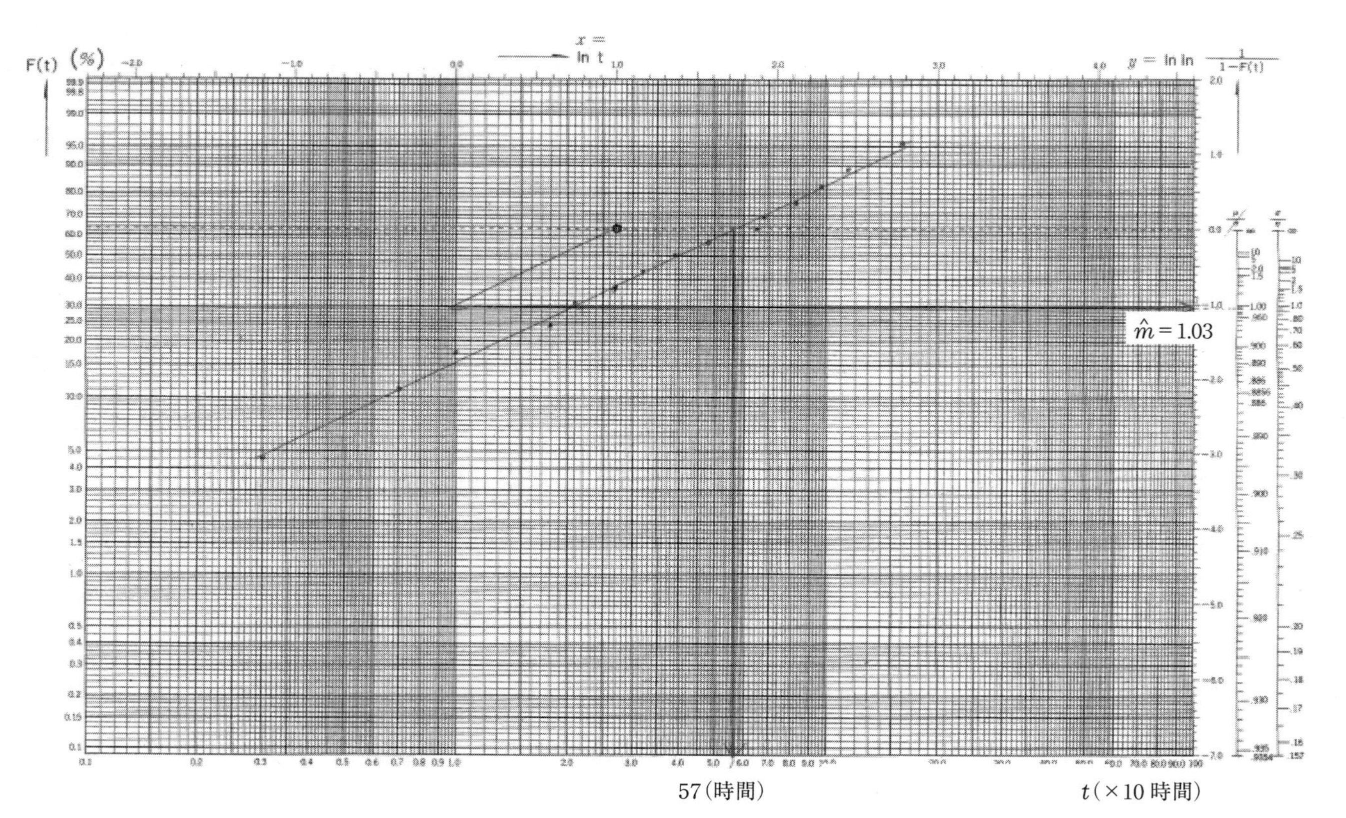

図 16.5 ワイブル確率紙によるデータ解析

時刻で観測を打ち切る**定時（またはタイプⅠ）打切り**と，一定個数が故障すると測定を終了する**定数（またはタイプⅡ）打切り**がある．これらに対し，すべてのアイテムについて寿命値が観測されることによって得られたデータは**完全データ**と呼ばれる．

(1)　定時打切りデータ

寿命分布が指数分布に従う場合，n 個のアイテムの寿命試験を時刻 t_0 で定時打切りした寿命データ t_1，…，t_r が得られているとする．このとき，MTBF の点推定値は，総試験時間 T を r 回で割って $\dfrac{T}{r}$ で求められる．

ただし，総試験時間は，$T = \sum_{i=1}^{r} t_i + (n-r) \times t_0$ である．

また，近似的な 100(1 − α)% 信頼区間は，

$$(\mathrm{MTBF})_U = \frac{2r}{\chi^2(2r,\ 1-\alpha/2)} \times \frac{T}{r}$$

$$(\mathrm{MTBF})_L = \frac{2r}{\chi^2(2(r+1),\ \alpha/2)} \times \frac{T}{r}$$

で求められる．

例題 16.6

5 個のアイテムを 300 時間測定したところ，このうち 4 個が以下の時間で故障した．このとき MTBF の点推定値と 95% 信頼区間を求めよ．

データ：150，160，200，240　（時間）

解説

$$\mathrm{MTBF} = \frac{T}{r} = \frac{150+160+200+240+300\times(5-4)}{4} = 262.5 \quad (\text{時間})$$

となる．また，95% の近似的信頼区間は $r = 4$，$\alpha = 0.05$ であるので，

$$\chi^2(2\times4,\ 1-0.05/2) = \chi^2(8,\ 0.975) = 2.18$$

$$\chi^2(2\times(4+1),\ 0.05/2) = \chi^2(10,\ 0.025) = 20.5$$

を用いて,

$$(\mathrm{MTBF})_U = \frac{2\times 4}{2.18}\times 262.5 = 963.3 \quad (時間)$$

$$(\mathrm{MTBF})_L = \frac{2\times 4}{20.5}\times 262.5 = 102.4 \quad (時間)$$

となる.

(2) 定数打切りデータ

寿命分布が指数分布に従う場合，故障が r 回起こった時点で定数打切りした寿命データ t_1, …, t_r が得られているとする．このとき，MTBF の点推定値は，総試験時間 T を r 回で割って $\frac{T}{r}$ で求められる．ただし，総試験時間は，$T = \sum_{i=1}^{r} t_i + (n-r)\times t_r$ である.

また，$100(1-\alpha)$% 信頼区間は,

$$(\mathrm{MTBF})_U = \frac{2r}{\chi^2(2r,\ 1-\alpha/2)}\times\frac{T}{r}$$

$$(\mathrm{MTBF})_L = \frac{2r}{\chi^2(2r,\ \alpha/2)}\times\frac{T}{r}$$

で求められる.

例題 16.7

6 個のアイテムを 3 個故障するまで測定したところ，故障時間が以下のように観測されたとする．このとき MTBF の点推定値と 95% 信頼区間を求めよ.

データ：100, 150, 200 （時間）

解説

$$\mathrm{MTBF} = \frac{T}{r} = \frac{100+150+200+200\times(6-3)}{3} = 350 \quad (時間)$$

となる．また，95%の信頼区間は$r = 3$，$\alpha = 0.05$であるから，

$$\chi^2(2\times 3,\ 1-0.05/2) = \chi^2(6,\ 0.975) = 1.237$$

$$\chi^2(2\times 3,\ 0.05/2) = \chi^2(6,\ 0.025) = 14.45$$

を用いて，

$$(\mathrm{MTBF})_U = \frac{2\times 3}{1.237}\times 350 = 1697.7 \quad (\text{時間})$$

$$(\mathrm{MTBF})_L = \frac{2\times 3}{14.45}\times 350 = 145.3 \quad (\text{時間})$$

となる．

第16章のポイント

(1) 信頼性工学

信頼性とは，一般的に「アイテムが与えられた条件で規定の期間中，要求された機能を果たすことができる性質」と定義されている．修理時間や稼働時間も考慮に入れた“**ディペンダビリティ**”という用語も広く用いられている．

(2) 信頼性の要素

信頼性の要素には，壊れにくさを示す**耐久性**，直しやすさを示す**保全性**，**設計信頼性**などがある．

耐久性を評価する尺度には，信頼度，MTTF，B_{10}ライフ，故障率，MTBFなどがある．また，保全性を評価する尺度には，保全度，MTTRなどがある．

さらに，耐久性と保全性の両方を考慮した尺度としてアベイラビリティが用いられる．

(3) 信頼性モデル

システムの信頼性を評価する際に，要素間の機能的な関係を表わした図を，**信頼性ブロック図**という．もっとも基本的なものとして**直列系**と**並列系**のシステムがある．冗長系の基本である並列系システムでは，構成要素の信頼性よりもシステムの信頼性を高くすることができる．

(4) ワイブル分布

故障時間をワイブル確率紙に打点することで．形状パラメータmと尺度パラメータηを推定することができる．形状パラメータについては，$m=1$を境にして故障率が減少から増加に転じるという重要な性質がある．

(5) 中途打切りデータ

寿命データには，完全データと中途打切りデータがある．

完全データとは，すべての試験アイテムが故障するまで観測して得られたものである．

中途打切りには，あらかじめ定めた時間で観測を打ち切る定時（タイプⅠ）打切りと，あらかじめ定めた回数で観測を打ち切る定数（タイプⅡ）打切りがある．

第17章

ロバストパラメータ設計

17.1　パラメータ設計の概念

17.1.1　パラメータ設計とは

“**パラメータ設計**”とは，機能性を評価し，システムのパラメータの値を決定するための設計の方法をいう．田口玄一氏が考案したタグチメソッド(品質工学)の代表的な手法であるが，手法というよりも設計・開発を行うときの考え方を示したものと位置づけるのが妥当であろう．これにもとづいて，SN比や感度という指標を用い，実験計画を組むときには，L_{12} や L_{18} といった混合系の直交配列表を利用して実験を行う．

パラメータ設計を行うときは，目標値に特性を近づけるより前に，まず特性のばらつきを少なくしたり，影響を小さくしていくので，パラメータ設計は，**2段階設計**，**ロバスト設計**，安定性設計ともいわれる．特性のばらつき低減の指標としてはSN比を用いる．また，特性としてはいろいろあるが，できるだけ源流の特性，源流の機能，すなわち理想機能や基本機能を取り上げて，それにパラメータ設計を適用していくのが一般的である．

17.1.2　機能設計と機能性設計

従来から行われてきた研究・開発では，機能に対し目標を設定して，まずは標準条件において目標値を達成するための研究・開発を行い(**機能設計**)，その確立ができれば，次に使用条件による機能の変化，ばらつきに対する設計(**機能性設計**)を行うのが一般的である．しかし，パラメータ設計ではそれを逆にして，第1段階で機能性設計(機能のばらつきを抑える)を行い，その後，第2段階で目標機能に合わせる機能設計を行う．この第2段階の目標機能(目的機能)に合わせることを**チューニング**(調整)ともいう．

また，このようなパラメータ設計の方法を，2段階設計，ロバスト設計ともいう．技術・開発段階では技術の確実性を作り込むために，まずばらつきを低減させ，製品化段階では個別製品の目標に出力を合わせて開発を行うのが効率的である．ロバストとは「頑健な」という意味の英語であり，外部からの影響を受けにくい設計をめざす考え方である．

17.1.3 SN比と感度

パラメータ設計の特徴は，機能の安定性を定量化するためにSN比という評価尺度を用いることである．“**SN比**”とは，「特性値の変動のうち，信号(Signal)の効果の大きさと，望ましくない要因(ノイズ，Noise)の効果の大きさとの比」である．**ノイズ**は品物やシステムの時間的・空間的なばらつき劣化を生み出す原因であり，次の3種類に分類できる．

① 外乱：システムの外部から加わるノイズ．環境変動や使用条件のばらつき．

② 内乱：システムの内部で発生するノイズ．使用部品や材料の劣化，特性の時間的変化など．

③ 品物間ばらつき(部材ばらつき)：使用部品や材料のばらつき．

機能のばらつきの程度を“**機能性**”といい，システムは機能性で評価され，その測度はSN比で定量的に表現される．システムの機能を入出力関係で見るとき，外乱，内乱，部材のばらつきなどのノイズによって変動して(ばらついて)しまう．システムの入出力がどの程度理想関係に近いのか，どの程度ノイズに対して強いのかをSN比で評価する．

また，チューニングを行う指標として，「入力の単位変化量に対する出力の変化量」である“**感度**”がある．SN比の要因効果と平行して，感度の要因効果も分析して最適化する．後述する静特性では，平均値の変動とばらつきの変動の比をSN比と定義し，平均値の変動が感度となる．

17.1.4 パラメータ設計の概念

製品や製造工程の品質を向上，ばらつきを低減させる方法は次の3つである．

①　ばらつきの原因を見つけて，それを管理する方法
②　結果のばらつきがなくなるように，その都度何かを調整するフィードバック(フィードフォワードの場合もある)という方法
③　ばらつきの原因の影響の減衰という方法

パラメータ設計では③の方法を用いる．

①のような原因が何であるかを追究し，それを抑え込むという方法はとらない．これをやりだすと，個別に対応しなければならず，いくらやっても切りがないし，コストアップになる．そこで，ノイズはそのまま放っておき，ノイズの影響が最小となるような内部パラメータの値を見つけ，それで設計するという方法を用いる．

パラメータ設計の方法を数学的に表現してみる．図17.1の中のグラフにおいて，システムの出力特性yは入力信号M，内部パラメータX_1，…，X_n，ノイズZ_1，…，Z_Kによって変化する複雑な関数となっているが，この関数を次のように表わす．

$$y = f(M,\ X_1,\ \cdots,\ X_n,\ Z_1,\ \cdots,\ Z_K)$$

パラメータ設計は，ノイズZ_1，…，Z_Kがそれぞれある範囲で変化するという条件で，この関数が入力信号Mだけによって変わる次の関数，

$$y = g(M)$$

にできるだけ近づくような内部パラメータX_1，…，X_nの値を求める数学問題でもある．

パラメータ設計の概念を図17.1に示す．

図17.1の左のグラフのノイズの影響を最小化させて，右のグラフのように入出力の関係を理想関係に近づけていく．水道の蛇口の例でいえば，横軸がコックの回転角，縦軸が蛇口から出る水の流量に当たる．理想的な蛇口の性能としては，コックの回転角の大きさと水の流量が直線的な比例関係にあることである．しかし，実際には，ねじのガタやパッキンの劣化などのノイズによって直線関係が乱れてしまう．左図の黒いプロットはそれを表わしている．

まとめると，パラメータ設計とは機能性(機能のばらつき)を評価し，システムのパラメータの値を決定するための設計の方法をいう．実験計画法

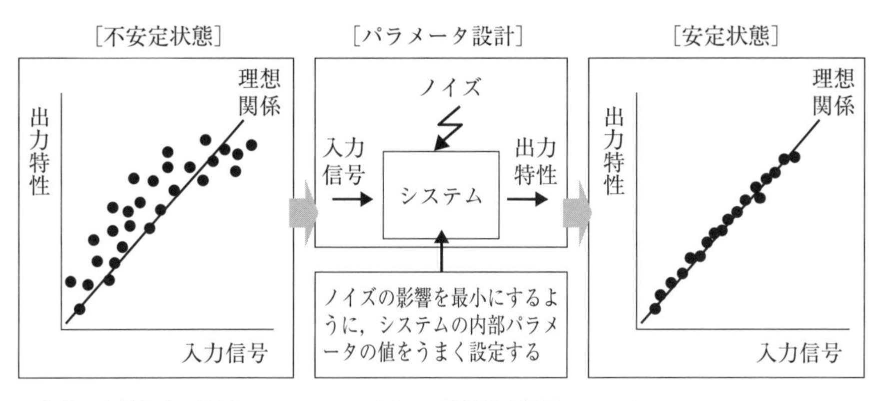

出典：立林和夫，『入門タグチメソッド』，日科技連出版社，2004年

図 17.1　パラメータ設計の概念図

の主な利用場面は品質問題が発生した後の原因究明であるが，設計値を決めるうえで実験計画法を使うのがパラメータ設計である．また，パラメータ設計の特徴は，ノイズを実験に取り上げて，その水準を変えてノイズに対する強さを測定するところにある．実験に取り上げるノイズを“**誤差因子**”と呼ぶ．ノイズに対する製品の機能・特性の強さをSN比と呼ばれる尺度で定量化し，どの設計変数がノイズに対する強さを変えるかを解析する．

17.1.5　基本機能と目的機能

パラメータ設計では，目的機能，基本機能，理想機能という言葉を分けて定義している．“**目的機能**”とは，ユーザーが技術やシステムに要求する機能を指す．一方“**基本機能**”とは，目的機能を実現するために，技術者が利用する自然の原理，現象あるいは材料などの性質を示す．例えば，プラスチックの射出成形によって高精度のギアを作りたいという場合を考えると「高精度ギア(目標値をもっている)を作る」というのは目的機能に当たる．一方，その高精度ギアを作るために技術者が利用する射出成形技術そのものを考えてみると，その技術の原理は金型形状を製品形状にひき写すことであるから，基本機能は転写である．パラメータ設計では，技術の原理である基本機能に則ってロバスト性を研究すべきだとしている．また，プラスチックの射出成形の場合，金型形状を製品形状に引き写すことを理想の機能としている．“**理想機能**”とは，「標準使用条件のもとでシステムに期待される働き」のことをいう．

パラメータ設計では，システムの入出力を考え，様々なノイズの条件下で，入出力が理想状態に近づくように最適化する．この入出力の理想状態を**理想機能**と呼ぶ．この場合，プラスチックの射出成形加工では，出力である製品寸法 y は，対応する金型寸法 M に比例することが理想である．つまり，$y = \beta M$ が理想機能である．しかし，ゲートからの距離の違いや金型温度のばらつきなどが影響し，現実には金型寸法と完全な比例関係にはならないことが多い．また，製品内の厚みの変化などが原因となってヒケやソリが発生し，ねらったとおりの寸法が得られないこともある．

このような入出力の関係を乱す原因をノイズという．パラメータ設計における最適化とは，このプラスチック射出成形の場合には，ノイズによって「暴れた状態」にある現状の直線性を上げ，理想とする関係に近づけることであるが，これはとりも直さず成形品の場所間あるいはショット間の収縮率のばらつきをなくすことでもある．

17.2 パラメータ設計の因子

17.2.1 因子の分類

パラメータ設計においては，実験に取り上げる因子は次の５つに分類される(表 17.1 参照)．このうち制御因子(パラメータ)，誤差因子(ノイズ)，信号因子(シグナル)の３つが重要である．

① **制御因子**(パラメータ)：あとで最適なものを選ぶために取り上げる設計定数である．

表 17.1　因子の分類

要　　因	実験計画法	パラメータ設計
品物の設計因子	制御因子	制御因子
品物の環境条件	標示因子	誤差因子
品物の使用条件		信号因子
品物の種類		標示因子
日にち・ロットなど	ブロック因子	誤差因子

② **誤差因子**(ノイズ)：製品の機能の劣化やばらつきを生み出すノイズで，機能の安定性(ロバスト性)を評価するために取り上げる因子である(環境条件などが考えられる).

③ **信号因子**(シグナル)：入力と出力をもつ動特性の良さを見るために，信号として入力する因子である(使用条件などが考えられる).

④ **標示因子**：設計する側では最良の水準は選べないが，その水準ごとに制御因子の最適水準を求めたり，安定性を評価する必要があるものである.

⑤ **ブロック因子**：実験の精度を上げる目的で，実験の場を層別するために取り上げる因子である.

従来の実験計画法では，製品の使用条件や原料のばらつきなどはできるだけ小さくすることが求められる．これに対してパラメータ設計では，制御因子と誤差因子との交互作用を検出し，誤差因子の変動に対してロバストな制御因子の水準を定めようというのが目的であるので，制御因子と誤差因子の水準は，考えられる範囲で広くとることが望ましい.

17.2.2　使用・環境条件とロバスト性

新製品の設計，開発ではよい設計のため，設計のパラメータを因子として取り上げ(これらは制御因子と呼ばれる)，理論や実験に基づいて，これらの最適条件を探索するのが普通である．一方，ユーザーはその製品を様々な条件のもとで使用する．“よい製品”というのは，ユーザーがその製品をどのように使おうとも一定の機能を果たすものである．したがって，製品の設計，開発段階では，実際の製品の使用条件が大きく変動しうることを十分に考慮して設計をしなければならない．

このため，設計のパラメータの決定に際しては，これらを制御因子として取り上げることはもちろんとして，製品の使用・環境条件(これらは誤差因子，信号因子と呼ばれる)も因子として取り上げ，これらがどのようであっても与えられた機能をもつように設計(このことを**ロバスト性があるという**)をしなければならない．このことを実験計画法の目的に即していえば，制御因子と使用・環境条件との交互作用を調べて，設計のパラメータを決めようとする考え方である．さらに，製品の劣化に対しても安定した機能をもたせるということになると，劣化状態も誤差因子として取り上げる必要がでてくる．従来の実験計画法では，使用条件を理想的な状態に固定し，この条件のもとでの最適設計を求めていたケースが多く，この点が設計思想の大きな違いである．

例えば，自動車のブレーキ装置(A)に4種類あり，これらの比較をしたいものとする．この際には，ブレーキの使用・環境条件の因子として，ブレーキをかけるときの速度，路面の種類や状態，運転者のタイプなどを取り上げて実験をしなければならない．例えば，ブレーキをかけるときの速度(B)を取り上げ，30km/h，60km/h，90km/h，120km/hで実験を行った結果，図17.2が得られたとする．よいブレーキというのは，速度がどうであっても，安定した制御特性ができるということである．したがって，ブレーキA_3がよい(ロバスト性がある)といえるであろう．装置A_1のときは120km/h，装置A_4のときは30km/hが制動特性はよいが，この最適条件を求めても実用的でないので意味はない．この場合速度を誤差因子としてSN比を計算すれば，A_3の値が最も高くなる．

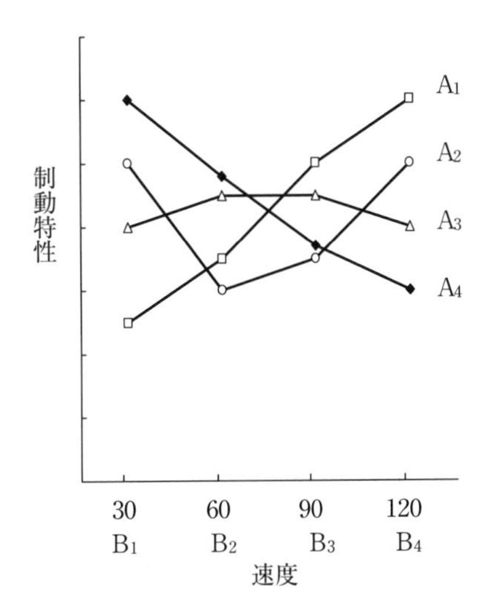

図 17.2　ブレーキの制動特性

17.2.3 パラメータ設計で用いられる直交配列表

因子を取り上げ，それらを目的に応じて表 17.1 に示したようないずれかに分類する．この場合，**制御因子**と**誤差因子**は必ず取り上げなければならない．

まず，制御因子，標示因子を 1 つの直交配列表(直交表)に割り付ける．これを内側直交表と呼ぶ．

次に，誤差因子，**信号因子**を別の直交表に割り付ける．これを外側直交表と呼ぶが，この外側での実験の割り付けは直交表でなく，2 元配置や 3 元配置でもよい．最近では誤差因子を調合して外側の実験数を少なくするのが一般的であり，外側にも直交表を用いることは少なくなってきている．以下のように複数の誤差因子を組み合わせて**調合因子**とし，それを用いることが多くなってきている．なお，調合する場合，

N_1：結果を小さくする誤差因子の組合せ条件，負側の最悪条件ともいう．

N_2：結果を大きくする誤差因子の組合せ条件，正側の最悪条件ともいう．

の 2 水準を外側の割り付け因子とする場合が多い．この 2 つの水準は経験

から，あるいは予備実験を行って定める．また，誤差のない条件を標準条件といい，N_0と表記しこれも実験に含める場合もある．

通常の実験計画法を用いた実験では，直交表として$L_8(2^7)$や$L_{16}(2^{15})$などの2水準直交表，$L_9(3^4)$や$L_{27}(3^{13})$などの3水準直交表が用いられる．しかし，パラメータ設計においては，内側直交表に$L_{12}(2^{11})$，$L_{18}(2^1\times3^7)$，$L_{36}(2^{11}\times3^{12})$などの**混合系の直交表**がよく用いられる．

第12章で示したように，L_8，L_{16}，L_9などの直交表では，2列間の交互作用の出る列は1本の列または2本の列がきちんと決まっている．しかし，L_{12}，L_{18}，L_{36}などの混合系の直交表では2列間の交互作用は残りの列に少しずつ交絡して出てくる．したがって，これらの直交表を用いた場合，各列に割り付けた主効果と交互作用が交絡するため，交互作用の効果のみを分離することができない．

外側因子に対しては交互作用を考慮する必要はないので，外側直交表としてL_{12}，L_{18}，L_{36}を使うことには何ら問題はない．標示因子がない場合，内側因子の割り付けに対しても，これらの直交表を使うということは，制御因子間の交互作用を無視し(または，交互作用はあるかどうかわからないとし)，主効果だけを評価するという立場(または，交互作用を主効果に交絡させるという立場)をとることになる．ロバストな設計の目的に対しては，このほうが望ましいと考えられる．この立場に立って，L_8，L_{16}，L_9などの直交表を使うより，交互作用が残りの列に少しずつ交絡するL_{12}，L_{18}，L_{36}の直交表を使うほうが適切であると考える．

まとめると，L_{12}，L_{18}，L_{36}などの混合系直交表では2列間の交互作用が他の各列に分かれて割り付けており，交互作用効果を評価できない．制御因子間に交互作用が存在すれば，最適水準を選択しにくく，不安定な設計になるので，パラメータ設計では交互作用を検討できないようにするため，通常このような混合系の直交表を用いる．

また，対策選定の一部実施実験では，2水準では不十分であり最適条件の算出が可能な3水準が望まれる．そういう考え方から通常パラメータ設計ではL_{18}の直交表が好んで用いられることが多い．因果関係の定量化や原因究明の実験には通常の2水準系，3水準系である**素数べき型直交表**(L_8，

表 17.2　制御因子，信号因子，誤差因子の直交表への割り付け（L_{18} 直交表の場合の例）

制御因子の割り付け　誤差因子　信号因子

実験	A	B	C	D	E	F	G	H	M_1		M_2		M_3		SN比	感度
No.	1	2	3	4	5	6	7	8	N_1	N_2	N_1	N_2	N_1	N_2		
1	1	1	1	1	1	1	1	1	y_{111}	y_{112}	y_{121}	y_{122}	y_{131}	y_{132}	η_1	β_1
2	1	1	2	2	2	2	2	2							η_2	β_2
3	1	1	3	3	3	3	3	3							η_3	β_3
4	1	2	1	1	2	2	3	3							η_4	β_4
5	1	2	2	2	3	3	1	1							η_5	β_5
6	1	2	3	3	1	1	2	2							η_6	β_6
7	1	3	1	2	1	3	2	3							η_7	β_7
8	1	3	2	3	2	1	3	1			データ				η_8	β_8
9	1	3	3	1	3	2	1	2							η_9	β_9
10	2	1	1	3	3	2	2	1							η_{10}	β_{10}
11	2	1	2	1	1	3	3	2							η_{11}	β_{11}
12	2	1	3	2	2	1	1	3							η_{12}	β_{12}
13	2	2	1	2	3	1	3	2							η_{13}	β_{13}
14	2	2	2	3	1	2	1	3							η_{14}	β_{14}
15	2	2	3	1	2	3	2	1							η_{15}	β_{15}
16	2	3	1	3	2	3	1	2							η_{16}	β_{16}
17	2	3	2	1	3	1	2	3							η_{17}	β_{17}
18	2	3	3	2	1	2	3	1	$y_{18\,11}$	$y_{18\,12}$	$y_{18\,21}$	$y_{18\,22}$	$y_{18\,31}$	$y_{18\,32}$	η_{18}	β_{18}

L_9，L_{16}，L_{27} など）を使い，対策選定という品質設計の実験には混合系直交表がよい．

表 17.2 に L_{18} 直交表を用いて，内側に制御因子を，外側に信号因子，誤差因子を割り付けた例を示す．実験 No.1 〜 No.18 それぞれで外側に割り付けた信号因子，誤差因子で実験を行い，得られたデータより SN 比と感度を計算する．

解析では，まず SN 比の高い因子組合せを選択していき，次いで感度を考慮して，チューニングを行って最適化する．ここでチューニングとは，SN 比をできるだけ減少させずに，母平均の情報である感度をできるだけ目標値に近づけることをいう．また，制御因子間の交互作用を無視した点については，最後に，実験から得られた最適水準組合せで確認実験を行い，結果の妥当性をチェックする．

なお，L_{12} と L_{36} の直交配列表については，参考・引用文献37)を参照されたい．

17.2.4 直交表を用いたパラメータ設計の実施例

静電塗装の防サビ塗装膜を高精度で形成するために，制御因子 A (2水準：A_1，A_2)，制御因子 B (3水準：B_1，B_2，B_3)，制御因子 C (3水準：C_1，C_2，C_3)，制御因子 D (3水準：D_1，D_2，D_3)，制御因子 E (3水準：E_1，E_2，E_3)，制御因子 F (3水準：F_1，F_2，F_3)，制御因子 G (3水準：G_1，G_2，G_3)の7因子を L_{18} 直交配列表に表17.3のように割り付けて実験を行うことにした．各制御因子間の交互作用は考慮しない．

表17.3のNo.1～No.18の各実験ごとに誤差因子として，17.2.3項で述べた負側最悪条件 N_1 と正側最悪条件 N_2 をそれぞれ調合して用いることにし，計36回の実験を実施した．

表17.4にはNo.1～No.18の N_1 条件と N_2 条件で実験して得られた塗装膜厚のデータ(単位：μm)を示す．また，その N_1 と N_2 のデータから計算したSN比 η と感度 S の値も合わせて示す．なお，塗装膜厚の目標値は130 μmとする．

手順1　SN比 η と感度 S の計算

表17.4の追加計算を行う．実験No.1の場合，N_1 条件で実施したデータが105，N_2 条件で実施したデータが162であるので，平均値 $\bar{x}$ = 133.5，標準偏差 $s=\sqrt{V}=\sqrt{S/(n-1)}$ = 40.305となる．

したがって，実験No.1のSN比と感度の値は

$$\text{SN比}\ \hat{\eta}=10\log\frac{\hat{\mu}^2}{\hat{\sigma}^2}=10\log\frac{\bar{x}^2}{s^2}=10\log\frac{133.5^2}{40.305^2}=10\log 10.971$$

$$=10.40$$

$$\text{感度}\ \hat{S}=10\log\hat{\mu}^2=10\log\bar{x}^2=10\log 133.5^2=42.51$$

表 17.3　制御因子の割り付け

No. ＼ 列番	A [1]	B [2]	C [3]	D [4]	E [5]	F [6]	G [7]	誤差e [8]
1	1	1	1	1	1	1	1	1
2	1	1	2	2	2	2	2	2
3	1	1	3	3	3	3	3	3
4	1	2	1	1	2	2	3	3
5	1	2	2	2	3	3	1	1
6	1	2	3	3	1	1	2	2
7	1	3	1	2	1	3	2	3
8	1	3	2	3	2	1	3	1
9	1	3	3	1	3	2	1	2
10	2	1	1	3	3	2	2	1
11	2	1	2	1	1	3	3	2
12	2	1	3	2	2	1	1	3
13	2	2	1	2	3	1	3	2
14	2	2	2	3	1	2	1	3
15	2	2	3	1	2	3	2	1
16	2	3	1	3	2	3	1	2
17	2	3	2	1	3	1	2	3
18	2	3	3	2	1	2	3	1

となる．ここで log は常用対数を表わす．

（注）SN 比と感度の計算は，本例の場合，データが 2 つであるので，データの平均値 $\bar{x}$ と標準偏差 s を計算してそれぞれ μ，σ の推定値として用いたが，17.3 節で述べる望目特性の SN 比，

$$\text{SN 比}\ \hat{\eta} = 10\log\frac{\hat{\mu}^2}{\hat{\sigma}^2} = 10\log\frac{\frac{1}{n}(S_m - V_e)}{V_e}$$

$$\text{感度}\ \hat{S} = 10\log\hat{\mu}^2 = 10\log\left\{\frac{1}{n}(S_m - V_e)\right\}$$

の式で計算して用いてもよい．

手順 2　要因効果図の作成

表 17.5 に SN 比と感度について，各要因の水準ごとの違いを計算した補

表 17.4 塗装膜厚のデータと SN 比，感度の計算

No.	N_1（μm）	N_2（μm）	SN比 η (dB)	感度S(dB)
1	105	162	10.40	42.51
2	120	154	15.12	42.73
3	138	161	19.27	43.49
4	121	168	12.77	43.20
5	131	152	19.58	43.02
6	147	171	19.43	44.03
7	136	173	15.42	43.78
8	154	184	18.03	44.56
9	139	167	17.76	43.69
10	127	136	26.30	42.38
11	113	148	14.44	42.31
12	117	131	21.96	41.87
13	131	155	18.51	43.11
14	138	155	21.72	43.32
15	124	148	18.08	42.67
16	148	154	31.03	43.58
17	130	151	19.52	42.95
18	145	184	15.51	44.32
		平均	18.603	43.196

表17.5 補助表

因子	SN 比			感度		
	第 1 水準	第 2 水準	第 3 水準	第 1 水準	第 2 水準	第 3 水準
A	16.420	20.786	——	43.446	42.946	——
B	17.915	18.348	19.545	42.548	43.225	43.813
C	19.072	18.068	18.668	43.093	43.148	43.345
D	15.495	17.683	22.630	42.888	43.138	43.560
E	16.153	19.498	20.157	43.378	43.102	43.107
F	17.975	18.197	19.637	43.172	43.273	43.142
G	20.408	18.978	16.422	42.998	43.090	43.498
誤差列 e	17.983	19.382	18.443	43.243	43.242	43.102

助表を作成する．

表 17.3 の割り付けより，例えば因子 A の A_1 水準の SN 比は No.1 ～ No.9 の SN 比の値の平均値，A_2 水準の SN 比は No.10 ～ No.18 の SN 比の値の平均値として求めればよい．

表 17.5 の値より，図 17.3 に SN 比の要因効果図を，図 17.4 に感度の要因効果図を示す．

手順 3　調整因子の選定

図 17.3，図 17.4 の結果より，ばらつきを低減し，感度を目標値の

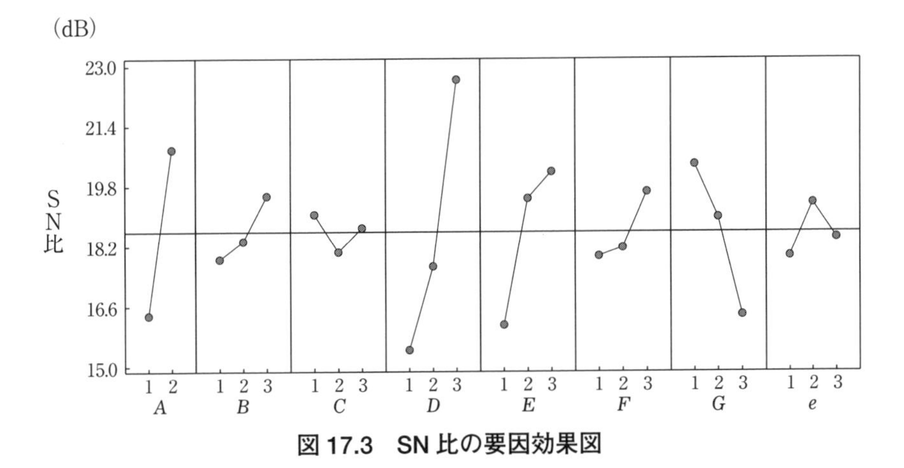

図 17.3　SN 比の要因効果図

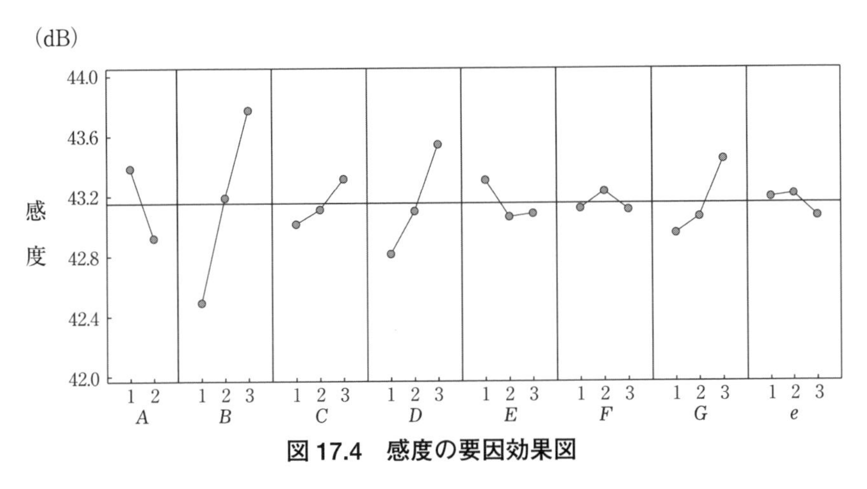

図 17.4　感度の要因効果図

$S = 10\log 130^2 = 42.28$(dB)に調整するために, $A \sim G$ の各因子を分類する.

① SN比と感度の両方に効果がある因子：A, D, G

これらの因子はばらつきの改善に有効であり，かつ場合によっては調整因子とする場合もある.

② SN比のみに効果がある因子：E

この因子はばらつきの改善に有用である.

③ 感度のみに効果がある因子：B

この因子は調整因子に適している.

④ どちらにも効果がない因子：C, F

今回の設計には影響の少ない因子である.

手順4　最適条件の仮選定

SN比の要因効果図より，各因子の水準の高いほうを選択すると,

$$A_2,\ B_3,\ C_1,\ D_3,\ E_3,\ F_3,\ G_1$$

となる.

ただし，感度の調整に用いる因子は仮設定である.

手順5　仮最適条件での感度の推定

感度の要因効果の大きい4因子により，感度を推定する.

感度の要因効果の大きい4因子とその水準は A_2, B_3, D_3, G_1 である.

$$\begin{aligned}\hat{\mu}(\text{感度}) &= \widehat{\mu + a_2} + \widehat{\mu + b_3} + \widehat{\mu + d_3} + \widehat{\mu + g_1} - 3\hat{\mu} \\ &= 42.946 + 43.813 + 43.560 + 42.998 - 3 \times 43.196 \\ &= 43.73(\text{dB})\end{aligned}$$

手順6　感度の調整

手順5の結果より，感度を目標値である42.28 (dB)にするために，SN比にほとんど効果がなく，感度幅が大きい調整因子 B を用いて調整する.

具体的には，因子 B の水準を手順4の B_3 から B_1 に変更して，感度を再推定すると,

$$\begin{aligned}\hat{\mu}(\text{感度}) &= \widehat{\mu + a_2} + \widehat{\mu + b_1} + \widehat{\mu + d_3} + \widehat{\mu + g_1} - 3\hat{\mu} \\ &= 42.946 + 42.548 + 43.560 + 42.998 - 3 \times 43.196\end{aligned}$$

$$= 42.46(\mathrm{dB}) \rightarrow \sqrt{10^{(42.46/10)}} = 132.7(\mu\mathrm{m})$$

この結果より手順4の最適条件を A_2，B_1，C_1，D_3，E_3，F_3，G_1 と変更する．

手順7　決定最適条件でのSN比の推定

SN比の要因効果の大きい4因子より，推定を行う．

SN比の要因効果の大きい4因子とその水準は A_2，D_3，E_3，G_1 である．

$$\begin{aligned}\hat{\mu}(\text{SN比}) &= \widehat{\mu + a_2} + \widehat{\mu + d_3} + \widehat{\mu + e_3} + \widehat{\mu + g_1} - 3\hat{\mu} \\ &= 20.786 + 22.630 + 20.157 + 20.408 - 3 \times 18.603 \\ &= 28.17(\mathrm{dB})\end{aligned}$$

17.3　静特性のパラメータ設計

17.3.1　静特性の分類

品質特性は静特性と動特性に分類される．“**静特性**”とは，システムの入力が固定され，出力に対する目標値が一定であるものをいう．“**動特性**”とは，入力の値の変化に応じて出力の値が変化する（動く）場合の特性をいう．

静特性はさらに，**望小特性**，**望目特性**，**望大特性**，**ゼロ望目特性**に分類される．

望小特性：非負の特性でその値が小さいほどよい特性
　　　　　摩耗量，振動，騒音など

望目特性：有限の目標値，一定値をもつ特性
　　　　　板厚，発振周波数，出力電圧，室内蛍光灯の光量など

望大特性：非負の特性で，その値が大きいほどよい特性
　　　　　疲労寿命，引張強度，接着力など

ゼロ望目特性：目標値＝0で正負の値をとる特性

カラー印刷のレジストレーションや反り特性など

17.3.2　静特性のSN比

“静特性のSN比” とは，「出力を変化させる入力が存在しないシステムのSN比」であり，出力の性格に応じて次の4種類のSN比が定義されているが，基本的に望目特性の場合の信号(Signal)とノイズ(Noise)の比の考え方から導かれる．

(1)　望目特性のSN比

出力がゼロではない，ある一定値であることが望ましいシステムに適用する．平均値に対する相対的なばらつきを評価するので，ノイズの条件を変えて n 個のデータを採取し，平均値 $\hat{\mu}$ と標準偏差 $\hat{\sigma}$ を求め，次の式でSN比を計算する．

$$10 \log \frac{\hat{\mu}^2}{\hat{\sigma}^2}$$

また，感度は出力の平均を求めればよいので，以下の式を用いる．

$$10 \log \hat{\mu}^2$$

(注)　SN比，感度は常用対数の10倍のデシベル(dB)単位で表記されるのが一般的である．そのほうが効果の加法性などの点で有利とされている．

(2)　望小特性のSN比

理想的には0がよいとされ，負の値をとらず小さいほど良い特性に対して適用する．この場合は平均値とばらつきを同時に評価すればよいので，ノイズの条件を変えて n 個のデータ y_i を採取し，次の式でSN比を計算する．

$$-10 \log \frac{1}{n} \sum y_i^2$$

(注)　望小特性の場合，望目特性の場合の計算式における平均値はゼロと考えられる．そこで，まず平均値は式から除き，さらに分散を平均値がゼロと考えると

2乗和が導かれる．また，分母の対数をとることから，−(マイナス)が式の前につく．

(3)　望大特性のSN比

強度データのように，大きければ大きいほど望ましい特性に適用する．平均値とばらつきを同時に評価する．理論的に限界がわかっているような場合は，それとの差を望小として解析するので，ノイズの条件を変えてn個のデータy_iを採取し，次の式でSN比を計算する．

$$-10\log\frac{1}{n}\sum\frac{1}{y_i^2}$$

(注)　対数の世界では，xと$1/x$は，単に符号が反転しているだけである．したがって，望小特性と望大特性は，対数の世界では対称な考え方である．そこで，望大特性の場合に，望小特性の場合の式で，測定値の逆数をとった式を採用することができる．

(4)　ゼロ望目特性のSN比(平均の調整が容易な場合)

ディスクの反りのように，プラスにもマイナスにもばらつき，反りの状態はゼロが一番よいような，平均の調整が簡単な特性に適用する．絶対的なばらつきの大きさを評価すればよいので，ノイズの条件を変えて，n個のデータを採取し，標準偏差$\hat{\sigma}$を求め，次式でSN比を計算する．

$$-10\log(\hat{\sigma}^2)$$

(注)　平均の調整が容易であるゼロ望目特性(望小特性)の場合，データの2乗和を小さくするにはデータの平方和，すなわち分散が小さくなればよい．この意味では，(2)の望小特性の場合と同じ計算式であると考えられる．

＜静特性(望目特性の場合)のSN比の計算例(望目特性の場合)＞

例題 17.1

ある製品の寸法加工において，厚み30mmをねらいに加工した結果39(mm)，32(mm)，27(mm)，30(mm)となった．望目特性のSN比と感度を求めよ．

解説

$$全変動\ S_T = y_1^2 + \cdots + y_4^2 = 39^2 + 32^2 + 27^2 + 30^2 = 4174$$

$$平均値の変動\ S_m = n \times (\overline{y})^2 = 4 \times \left(\frac{39 + 32 + 27 + 30}{4}\right)^2 = 4096$$

$$誤差の変動\ S_e = S_T - S_m = 4174 - 4096 = 78$$

$$誤差分散\ V_e = \frac{S_e}{n-1} = \frac{78}{4-1} = 26$$

望目特性のSN比を求める．

$$\hat{\sigma}^2 = V_e = 26$$

$$\hat{\mu}^2 = \frac{1}{n}(S_m - V_e) = \frac{1}{4}(4096 - 26) = 1017.5$$

$$SN比\ \hat{\eta} = 10 \log(\hat{\mu}^2 / \hat{\sigma}^2) = 10 \log(1017.5/26) = 15.93\,(\mathrm{dB})$$

望目特性の感度を求める．

$$感度\ S = 10 \log \hat{\mu}^2 = 30.08\,(\mathrm{dB})$$

となる．

（注） 望目特性の平均の変動には，誤差変動が含まれるので，μの推定の際に，S_mからV_eを引くことで，平均値が誤差変動に近いときの影響を減じている．

17.4 動特性のパラメータ設計

17.4.1 動特性の分類

“動特性”とは，入力の変化に応じて出力の値が変わる特性をいう．前述の水道の蛇口のコックの回転角度に対する水量，射出成形機の金型の寸法に対する製品の寸法，他には自動車のアクセルの踏む量に対するエンジンの回転数，ヘルスメータの測定体重に対する表示体重，ステレオのボリュームの回転角度に対する音量などが相当する．

入出力が線形関係にある場合，入力Mの変化に応じて出力yが直線的に変化する(比例する)のが理想となる．比例式には以下の3つがある．

(1)　ゼロ点比例式

信号の値に対して，出力の値が比例することを理想とし，そこからのはずれ量が小さいほどよいとするものである．

$$y = \beta M$$

(2)　1次式

信号と出力の理想関係を1次式とし，そこからのはずれ量が小さいほど良いとするものである．

$$y = \alpha + \beta M$$

(3)　基準点比例式

信号と出力がある基準点(M_0，y_0)を通る直線関係を理想とするものである．

$$y - y_0 = \beta (M - M_0)$$

(注)　入力と出力の関係が非線形関係にある場合，「標準条件における出力」を入力に，「ノイズ条件における出力」を出力とする，ゼロ点比例式のSN比をとって解析を行う場合がある．この場合のSN比を**標準SN比**といい，標準出力/$\hat{\sigma}^2$で表わす．

17.4.2　動特性のSN比と感度

動特性のSN比と感度について，表17.6のデータ表にもとづいて説明する．動特性は入力(M)の変化に対して，出力(y)を変化させたい特性である．このときMを信号因子というが，“信号因子”とは，実験において信号の値を変化させるために選ばれた因子をいう．パラメータ設計では入力も一つの因子として取り扱う場合が多く，これを信号因子と呼んでいる．

あるシステムの入力と出力との関係を考えるとき，その理想関係からのずれの程度—理想と現実との差—を表わす尺度としてSN比を用いる．理

表 17.6 データ表

		信号因子(k 水準)				線形式
		M_1	M_2	…	M_k	L_i
誤差因子(n 水準)繰返し $r_0=1$	N_1	y_{11}	y_{12}		y_{1k}	L_1
	N_2	y_{21}	y_{22}		y_{2k}	L_2
	⋮			⋮		⋮
	N_n	y_{n1}	y_{n2}		y_{nk}	L_n

想関係との差の2乗の平均を σ^2，理想関係の1次の係数を β として次のように表わす．

$$\text{SN 比} = \frac{\hat{\beta}^2}{\hat{\sigma}^2}$$

$$\text{感度} = \hat{\beta}^2$$

SN 比が高ければ入出力関係の直線性が高く，逆に低ければ非線形であるかまたはばらつきが大きいということを意味する．

ゼロ点比例式の場合の SN 比 η と感度 S は，

$$\hat{\eta} = 10 \log \frac{\hat{\beta}^2}{\hat{\sigma}^2} = 10 \log \frac{\frac{1}{r}(S_\beta - V_e)}{V_{N'}} \quad \text{———}(*)$$

$$\hat{S} = 10 \log \hat{\beta}^2 = 10 \log \frac{1}{r}(S_\beta - V_e)$$

で示される．

ここで，

有効除数：$r = r_0 n(M_1^2 + M_2^2 + \cdots + M_k^2)$

線形式：$L_i = y_{i1}M_1 + y_{i2}M_2 + \cdots + y_{ik}M_k$

$$\text{入力の効果：} S_\beta = \frac{1}{r}(L_1 + L_2 + \cdots + L_n)^2$$

$$\text{誤差因子の効果：} S_{\beta \times N} = \frac{L_1^2 + L_2^2 + \cdots + L_n^2}{r/(r_0 n)} - S_\beta$$

誤差変動：$S_e = S_T - S_\beta - S_{\beta \times N}$

誤差分散：$V_e = \dfrac{S_e}{r_0 nk - n}$

誤差全体の変動：$S_{N'} = S_e + S_{\beta \times N} (= S_T - S_\beta)$

誤差全体の分散：$V_{N'} = \dfrac{S_{N'}}{r_0 nk - 1}$

（注 1）　r_0 は信号因子と誤差因子の二元配置で各 r_0 回のデータをとることを示しており，通常 $r_0 = 1$ である．

（注 2）　（＊）で示す SN 比の計算式は立林和夫著『入門タグチメソッド』（日科技連出版社）に示されている計算式方法を用いたが，SN 比の計算はその適用場面に応じていろいろと工夫がされており，一つに限定されない．分母を V_e にする場合や，逆に分子を $V_{N'}$ にする場合，簡易的に求めるなら分子全体を $2r$ とする場合などがある．ここで採用した計算式は，原点を通る直線による回帰分析での結果との整合性がある．

＜動特性の SN 比の計算例（ゼロ点比例式の場合）＞

例題 17.2

あるメッキ鋼板のメッキ条件を最適化するために，信号因子としてメッキ時間を 3（分），5（分），7（分）と変え，誤差因子としてはメッキ槽内位置 4 箇所（N_1～N_4）をとって実験を行い，メッキ厚さ（μm）を測定した．その結果を表 17.7 に示す．動特性の SN 比と感度を求めよ．

表 17.7　データ表

誤差因子	信号因子		
	$M_1=3$	$M_2=5$	$M_3=7$
N_1	6.37	12.55	16.29
N_2	7.38	9.00	13.18
N_3	8.97	10.18	15.09
N_4	5.66	11.87	12.39

解説

①　全変動 S_T を計算する．

$$S_T = \sum y_{ij}^2 = 6.37^2 + 7.38^2 + \cdots + 15.09^2 + 12.39^2 = 1510.87$$

② 有効除数 r を計算する（$r_0 = 1$ とする）．

$$r = r_0 n \sum M_i^2 = 1 \times 4 \times (3^2 + 5^2 + 7^2) = 332$$

③ 線形式 L を計算する．

$$L_1 = \sum y_{i1} M_i = 6.37 \times 3 + 12.55 \times 5 + 16.29 \times 7 = 195.89$$

$$L_2 = \sum y_{i2} M_i = 7.38 \times 3 + 9.00 \times 5 + 13.18 \times 7 = 159.40$$

$$L_3 = \sum y_{i3} M_i = 8.97 \times 3 + 10.18 \times 5 + 15.09 \times 7 = 183.44$$

$$L_4 = \sum y_{i4} M_i = 5.66 \times 3 + 11.87 \times 5 + 12.39 \times 7 = 163.06$$

④ 入力の効果 S_β を計算する．

$$S_\beta = \frac{1}{r}(L_1 + L_2 + L_3 + L_4)^2 = \frac{1}{332}(195.89 + 159.40 + 183.44 + 163.06)^2$$

$$= 1483.46$$

⑤ 誤差因子の効果 $S_{\beta \times N}$ を計算する．

$$S_{\beta \times N} = \frac{L_1^2 + L_2^2 + L_3^2 + L_4^2}{r/(r_0 n)} - S_\beta = \frac{195.89^2 + 159.40^2 + 183.44^2 + 163.06^2}{332/(1 \times 4)}$$

$$- 1483.46 = 10.76$$

⑥ 誤差変動 S_e を計算する．

$$S_e = S_T - S_\beta - S_{\beta \times N} = 1510.87 - 1483.46 - 10.76 = 16.65$$

⑦ 誤差分散 V_e を計算する．

$$V_e = \frac{S_e}{r_0 n \times k - n} = \frac{16.65}{1 \times 4 \times 3 - 4} = 2.08$$

⑧ 誤差全体の変動 $S_{N'}$ を計算する．

$$S_{N'} = S_e + S_{\beta \times N} = 16.65 + 10.76 = 27.41$$

⑨ 誤差全体の分散 $V_{N'}$ を計算する．

$$V_{N'} = \frac{S_{N'}}{r_0 n \times k - 1} = \frac{27.41}{1 \times 4 \times 3 - 1} = 2.49$$

⑩　SN 比 $\hat{\eta}$ を計算する．

$$\hat{\eta} = 10 \log \frac{\hat{\beta}^2}{\hat{\sigma}^2} = 10 \log \frac{\frac{1}{r}(S_\beta - V_e)}{V_{N'}} = 10 \log \frac{\frac{1}{332}(1483.46 - 2.08)}{2.49}$$

$$= 10 \log 1.792 = 2.53 (\mathrm{dB})$$

⑪　感度 $\hat{S}$ を計算する．

$$\hat{S} = 10 \log \hat{\beta}^2 = 10 \log \frac{1}{r}(S_\beta - V_e) = 10 \log \frac{1}{332}(1483.46 - 2.08)$$

$$= 10 \log 4.462 = 6.50 (\mathrm{dB})$$

第17章のポイント

(1) パラメータ設計

機能性を評価し，システムのパラメータの値を決定するための設計の方法である．まず，機能のばらつきを抑え，その後目的機能に合わせる方法をとる．2段階設計，ロバスト設計，安定性設計ともいう．

(2) 静特性

システムの入力が固定され，出力に対する目標値が一定であるものをいう．静特性はさらに，望小特性，望目特性，望大特性，ゼロ望目特性に分類される．

(3) 動特性

入力の変化に応じて出力の値が変わる特性である．

(4) SN比

特性値の変動のうち，信号(Signal)の効果の大きさと，望ましくない要因(ノイズ，Noise)の効果の大きさとの比である．静特性では平均値とばらつきの比 $\hat{\mu}^2/\hat{\sigma}^2$ で表わし，動特性では傾きとばらつきの比 $\hat{\beta}^2/\hat{\sigma}^2$ で表わされる．

(5) 感度

入力の単位変化量に対する出力の変化量．静特性では平均値 $\hat{\mu}^2$，動特性では傾き $\hat{\beta}^2$ で表わされる．

(6) 混合系直交表

L_{12}，L_{18}，L_{36} などの直交表をいう．混合系の直交表では2列間の交互作用は残りの列に少しずつ交絡して出てくる．制御因子間の交互作用を無視し(または，交互作用はあるかどうかわからないとし)，主効果だけを評価するという立場(または，交互作用を主効果に交絡させるという立場)をとることになるが，ロバストな設計をするためにはよいと考えられる．

(7)　誤差因子

製品の機能の劣化やばらつきを生み出す因子（ノイズ）であり，機能の安定性（ロバスト性）を評価するために取り上げる．

(8)　信号因子

入力と出力をもつ動特性の良さを見るために，信号として入力する因子である．

(9)　基本機能

目的機能を実現するために，技術者が利用する自然の原理，現象あるいは材料などの性質をいう．パラメータ設計では，技術の原理である基本機能に則ってロバスト性を研究すべきとしている．

(10)　パラメータ設計の取り組み方

①　ロバストな設計，ロバストな製造条件を考えるため，できるだけ源流である基本機能で検討を行う．
②　制御因子と誤差因子を考える．誤差因子とは設計では品物の環境条件であり，製造では外注部品の変動，加工条件値の変動などである．
③　平均（または傾き）とばらつきの総合特性であるSN比で解析していく．
④　混合型直交表である L_{12}，L_{18}，L_{36} などを活用する．

付　図・付　表

(付図 1 〜 2, 付表 1 〜 11)

注) 本書では，解説上必要な数値表については，巻末に掲載したが，一般的なものについては，頁数の関係上，やむなく割愛した．よって，数値表は例えば下記の図書などを参照されたい．

森口繁一，日科技連数値表委員会編，『新編 日科技連数値表―第 2 版―』，日科技連出版社，2009 年．

主な数値表の見方

正規分布表

(1) 標準正規分布に従う確率変数 u が K_P 以上の値をとる確率を**上側確率**(上片側確率)とよび，P とする．正規分布表は，K_P と P の関係を表にしたものである．正規分布表には，「K_P から P を求める表」，「P から K_P を求める表」などがある．いずれの表も $K_P \geqq 0$ の範囲しか記載がないが，正規分布は $u = 0$ に対して左右対称であることにより，下側確率(下片側確率) P に対応する正規分布の値は，$-K_P$ と求める．

(2) 正規分布表(Ⅰ) K_P から P を求める表

表の左の見出しは，K_P の値の小数点以下 1 桁目までの数値を表わし，表の上の見出しは，小数点以下 2 桁目の数値を表わす．表中の値は，P の値を表わす．例えば，$K_P = 1.96$ に対応する P の値は，表の左の見出しの 1.9* と，表の上の見出しの 6 が交差するところの値 0.0250 を読み，$P = 0.0250$ と求める．

(3) 正規分布表(Ⅱ) P から K_P を求める表

表の左の見出しは，P の値の小数点以下 1 桁目または 2 桁目までの数値を表わし，表の上の見出しは，小数点以下 2 桁目または 3 桁目の数値を表わす．表中の値は，K_P の値を表わす．例えば，$P=0.05$ に対応する K_P は，表の左の見出しの 0.0* と，表の上の見出しの 5 が交差するところの値 1.645 を読み，$K_P=1.645$ と求める．

この表では，$P=0.025$ の値を読むことはできないので，正規分布表(Ⅰ)を用い，(2)で示した逆の手順により，$P=0.0250$ に対応する K_P の値を，$K_P=1.96$ と求める．

t 表

(1) t 表は，自由度 ϕ の t 分布に従う確率変数 t と**両側確率** P の関係を表にしたものである．

(2) 表の左右の見出しは，自由度 ϕ の値を表わし，表の上の見出しは，両側確率 P の値を表わす．表中の値は，t の値を表わす．例えば，$\phi=15$，$P=0.05$ に対応する t の値は，表の左右の見出しの 15 と，表の上の見出しの 0.05 が交差するところの値 2.131 を読み，$t(15,\ 0.05)$ と求める．

(3) t 分布も $t=0$ に対して左右対称なので，$\phi=15$，上側確率(上片側確率)0.025 に対応する t の値は，2.131 となり，下側確率(下片側確率)0.025 に対応する t の値は，-2.131 となる．

χ^2 表

(1) χ^2 表は，自由度 ϕ の χ^2 分布に従う確率変数 χ^2 と**上側確率** P の関係を表にしたものである．

(2) 表の左右の見出しは，自由度 ϕ の値を表わし，表の上の見出しは，上側確率 P の値を表わす．表中の値は，χ^2 の値を表わす．例えば，$\phi=20$，$P=0.05$ に対応する χ^2 の値は，表の左右の見出しの 20 と，表の上の見出しの 0.05 が交差するところの値 31.4 を読み，$\chi^2(20, 0.05)=31.4$ と求める．

(3) 下側確率に対応する χ^2 の値を求める場合には，例えば，$\phi=20$，下側確率 0.05 に対応する χ^2 の値は，上側確率 $P=1-0.05=0.95$ に対応する χ^2 の値と等しくなる．したがって，表の左右の見出しの 20 と，表の上の見出しの 0.95 が交差するところの値 10.85 を読み，$\chi^2(20, 0.95) = 10.85$ と求める．

F 表

(1)　F 表は，自由度対（ϕ_1，ϕ_2）の F 分布に従う確率変数 F と**上側確率** P の関係を表にしたものである．

(2)　P の値によって，それぞれの表が用意されているので，求めたい P の値によって F 表を選択する．

(3)　表の上下の見出しは，分子の自由度 ϕ_1 の値を，表の左右の見出しは，分母の自由度 ϕ_2 の値を表わす．表中の値は，F の値を表わす．例えば，$\phi_1 = 8$，$\phi_2 = 15$，$P = 0.05$ に対応する F の値は，まず，F 表(5%, 1%)を選び，表の上下の見出しの 8 と，表の左右の見出しの 15 が交差するところの 2 つの値のうち，上段の細字の値 2.64 を読み，$F(8, 15\,;0.05) = 2.64$ と求める．下段の太字の値 4.00 は $P = 0.01$ の場合で，$F(8, 15\,;0.01) = 4.00$ となる．

(4)　F 表では，下側確率の値を読み取ることはできないが，上側確率の値から，$F(\phi_1, \phi_2; 1-P) = \dfrac{1}{F(\phi_2, \phi_1\,; P)}$ の関係によって求める．

付表 1 ～ 5 の出典：森口繁一，日科技連数値表委員会編，『新編 日科技連数値表―第 2 版』，日科技連出版社，2009 年

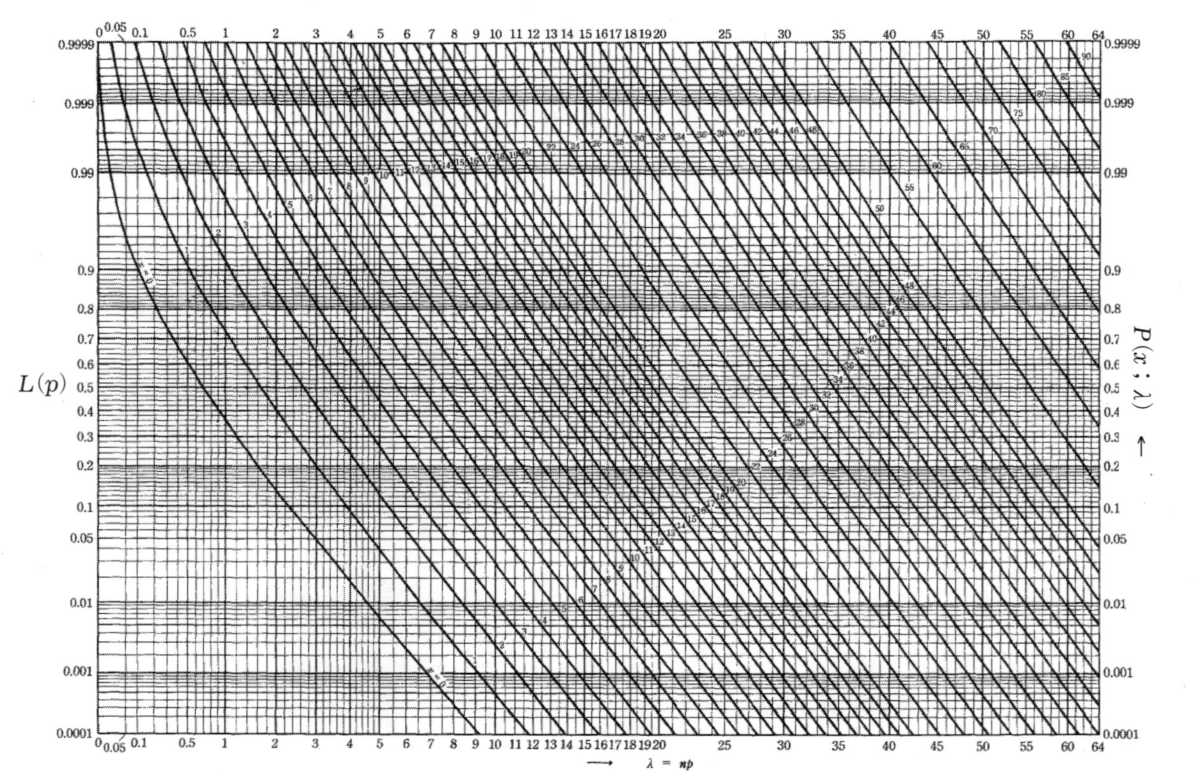

累積確率曲線―ポアソン分布，不良率 p である無限母集団から抜き取った n 個のサンプル中に x 個以下の不良の起こる確率を求めるための関数

出典：山内二郎他編，『簡約統計数値表』日本規格協会，p.98, 1977年，B.S.T.J.,October, 1926年に Miss. F. Thorndike によって与えられた図表を修正したもの

付図1　累積確率曲線(ソーンダイク―芳賀曲線)

$L_9(3^4)$

No. ＼ 列番	1	2	3	4
1	1	1	1	1
2	1	2	2	2
3	2	3	3	3
4	2	1	2	3
5	2	2	3	1
6	2	3	1	2
7	3	1	3	2
8	3	2	1	3
9	3	3	2	1
成分	a		a	a
		b	b	b^2
	1群	2群		

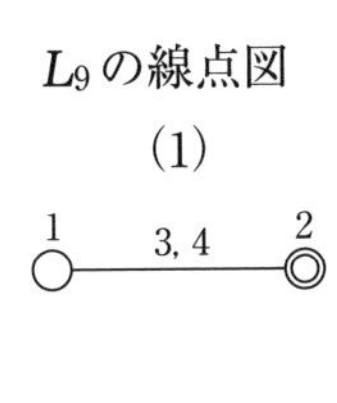

付図 2

付表 1　正規分布表

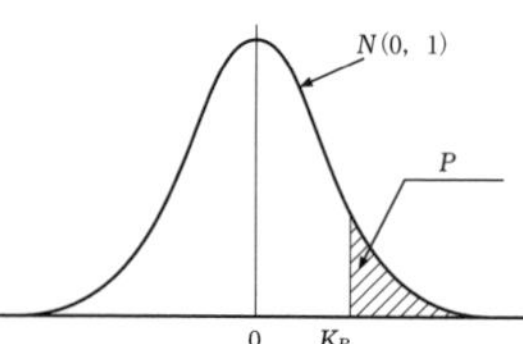

（Ⅰ）K_P から P を求める表

K_P	*=0	1	2	3	4	5	6	7	8	9
0.0*	**.5000**	.4960	.4920	.4880	.4840	**.4801**	.4761	.4721	.4681	.4641
0.1*	**.4602**	.4562	.4522	.4483	.4443	**.4404**	.4364	.4325	.4286	.4247
0.2*	**.4207**	.4168	.4129	.4090	.4052	**.4013**	.3974	.3936	.3897	.3859
0.3*	**.3821**	.3783	.3745	.3707	.3669	**.3632**	.3594	.3557	.3520	.3483
0.4*	**.3446**	.3409	.3372	.3336	.3300	**.3264**	.3228	.3192	.3156	.3121
0.5*	**.3085**	.3050	.3015	.2981	.2946	**.2912**	.2877	.2843	.2810	.2776
0.6*	**.2743**	.2709	.2676	.2643	.2611	**.2578**	.2546	.2514	.2483	.2451
0.7*	**.2420**	.2389	.2358	.2327	.2296	**.2266**	.2236	.2206	.2177	.2148
0.8*	**.2119**	.2090	.2061	.2033	.2005	**.1977**	.1949	.1922	.1894	.1867
0.9*	**.1841**	.1814	.1788	.1762	.1736	**.1711**	.1685	.1660	.1635	.1611
1.0*	**.1587**	.1562	.1539	.1515	.1492	**.1469**	.1446	.1423	.1401	.1379
1.1*	**.1357**	.1335	.1314	.1292	.1271	**.1251**	.1230	.1210	.1190	.1170
1.2*	**.1151**	.1131	.1112	.1093	.1075	**.1056**	.1038	.1020	.1003	.0985
1.3*	**.0968**	.0951	.0934	.0918	.0901	**.0885**	.0869	.0853	.0838	.0823
1.4*	**.0808**	.0793	.0778	.0764	.0749	**.0735**	.0721	.0708	.0694	.0681
1.5*	**.0668**	.0655	.0643	.0630	.0618	**.0606**	.0594	.0582	.0571	.0559
1.6*	**.0548**	.0537	.0526	.0516	.0505	**.0495**	.0485	.0475	.0465	.0455
1.7*	**.0446**	.0436	.0427	.0418	.0409	**.0401**	.0392	.0384	.0375	.0367
1.8*	**.0359**	.0351	.0344	.0336	.0329	**.0322**	.0314	.0307	.0301	.0294
1.9*	**.0287**	.0281	.0274	.0268	.0262	**.0256**	.0250	.0244	.0239	.0233
2.0*	**.0228**	.0222	.0217	.0212	.0207	**.0202**	.0197	.0192	.0188	.0183
2.1*	**.0179**	.0174	.0170	.0166	.0162	**.0158**	.0154	.0150	.0146	.0143
2.2*	**.0139**	.0136	.0132	.0129	.0125	**.0122**	.0119	.0116	.0113	.0110
2.3*	**.0107**	.0104	.0102	.0099	.0096	**.0094**	.0091	.0089	.0087	.0084
2.4*	**.0082**	.0080	.0078	.0075	.0073	**.0071**	.0069	.0068	.0066	.0064
2.5*	**.0062**	.0060	.0059	.0057	.0055	**.0054**	.0052	.0051	.0049	.0048
2.6*	**.0047**	.0045	.0044	.0043	.0041	**.0040**	.0039	.0038	.0037	.0036
2.7*	**.0035**	.0034	.0033	.0032	.0031	**.0030**	.0029	.0028	.0027	.0026
2.8*	**.0026**	.0025	.0024	.0023	.0023	**.0022**	.0021	.0021	.0020	.0019
2.9*	**.0019**	.0018	.0018	.0017	.0016	**.0016**	.0015	.0015	.0014	.0014
3.0*	**.0013**	.0013	.0013	.0012	.0012	**.0011**	.0011	.0011	.0010	.0010
3.5	**.2326E-3**									
4.0	**.3167E-4**									
4.5	**.3398E-5**									
5.0	**.2867E-6**									
5.5	**.1899E-7**									

（Ⅱ）P から K_P を求める表

P	*=0	1	2	3	4	5	6	7	8	9
0.00*	∞	3.090	2.878	2.748	2.652	**2.576**	2.512	2.457	2.409	2.366
0.0*	∞	2.326	2.054	1.881	1.751	**1.645**	1.555	1.476	1.405	1.341
0.1*	**1.282**	1.227	1.175	1.126	1.080	**1.036**	.994	.954	.915	.878
0.2*	**.842**	.806	.772	.739	.706	**.674**	.643	.613	.583	.553
0.3*	**.524**	.496	.468	.440	.412	**.385**	.358	.332	.305	.279
0.4*	**.253**	.228	.202	.176	.151	**.126**	.100	.075	.050	.025

付表 2　t 表

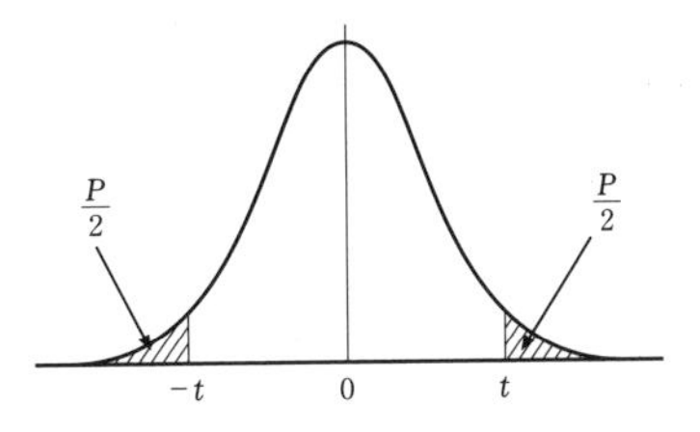

自由度 ϕ と両側確率 P とから t を求める表

ϕ ＼ P	0.50	0.40	0.30	0.20	0.10	**0.05**	0.02	**0.01**	0.001	P ／ ϕ
1	1.000	1.376	1.963	3.078	6.314	**12.706**	31.821	**63.657**	636.619	1
2	0.816	1.061	1.386	1.886	2.920	**4.303**	6.965	**9.925**	31.599	2
3	0.765	0.978	1.250	1.638	2.353	**3.182**	4.541	**5.841**	12.924	3
4	0.741	0.941	1.190	1.533	2.132	**2.776**	3.747	**4.604**	8.610	4
5	0.727	0.920	1.156	1.476	2.015	**2.571**	3.365	**4.032**	6.869	5
6	0.718	0.906	1.134	1.440	1.943	**2.447**	3.143	**3.707**	5.959	6
7	0.711	0.896	1.119	1.415	1.895	**2.365**	2.998	**3.499**	5.408	7
8	0.706	0.889	1.108	1.397	1.860	**2.306**	2.896	**3.355**	5.041	8
9	0.703	0.883	1.100	1.383	1.833	**2.262**	2.821	**3.250**	4.781	9
10	0.700	0.879	1.093	1.372	1.812	**2.228**	2.764	**3.169**	4.587	10
11	0.697	0.876	1.088	1.363	1.796	**2.201**	2.718	**3.106**	4.437	11
12	0.695	0.873	1.083	1.356	1.782	**2.179**	2.681	**3.055**	4.318	12
13	0.694	0.870	1.079	1.350	1.771	**2.160**	2.650	**3.012**	4.221	13
14	0.692	0.868	1.076	1.345	1.761	**2.145**	2.624	**2.977**	4.140	14
15	0.691	0.866	1.074	1.341	1.753	**2.131**	2.602	**2.947**	4.073	15
16	0.690	0.865	1.071	1.337	1.746	**2.120**	2.583	**2.921**	4.015	16
17	0.689	0.863	1.069	1.333	1.740	**2.110**	2.567	**2.898**	3.965	17
18	0.688	0.862	1.067	1.330	1.734	**2.101**	2.552	**2.878**	3.922	18
19	0.688	0.861	1.066	1.328	1.729	**2.093**	2.539	**2.861**	3.883	19
20	0.687	0.860	1.064	1.325	1.725	**2.086**	2.528	**2.845**	3.850	20
21	0.686	0.859	1.063	1.323	1.721	**2.080**	2.518	**2.831**	3.819	21
22	0.686	0.858	1.061	1.321	1.717	**2.074**	2.508	**2.819**	3.792	22
23	0.685	0.858	1.060	1.319	1.714	**2.069**	2.500	**2.807**	3.768	23
24	0.685	0.857	1.059	1.318	1.711	**2.064**	2.492	**2.797**	3.745	24
25	0.684	0.856	1.058	1.316	1.708	**2.060**	2.485	**2.787**	3.725	25
26	0.684	0.856	1.058	1.315	1.706	**2.056**	2.479	**2.779**	3.707	26
27	0.684	0.855	1.057	1.314	1.703	**2.052**	2.473	**2.771**	3.690	27
28	0.683	0.855	1.056	1.313	1.701	**2.048**	2.467	**2.763**	3.674	28
29	0.683	0.854	1.055	1.311	1.699	**2.045**	2.462	**2.756**	3.659	29
30	0.683	0.854	1.055	1.310	1.697	**2.042**	2.457	**2.750**	3.646	30
40	0.681	0.851	1.050	1.303	1.684	**2.021**	2.423	**2.704**	3.551	40
60	0.679	0.848	1.046	1.296	1.671	**2.000**	2.390	**2.660**	3.460	60
120	0.677	0.845	1.041	1.289	1.658	**1.980**	2.358	**2.617**	3.373	120
∞	0.674	0.842	1.036	1.282	1.645	**1.960**	2.326	**2.576**	3.291	∞

例：$\phi = 10$ の両側 5%点（$P = 0.05$）に対する t の値は 2.228 である.

付表 3　χ^2 表

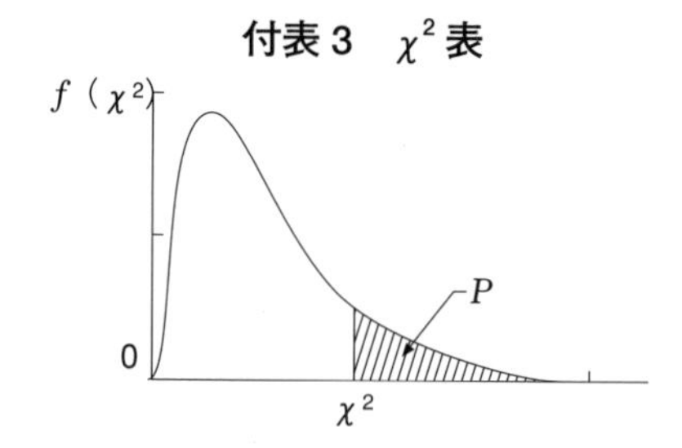

自由度 ϕ と上側確率 P とから χ^2 を求める表

ϕ \ P	.995	.99	.975	.95	.90	.75	.50	.25	.10	.05	.025	.01	.005	P / ϕ
1	0.0^4393	0.0^3157	0.0^3982	0.0^2393	0.0158	0.102	0.455	1.323	2.71.	3.84	5.02	6.63	7.88	1
2	0.0100	0.0201	0.0506	0.103	0.211	0.575	1.386	2.77	4.61	5.99	7.38	9.21	10.60	2
3	0.0717	0.115	0.216	0.352	0.584	1.213	2.37	4.11	6.25	7.81	9.35	11.34	12.84	3
4	0.207	0.297	0.484	0.711	1.064	1.923	3.36	5.39	7.78	9.49	11.14	13.28	14.86	4
5	0.412	0.544	0.831	1.145	1.610	2.67	4.35	6.63	9.24	11.07	12.83	15.09	16.75	5
6	0.676	0.872	1.237	1.635	2.20	3.45	5.35	7.84	10.64	12.59	14.45	16.81	18.55	6
7	0.989	1.239	1.690	2.17	2.83	4.25	6.35	9.04	12.02	14.07	16.01	18.48	20.3	7
8	1.344	1.646	2.18	2.73	3.49	5.07	7.34	10.22	13.36	15.51	17.53	20.1	22.0	8
9	1.735	2.09	2.70	3.33	4.17	5.90	8.34	11.39	14.68	16.92	19.02	21.7	23.6	9
10	2.16	2.56	3.25	3.94	4.87	6.74	9.34	12.55	15.99	18.31	20.5	23.2	25.2	10
11	2.60	3.05	3.82	4.57	5.58	7.58	10.34	13.70	17.28	19.68	21.9	24.7	26.8	11
12	3.07	3.57	4.40	5.23	6.30	8.44	11.34	14.85	18.55	21.0	23.3	26.2	28.3	12
13	3.57	4.11	5.01	5.89	7.04	9.30	12.34	15.98	19.81	22.4	24.7	27.7	29.8	13
14	4.07	4.66	5.63	6.57	7.79	10.17	13.34	17.12	21.1	23.7	26.1	29.1	31.3	14
15	4.60	5.23	6.26	7.26	8.55	11.04	14.34	18.25	22.3	25.0	27.5	30.6	32.8	15
16	5.14	5.81	6.91	7.96	9.31	11.91	15.34	19.37	23.5	26.3	28.8	32.0	34.3	16
17	5.70	6.41	7.56	8.67	10.09	12.79	16.34	20.5	24.8	27.6	30.2	33.4	35.7	17
18	6.26	7.01	8.23	9.39	10.86	13.68	17.34	21.6	26.0	28.9	31.5	34.8	37.2	18
19	6.84	7.63	8.91	10.12	11.65	14.56	18.34	22.7	27.2	30.1	32.9	36.2	38.6	19
20	.7.43	8.26	9.59.	10.85	12.44	15.45	19.34	23.8	28.4	31.4	34.2	37.6	40.0	20
21	8.03	8.90	10.28	11.59	13.24	16.34	20.3	24.9	29.6	32.7	35.5	38.9	41.4	21
22	8.64	9.54	10.98	12.34	14.04	17.24	21.3	26.0	30.8	33.9	36.8	40.3	42.8	22
23	9.26	10.20	11.69	13.09	14.85	18.14	22.3	27.1	32.0	35.2	38.1	41.6	44.2	23
24	9.89	10.86	12.40	13.85	15.66	19.04	23.3	28.2	33.2	36.4	39.4	43.0	45.6	24
25	10.52	11.52	13.12	14.61	16.47	19.94	24.3	29.3	34.4	37.7	40.6	44.3	46.9	25
26	11.16	12.20	13.84	15.38	17.29	20.8	25.3	30.4	35.6	38.9	41.9	45.6	48.3	26
27	11.81	12.88	14.57	16.15	18.11	21.7	26.3	31.5	36.7	40.1	43.2	47.0	49.6	27
28	12.46	13.56	15.31	16.93	18.94	22.7	27.3	32.6	37.9	41.3	44.5	48.3	51.0	28
29	13.12	14.26	16.05	17.71	19.77	23.6	28.3	33.7	39.1	42.6	45.7	49.6	52.3	29
30	13.79	14.95	16.79	18.49	20.6	24.5	29.3	34.8	40.3	43.8	47.0	50.9	53.7	30
40	20.7	22.2	24.4	26.5	29.1	33.7	39.3	45.6	51.8	55.8	59.3	63.7	66.8	40
50	28.0	29.7	32.4	34.8	37.7	42.9	49.3	56.3	63.2	67.5	71.4	76.2	79.5	50
60	35.5	37.5	40.5	43.2	46.5	52.3	59.3	67.0	74.4	79.1	83.3	88.4	92.0	60
70	43.3	45.4	48.8	51.7	55.3	61.7	69.3	77.6	85.5	90.5	95.0	100.4	104.2	70
80	51.2	53.5	57.2	60.4	64.3	71.1	79.3	88.1	96.6	101.9	106.6	112.3	116.3	80
90	59.2	61.8	65.6	69.1	73.3	80.6	89.3	98.6	107.6	113.1	118.1	124.1	128.3	90
100	67.3	70..1	74.2	77.9	82.4	90.1	99.3	109.1	118.5	124.3	129.6	135.9	140.2	100

付表4　F 表（0.025）

$F(\phi_1,\ \phi_2;\ \alpha)$　$\alpha=0.025$
ϕ_1＝分子の自由度　ϕ_2＝分母の自由度

ϕ_2 ＼ ϕ_1	1	2	3	4	5	6	7	8	9	10	12	15	20	24	30	40	60	120	∞	ϕ_1 ／ ϕ_2
1	648.	800.	864.	900.	922.	937.	948.	957.	963.	969.	977.	985.	993.	997.	1001.	1006.	1010.	1014.	1018.	1
2	38.5	39.0	39.2	39.2	39.3	39.3	39.4	39.4	39.4	39.4	39.4	39.4	39.4	39.5	39.5	39.5	39.5	39.5	39.5	2
3	17.4	16.0	15.4	15.1	14.9	14.7	14.6	14.5	14.5	14.4	14.3	14.3	14.2	14.1	14.1	14.0	14.0	13.9	13.9	3
4	12.2	10.6	9.98	9.60	9.36	9.20	9.07	8.98	8.90	8.84	8.75	8.66	8.56	8.51	8.46	8.41	8.36	8.31	8.26	4
5	10.0	8.43	7.76	7.39	7.15	6.98	6.85	6.76	6.68	6.62	6.52	6.43	6.33	6.28	6.23	6.18	6.12	6.07	6.02	5
6	8.81	7.26	6.60	6.23	5.99	5.82	5.70	5.60	5.52	5.46	5.37	5.27	5.17	5.12	5.07	5.01	4.96	4.90	4.85	6
7	8.07	6.54	5.89	5.52	5.29	5.12	4.99	4.90	4.82	4.76	4.67	4.57	4.47	4.42	4.36	4.31	4.25	4.20	4.14	7
8	7.57	6.06	5.42	5.05	4.82	4.65	4.53	4.43	4.36	4.30	4.20	4.10	4.00	3.95	3.89	3.84	3.78	3.73	3.67	8
9	7.21	5.71	5.08	4.72	4.48	4.32	4.20	4.10	4.03	3.96	3.87	3.77	3.67	3.61	3.56	3.51	3.45	3.39	3.33	9
10	6.94	5.46	4.83	4.47	4.24	4.07	3.95	3.85	3.78	3.72	3.62	3.52	3.42	3.37	3.31	3.26	3.20	3.14	3.08	10
11	6.72	5.26	4.63	4.28	4.04	3.88	3.76	3.66	3.59	3.53	3.43	3.33	3.23	3.17	3.12	3.06	3.00	2.94	2.88	11
12	6.55	5.10	4.47	4.12	3.89	3.73	3.61	3.51	3.44	3.37	3.28	3.18	3.07	3.02	2.96	2.91	2.85	2.79	2.72	12
13	6.41	4.97	4.35	4.00	3.77	3.60	3.48	3.39	3.31	3.25	3.15	3.05	2.95	2.89	2.84	2.78	2.72	2.66	2.60	13
14	6.30	4.86	4.24	3.89	3.66	3.50	3.38	3.29	3.21	3.15	3.05	2.95	2.84	2.79	2.73	2.67	2.61	2.55	2.49	14
15	6.20	4.77	4.15	3.80	3.58	3.41	3.29	3.20	3.12	3.06	2.96	2.86	2.76	2.70	2.64	2.59	2.52	2.46	2.40	15
16	6.12	4.69	4.08	3.73	3.50	3.34	3.22	3.12	3.05	2.99	2.89	2.79	2.68	2.63	2.57	2.51	2.45	2.38	2.32	16
17	6.04	4.62	4.01	3.66	3.44	3.28	3.16	3.06	2.98	2.92	2.82	2.72	2.62	2.56	2.50	2.44	2.38	2.32	2.25	17
18	5.98	4.56	3.95	3.61	3.38	3.22	3.10	3.01	2.93	2.87	2.77	2.67	2.56	2.50	2.44	2.38	2.32	2.26	2.19	18
19	5.92	4.51	3.90	3.56	3.33	3.17	3.05	2.96	2.88	2.82	2.72	2.62	2.51	2.45	2.39	2.33	2.27	2.20	2.13	19
20	5.87	4.46	3.86	3.51	3.29	3.13	3.01	2.91	2.84	2.77	2.68	2.57	2.46	2.41	2.35	2.29	2.22	2.16	2.09	20
21	5.83	4.42	3.82	3.48	3.25	3.09	2.97	2.87	2.80	2.73	2.64	2.53	2.42	2.37	2.31	2.25	2.18	2.11	2.04	21
22	5.79	4.38	3.78	3.44	3.22	3.05	2.93	2.84	2.76	2.70	2.60	2.50	2.39	2.33	2.27	2.21	2.14	2.08	2.00	22
23	5.75	4.35	3.75	3.41	3.18	3.02	2.90	2.81	2.73	2.67	2.57	2.47	2.36	2.30	2.24	2.18	2.11	2.04	1.97	23
24	5.72	4.32	3.72	3.38	3.15	2.99	2.87	2.78	2.70	2.64	2.54	2.44	2.33	2.27	2.21	2.15	2.08	2.01	1.94	24
25	5.69	4.29	3.69	3.35	3.13	2.97	2.85	2.75	2.68	2.61	2.51	2.41	2.30	2.24	2.18	2.12	2.05	1.98	1.91	25
26	5.66	4.27	3.67	3.33	3.10	2.94	2.82	2.73	2.65	2.59	2.49	2.39	2.28	2.22	2.16	2.09	2.03	1.95	1.88	26
27	5.63	4.24	3.65	3.31	3.08	2.92	2.80	2.71	2.63	2.57	2.47	2.36	2.25	2.19	2.13	2.07	2.00	1.93	1.85	27
28	5.61	4.22	3.63	3.29	3.06	2.90	2.78	2.69	2.61	2.55	2.45	2.34	2.23	2.17	2.11	2.05	1.98	1.91	1.83	28
29	5.59	4.20	3.61	3.27	3.04	2.88	2.76	2.67	2.59	2.53	2.43	2.32	2.21	2.15	2.09	2.03	1.96	1.89	1.81	29
30	5.57	4.18	3.59	3.25	3.03	2.87	2.75	2.65	2.57	2.51	2.41	2.31	2.20	2.14	2.07	2.01	1.94	1.87	1.79	30
40	5.42	4.05	3.46	3.13	2.90	2.74	2.62	2.53	2.45	2.39	2.29	2.18	2.07	2.01	1.94	1.88	1.80	1.72	1.64	40
60	5.29	3.93	3.34	3.01	2.79	2.63	2.51	2.41	2.33	2.27	2.17	2.06	1.94	1.88	1.82	1.74	1.67	1.58	1.48	60
120	5.15	3.80	3.23	2.89	2.67	2.52	2.39	2.30	2.22	2.16	2.05	1.94	1.82	1.76	1.69	1.61	1.53	1.43	1.31	120
∞	5.02	3.69	3.12	2.79	2.57	2.41	2.29	2.19	2.11	2.05	1.94	1.83	1.71	1.64	1.57	1.48	1.39	1.27	1.00	∞
ϕ_2 ／ ϕ_1	1	2	3	4	5	6	7	8	9	10	12	15	20	24	30	40	60	120	∞	ϕ_1 ＼ ϕ_2

例：$\phi_1=5$，$\phi_2=10$の$F(\phi_1,\ \phi_2;\ 0.025)$の値は，$\phi_1=5$の列と$\phi_2=10$の行の交わる点の値4.24で与えられる．

付表 5　F 表（0.05　0.01）

$F(\phi_1,\ \phi_2;\ \alpha)$　$\alpha=0.05$（細字）　$\alpha=$ **0.01**（太字）
ϕ_1 = 分子の自由度　ϕ_2 = 分母の自由度

ϕ_2 \ ϕ_1	1	2	3	4	5	6	7	8	9	10	12	15	20	24	30	40	60	120	∞	ϕ_1 / ϕ_2
1	161.	200.	216.	225.	230.	234.	237.	239.	241.	242.	244.	246.	248.	249.	250.	251.	252.	253.	254.	1
	4052.	**5000.**	**5403.**	**5625.**	**5764.**	**5859.**	**5928.**	**5981.**	**6022.**	**6056.**	**6106.**	**6157.**	**6209.**	**6235.**	**6261.**	**6287.**	**6313.**	**6339.**	**6366.**	
2	18.5	19.0	19.2	19.2	19.3	19.3	19.4	19.4	19.4	19.4	19.4	19.4	19.4	19.5	19.5	19.5	19.5	19.5	19.5	2
	98.5	**99.0**	**99.2**	**99.2**	**99.3**	**99.3**	**99.4**	**99.4**	**99.4**	**99.4**	**99.4**	**99.4**	**99.4**	**99.5**	**99.5**	**99.5**	**99.5**	**99.5**	**99.5**	
3	10.1	9.55	9.28	9.12	9.01	8.94	8.89	8.85	8.81	8.79	8.74	8.70	8.66	8.64	8.62	8.59	8.57	8.55	8.53	3
	34.1	**30.8**	**29.5**	**28.7**	**28.2**	**27.9**	**27.7**	**27.5**	**27.3**	**27.2**	**27.1**	**26.9**	**26.7**	**26.6**	**26.5**	**26.4**	**26.3**	**26.2**	**26.1**	
4	7.71	6.94	6.59	6.39	6.26	6.16	6.09	6.04	6.00	5.96	5.91	5.86	5.80	5.77	5.75	5.72	5.69	5.66	5.63	4
	21.2	**18.0**	**16.7**	**16.0**	**15.5**	**15.2**	**15.0**	**14.8**	**14.7**	**14.5**	**14.4**	**14.2**	**14.0**	**13.9**	**13.8**	**13.7**	**13.7**	**13.6**	**13.5**	
5	6.61	5.79	5.41	5.19	5.05	4.95	4.88	4.82	4.77	4.74	4.68	4.62	4.56	4.53	4.50	4.46	4.43	4.40	4.36	5
	16.3	**13.3**	**12.1**	**11.4**	**11.0**	**10.7**	**10.5**	**10.3**	**10.2**	**10.1**	**9.89**	**9.72**	**9.55**	**9.47**	**9.38**	**9.29**	**9.20**	**9.11**	**9.02**	
6	5.99	5.14	4.76	4.53	4.39	4.28	4.21	4.15	4.10	4.06	4.00	3.94	3.87	3.84	3.81	3.77	3.74	3.70	3.67	6
	13.7	**10.9**	**9.78**	**9.15**	**8.75**	**8.47**	**8.26**	**8.10**	**7.98**	**7.87**	**7.72**	**7.56**	**7.40**	**7.31**	**7.23**	**7.14**	**7.06**	**6.97**	**6.88**	
7	5.59	4.74	4.35	4.12	3.97	3.87	3.79	3.73	3.68	3.64	3.57	3.51	3.44	3.41	3.38	3.34	3.30	3.27	3.23	7
	12.2	**9.55**	**8.45**	**7.85**	**7.46**	**7.19**	**6.99**	**6.84**	**6.72**	**6.62**	**6.47**	**6.31**	**6.16**	**6.07**	**5.99**	**5.91**	**5.82**	**5.74**	**5.65**	
8	5.32	4.46	4.07	3.84	3.69	3.58	3.50	3.44	3.39	3.35	3.28	3.22	3.15	3.12	3.08	3.04	3.01	2.97	2.93	8
	11.3	**8.65**	**7.59**	**7.01**	**6.63**	**6.37**	**6.18**	**6.03**	**5.91**	**5.81**	**5.67**	**5.52**	**5.36**	**5.28**	**5.20**	**5.12**	**5.03**	**4.95**	**4.86**	
9	5.12	4.26	3.86	3.63	3.48	3.37	3.29	3.23	3.18	3.14	3.07	3.01	2.94	2.90	2.86	2.83	2.79	2.75	2.71	9
	10.6	**8.02**	**6.99**	**6.42**	**6.06**	**5.80**	**5.61**	**5.47**	**5.35**	**5.26**	**5.11**	**4.96**	**4.81**	**4.73**	**4.65**	**4.57**	**4.48**	**4.40**	**4.31**	
10	4.96	4.10	3.71	3.48	3.33	3.22	3.14	3.07	3.02	2.98	2.91	2.85	2.77	2.74	2.70	2.66	2.62	2.58	2.54	10
	10.0	**7.56**	**6.55**	**5.99**	**5.64**	**5.39**	**5.20**	**5.06**	**4.94**	**4.85**	**4.71**	**4.56**	**4.41**	**4.33**	**4.25**	**4.17**	**4.08**	**4.00**	**3.91**	
11	4.84	3.98	3.59	3.36	3.20	3.09	3.01	2.95	2.90	2.85	2.79	2.72	2.65	2.61	2.57	2.53	2.49	2.45	2.40	11
	9.65	**7.21**	**6.22**	**5.67**	**5.32**	**5.07**	**4.89**	**4.74**	**4.63**	**4.54**	**4.40**	**4.25**	**4.10**	**4.02**	**3.94**	**3.86**	**3.78**	**3.69**	**3.60**	
12	4.75	3.89	3.49	3.26	3.11	3.00	2.91	2.85	2.80	2.75	2.69	2.62	2.54	2.51	2.47	2.43	2.38	2.34	2.30	12
	9.33	**6.93**	**5.95**	**5.41**	**5.06**	**4.82**	**4.64**	**4.50**	**4.39**	**4.30**	**4.16**	**4.01**	**3.86**	**3.78**	**3.70**	**3.62**	**3.54**	**3.45**	**3.36**	
13	4.67	3.81	3.41	3.18	3.03	2.92	2.83	2.77	2.71	2.67	2.60	2.53	2.46	2.42	2.38	2.34	2.30	2.25	2.21	13
	9.07	**6.70**	**5.74**	**5.21**	**4.86**	**4.62**	**4.44**	**4.30**	**4.19**	**4.10**	**3.96**	**3.82**	**3.66**	**3.59**	**3.51**	**3.43**	**3.34**	**3.25**	**3.17**	
14	4.60	3.74	3.34	3.11	2.96	2.85	2.76	2.70	2.65	2.60	2.53	2.46	2.39	2.35	2.31	2.27	2.22	2.18	2.13	14
	8.86	**6.51**	**5.56**	**5.04**	**4.69**	**4.46**	**4.28**	**4.14**	**4.03**	**3.94**	**3.80**	**3.66**	**3.51**	**3.43**	**3.35**	**3.27**	**3.18**	**3.09**	**3.00**	
15	4.54	3.68	3.29	3.06	2.90	2.79	2.71	2.64	2.59	2.54	2.48	2.40	2.33	2.29	2.25	2.20	2.16	2.11	2.07	15
	8.68	**6.36**	**5.42**	**4.89**	**4.56**	**4.32**	**4.14**	**4.00**	**3.89**	**3.80**	**3.67**	**3.52**	**3.37**	**3.29**	**3.21**	**3.13**	**3.05**	**2.96**	**2.87**	
ϕ_2 / ϕ_1	1	2	3	4	5	6	7	8	9	10	12	15	20	24	30	40	60	120	∞	ϕ_1 / ϕ_2

例　$\phi_1=5$，$\phi_2=10$に対する$F(\phi_1,\ \phi_2;\ 0.05)$の値は，$\phi_1=5$の列と$\phi_2=10$の行の交わる点の上段の値（細字）3.33で与えられる．

付表 5（つづき）

ϕ_2 \ ϕ_1	1	2	3	4	5	6	7	8	9	10	12	15	20	24	30	40	60	120	∞	ϕ_1 / ϕ_2
16	4.49	3.63	3.24	3.01	2.85	2.74	2.66	2.59	2.54	2.49	2.42	2.35	2.28	2.24	2.19	2.15	2.11	2.06	2.01	16
	8.53	**6.23**	**5.29**	**4.77**	**4.44**	**4.20**	**4.03**	**3.89**	**3.78**	**3.69**	**3.55**	**3.41**	**3.26**	**3.18**	**3.10**	**3.02**	**2.93**	**2.84**	**2.75**	
17	4.45	3.59	3.20	2.96	2.81	2.70	2.61	2.55	2.49	2.45	2.38	2.31	2.23	2.19	2.15	2.10	2.06	2.01	1.96	17
	8.40	**6.11**	**5.18**	**4.67**	**4.34**	**4.10**	**3.93**	**3.79**	**3.68**	**3.59**	**3.46**	**3.31**	**3.16**	**3.08**	**3.00**	**2.92**	**2.83**	**2.75**	**2.65**	
18	4.41	3.55	3.16	2.93	2.77	2.66	2.58	2.51	2.46	2.41	2.34	2.27	2.19	2.15	2.11	2.06	2.02	1.97	1.92	18
	8.29	**6.01**	**5.09**	**4.58**	**4.25**	**4.01**	**3.84**	**3.71**	**3.60**	**3.51**	**3.37**	**3.23**	**3.08**	**3.00**	**2.92**	**2.84**	**2.75**	**2.66**	**2.57**	
19	4.38	3.52	3.13	2.90	2.74	2.63	2.54	2.48	2.42	2.38	2.31	2.23	2.16	2.11	2.07	2.03	1.98	1.93	1.88	19
	8.18	**5.93**	**5.01**	**4.50**	**4.17**	**3.94**	**3.77**	**3.63**	**3.52**	**3.43**	**3.30**	**3.15**	**3.00**	**2.92**	**2.84**	**2.76**	**2.67**	**2.58**	**2.49**	
20	4.35	3.49	3.10	2.87	2.71	2.60	2.51	2.45	2.39	2.35	2.28	2.20	2.12	2.08	2.04	1.99	1.95	1.90	1.84	20
	8.10	**5.85**	**4.94**	**4.43**	**4.10**	**3.87**	**3.70**	**3.56**	**3.46**	**3.37**	**3.23**	**3.09**	**2.94**	**2.86**	**2.78**	**2.69**	**2.61**	**2.52**	**2.42**	
21	4.32	3.47	3.07	2.84	2.68	2.57	2.49	2.42	2.37	2.32	2.25	2.18	2.10	2.05	2.01	1.96	1.92	1.87	1.81	21
	8.02	**5.78**	**4.87**	**4.37**	**4.04**	**3.81**	**3.64**	**3.51**	**3.40**	**3.31**	**3.17**	**3.03**	**2.88**	**2.80**	**2.72**	**2.64**	**2.55**	**2.46**	**2.36**	
22	4.30	3.44	3.05	2.82	2.66	2.55	2.46	2.40	2.34	2.30	2.23	2.15	2.07	2.03	1.98	1.94	1.89	1.84	1.78	22
	7.95	**5.72**	**4.82**	**4.31**	**3.99**	**3.76**	**3.59**	**3.45**	**3.35**	**3.26**	**3.12**	**2.98**	**2.83**	**2.75**	**2.67**	**2.58**	**2.50**	**2.40**	**2.31**	
23	4.28	3.42	3.03	2.80	2.64	2.53	2.44	2.37	2.32	2.27	2.20	2.13	2.05	2.01	1.96	1.91	1.86	1.81	1.76	23
	7.88	**5.66**	**4.76**	**4.26**	**3.94**	**3.71**	**3.54**	**3.41**	**3.30**	**3.21**	**3.07**	**2.93**	**2.78**	**2.70**	**2.62**	**2.54**	**2.45**	**2.35**	**2.26**	
24	4.26	3.40	3.01	2.78	2.62	2.51	2.42	2.36	2.30	2.25	2.18	2.11	2.03	1.98	1.94	1.89	1.84	1.79	1.73	24
	7.82	**5.61**	**4.72**	**4.22**	**3.90**	**3.67**	**3.50**	**3.36**	**3.26**	**3.17**	**3.03**	**2.89**	**2.74**	**2.66**	**2.58**	**2.49**	**2.40**	**2.31**	**2.21**	
25	4.24	3.39	2.99	2.76	2.60	2.49	2.40	2.34	2.28	2.24	2.16	2.09	2.01	1.96	1.92	1.87	1.82	1.77	1.71	25
	7.77	**5.57**	**4.68**	**4.18**	**3.85**	**3.63**	**3.46**	**3.32**	**3.22**	**3.13**	**2.99**	**2.85**	**2.70**	**2.62**	**2.54**	**2.45**	**2.36**	**2.27**	**2.17**	
26	4.23	3.37	2.98	2.74	2.59	2.47	2.39	2.32	2.27	2.22	2.15	2.07	1.99	1.95	1.90	1.85	1.80	1.75	1.69	26
	7.72	**5.53**	**4.64**	**4.14**	**3.82**	**3.59**	**3.42**	**3.29**	**3.18**	**3.09**	**2.96**	**2.81**	**2.66**	**2.58**	**2.50**	**2.42**	**2.33**	**2.23**	**2.13**	
27	4.21	3.35	2.96	2.73	2.57	2.46	2.37	2.31	2.25	2.20	2.13	2.06	1.97	1.93	1.88	1.84	1.79	1.73	1.67	27
	7.68	**5.49**	**4.60**	**4.11**	**3.78**	**3.56**	**3.39**	**3.26**	**3.15**	**3.06**	**2.93**	**2.78**	**2.63**	**2.55**	**2.47**	**2.38**	**2.29**	**2.20**	**2.10**	
28	4.20	3.34	2.95	2.71	2.56	2.45	2.36	2.29	2.24	2.19	2.12	2.04	1.96	1.91	1.87	1.82	1.77	1.71	1.65	28
	7.64	**5.45**	**4.57**	**4.07**	**3.75**	**3.53**	**3.36**	**3.23**	**3.12**	**3.03**	**2.90**	**2.75**	**2.60**	**2.52**	**2.44**	**2.35**	**2.26**	**2.17**	**2.06**	
29	4.18	3.33	2.93	2.70	2.55	2.43	2.35	2.28	2.22	2.18	2.10	2.03	1.94	1.90	1.85	1.81	1.75	1.70	1.64	29
	7.60	**5.42**	**4.54**	**4.04**	**3.73**	**3.50**	**3.33**	**3.20**	**3.09**	**3.00**	**2.87**	**2.73**	**2.57**	**2.49**	**2.41**	**2.33**	**2.23**	**2.14**	**2.03**	
30	4.17	3.32	2.92	2.69	2.53	2.42	2.33	2.27	2.21	2.16	2.09	2.01	1.93	1.89	1.84	1.79	1.74	1.68	1.62	30
	7.56	**5.39**	**4.51**	**4.02**	**3.70**	**3.47**	**3.30**	**3.17**	**3.07**	**2.98**	**2.84**	**2.70**	**2.55**	**2.47**	**2.39**	**2.30**	**2.21**	**2.11**	**2.01**	
40	4.08	3.23	2.84	2.61	2.45	2.34	2.25	2.18	2.12	2.08	2.00	1.92	1.84	1.79	1.74	1.69	1.64	1.58	1.51	40
	7.31	**5.18**	**4.31**	**3.83**	**3.51**	**3.29**	**3.12**	**2.99**	**2.89**	**2.80**	**2.66**	**2.52**	**2.37**	**2.29**	**2.20**	**2.11**	**2.02**	**1.92**	**1.80**	
60	4.00	3.15	2.76	2.53	2.37	2.25	2.17	2.10	2.04	1.99	1.92	1.84	1.75	1.70	1.65	1.59	1.53	1.47	1.39	60
	7.08	**4.98**	**4.13**	**3.65**	**3.34**	**3.12**	**2.95**	**2.82**	**2.72**	**2.63**	**2.50**	**2.35**	**2.20**	**2.12**	**2.03**	**1.94**	**1.84**	**1.73**	**1.60**	
120	3.92	3.07	2.68	2.45	2.29	2.18	2.09	2.02	1.96	1.91	1.83	1.75	1.66	1.61	1.55	1.50	1.43	1.35	1.25	120
	6.85	**4.79**	**3.95**	**3.48**	**3.17**	**2.96**	**2.79**	**2.66**	**2.56**	**2.47**	**2.34**	**2.19**	**2.03**	**1.95**	**1.86**	**1.76**	**1.66**	**1.53**	**1.38**	
∞	3.84	3.00	2.60	2.37	2.21	2.10	2.01	1.94	1.88	1.83	1.75	1.67	1.57	1.52	1.46	1.39	1.32	1.22	1.00	∞
	6.63	**4.61**	**3.78**	**3.32**	**3.02**	**2.80**	**2.64**	**2.51**	**2.41**	**2.32**	**2.18**	**2.04**	**1.88**	**1.79**	**1.70**	**1.59**	**1.47**	**1.32**	**1.00**	
ϕ_2 \ ϕ_1	1	2	3	4	5	6	7	8	9	10	12	15	20	24	30	40	60	120	∞	ϕ_1 / ϕ_2

注　$\phi > 30$ で，表にない F の値を求める場合には，$120/\phi$ を用いる 1 次補間により求める．

付表6　サンプル(サイズ)文字(JIS Z 9015-1：2006)

ロットサイズ	特別検査水準				通常検査水準		
	S－1	S－2	S－3	S－4	I	II	III
2 ～ 8	A	A	A	A	A	A	B
9 ～ 15	A	A	A	A	A	B	C
16 ～ 25	A	A	B	B	B	C	D
26 ～ 50	A	B	B	C	C	D	E
51 ～ 90	B	B	C	C	C	E	F
91 ～ 150	B	B	C	D	D	F	G
151 ～ 280	B	C	D	E	E	G	H
281 ～ 500	B	C	D	E	F	H	J
501 ～ 1200	C	C	E	F	G	J	K
1201 ～ 3200	C	D	E	G	H	K	L
3201 ～ 10000	C	D	F	G	J	L	M
10001 ～ 35000	C	D	F	H	K	M	N
35001 ～ 150000	D	E	G	J	L	N	P
150001 ～ 500000	D	E	G	J	M	P	Q
500001 以上	D	E	H	K	N	Q	R

付表 7　なみ検査の1回抜取方式(主抜取表)(JIS Z 9015-1：2006)

サンプル文字	サンプルサイズ	合格品質限界（AQL），単位：パーセント不適合品率，100 単位当たりの不適合数（なみ検査）																									
		0.010	0.015	0.025	0.040	0.065	0.10	0.15	0.25	0.40	0.65	1.0	1.5	2.5	4.0	6.5	10	15	25	40	65	100	150	250	400	650	1000
		Ac Re	Ac Re	Ac Re	Ac Re	Ac Re	Ac Re	Ac Re	Ac Re	Ac Re	Ac Re	Ac Re	Ac Re	Ac Re	Ac Re	Ac Re	Ac Re	Ac Re	Ac Re	Ac Re	Ac Re	Ac Re	Ac Re	Ac Re	Ac Re	Ac Re	Ac Re
A	2	↓	↓	↓	↓	↓	↓	↓	↓	↓	↓	↓	↓	↓	↓	0 1	↓	↓	1 2	2 3	3 4	5 6	7 8	10 11	14 15	21 22	30 31
B	3	↓	↓	↓	↓	↓	↓	↓	↓	↓	↓	↓	↓	↓	0 1	↑	↓	1 2	2 3	3 4	5 6	7 8	10 11	14 15	21 22	30 31	44 45
C	5	↓	↓	↓	↓	↓	↓	↓	↓	↓	↓	↓	↓	0 1	↑	↓	1 2	2 3	3 4	5 6	7 8	10 11	14 15	21 22	30 31	44 45	↑
D	8	↓	↓	↓	↓	↓	↓	↓	↓	↓	↓	↓	0 1	↑	↓	1 2	2 3	3 4	5 6	7 8	10 11	14 15	21 22	30 31	44 45	↑	↑
E	13	↓	↓	↓	↓	↓	↓	↓	↓	↓	↓	0 1	↑	↓	1 2	2 3	3 4	5 6	7 8	10 11	14 15	21 22	30 31	44 45	↑	↑	↑
F	20	↓	↓	↓	↓	↓	↓	↓	↓	↓	0 1	↑	↓	1 2	2 3	3 4	5 6	7 8	10 11	14 15	21 22	↑	↑	↑	↑	↑	↑
G	32	↓	↓	↓	↓	↓	↓	↓	↓	0 1	↑	↓	1 2	2 3	3 4	5 6	7 8	10 11	14 15	21 22	↑	↑	↑	↑	↑	↑	↑
H	50	↓	↓	↓	↓	↓	↓	↓	0 1	↑	↓	1 2	2 3	3 4	5 6	7 8	10 11	14 15	21 22	↑	↑	↑	↑	↑	↑	↑	↑
J	80	↓	↓	↓	↓	↓	↓	0 1	↑	↓	1 2	2 3	3 4	5 6	7 8	10 11	14 15	21 22	↑	↑	↑	↑	↑	↑	↑	↑	↑
K	125	↓	↓	↓	↓	↓	0 1	↑	↓	1 2	2 3	3 4	5 6	7 8	10 11	14 15	21 22	↑	↑	↑	↑	↑	↑	↑	↑	↑	↑
L	200	↓	↓	↓	↓	0 1	↑	↓	1 2	2 3	3 4	5 6	7 8	10 11	14 15	21 22	↑	↑	↑	↑	↑	↑	↑	↑	↑	↑	↑
M	315	↓	↓	↓	0 1	↑	↓	1 2	2 3	3 4	5 6	7 8	10 11	14 15	21 22	↑	↑	↑	↑	↑	↑	↑	↑	↑	↑	↑	↑
N	500	↓	↓	0 1	↑	↓	1 2	2 3	3 4	5 6	7 8	10 11	14 15	21 22	↑	↑	↑	↑	↑	↑	↑	↑	↑	↑	↑	↑	↑
P	800	↓	0 1	↑	↓	1 2	2 3	3 4	5 6	7 8	10 11	14 15	21 22	↑	↑	↑	↑	↑	↑	↑	↑	↑	↑	↑	↑	↑	↑
Q	1250	0 1	↑	↓	1 2	2 3	3 4	5 6	7 8	10 11	14 15	21 22	↑	↑	↑	↑	↑	↑	↑	↑	↑	↑	↑	↑	↑	↑	↑
R	2000	↑	↑	1 2	2 3	3 4	5 6	7 8	10 11	14 15	21 22	↑	↑	↑	↑	↑	↑	↑	↑	↑	↑	↑	↑	↑	↑	↑	↑

備考　⇩＝矢印の下の最初の抜取方式を使用する．もしサンプルサイズがロットサイズ以上になれば，全数検査する．
⇧＝矢印の上の最初の抜取方式を使用する．
Ac＝合格判定個数
Re＝不合格判定個数

付表 8　きつい検査の1回抜取方式(主抜取表)(JIS Z 9015-1：2006)

サンプル文字	サンプルサイズ	合格品質限界（AQL），単位：パーセント不適合品率，100 単位当たりの不適合数（きつい検査）																									
		0.010	0.015	0.025	0.040	0.065	0.10	0.15	0.25	0.40	0.65	1.0	1.5	2.5	4.0	6.5	10	15	25	40	65	100	150	250	400	650	1000
		Ac Re	Ac Re	Ac Re	Ac Re	Ac Re	Ac Re	Ac Re	Ac Re	Ac Re	Ac Re	Ac Re	Ac Re	Ac Re	Ac Re	Ac Re	Ac Re	Ac Re	Ac Re	Ac Re	Ac Re	Ac Re	Ac Re	Ac Re	Ac Re	Ac Re	Ac Re
A	2	⇩	⇩	⇩	⇩	⇩	⇩	⇩	⇩	⇩	⇩	⇩	⇩	⇩	⇩	⇩	0 1	⇩	⇩	1 2	2 3	3 4	5 6	8 9	12 13	18 19	27 28
B	3	⇩	⇩	⇩	⇩	⇩	⇩	⇩	⇩	⇩	⇩	⇩	⇩	⇩	⇩	0 1	⇩	⇩	1 2	2 3	3 4	5 6	8 9	12 13	18 19	27 28	41 42
C	5	⇩	⇩	⇩	⇩	⇩	⇩	⇩	⇩	⇩	⇩	⇩	⇩	⇩	0 1	⇩	⇩	1 2	2 3	3 4	5 6	8 9	12 13	18 19	27 28	41 42	⇧
D	8	⇩	⇩	⇩	⇩	⇩	⇩	⇩	⇩	⇩	⇩	⇩	⇩	0 1	⇩	⇩	1 2	2 3	3 4	5 6	8 9	12 13	18 19	27 28	41 42	⇧	⇧
E	13	⇩	⇩	⇩	⇩	⇩	⇩	⇩	⇩	⇩	⇩	⇩	0 1	⇩	⇩	1 2	2 3	3 4	5 6	8 9	12 13	18 19	27 28	41 42	⇧	⇧	⇧
F	20	⇩	⇩	⇩	⇩	⇩	⇩	⇩	⇩	⇩	⇩	0 1	⇩	⇩	1 2	2 3	3 4	5 6	8 9	12 13	18 19	⇧	⇧	⇧	⇧	⇧	⇧
G	32	⇩	⇩	⇩	⇩	⇩	⇩	⇩	⇩	⇩	0 1	⇩	⇩	1 2	2 3	3 4	5 6	8 9	12 13	18 19	⇧	⇧	⇧	⇧	⇧	⇧	⇧
H	50	⇩	⇩	⇩	⇩	⇩	⇩	⇩	⇩	0 1	⇩	⇩	1 2	2 3	3 4	5 6	8 9	12 13	18 19	⇧	⇧	⇧	⇧	⇧	⇧	⇧	⇧
J	80	⇩	⇩	⇩	⇩	⇩	⇩	⇩	0 1	⇩	⇩	1 2	2 3	3 4	5 6	8 9	12 13	18 19	⇧	⇧	⇧	⇧	⇧	⇧	⇧	⇧	⇧
K	125	⇩	⇩	⇩	⇩	⇩	⇩	0 1	⇩	⇩	1 2	2 3	3 4	5 6	8 9	12 13	18 19	⇧	⇧	⇧	⇧	⇧	⇧	⇧	⇧	⇧	⇧
L	200	⇩	⇩	⇩	⇩	⇩	0 1	⇩	⇩	1 2	2 3	3 4	5 6	8 9	12 13	18 19	⇧	⇧	⇧	⇧	⇧	⇧	⇧	⇧	⇧	⇧	⇧
M	315	⇩	⇩	⇩	⇩	0 1	⇩	⇩	1 2	2 3	3 4	5 6	8 9	12 13	18 19	⇧	⇧	⇧	⇧	⇧	⇧	⇧	⇧	⇧	⇧	⇧	⇧
N	500	⇩	⇩	⇩	0 1	⇩	⇩	1 2	2 3	3 4	5 6	8 9	12 13	18 19	⇧	⇧	⇧	⇧	⇧	⇧	⇧	⇧	⇧	⇧	⇧	⇧	⇧
P	800	⇩	⇩	0 1	⇩	⇩	1 2	2 3	3 4	5 6	8 9	12 13	18 19	⇧	⇧	⇧	⇧	⇧	⇧	⇧	⇧	⇧	⇧	⇧	⇧	⇧	⇧
Q	1250	⇩	0 1	⇩	⇩	1 2	2 3	3 4	5 6	8 9	12 13	18 19	⇧	⇧	⇧	⇧	⇧	⇧	⇧	⇧	⇧	⇧	⇧	⇧	⇧	⇧	⇧
R	2000	0 1	⇧	⇩	1 2	2 3	3 4	5 6	8 9	12 13	18 19	⇧	⇧	⇧	⇧	⇧	⇧	⇧	⇧	⇧	⇧	⇧	⇧	⇧	⇧	⇧	⇧
S	3150			1 2																							

備考　⇩＝矢印の下の最初の抜取方式を使用する．もしサンプルサイズがロットサイズ以上になれば，全数検査する．
　　　⇧＝矢印の上の最初の抜取方式を使用する．
　　　Ac＝合格判定個数
　　　Re＝不合格判定個数

付表 9　ゆるい検査の1回抜取方式（主抜取表）（JIS Z 9015-1：2006）

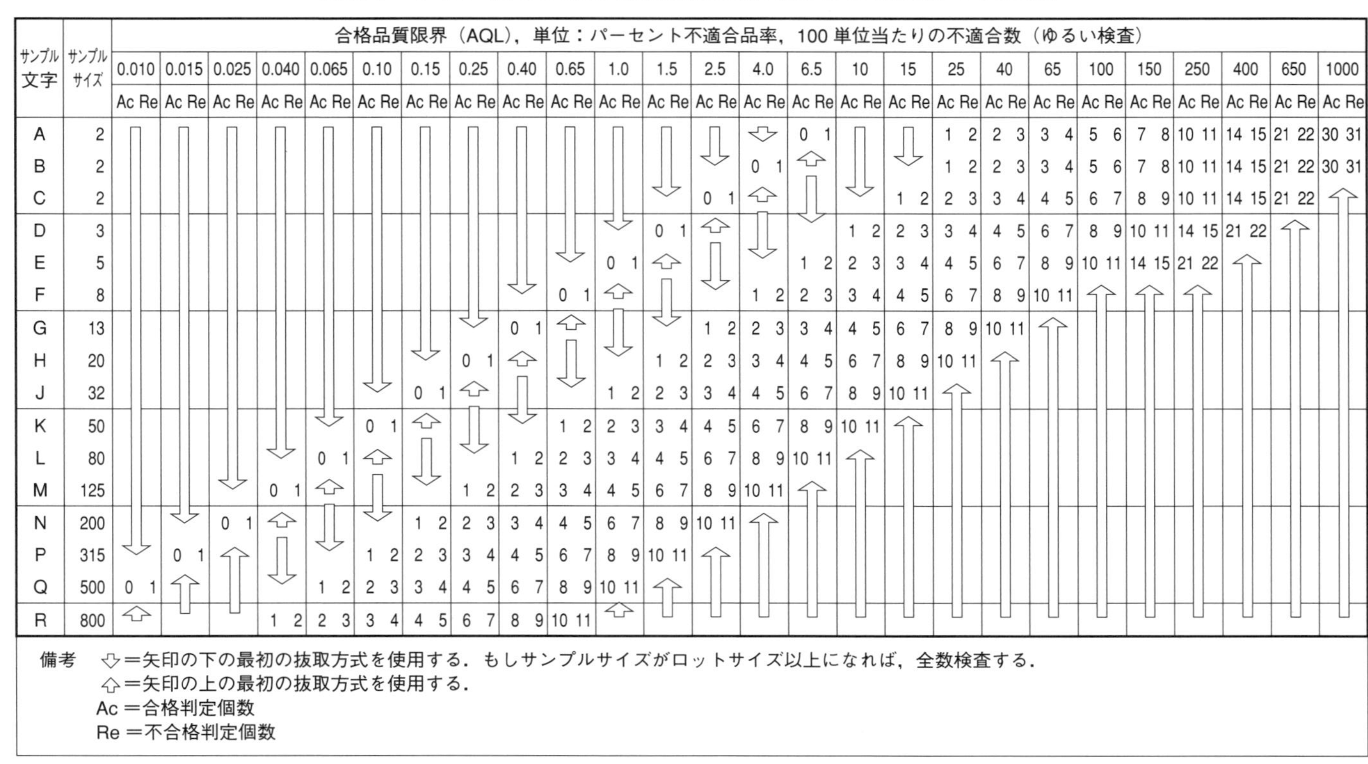

サンプル文字	サンプルサイズ	合格品質限界（AQL），単位：パーセント不適合品率，100 単位当たりの不適合数（ゆるい検査）																									
		0.010	0.015	0.025	0.040	0.065	0.10	0.15	0.25	0.40	0.65	1.0	1.5	2.5	4.0	6.5	10	15	25	40	65	100	150	250	400	650	1000
		Ac Re	Ac Re	Ac Re	Ac Re	Ac Re	Ac Re	Ac Re	Ac Re	Ac Re	Ac Re	Ac Re	Ac Re	Ac Re	Ac Re	Ac Re	Ac Re	Ac Re	Ac Re	Ac Re	Ac Re	Ac Re	Ac Re	Ac Re	Ac Re	Ac Re	Ac Re
A	2	↓	↓	↓	↓	↓	↓	↓	↓	↓	↓	↓	↓	↓	↓	0 1	↓	↓	1 2	2 3	3 4	5 6	7 8	10 11	14 15	21 22	30 31
B	2	↓	↓	↓	↓	↓	↓	↓	↓	↓	↓	↓	↓	↓	0 1	↑	↓	↓	1 2	2 3	3 4	5 6	7 8	10 11	14 15	21 22	30 31
C	2	↓	↓	↓	↓	↓	↓	↓	↓	↓	↓	↓	↓	0 1	↑	↓	↓	1 2	2 3	3 4	4 5	6 7	8 9	10 11	14 15	21 22	↑
D	3	↓	↓	↓	↓	↓	↓	↓	↓	↓	↓	↓	0 1	↑	↓	↓	1 2	2 3	3 4	4 5	6 7	8 9	10 11	14 15	21 22	↑	↑
E	5	↓	↓	↓	↓	↓	↓	↓	↓	↓	↓	0 1	↑	↓	↓	1 2	2 3	3 4	4 5	6 7	8 9	10 11	14 15	21 22	↑	↑	↑
F	8	↓	↓	↓	↓	↓	↓	↓	↓	↓	0 1	↑	↓	↓	1 2	2 3	3 4	4 5	6 7	8 9	10 11	↑	↑	↑	↑	↑	↑
G	13	↓	↓	↓	↓	↓	↓	↓	↓	0 1	↑	↓	↓	1 2	2 3	3 4	4 5	6 7	8 9	10 11	↑	↑	↑	↑	↑	↑	↑
H	20	↓	↓	↓	↓	↓	↓	↓	0 1	↑	↓	↓	1 2	2 3	3 4	4 5	6 7	8 9	10 11	↑	↑	↑	↑	↑	↑	↑	↑
J	32	↓	↓	↓	↓	↓	↓	0 1	↑	↓	↓	1 2	2 3	3 4	4 5	6 7	8 9	10 11	↑	↑	↑	↑	↑	↑	↑	↑	↑
K	50	↓	↓	↓	↓	↓	0 1	↑	↓	↓	1 2	2 3	3 4	4 5	6 7	8 9	10 11	↑	↑	↑	↑	↑	↑	↑	↑	↑	↑
L	80	↓	↓	↓	↓	0 1	↑	↓	↓	1 2	2 3	3 4	4 5	6 7	8 9	10 11	↑	↑	↑	↑	↑	↑	↑	↑	↑	↑	↑
M	125	↓	↓	↓	0 1	↑	↓	↓	1 2	2 3	3 4	4 5	6 7	8 9	10 11	↑	↑	↑	↑	↑	↑	↑	↑	↑	↑	↑	↑
N	200	↓	↓	0 1	↑	↓	↓	1 2	2 3	3 4	4 5	6 7	8 9	10 11	↑	↑	↑	↑	↑	↑	↑	↑	↑	↑	↑	↑	↑
P	315	↓	0 1	↑	↓	↓	1 2	2 3	3 4	4 5	6 7	8 9	10 11	↑	↑	↑	↑	↑	↑	↑	↑	↑	↑	↑	↑	↑	↑
Q	500	0 1	↑	↑	↓	1 2	2 3	3 4	4 5	6 7	8 9	10 11	↑	↑	↑	↑	↑	↑	↑	↑	↑	↑	↑	↑	↑	↑	↑
R	800	↑	↑	↑	1 2	2 3	3 4	4 5	6 7	8 9	10 11	↑	↑	↑	↑	↑	↑	↑	↑	↑	↑	↑	↑	↑	↑	↑	↑

備考　↓＝矢印の下の最初の抜取方式を使用する．もしサンプルサイズがロットサイズ以上になれば，全数検査する．
↑＝矢印の上の最初の抜取方式を使用する．
Ac ＝合格判定個数
Re ＝不合格判定個数

付表 10　限界品質（LQ）を指標とする 1 回抜取方式（手順 A，主抜取表）（JIS Z 9015-2：1999）

ロット サイズ		限界品質（LQ）（不適合品パーセント）									
		0.50	0.80	1.25	2.0	3.15	5.0	8.0	12.5	20.0	31.5
16 ～ 25	n Ac	*	*	*	*	*	*	17* 0	13 0	9 0	6 0
26 ～ 50	n Ac	*	*	*	*	*	28* 0	22 0	15 0	10 0	6 0
51 ～ 90	n Ac	*	*	*	50 0	44 0	34 0	24 0	16 0	10 0	8 0
91 ～ 150	n Ac	*	*	90 0	80 0	55 0	38 0	26 0	18 0	13 0	13 1
151 ～ 280	n Ac	200* 0	170* 0	130 0	95 0	65 0	42 0	28 0	20 0	20 1	13 1
281 ～ 500	n Ac	280 0	220 0	155 0	105 0	80 0	50 0	32 0	32 1	20 1	20 3
501 ～ 1200	n Ac	380 0	255 0	170 0	125 0	125 1	80 1	50 1	32 1	32 3	32 5
1201 ～ 3200	n Ac	430 0	280 0	200 0	200 1	125 1	125 3	80 3	50 3	50 5	50 10
3201 ～ 10000	n Ac	450 0	315 0	315 1	200 1	200 3	200 5	125 5	80 5	80 10	80 18
10001 ～ 35000	n Ac	500 0	500 1	315 1	315 3	315 5	315 10	200 10	125 10	125 18	80 18
35001 ～ 150000	n Ac	800 1	500 1	500 3	500 5	500 10	500 18	315 18	200 18	125 18	80 18
150001 ～ 500000	n Ac	800 1	800 3	800 5	800 10	800 18	500 18	315 18	200 18	125 18	80 18
500001 以上	n Ac	1250 3	1250 5	1250 10	1250 18	800 18	500 18	315 18	200 18	125 18	80 18

備考＊　全数検査する（限界品質はロット中の不適合品個数が 1 未満であることを意味するか，または適用できる抜取方式がない）．

＊　もしサンプルサイズがロットサイズ以上になれば，全数検査する．

付表 11　ウィルコクソン検定の有意点

2つのサンプルのデータ数が少ないほうのサンプルの大きさを m とし，その順位和をWとする．

$$w_L(\alpha):P[\mathrm{W} \leqq w_L(\alpha)] \leqq \alpha \text{（下側）}$$

$$w_U(\alpha):P[\mathrm{W} \geqq w_U(\alpha)] \leqq \alpha \text{（上側）}$$

$\alpha = 0.025$（下側）$(m \leqq n)$

n ＼ m	1	2	3	4	5	6	7	8	9	10	11	12	13	14	15	16	17	18	19	20
1	—																			
2	—	—																		
3	—	—	—																	
4	—	—	—	10																
5	—	—	6	11	17															
6	—	—	7	12	18	26														
7	—	—	7	13	20	27	36													
8	—	3	8	14	21	29	38	49												
9	—	3	8	14	22	31	40	51	62											
10	—	3	9	15	23	32	42	53	65	78										
11	—	3	9	16	24	34	44	55	68	81	96									
12	—	4	10	17	26	35	46	58	71	84	99	115								
13	—	4	10	18	27	37	48	60	73	88	103	119	136							
14	—	4	11	19	28	38	50	62	76	91	106	123	141	160						
15	—	4	11	20	29	40	52	65	79	94	110	127	145	164	184					
16	—	4	12	21	30	42	54	67	82	97	113	131	150	169	190	211				
17	—	5	12	21	32	43	56	70	84	100	117	135	154	174	195	217	240			
18	—	5	13	22	33	45	58	72	87	103	121	139	158	179	200	222	246	270		
19	—	5	13	23	34	46	60	74	90	107	124	143	163	183	205	228	252	277	303	
20	—	5	14	24	35	48	62	77	93	110	128	147	167	188	210	234	258	283	309	337

$\alpha = 0.025$（上側）

n ＼ m	1	2	3	4	5	6	7	8	9	10	11	12	13	14	15	16	17	18	19	20
1	—																			
2	—	—																		
3	—	—	—																	
4	—	—	—	26																
5	—	—	21	29	38															
6	—	—	23	32	42	52														
7	—	—	26	35	45	57	69													
8	—	19	28	38	49	61	74	87												
9	—	21	31	42	53	65	79	93	109											
10	—	23	33	45	57	70	84	99	115	132										
11	—	25	36	48	61	74	89	105	121	139	157									
12	—	26	38	51	64	79	94	110	127	146	165	185								
13	—	28	41	54	68	83	99	116	134	152	172	193	215							
14	—	30	43	57	72	88	104	122	140	159	180	201	223	246						
15	—	32	46	60	76	92	109	127	146	166	187	209	232	256	281					
16	—	34	48	63	80	96	114	133	152	173	195	217	240	265	290	317				
17	—	35	51	67	83	101	119	138	159	180	202	225	249	274	300	327	355			
18	—	37	53	70	87	105	124	144	165	187	209	233	258	283	310	338	366	396		
19	—	39	56	73	91	110	129	150	171	193	217	241	266	293	320	348	377	407	438	
20	—	41	58	76	95	114	134	155	177	200	224	249	275	302	330	358	388	419	451	483

付表 11（つづき）

$\alpha = 0.05$（下側）$(m \leqq n)$

n \ m	1	2	3	4	5	6	7	8	9	10	11	12	13	14	15	16	17	18	19	20
1	—																			
2	—	—																		
3	—	—	6																	
4	—	—	6	11																
5	—	3	7	12	19															
6	—	3	8	13	20	28														
7	—	3	8	14	21	29	39													
8	—	4	9	15	23	31	41	51												
9	—	4	10	16	24	33	43	54	66											
10	—	4	10	17	26	35	45	56	69	82										
11	—	4	11	18	27	37	47	59	72	86	100									
12	—	5	11	19	28	38	49	62	75	89	104	120								
13	—	5	12	20	30	40	52	64	78	92	108	125	142							
14	—	6	13	21	31	42	54	67	81	96	112	129	147	166						
15	—	6	13	22	33	44	56	69	84	99	116	133	152	171	192					
16	—	6	14	24	34	46	58	72	87	103	120	138	156	176	197	219				
17	—	6	15	25	35	47	61	75	90	106	123	142	161	182	203	225	249			
18	—	7	15	26	37	49	63	77	93	110	127	146	166	187	208	231	255	280		
19	1	7	16	27	38	51	65	80	96	113	131	150	171	192	214	237	262	287	313	
20	1	7	17	28	40	53	67	83	99	117	135	155	175	197	220	243	268	294	320	348

$\alpha = 0.05$（上側）

n \ m	1	2	3	4	5	6	7	8	9	10	11	12	13	14	15	16	17	18	19	20
1	—																			
2	—	—																		
3	—	—	15																	
4	—	—	18	25																
5	—	13	20	28	36															
6	—	15	22	31	40	50														
7	—	17	25	34	44	55	66													
8	—	18	27	37	47	59	71	85												
9	—	20	29	40	51	63	76	90	105											
10	—	22	32	43	54	67	81	96	111	128										
11	—	24	34	46	58	71	86	101	117	134	153									
12	—	25	37	49	62	76	91	106	123	141	160	180								
13	—	27	39	52	65	80	95	112	129	148	167	187	209							
14	—	28	41	55	69	84	100	117	135	154	174	195	217	240						
15	—	30	44	58	72	88	105	123	141	161	181	203	225	249	273					
16	—	32	46	60	76	92	110	128	147	167	188	210	234	258	283	309				
17	—	34	48	63	80	97	114	133	153	174	196	218	242	266	292	319	346			
18	—	35	51	66	83	101	119	139	159	180	203	226	250	275	302	329	357	386		
19	20	37	53	69	87	105	124	144	165	187	210	234	258	284	311	339	367	397	428	
20	21	39	55	72	90	109	129	149	171	193	217	241	267	293	320	349	378	408	440	472

出典：山内二郎他編，『簡約数値統計表』，日本規格協会，1977 年

参考・引用文献

1） JIS Z 8101-2：2015「統計－用語及び記号－第2部：統計の応用」
2） JIS Z 8103：2019「計測用語」
3） JIS Z 8115：2019「ディペンダビリティ（総合信頼性）用語」
4） JIS Z 8121：1967「オペレーションズリサーチ用語」
5） JIS Z 8141：2022「生産管理用語」
6） JIS Z 8144：2004「官能評価分析－用語」
7） JIS Z 8401：2019「数値の丸め方」
8） JIS Q 9000：2015「品質マネジメントシステム－基本及び用語」
9） JIS Q 9001：2025「品質マネジメントシステム－要求事項」
10） JIS Q 9005：2023「品質マネジメントシステム－持続的成功の指針」
11） JIS Z 9010：1999「計量値検査のための逐次抜取方式（不適合品パーセント，標準偏差既知）」
12） JIS Z 9015-0：1999「計数値検査に対する抜取検査手順－第0部：JIS Z 9015　抜取検査システム序論」
13） JIS Z 9015-1：2006「計数値検査に対する抜取検査手順－第1部：ロットごとの検査に対するAQL指標型抜取検査方式」
14） JIS Z 9015-2：1999「計数値検査に対する抜取検査手順－第2部：孤立ロットの検査に対するLQ指標型抜取検査方式」
15） JIS Z 9015-3：2011「計数値検査に対する抜取検査手順－第3部：スキップロット抜取検査手順」
16） JIS Z 9021：1998「シューハート管理図」
17） JIS Q 9023：2018「マネジメントシステムのパフォーマンス改善－方針管理の指針」
18） JIS Q 9024：2003「マネジメントシステムのパフォーマンス改善－継続的改善の手順及び技法の指針」
19） JIS Q 9025：2003「マネジメントシステムのパフォーマンス改善－品質機能展開の指針」
20） JIS Z 9080：2004「官能評価分析－方法」

21) JIS Q 21500：2018「プロジェクトマネジメントの手引」
22) JIS Q 31000：2019「リスクマネジメント－指針」
23) 「品質管理セミナー・ベーシックコース・テキスト」，日本科学技術連盟，2016年.
24) 「品質管理セミナー・入門コース・テキスト」，日本科学技術連盟，2016年.
25) 日本品質管理学会，『日本品質管理学会 会員の倫理的行動のための指針』，2004年.
26) 日本品質管理学会編，『新版 品質保証ガイドブック』，日科技連出版社，2009年.
27) 赤尾洋二，『品質展開入門』，日科技連出版社，1990年.
28) 大藤　正，小野道照，赤尾洋二，『品質展開法(1)』，日科技連出版社，1990年.
29) 吉澤　正編，『クォリティマネジメント用語辞典』，日本規格協会，2004年.
30) 細谷克也，『QC的ものの見方・考え方』，日科技連出版社，1984年.
31) 伊藤嘉博，『品質コストマネジメントシステムの構築と戦略的運用』，日科技連出版社，2005年.
32) 神田範明，『商品企画七つ道具実践シリーズ1　ヒットを生む商品企画七つ道具 はやわかり編』，日科技連出版社，2000年.
33) 神田範明 編著，『商品企画七つ道具実践シリーズ2　ヒットを生む商品企画七つ道具 よくわかる編』，日科技連出版社，2000年.
34) 猪原正守，『新QC七つ道具入門』，日科技連出版社，2009年.
35) 新QC七つ道具研究会編，『やさしい新QC七つ道具』，日科技連出版社，1984年.
36) 有限責任あずさ監査法人ビジネス・アドバイザリー事業部編，『厳選！リスクマネジメントキーワード』，日科技連出版社，2010年.
37) 立林和夫，『入門タグチメソッド』，日科技連出版社，2004年.
38) 納谷嘉信編，『おはなし新QC七つ道具』，日本規格協会，1987年.
39) リスクマネジメント規格活用検討会編著，『ISO 31000：2009 リスク

マネジメント 解説と適用ガイド』，日本規格協会，2010 年．
40) 野口和彦，『リスクマネジメント―目的達成を支援するマネジメント技術』，日本規格協会，2009 年．
41) ISO/SR 国内委員会，『やさしい社会的責任－ ISO 26000 と中小企業の事例』，日本規格協会，2012 年．
42) JRCA，「品質／情報セキュリティマネジメントシステム審査員の資格基準：JRCA　AQI120 －改定 3 版」，日本規格協会，2016 年．
43) 永田　靖，棟近雅彦，『多変量解析法入門』，サイエンス社，2001 年．
44) 名古屋 QS 研究会編，『実践　現場の管理と改善講座(9)　試験・計測器管理』，日本規格協会，2001 年．
45) 飯塚悦功，『現代品質管理総論』，朝倉書店，2009 年．
46) 斉藤保昭，『現代マーケティングの論理』，成文堂，2015 年．
47) 石田基広，『R によるテキストマイニング入門』，森北出版，2008 年．
48) 田口玄一，矢野　宏，『技術開発のマネジメント』，日本規格協会，1996 年．
49) 田口玄一，『タグチメソッドわが発想法』，経済界，1999 年．
50) 宮川雅巳，『品質を獲得する技術』，日科技連出版社，2000 年．
51) 日本品質管理学会，「特集　TQM ツールボックス」，『品質』，Vol.32，No.3，pp.274-339，2002 年．
52) 永田靖，「工程能力指数の区間推定のすすめ」，『品質管理』，Vol.44，No.12，pp.1143-1150，日本科学技術連盟，1993 年．
53) 「通信教育　品質管理基礎講座テキスト」，日本科学技術連盟，2015 年．
54) 鷲尾泰俊，「新製品開発におけるパラメータ設計」，『品質管理』，Vol.43，No.12，pp.2029-2036，日本科学技術連盟，1992 年．
55) 和田法明，「品質工学概論－パラメータ設計を中心として－」，『品質管理セミナー・ベーシックコース・テキスト』，日本科学技術連盟，2004 年．
56) P. J. Bickel and K. A. Doksum, (2000), *Mathematical Statistics：Basic Ideas and Selected Topics*, Vol. I (2nd Edition), Prentice Hall.

索　　引

【英数字】

1次因子　295
1次誤差　295
1次式　445
1次単位　295
1つの母不適合数に関する検定と推定　189
1つの母不適合品率に関する検定と推定　185
1つの母分散の検定・推定　164
1つの母平均の検定・推定　159, 162
2次因子　295
2次誤差　295
2次単位　295
2水準系直交配列表　260
——実験　260
——の成り立ち　260
——を用いた解析　263
——を用いた擬水準法の解析　280
——を用いた擬水準法の割り付け　279
——を用いた多水準法の解析　276
——を用いた多水準法の割り付け　275
——を用いた分割法の解析　306
——を用いた分割法のポイント　305
2段サンプリング　118, 122
2段分割法　295
2つの母不適合数の違いに関する検定と推定　190
2つの母不適合品率の違いに関する検定と推定　187
2つの母分散の比の検定　166
2つの母平均の差の検定・推定　167
3水準系直交配列表　266
——実験　268
——の成り立ち　268
——を用いた解析　270
——を用いた擬水準法の解析　287
——を用いた擬水準法の割り付け　286
——を用いた分割法のポイント　309
3段分割法　295
3つ以上の母分散の一様性の検定　173
ABC　104
AHP　106
AIC　363, 370
AOQL　228
AOQLを保証する選別型抜取検査　229
B_{10}ライフ　406
BCM　101
CFR型　410
CFT　51
CRM　83
CS　3, 5
CSR　71, 76
c管理図　199
DFR型　409
DR　14, 40
FMEA　15, 40
FTA　15, 40
IE　89, 113
IEC　57
IFR型　410
ISO　57

ISO 9001　60，65
ISO 26000　73
ITU　57
JIS　54
——の種類　56
——の対象範囲　55
——の分類　55
JIS Q 21500　99
JIS Q 31000　96
JIS Q 9001　60，65
JIS Z 9010　240
JIS Z 9015-1　232
JIS Z 9015-2　237
JIS Z 9015-3　239
JIS マーク表示制度　56
JIT　102
LTPD を保証する選別型抜取検査　228
LTV　82
$Me-R$ 管理図　199
——のための係数表　204
——の作り方　202
MOT　102
MTBF　406
MTTF　405
MTTR　408
MT システム　384
N7　124
np 管理図　199
OC 曲線　224
——の作り方　225
——の見方　227
OR　105，114
PDPC の作成手順　130
PDPC 法　124，128，135
PL　20
PLM　103
PL 法　20
p 管理図　199
QA　8
QA ネットワーク　16，41
QC 工程図　26，41
QC 工程表　26
QFD　10，40
SCM　103
SECI モデル　107
SN 比　427，445，450
SR　71，76
TPM　102
u 管理図　199
VA　91
VE　91，113
——の 5 原則　92
$X-Rs$ 管理図　198
$\overline{X}-R$ 管理図　199
$\overline{X}-s$ 管理図　199
z 変換　333

【あ】

アイデア選択法　89
アイデア発想法　88
赤池の情報量規準　362
アベイラビリティ　410
アローダイアグラムの作成手順　127
アローダイアグラム法　124，126，135
アンケート調査　88
暗黙知　107
異常原因　198，219
一元配置実験　245

位置パラメータ　414
一様分布　144, 152
伊奈の式　254
因子　244
因子負荷量　388
インダストリアルエンジニアリング　113
インタビュー調査　88
ウィルコクソン検定　319
ウィルコクソンの符号付き順位検定　319
ウェルチの検定　170
ウォード法　394, 398
受入検査　31
枝分かれ実験　302, 316
——の解析　302
応答関数　310
応答曲面計画　311
応答曲面法　310, 316
オペレーションズリサーチ　105, 114
折れ線回帰分析　361

【か】

回帰式　337
回帰診断　329, 360, 366, 371
回帰直線の傾きが従来と異なるかどうかの検定　340
回帰に意味があるかどうかの検定　340
回帰による変動　370
回帰分析　328, 370, 374, 401
回帰母数　328
——の推定　339
——の推定値の分布　353
解析用管理図　212, 220
階層化意思決定法　106
外的変数がある場合の数量化　399
外的変数がない場合の数量化　400
各偏回帰係数に意味があるかどうかの検定　354
確率分布　152
確率変数　152
——の期待値と分散　152
かたより　38
カタヨリ度を考慮した工程能力指数　214
価値工学　91, 113
価値分析　91
活動基準原価計算　104
環境配慮　19
監査　58
感性品質　37, 43, 322, 325
間接検査　31
完全データ　423
感度　427, 445, 450
感度試験　324
官能検査　37, 43
官能試験　323
官能特性　323
官能評価　323
——手法　322
——の試験方法　324
官能評価分析　323, 325
管理図　219
——選定のための流れ図　201
——の異常判定の基準　207
——の管理線　200
——の種類　198, 219
管理用管理図　212, 220

企画品質設定表　11
棄却域　157
企業の社会的責任　71，76
技術経営　102
記述的試験法　324
技術展開　11，13
規準型抜取検査　241
基準点比例式　445
擬水準　279
擬水準法　275
期待値　138
機能性設計　426
機能設計　426
機能別委員会　51
機能別管理　51，64
基本機能　429，451
帰無仮説　156
強制連結型 PDPC　129
共分散　140，152
業務機能展開　12
寄与率　338，352，363，370，388
偶然原因　198，219
偶発故障型　410
区間推定　158
苦情　21
苦情処理　22
——の手順　22
クラスカル・ウォリス検定　320
クラスター間の類似度　398
クラスター分析　375，393，401
——の解析の流れ　396
——の実施例　394
繰返し　245
繰返しのある単回帰分析　344
繰返しのある二元配置実験　249
繰返しのない二元配置実験　249
クリティカルパス　127
クレーム　21
クロスファンクショナルチーム　51
群間変動　209，220
群内変動　209，220
群平均法　398
計器　33
経済性工学　108，114
経済性分析　114
形式知　107
形状パラメータ　414
計数選別型 1 回抜取検査　232
計数選別型抜取検査　228
計数値の検定・推定　184
——の種類　196
計数値の検定の種類　184
計測　32，33，42
——の管理　33
——の誤差　37
計測管理　33
計測器　33
——の管理　34
計測作業の管理　34
形態素解析　86
系統図法　124，125
計量　33
計量値検査のための逐次抜取検査　240
計量値の検定・推定　159
——の種類　196
計量値の検定の種類　159，160
ゲーム理論　106
結果の保証　8

決定木　84
検査　17，30，42
——の種類　31
検査特性曲線　224
検査のきびしさの切替えルール　234
検出力　156，179
検定　196
——の手順　158
ケンドールの一致係数　320
ケンドールの順位相関係数　320
交互作用　245
——の扱い　262
——の割り付け　269
校正　34，42
校正事業者登録制度　35，36
工程 FMEA　16
工程異常　27，42
——の考え方とその発見・処置　27
工程解析　28
工程が統計的管理状態にない場合の判定基準　206
工程間検査　31
工程内検査　31
工程能力　28，42
——調査　28
——の判定　215
工程能力指数　220
——の区間推定　216
——の判断基準　215
——の求め方　213
購入検査　31
項目ごとに分類された度数データの解析　185
五官　323
五感　323
顧客価値　3，5
顧客価値創造技術手法　86，112
顧客関係性管理　80，112
顧客生涯価値　82
顧客満足　3，5
顧客ロイヤルティ　82
国際標準化　56
国際標準化組織　57
コクランの検定　173，174
——の C　176
個々のデータと移動範囲の管理図　198
誤差　38，245
誤差因子　429，431，451
故障の木解析　15，40
故障モードと影響解析　15，40
故障率　406
——曲線　409
個人としての倫理　68
コスト展開　12，13
コストドライバー　104
個体同士の類似度　397
固有値　388
固有ベクトル　387
孤立ロットの検査に対する LQ 指標型抜取検査　237
混合系直交表　434，450
コンジョイント分析　89

【さ】

サービス　17
再現性　38
在庫管理　94，106
最終検査　31

最重要経路　127
最小 2 乗解　350
最小 2 乗法　337，349，370
最大分散比 F_{max}　177
最短距離法　398
最長距離法　398
再発防止　404
作業 FMEA　16
作業研究　90
　──の手法体系　91
作業標準　23，41
作業標準書　23，41
サタースウェイトの方法　170，294
サプライチェーンマネジメント　103
産業標準化　54
三元配置実験　255
残差　38，338，351
　──の検討　366
　──変動　370
識別試験法　324
事業継続マネジメント　101
資材管理　93
自主検査　31
市場調査　17
市場トラブル対応　21
指数分布　146
自然言語処理　85
実験計画法　244
シミュレーション　106
社会的責任　71，76
　──を果たすために必要な 7 原則　74
社会的品質　2，5
尺度依存度がある　363
尺度およびカテゴリーを用いる試験方法　324
尺度パラメータ　414
社内標準　54
社内標準化　54
　──の進め方　55
重回帰分析　328，348，370
重相関係数　353
自由度調整済寄与率　363，370
集落サンプリング　119，122
樹形図　393
主効果　245
主成分　388
主成分得点　388
主成分分析　374，385，401
　──の解析手順　387
　──の実施例　390
出荷検査　31
巡回検査　32
冗長系　411
商品企画七つ道具　86，112
初期故障型　409
初期流動管理　20，41
新 QC 七つ道具　124
信号因子　431，451
人材育成　57
新製品開発　8
真の値　38
信頼性　404
信頼性工学　404，422
信頼性展開　12，13
信頼性ブロック図　411，422
信頼性モデル　411，422
信頼度　405

親和図法　124，125
水準　244
　——数　245
スイッチングコスト　82
推定　196
数理計画法　106
数量化Ⅰ類　399
数量化Ⅱ類　399
数量化Ⅲ類　400
数量化Ⅳ類　400
数量化理論　375，399，401
スキップロット抜取検査　239
スケジューリング　106
スピアマンの順位相関係数　320
正確さ　38
正規分布　142，152
正規方程式　350，370
制御因子　430
生産　17
生産準備　17
製造物責任　20
　——法　20
精度　38
静特性　441，450
　——の SN 比　442
製品安全　19
製品企画　17
製品設計　17
製品ライフサイクル全体での品質保証　19
精密さ　38
セキモデル　107
設計信頼性　409，422
設計品質設定表　11
設備管理　93
説明変数　328
　——に関する変数変換　361
　——の選択規準　362
　——の変換　371
ゼロ仮説の検定　353
ゼロ点比例式　445
ゼロ望目特性　441
　——の SN 比　443
全員参加の生産保全　102
線形計画法　106
線形判別関数　383
　——の導出　382
線形判別方式　381
全数検査　31
線点図　262
選別型抜取検査　241
総当たり法　364
相関係数　148
相関分析　328，329，370
　——法　319
層別サンプリング　119，122
ソーンダイク－芳賀曲線　224
測定　33
　——誤差　43
測定器　33
素数べき型直交表　434
損益分岐点　108

【た】

ダービンワトソン比　366
第１種の誤り　156
第１種の過誤　156
第２種の誤り　156

第2種の過誤　156
第一者監査　59
耐久性　405，422
第三者監査　59
第三者認証制度　62
大数の法則　150，153
第二者監査　59
対立仮説　156
田口の式　254
多元配置実験　256，315
多重共線性　365，371
多水準法　271
多変量解析　374
多変量連関図　376
ダミー変数　371
単位当たりの不適合数の管理図　199
単回帰分析　328，336，370
逐次展開型 PDPC　129
逐次変数選択　364，371
中間検査　31
中心極限定理　151，153
中途打切り　423
　——データ　417
超幾何分布　116，122
調整型抜取検査　232，241
直列系　411，422
　——の信頼度　411
直交多項式　311，316
　——のポイント　314
　——分解　311
直交配列表実験　260，315
直交配列表を用いた擬水準法　315
直交配列表を用いた多水準法　315
直交配列表を用いた分割法　305，316
直交表を用いたパラメータ設計の実施例　436
定位置検査　32
定期発注方式　94
定時打切り　419
　——データ　419
定数打切り　419
　——データ　420
ディペンダビリティ　422
定量発注方式　94
データに対応があるときの母平均の差の検定・推定　170
データの構造式　337，349
データの診断　329
データマイニング　84，112
適合　30
適合度の検定　194
テキストマイニング　85，112
テコ比　367，371
デザインレビュー　14，40
展開　11
展開表　11
点推定　157
デンドログラム　393
等価自由度　294
統計的管理状態　205
　——の判定　220
統計量の分布の関係　149
動特性　441，444，450
独立　368
独立性と無相関の違い　368
トップ診断　59
トヨタ生産方式　102
トレーサブル　35

トレランス　365

【な】

流れ図　27
なみ検査，きつい検査，ゆるい検査の切替えルール　235
ナレッジマネジメント　107
二元配置実験　249，315
二元表　11
二項分布　143，152
日常管理　49，64
日本産業規格　54
抜取検査　31，222，241
——の種類　222
ノンパラメトリック法　318，325
——の解析　320

【は】

ハートレーの検定　173，175
バートレットの検定　173，178
破壊検査　32
ばらつき　38
パラメータ設計　426，450
——で用いられる直交配列表　432
——の取り組み方　451
パラメトリック法　318
バランストスコアカード　110，114
判定基準の意味　208
販売　17
判別分析　374，377，401
——の解析手順　380
——の実施例　378
判別方式の良さの評価　380
非破壊検査　32
標示因子　365，431
標準化　64
——の目的と意義　53
標準器　33，34
標準物質　34
標準偏差　140
標本相関係数　329
品質監査　59
品質機能展開　10，11，40
——の全体構想図　13
品質教育　65
——とその体系　57
品質コストマネジメント　104
品質展開　10，11，13
品質特性関連表　11
品質特性展開表　11
品質表　10，11，13，89
——の構成　13
品質保証　8，40
——のプロセス　16，17
品質保証体系図　9，40
品質マネジメントシステム　60
品質マネジメントの原則　61
プーリング　253
符号検定　319，320
物流　93
不適合　30
不適合数の解析　184
不適合数の管理図　199
不適合品数・不適合品率の解析　184
不適合品数の管理図　199
不適合品率の管理図　199
不適切　30
部門別管理　49

フリードマン検定　320
フローチャート　27
プロジェクト　113
プロジェクトマネジメント　99，113
——システム　99
プロセス　24，41
——に基づく管理　25
——による保証　8
——保証　23
プロダクトライフサイクルマネジメント　103
ブロック因子　291，431
分割表による検定　192
分割法　294，316
——の解析　296
——のポイント　295
分散　138，139
——の加法性　150，153
分散分析における用語　244
分散分析法　244，320
分析形試験法　324
平均検査量　228
平均故障間隔　406
平均故障時間　405
平均修復時間　408
平均出検品質限界　228
平均値と範囲の管理図　199
平均値と標準偏差の管理図　199
平方ユークリッド距離　394
平方和の分解　338，351
並列系　411，422
——の信頼度　412
偏回帰係数　328
——の区間検定　340
変化点　50
——管理　29，42，50
変換　11
変更管理　29，42
偏差　38
変数減少法　364
変数減増法　364
変数増加法　364
変数増減法　364
変量因子　315
ポアソン分布　144，152
望小特性　441
——の SN 比　442
方針管理　46，64
——のしくみとその運用　48
方針の達成度評価と反省　48
方針の展開　47
——とすり合わせ　46
望大特性　441
——の SN 比　443
望目特性　441
——の SN 比　442
ポジショニング分析　88
母集団の分布の近似条件　149
補償　9
保証　9
保証の網　16，41
保全性　407，422
保全度　408
保全の分類　408
母相関係数の一般的な値との検定　334
母相関係数の区間検定　334
母分散に関する検定の検出力　181
母平均に関する検定の検出力　179

【ま】

マーケティング　78，112
——計画化　78
——組織化　80
——統制　80
マーケティング・ミックス　79
待ち行列　106
マトリックス・データ解析法　124，132，135，385
——の解析手順　133
マトリックス管理　51
マトリックス図法　124，125
マハラノビス・タグチ・システム　384
摩耗故障型　410
未然防止　404
無試験検査　31
無相関　368
——の検定　332
ムッド検定　319
メディアンと範囲の管理図　199
目的機能　429
目的変数　328
——に関する変数変換　360
——の変換　371
モデル選択の基準　370

【や】

有限修正　117
有限母集団からのサンプリング　117
有限母集団修正　117
要求品質展開表　11
予測値　338
予測と制御の違い　364

【ら】

乱塊法　291，315
——の解析　289
ランダムサンプリング　117，122
離散型確率変数　141
リスク　95
リスクマネジメント　95，113
——規格　96
——の原則　96
——の枠組み　96，98
——プロセス　96，98
理想機能　430
類似度　393，397
累積確率曲線　224
連関図法　124，125
連続型確率変数　142，140
ロットごとの検査に対する AQL 指標型抜取検査　232，242
ロバスト設計　426

【わ】

ワイブル確率紙による解析　416
ワイブル確率紙の構成　415
ワイブル分布　414，422
——のパラメータ　414
——の信頼性特性値　415
割り付け　262

QC 検定受検テキスト編集委員会　委員・執筆メンバー（五十音順）

編著者　細谷　克也　（㈲品質管理総合研究所）

著　者　稲葉　太一　（元 神戸大学）

竹士伊知郎　（QM ビューローちくし）

松本　　隆　（MT 経営工学研究所）

吉田　　節　（元 IDEC ㈱）

和田　法明　（三和テクノ㈱）

品質管理検定集中講座［1］
【新レベル表対応版】
QC 検定受検テキスト 1 級

2012 年 8 月17日　第 1 版第 1 刷発行
2016 年 1 月22日　第 1 版第10刷発行
2016 年 6 月29日　第 2 版第 1 刷発行
2025 年 5 月20日　第 2 版第12刷発行

編著者　細　谷　克　也
著　者　稲葉　太一　竹士伊知郎
松本　　隆　吉田　　節
和田　法明
発行人　戸　羽　節　文

検　印
省　略

発行所　株式会社 日科技連出版社
〒 151-0051　東京都渋谷区千駄ヶ谷 1-7-4
渡貫ビル
電話　03-6457-7875

Printed in Japan　　印刷・製本　河北印刷株式会社

ISBN 978-4-8171-9559-3
URL http://www.juse-p.co.jp/